재미있는 식품첨가물

# FOOD
# ADDITIVES

재미있는 식품첨가물

백형희

수학사

## 머리말

　식품첨가물은 식품을 가공하는 데 없어서는 안 될 중요한 요소이다. 우리가 가정에서 조리를 한 후 바로 소비한다면 식품첨가물이 필요 없을지 모르지만, 영양이 우수하고 기호성이 뛰어나며 상품성이 높으면서도 안전한 식품을 대량생산하려면 식품첨가물의 사용은 불가피하다. 식품첨가물은 안전성이 충분히 입증된 물질에 한하여 사용이 허가되며 안전한 사용을 위해 사용기준을 정해 놓고 있다. 하지만 소비자들은 식품첨가물에 대해 부정적인 인식을 가지고 있는데, MSG, 인산염 및 카제인나트륨 등에서 보여준 비과학적이고 소모적인 논쟁이 식품 산업 발전에 얼마나 해가 되는지 우리는 경험한 바 있다. 따라서 식품공학을 공부하는 학생들이나 산업계에 종사하는 식품과학자들은 식품첨가물에 대해 올바른 이해를 할 필요성이 있다. 하지만 많은 대학교에서 식품첨가물 강의가 개설되어 있지 않거나 선택과목으로 되어 있어 학생들이 식품첨가물에 대한 올바른 지식 없이 식품 산업계로 배출되고 있다. 이 책에서는 산업계로 진출하는 학생들이 꼭 알아야 되는 식품첨가물을 용도별로 분류해서 설명하였다.

　식품첨가물은 식습관의 차이에 따라 나라마다 허용 여부가 다를 수 있다. 우리나라에서 사용이 허가된 식품첨가물은 2016년 현재 607개 품목이다. 이 책에서는 우리나라에서 사용이 허가된 식품첨가물을 중심으로 용도 및 특성에 대해 기술하였다. 실제 식품 가공 시 어떻게 사용되는지에 대해서는 자세히 기술하지 못하였으나 앞으로 계속 보강해 나갈 계획이다.

이 책에서 식품첨가물의 명칭은 『식품첨가물공전』의 표기에 따랐다. 하지만 그 외 화합물의 용어는 대한화학회의 "화합물명명법"과 한국식품과학회의 『식품과학용어집』에 따라 표기하였다. 또한 표준국어대사전과 교육부 편수자료도 참고하였다. 식품첨가물을 포함한 화합물의 명칭 표기가 부처마다 다르고 교재마다 다르게 되어 있어 앞으로 용어를 통일시키는 노력이 필요할 것이다.

우리나라는 다른 나라들과 다르게 식품첨가물이 화학적합성품과 천연첨가물로 분류되어 있으나 최근 합성/천연의 구분을 없애기로 식품첨가물의 기준과 규격을 개정하였고 2018년 1월 1일부터 시행될 예정이다. 이 책은 이러한 최신 개정사항을 반영하여 서술하였다. 식품첨가물은 새로이 지정되기도 하고 기준과 규격이 수정되기도 한다. 따라서 앞으로 수정사항이 생기면 계속 보강해 나갈 예정이다. 이 책을 통해 학계나 산업계에서 식품첨가물에 대한 올바른 이해에 도움이 되기를 바란다.

이 책의 출판에 도움을 주신 수학사 임직원과 늦게 보낸 원고로 인해 끝까지 고생하신 편집부 직원들께도 감사의 마음을 전한다.

저자 백형희

### CHAPTER 13  유화제

## CHAPTER 14 영양강화제

## CHAPTER 17 밀가루 개량제

CHAPTER 1

# 서론

식품첨가물은 현대 식품 산업의 발전과 불가분의 관계를 가지고 있다. 식품첨가물 없이는 대량생산으로 유통되는 식품의 생산을 기대할 수 없다. 식품은 생명 유지에 필요한 영양소 및 에너지를 공급하는 1차 기능, 먹는 즐거움을 주는 기호성의 2차 기능, 질병을 예방하고 건강을 증진하는 3차 기능이 있다. 자연계에 존재하는 식품을 그대로 섭취할 경우에는 보존성과 기호성이 떨어지므로 가공을 해야 되는데 이 과정에서 식품첨가물이 사용된다. 특히, 산업이 발전함에 따라 가공식품의 수요가 크게 증가하고 있는 현대사회에서 식품의 제조·가공 단계에서 식품의 기능을 유지하고 동시에 저장성을 향상시키기 위한 목적으로 사용하는 식품첨가물은 식품 산업에서 없어서는 안 될 요소이다. 예를 들어 식품의 영양적 가치를 증진하기 위하여 영양강화제가 사용되며, 식품의 품질 개량과 유지를 위하여 밀가루개량제 및 유화제가, 식품의 제조 공정 중에 생성되는 거품을 방지하기 위하여 거품제거제가, 기호성을 향상시키기 위하여 향미증진제, 착색료 및 향료 등이, 또한 식품의 저장성을 향상시키기 위하여 보존료 및 산화방지제 등이 식품첨가물로 사용되고 있다.

일반적으로 식품은 원재료 상태로 섭취하지 않는다. 더 맛있게 만들기 위해 가공 공정을 수반한다. 가열 공정에서 영양소가 파괴되면 영양강화제를 인위적으로 첨가해 주어야 하고, 오랫동안 저장하기 위해서는 미생물 오염 방지를 위해 보존료를 첨가해 주어야 한다. 하지만 소비자들은 식품첨가물이 화학적으로 합성된 물질로서 인체에 유해할 것이라는 막연한 불안감 때문에 기피하는 경향이 있다.

식품첨가물은 건강에 해를 미칠 우려가 없어야 하고, 이것을 사용함으로써 소비자에게 이익을 줄 수 있어야 한다. 식품첨가물은 이것 없이는 식품 산업이 존재할 수 없다고 말할 수 있을 정도로 식품 산업에 반드시 필요한 물질이지만, 모든 화학물질이 그렇듯이 과량 섭취할 때에는 인체에 유해할 수 있다는 양면성을 가지고 있다. 더구나 가공식품의 종류가 증가하고, 간편한 인스턴트식품의 증가로 식품첨가물의 사용 또한 증대되고 있는 현실에서 불필요한 오해와 소모적인 논쟁을 피하기 위해서는 식품첨가물에 대한 올바른 이해가 필요하다. 즉, 속설이나 과장된 오해가 아니라 과학에 근거한 정보에 바탕을 두고 식품첨가물을 이해하여야 할 것이다.

식품첨가물은 안전성이 입증된 물질에 한해 사용이 허가되며, 사용 기준과 규격이 『식품첨가물공전』에 수록되어 있다. 우리나라는 식품첨가물을 화학적합성품과 천연첨가물로 분류하여 관리해 오다가 2016년 4월 29일 고시를 통해 식품첨가물의 분류 체계를 "화학적합성품/천연첨가물" 구분 없이 식품첨가물로 통합하였다.

또한 식품첨가물은 식품의 제조·가공 시 식품에 기술적인 효과를 주기 위하여 사용하므로 식품 산업 현장에서 식품첨가물을 올바르게 사용하려면 사용 목적, 즉 "용도"를 명확히 알아야 할 것이다. 우리나라는 식품첨가물을 31개의 용도로 나누고 있다.

우리나라 식품첨가물의 연도별 생산 실적은 표 1.1과 같다. 2014년 국내 총판매액은 1조 2,576억 원이었다. 표 1.2는 우리나라 식품첨가물 품목별 생산 실적(국내 판매액)을 나타낸 것인데 국내 판매액이 가장 많은 식품첨가물은 수산화나트륨액이며, 그 다음으로는 혼합제제와 L-글루탐산나트륨제제의 판매액이 많았다. 혼합제제란 개별 식품첨가물을 1종 이상 혼합하여 제조한 식품첨가물을 말한다.

표 1.1 우리나라 식품첨가물 연도별 생산 실적
(단위: 백만 원)

| | 2008년 | 2009년 | 2010년 | 2011년 | 2012년 | 2013년 | 2014 |
|---|---|---|---|---|---|---|---|
| 국내 총판매액 | 587,662 | 863,637 | 881,347 | 1,008,020 | 1,111,447 | 1,270,461 | 1,257,582 |

표 1.2 우리나라 식품첨가물 품목별 생산 실적(국내 판매액)
(단위: 백만 원)

| 식품첨가물 | 2008년 | 2009년 | 2010년 | 2011년 | 2012년 | 2013년 | 2014년 |
|---|---|---|---|---|---|---|---|
| 수산화나트륨액 | 42,111 | 65,446 | 152,310 | 205,535 | 320,091 | 443,575 | 414,443 |
| 혼합제제 | 188,756 | 182,643 | 197,128 | 214,727 | 241,324 | 249,883 | 262,179 |
| L-글루탐산나트륨제제 | 37,404 | 83,370 | 80,707 | 66,359 | 29,647 | 60,869 | 66,516 |
| L-글루탐산나트륨 | 20,898 | 37,357 | 40,937 | 45,856 | 46,045 | 41,600 | 41,914 |
| 차아염소산나트륨(수) | 39,149 | 44,971 | 51,317 | 45,348 | 37,997 | 37,637 | 41,001 |
| 이산화탄소 | 10,555 | 12,948 | 18,880 | 23,538 | 19,011 | 29,514 | 32,540 |
| 염산 | 14,508 | 12,509 | 25,016 | 26,086 | 14,877 | 22,730 | 28,863 |
| 수산화나트륨 | 9,728 | 152,058 | 9,832 | 26,702 | 30,175 | 29,495 | 25,161 |
| 효소처리스테비아 | 21,313 | 13,556 | 14,531 | 15,238 | 17,107 | 17,254 | 21,042 |
| 빙초산 | 3,766 | 2,278 | 5,794 | 8,292 | 10,920 | 14,388 | 19,375 |
| D-소비톨 | 13,918 | 14,415 | 15,155 | 18,056 | 17,722 | 17,205 | 17,612 |
| 젤라틴 | 10,448 | 13,265 | 14,236 | 13,495 | 13,857 | 14,907 | 15,997 |
| 이온교환수지 | 5,506 | 7,171 | 9,070 | 8,805 | 8,227 | 11,487 | 14,622 |
| 인산 | 1,402 | 1,230 | 1,695 | 7,834 | 19,492 | 17,006 | 14,087 |
| D-소비톨액 | 9,897 | 9,249 | 12,162 | 14,047 | 14,499 | 15,231 | 12,516 |
| 글리세린지방산에스테르 | 4,032 | 9,759 | 9,944 | 5,812 | 5,654 | 6,346 | 11,937 |
| 사카린나트륨제제 | 3,878 | 4,201 | 4,844 | 4,580 | 5,596 | 7,160 | 7,553 |

(계속)

| 식품첨가물 | 2008년 | 2009년 | 2010년 | 2011년 | 2012년 | 2013년 | 2014년 |
|---|---|---|---|---|---|---|---|
| 국 | 9,176 | 14,943 | 6,255 | 21,366 | 6,973 | 7,187 | 7,123 |
| 프로필렌글리콜 | 5,730 | 5,400 | 6,200 | 8,000 | 7,300 | 7,000 | 7,000 |
| 질소 | 6,896 | 7,876 | 8,146 | 6,482 | 5,900 | 6,327 | 6,728 |
| 효모 | 7,667 | 8,628 | 7,995 | 7,495 | 6,765 | 6,601 | 6,716 |
| 카라기난 | 4,902 | 5,230 | 5,651 | 6,752 | 6,875 | 6,755 | 6,676 |
| 폴리덱스트로스 | 1,363 | 3,492 | 3,645 | 3,160 | 4,830 | 6,199 | 6,617 |
| 제이인산칼륨 | 6,570 | 8,640 | 8,435 | 7,435 | 7,374 | 7,650 | 6,479 |
| 말티톨시럽 | 5,259 | 1,533 | 4,114 | 5,034 | 7,162 | 7,537 | 6,425 |
| 아세틸아디핀산이전분 | 756 | 3,877 | 3,798 | 6,071 | 5,943 | 6,504 | 5,995 |
| 천연향료 | 217 | 712 | 14,332 | 3,099 | 14,459 | 14,119 | 4,883 |
| 카라멜색소 | 4,535 | 5,698 | 6,431 | 6,363 | 6,995 | 7,132 | 4,501 |
| 합성향료 | 694 | 4,428 | 8,607 | 21,486 | 5,093 | 5,317 | 1,994 |

　식품첨가물은 현대 식품 산업의 발전과 불가분의 관계를 가지고 있다. 산업이 발전함에 따라 가공식품의 수요가 크게 증가하고 있는데 식품의 제조·가공 단계에서 식품의 기능을 유지하고 동시에 저장성을 향상시키기 위하여 사용하는 식품첨가물은 식품 산업에서 없어서는 안 될 요소이다. 식품첨가물의 사용 목적은 미생물 오염에 의한 식중독 예방, 식품의 저장성 증진, 기호성 향상, 영양 강화 및 식품의 품질 개량과 유지 등에 있다.

　식품첨가물은 안전성이 입증된 물질에 한해 사용이 허가되며, 올바르게 사용하도록 기준과 규격이 『식품첨가물공전』에 수록되어 있다. 우리나라는 식품첨가물을 화학적합성품과 천연첨가물로 분류하여 관리해 오다가 최근에 식품첨가물의 분류 체계를 "화학적합성품/천연첨가물" 구분 없이 식품첨가물로 통합하였다. 식품첨가물은 식품의 제조·가공 시 식품에 기술적인 효과를 주기 위하여 사용하므로 식품 산업 현장에서 식품첨가물을 올바르게 사용하려면 사용 목적, 즉 "용도"를 명확히 알아야 한다. 우리나라는 식품첨가물을 31개의 용도로 나누고 있다.

1   우리나라에서 판매액 기준으로 가장 많이 생산되는 식품첨가물은 무엇인가?
    ① 안식향산나트륨                    ② 수산화나트륨액
    ③ 효소처리스테비아                  ④ L-글루탐산나트륨


2   다음 중 식품첨가물의 기능이 아닌 것은?
    ① 영양 강화                        ② 질병의 예방
    ③ 기호성 향상                      ④ 식품의 보존성 향상


3   다음 중 식품첨가물에 대한 설명으로 틀린 것은?
    ① 식품첨가물은 안전성이 충분히 입증된 물질에 한해 허가를 받아 사용한다.
    ② 식품첨가물은 단독으로는 사용하지 않으며, 식품에 첨가할 때 비로소 의의가 있다.
    ③ 식품첨가물은 기술적인 효과를 주기 위하여 의도적으로 사용하는 물질이다.
    ④ 식품첨가물은 안전해야 하므로 천연물질만 사용할 수 있다.


풀이와 정답

1. ② 2. ② 3. ④

# 식품첨가물의 정의

# 1. 식품첨가물의 정의

우리나라 「식품위생법」 제2조에서 식품첨가물은 "식품을 제조·가공·조리 또는 보존하는 과정에서 감미, 착색, 표백 또는 산화방지 등을 목적으로 식품에 사용되는 물질을 말한다. 이 경우 기구·용기·포장을 살균·소독하는 데에 사용되어 간접적으로 식품으로 옮아갈 수 있는 물질을 포함한다."라고 정의하고 있다. 일본은 식품첨가물을 "식품의 제조 과정에 사용되거나 혹은 가공·보존의 목적으로 식품에 첨가, 혼합, 침윤, 기타의 방법으로 사용되는 물질을 말한다."라고 정의하고 있으며, 착색료나 보존료처럼 최종 제품에 남는 물질뿐 아니라 여과보조제처럼 최종 제품에 남지 않는 물질도 식품첨가물에 포함된다. FAO(Food and Agriculture Organization, 유엔식량농업기구)와 WHO(World Health Organization, 세계보건기구)가 합동으로 만든 식품첨가물전문가위원회(Joint FAO and WHO Expert Committee on Food Additives, JECFA)는 식품첨가물을 "식품의 외관, 향미, 조직감 또는 저장성을 향상시키기 위해서 식품에 보통 미량으로 첨가되는 비영양성 물질"이라고 정의하고 있으며, 미국 학술원(National Academy of Science) 산하 식품보호위원회에서는 "식품첨가물이란 생산, 가공, 저장 또는 포장의 어느 국면에서 식품 중에 첨가되는 기본적인 식량 이외의 물질, 또는 이들의 혼합물로, 우발적인 오염물은 이에 포함되지 않는다."라고 정의하고 있다. Codex(Codex Alimentarius Commission, 국제식품규격위원회)에서 2007년 채택한 식품첨가물의 일반사용기준인 GSFA(General Standard for Food Additives)에는 "식품첨가물이란 그 자체로는 통상적으로는 식품으로 섭취되지 않고, 영양가가 있든 없든 식품의 전형적인 재료로 사용되지 않는 물질로서 제조, 가공, 포장 또는 수송에 있어서 식품에 기술적인 목적(관능적 특성)을 주기 위해서 의도적으로 첨가하는 물질이며, 직간접적으로 식품에 남을 수 있다."라고 정의하고 있다.

이러한 정의를 종합하면 식품첨가물이란 식품 본래의 성분 이외에 식품에 첨가되는 물질로서 명백한 사용 목적이 있고 식품과 공존해야만 의의를 가지며, 단독으로는 우리의 식생활과 관계가 없는 비식품이라고 할 수 있다. 또한, 식품첨가물은 식품의 구성 성분이 아니며, 보편적으로 섭취하는 물질이 아니면서 식품의 제조, 가공 과정 중 기술적, 영양적 효과를 얻기 위해 식품에 의도적으로 첨가하는 물질이다.

식품첨가물은 최종 제품인 식품에 남아 있건, 남아 있지 않건 상관없이 식품의 제조, 가공, 보존 중에 사용되었으면 식품첨가물로 취급된다. 예를 들어 수산화나트륨은 산도조절제로 사용되는데 "최종 식품 완성 전에 중화 또는 제거하여야 한다."라는 사용기준이 있다. 따라서 최종 식품에 수산화나트륨이 남아 있지 않더라도 식품의 제조, 가공 중에 사용되었다면 식품첨가물이다.

식품첨가물과 의약품은 모두 안전성이 충분히 입증된 물질에 사용한다고 할 때 의약품은 특정한 사람에게 특정한 목적으로 치료 효과를 나타낼 수 있는 양을 의식적으로 단기간에 사용하지만, 식품첨가물은 식품에 첨가되어 자신도 모르게 평생 섭취할 수 있으므로 더욱 엄격하게 안전성을 검토하고 있다.

「식품위생법」제7조에 의하여 식품 또는 식품첨가물의 제조·가공·사용·조리 및 보존 방법에 관한 기준과 그 식품 또는 식품첨가물의 성분에 관한 규격을 정하여 고시하도록 되어 있는데 식품의 기준과 규격은 『식품공전』에, 식품첨가물의 기준과 규격은 『식품첨가물공전』에 수록되어 있다. 설탕, 포도당, 과당, 올리고당과 같은 당류는 『식품공전』에 기준과 규격이 수록되어 있으므로 식품이다. 전분도 『식품공전』에 기준과 규격이 수록되어 있으므로 식품이지만, 변성전분은 『식품첨가물공전』에 수록되어 있으므로 식품첨가물로 분류한다.

식품첨가물은 식품 제조, 가공 과정 중 결함이 있는 원재료나 비위생적인 제조 방법을 은폐하기 위하여 사용하여서는 아니 된다는 일반사용기준이 있다. 즉, 식품첨가물은 식품의 위화(adulteration)를 목적으로 사용해서는 아니 된다. 예를 들어 파프리카추출색소는 고춧가루에 사용할 수 없는데, 이는 품질이 변한 고춧가루의 색을 선명하게 하기 위해 파프리카추출색소를 사용하면 안 된다는 것이다. 또한 식품 중에 첨가되는 식품첨가물의 양은 물리적, 영양학적 또는 기타 기술적 효과를 달성하는 데 필요한 최소량으로 사용하여야 한다. 즉, 식품첨가물은 사용기준이 있는 것과 없는 것이 있는데 사용기준이 없는 것은 이러한 일반사용기준에 준해서 필요한 최소량을 사용하여야 한다.

식품첨가물 중에는 천연에서 유래되는 안식향산 및 프로피온산처럼 식품 제조, 가공 시 의도적으로 첨가하지 않았는데도 존재할 수 있다. 어떤 식품에 사용할 수 없는 식품첨가물이 그 식품첨가물을 사용할 수 있는 원료에서 유래되었을 경우에는 그 식품 중의 식품첨가물 함유는 원료로부터 이행된 범위 안에서 식품첨가물 사용기준의 제한을 받지 않을 수 있다. 식품첨가물은 국가마다 식습관과 식문화가 다르고, 식품의 종류에도 차이가 있으므로 지정된 식품첨가물도 국가마다 차이가 있다. 식품첨가물은 신규로 지정되기도 하고, 지정이 취소되기도 하기 때문에 지정된 식품첨가물의 수는 유동적이다.

## 2. 식품첨가물의 분류

우리나라는 식품첨가물을 제조 방법에 따라 화학적합성품과 천연첨가물로 분류하기도 하였다. 화학적합성품이란 화학적 수단으로 원소 또는 화합물에 분해반응 외의 화학반응을 일으켜서 얻은 물질을 말하며(「식품위생법」 제2조), 화학물질 등에서 화학적으로 합성한 것과 동물, 식물, 광물 등 천연물 또는 그 추출물을 원료로 하여 이에 화학반응을 일으켜서 얻은 것도 포함된다. 화학적합성품 중에서 자연계에 존재하지 않는 물질을 화학적으로 합성한 것을 인공(artificial)이라 하고(예: 타르색소, 사카린나트륨), 자연계에 존재하는 성분을 화학적으로 합성한 것을 네이처 아이덴티컬(nature identical, NI)이라고 한다. NI의 예로 안식향산은 살구나 매실 등 자연계에 존재하며, 프로피온산도 스위스치즈에 존재하는 성분으로 우리는 이 성분과 동일한 물질을 화학적으로 합성하여 식품첨가물로 사용한다.

천연첨가물은 동물, 식물 등 생물자원을 소재로 하여 이를 추출한 다음 첨가물의 유효성분을 분리, 정제하여 얻은 것(예: 심황색소, 레시틴) 또는 발효하여 얻은 효소류 및 효소반응으로 얻은 물질(예: 글루코아밀라아제, 효소분해레시틴), 그리고 천연의 불용성 광물성물질(예: 규조토, 백도토)을 말한다.

$d-\alpha$-토코페롤($d-\alpha$-tocopherol concentrate)은 식용 식물성기름에서 추출한 것으로 천연 유래이다. 한편, 비타민E($dl-\alpha$-tocopherol)는 화학적으로 합성한 것이다. 이 둘은 천연에서 얻든 합성을 하든 동일한 구조를 가지고 있다. 다만, 천연에서 추출한 것은 $\alpha$-토코페롤이 $d$-형만 존재하지만 화학적으로 합성을 하면 $d$-형과 $l$-형이 같이 존재한다.

식품첨가물을 제조 방법에 따라 화학적합성품과 천연첨가물로 분류하는 국가는 우리나라밖에 없으며, 합성/천연의 분류도 의미가 없다. 따라서 우리나라는 2016년 4월 29일 고시를 통해 식품첨가물의 분류 체계를 "화학적합성품/천연첨가물" 구분 없이 식품첨가물로 통합하였다. 2018년 1월 1일부터 우리나라 식품첨가물은 식품첨가물과 혼합제제류로 분류된다. 혼합제제류는 식품첨가물을 2종 이상 혼합하거나, 1종 또는 2종 이상 혼합한 것을 희석제와 혼합 또는 희석한 것으로 L-글루탐산나트륨제제, 면류첨가알칼리제, 보존료제제, 사카린나트륨제제, 타르색소제제, 합성팽창제(baking powder) 및 혼합제제 등이 있다.

EU는 영양강화제, 가공보조제, 효소제 및 향료 등을 식품첨가물과 별도로 관리하고 있으며, 미국은 식품첨가물을 직접첨가물, 2차 직접첨가물, 간접첨가물로 분류하고 있다. Codex는 가공보조제, 영양강화제 및 향료를 식품첨가물에 포함시키지 않고 있다. 일본은 식품첨가물을 지정첨가물, 기존첨가물, 천연향료기원물질과 식품원료성첨가물로 분류하고 있고, 우리나라는 향료, 효소제, 영양강화제 및 가공보조제도 식품첨가물에 포함하고 있다. 세계 각국의 식품첨가물 분류 체계는 제6장에서 상세하게 설명하기로 한다.

　　우리나라는 「식품위생법」 제2조에서 식품첨가물을 "식품을 제조·가공·조리 또는 보존하는 과정에서 감미, 착색, 표백 또는 산화방지 등을 목적으로 식품에 사용되는 물질을 말한다. 이 경우 기구·용기·포장을 살균·소독하는 데에 사용되어 간접적으로 식품으로 옮아갈 수 있는 물질을 포함한다."라고 정의하고 있다. 일본은 식품첨가물을 "식품의 제조 과정에 사용되거나 혹은 가공·보존의 목적으로 식품에 첨가, 혼합, 침윤, 기타의 방법으로 사용되는 물질을 말한다."라고 정의하고 있으며, JECFA는 식품첨가물을 "식품의 외관, 향미, 조직감 또는 저장성을 향상시키기 위해서 식품에 보통 미량으로 첨가되는 비영양성 물질"이라고 정의하고 있다. 미국 학술원 산하 식품보호위원회에서는 "식품첨가물이란 생산, 가공, 저장 또는 포장의 어느 국면에서 식품 중에 첨가되는 기본적인 식량 이외의 물질, 또는 이들의 혼합물로, 우발적인 오염물은 이에 포함되지 않는다."라고 정의하고 있다. Codex는 "식품첨가물이란 그 자체로는 통상적으로는 식품으로 섭취되지 않고, 영양가가 있든 없든 식품의 전형적인 재료로 사용되지 않는 물질로서 제조, 가공, 포장 또는 수송에 있어서 식품에 기술적인 목적(관능적 특성)을 주기 위해서 의도적으로 첨가하는 물질이며, 직간접적으로 식품에 남을 수 있다."라고 정의하고 있다.

　　종합해 보면 식품첨가물은 식품의 구성 성분이 아니며 보편적으로 섭취하는 물질이 아니면서 식품의 제조, 가공 과정 중 기술적, 영양적 효과를 얻기 위해 식품에 의도적으로 첨가하는 물질이다. 식품첨가물이 최종 제품인 식품에 남아 있건, 남아 있지 않건 상관없이 식품의 제조, 가공, 보존 중에 사용되었으면 식품첨가물로 취급된다. 식품첨가물은 식품 제조, 가공 과정 중 결함이 있는 원재료나 비위생적인 제조 방법을 은폐하기 위하여 사용하여서는 아니 된다. 또한 식품 중에 첨가되는 식품첨가물의 양은 물리적, 영양학적 또는 기타 기술적 효과를 달성하는 데 필요한 최소량으로 사용하여야 한다.

　　우리나라는 식품첨가물을 제조 방법에 따라 화학적합성품과 천연첨가물로 분류하기도 하였으나, 2016년 4월 29일 고시를 통해 식품첨가물의 분류 체계를 "화학적합성품/천연첨가물" 구분 없이 식품첨가물로 통합하였다.

**1** 우리나라 식품첨가물의 정의를 설명하시오.

**2** 다음 중 식품첨가물은?
① 설탕                ② 전분
③ 올리고당          ④ 변성전분

**3** 일본은 식품첨가물을 어떻게 분류하고 있는지 설명하시오.

**4** 미국은 식품첨가물을 어떻게 분류하고 있는지 설명하시오.

---

풀이와 정답

1. 식품을 제조·가공·조리 또는 보존하는 과정에서 감미, 착색, 표백 또는 산화방지 등을 목적으로 식품에 사용되는 물질을 말한다. 이 경우 기구·용기·포장을 살균·소독하는 데에 사용되어 간접적으로 식품으로 옮아갈 수 있는 물질을 포함한다.
2. ④
3. 지정첨가물, 기존첨가물, 천연향료기원물질, 식품원료성첨가물
4. 직접첨가물, 2차 직접첨가물, 간접첨가물

# CHAPTER 3

# 식품첨가물의 특성

## 1. 식품첨가물의 필요성

식품첨가물은 오래전부터 사용되어 왔다. 예를 들어 와인 제조 시 사용하는 이산화황, 염지 과정에 사용하는 아질산염 등은 경험적으로 오랫동안 사용되어 온 식품첨가물이다. 20세기 중반에 시작된 식품 가공 산업의 발전은 식품첨가물의 사용을 크게 증대시켰다. 식품첨가물은 첫 번째, 가공 공정에서 꼭 필요한 경우, 두 번째, 식품의 보존을 위해, 세 번째, 기호성 향상, 네 번째, 영양 강화 등의 목적으로 사용된다.

가공 공정에서 꼭 필요한 경우, 즉 식품첨가물이 없다면 식품이 제조될 수 없는 예로 껌, 두부 및 빵을 들 수 있는데 껌은 식품첨가물인 껌기초제가 없으면 제조할 수 없고, 두부도 응고제가 없으면 제조할 수가 없다. 또한, 팽창제를 사용하지 않으면 밀가루 반죽이 부풀지 않아 빵을 제조할 수 없다. 그 외에도 많은 식품첨가물이 식품의 가공 공정에서 필수 불가결하게 사용되고 있다.

두 번째로 식품의 보존성 및 저장성은 현대사회에서 식품의 대량생산과 유통을 가능하게 해 주는 중요한 요소이다. 만일 보존료가 없다면 식중독에 의한 위험이 크게 증가할 것이다. 또한, 식품을 장기간 보관하기도 어려울 것이다. 따라서 식품첨가물은 식품 안전 확보에 중요한 역할을 하는 것이다. 지방질 산화는 지방질을 함유한 식품에 있어서 피할 수 없는 현상이고, 지방질 산화가 일어나면 식품의 품질이 저하될 뿐 아니라 건강에 유해한 독성물질을 생성하기도 한다. 따라서 산화방지제의 사용은 식품의 저장성 증진뿐 아니라 안전한 식품의 공급이라는 측면에서도 중요하다.

세 번째로 향료, 향미증진제, 착색료 및 증점제 등은 식품의 향미, 색깔 및 텍스처를 개선하여 기호성을 향상시킴으로써 인간에게 먹는 즐거움을 줄 뿐 아니라 식량 자원의 낭비를 막기도 한다.

네 번째로 영양강화제는 식품 가공 중 손실되는 영양소를 강화해 주므로 건강 증진에 도움을 준다.

## 2. 식품첨가물 사용의 결정

식품첨가물은 식품에 사용되어 우리에게 이로움을 주기도 하지만 잘못 사용하면 위해를 가하기도 하는 양면성을 가지고 있다. 따라서 식품첨가물의 사용은 위해와 이익의 균형(risk-benefit balance)에 의해 결정된다. 즉, 식품첨가물이 우리에게 주는 이익(benefit)이 위해(risk)보다 훨씬 크면 사용을 허가하게 되는 것이다.

식품첨가물을 사용함으로써 우리에게 주는 이익은 첫째, 건강상 이익을 들 수 있다. 보존료나 산화방지제는 식품의 품질을 보존하여 식중독 예방 등 식품 안전성을 향상시키며, 영양강화제는 식품의 영양적 가치를 증진시킨다. 둘째는 향료, 착색료, 발색제, 향미증진제, 감미료와 같이 식품의 향, 색, 맛을 개선하여 식품의 기호성을 증진시킨다. 셋째는 경제적 이익을 들 수 있는데, 식품첨가물을 사용함으로써 다양한 식품의 대량생산과 유통이 가능하게 되었다. 또한, 바쁜 현대사회에 식사의 편이성이 증대된 것도 식품첨가물이 우리에게 주는 이익으로 볼 수 있다.

미국에는 딜레이니 조항(Delaney clause)이라고 해서 발암성이 판명된 물질은 식품첨가물로 사용할 수 없다는 조항이 있다. 사카린나트륨은 당뇨 환자나 비만인 사람처럼 당 섭취를 줄여야 하는 사람들을 위해 개발된 합성감미료이다. 사카린나트륨이 동물실험에서 방광암을 유발할 수 있다는 연구 결과가 나오자 미국 FDA는 딜레이니 조항에 의해 사카린나트륨의 사용을 금지하고자 하였다. 하지만 당뇨 환자나 비만인 사람들이 미국 상원에 사카린나트륨의 사용을 허가해 달라는 청원을 하게 된다. 미 상원은 사카린나트륨이 당 섭취를 제한해야 하는 사람들에게 주는 이익이 발암 위험성보다 훨씬 크다고 판단해 사용 금지를 유예하였다(Saccharin moratorium). 아질산염의 경우도 아질산염에 의해 발암물질인 나이트로사민의 생성 가능성이 있지만 아질산염을 사용하지 않았을 때 일어날 수 있는 클로스트리듐 보툴리늄(*Clostridium botulinum*)에 의한 식중독이 훨씬 더 위험하므로 위해와 이익의 균형에 의해 아질산염을 사용하게 되는 것이다.

Tip

딜레이니 조항(Delaney clause)

1958년 미국 뉴욕주 하원의원 딜레이니가 제안한 법안으로 발암성이 있는 물질은 식품에 사용할 수 없다는 법안이다. 발암성이 의심되는 물질이 식품에서 검출되면 안 된다는 것이다. 즉, 식품첨가물의 절대적 안전성(zero-risk)을 요구하는 강력한 법안이다. 당시에는 분석 수준이 ppt(parts per thousand) 수준이었지만 지금은 분석 기술의 발달로 훨씬 더 미량으로 존재해도 분석이 가능하다. 현재는 미량으로 존재하면 발암 가능성이 없기 때문에 단지 검출되었다는 사실만으로 사용을 금지할 수 없다는 의견이 지배적이다. 딜레이니 조항은 원래는 가공식품의 농약 잔류량에 주로 적용되었으나 계속적인 수정이 이루어지다가 1996년 농약은 딜레이니 조항에서 삭제되었다.

식품첨가물은 첫 번째, 가공 공정에서 꼭 필요한 경우, 두 번째, 식품의 보존을 위해, 세 번째, 기호성 향상, 네 번째, 영양 강화 등의 목적으로 사용된다. 모든 화학물질은 독이 될 수도 있고 약이 될 수도 있다. 아무리 안전한 물질이라고 하더라도 다량 섭취하면 우리 몸에 해가 될 수 있다. 식품첨가물은 식품에 사용되어 우리에게 이로움을 주기도 하지만 잘못 사용하면 위해를 가하기도 하는 양면성을 가지고 있다. 따라서 식품첨가물의 사용은 위해와 이익의 균형(risk-benefit balance)에 의해 결정된다. 즉, 식품첨가물이 우리에게 주는 이익(benefit)이 위해(risk)보다 훨씬 크면 사용을 허가하게 되는 것이다.

**1** 식품 가공 공정에서 꼭 필요한 식품첨가물의 예를 3가지 드시오.


**2** 식품첨가물 사용의 결정에 있어서 위해와 이익의 균형(risk-benefit balance)에 대해 설명하시오.


---

풀이와 정답

1. 식품첨가물인 껌기초제가 없으면 껌을 제조할 수 없고, 응고제인 염화칼슘이 없으면 두부를 제조할 수가 없다. 또한 팽창제를 사용하지 않으면 밀가루 반죽이 부풀지 않아 빵을 제조할 수 없다.

2. 모든 물질은 독성을 가지고 있다. 아무리 안전한 물질이라고 하더라도 다량 섭취하면 우리 몸에 해가 될 수 있다. 식품첨가물은 식품에 사용되어 우리에게 이로움을 주기도 하지만 잘못 사용하면 위해를 가하기도 하는 양면성을 가지고 있다. 따라서 식품첨가물의 사용은 위해와 이익의 균형(risk-benefit balance)에 의해 결정된다. 즉, 식품첨가물이 우리에게 주는 이익(benefit)이 위해(risk)보다 훨씬 크기 때문에 사용을 결정하게 되는 것이다.

# CHAPTER 4

# 식품첨가물의 안전성

# 1. 화학물질의 안전성

모든 화학물질의 안전성은 그 물질 자체에 있는 것이 아니라 섭취량에 달려 있다. 16세기에 스위스 의사 파라켈수스(Paracelsus)는 "모든 물질은 독성을 가지고 있다. 적절한 양을 선택하는 것이 독과 약을 구별해 주는 기준이다."라고 서술하였다. 즉, 모든 화학물질은 독이 될 수도 있고 약이 될 수도 있다. 아무리 안전한 물질이라고 하더라도 많은 양을 섭취하면 우리 몸에 해가 될 수 있다. 예를 들어 설탕과 소금 같이 안전한 식품도 많은 양을 섭취하게 되면 인체에 해가 될 수 있다.

화학물질의 농도 의존적 안전성은 용량-반응 곡선(dose-response curve)으로 설명할 수 있다. 그림 4.1은 동물실험 결과에서 얻은 식품첨가물의 용량-반응 곡선이다. x축은 실험군에 투여한 식품첨가물의 양을 나타내고, y축은 반응을 나타낸다. 이 식품첨가물은 일정량 이하의 투여량에서는 안전한 물질이며, 그 이상의 양에서는 독성을 나타낼 수 있음을 보여 주고 있다.

화학물질의 독성 강도를 나타내는 척도로 반수치사량($LD_{50}$, Lethal Dose 50%)이라는 용어를 사용한다. 반수치사량은 시험물질을 실험동물에 투여하였을 때 실험동물의 50%가 죽는 투여량으로 보통 체중 kg당 mg으로 나타낸다. 그림 4.2는 복어독 테트로도톡신, 카페인 및 소금의 반수치사량을 구하기 위한 용량-반응 곡선을 나타낸 것이다. 그림에서 보면 테트로도톡신의 반수치사량은 10 $\mu$g/kg이고, 카페인은 200 mg/kg, 소금은 3 g/kg을 나

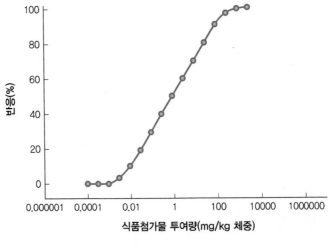

그림 4.1 **용량-반응 곡선**

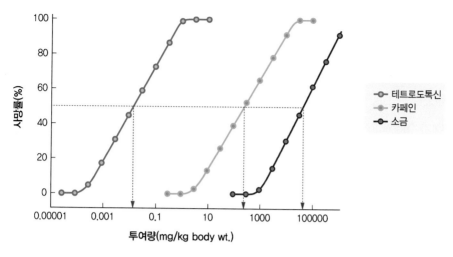

그림 4.2 **테트로도톡신, 카페인 및 소금의 용량-반응곡선**
자료 : 권훈정, 김정원, 유화춘. 식품위생학(2008) 참조

타낸다. 우리가 안전한 물질이라고 생각하며 매일 섭취하는 소금의 경우도 많은 양을 섭취하면 사망에 이를 수 있다는 이야기가 된다. 복어독인 테트로도톡신은 적은 양을 섭취해도 치명적일 수 있고, 카페인도 일정한 양 이상을 섭취하면 해로울 수 있다. 따라서 화학물질의 안전성은 물질 자체에 있는 것이 아니라 섭취량에 의존한다는 사실이 안전성 평가의 기본 원칙이다.

## 2. 식품첨가물의 일일섭취허용량

안전한 식품첨가물 섭취량의 기준으로 ADI(acceptable daily intake, 일일섭취허용량)가 사용된다. ADI는 일생 동안 매일 먹더라도 유해한 작용을 일으키지 않는 체중 1 kg당 1일 섭취허용량(mg/kg 체중/1일)으로 정의된다. ADI는 일생 동안 섭취할 경우에 발생하는 만성독성을 근거로 산출된 값으로 동물실험에서 유해한 영향이 관찰되지 않는 화학물질의 최대섭취량인 최대무독성량(no observed adverse effect level, NOAEL)에 안전계수 100을 나누어서 계산한 값이다. 안전계수 100은 동물과 사람 간의 종간 차이에 의한 안전계수 10, 사람 간의 개인 차이에 의한 안전계수 10을 고려한 값이다. ADI를 산출할 때 고려한 안전 폭이 크기 때문에 장기간에 걸쳐 섭취한 양이 ADI 이하라면 일시적으로 ADI를 초과하여 섭취하더라도 건강상 문제가 되지 않는다.

ADI는 농약이나 식품첨가물과 같이 의도적으로 사용하는 화학물질에 적용하는 값이다. 중금속과 같이 체내에 축적되는 물질에는 PTWI(provisional tolerable weekly intake, 잠정주간섭취허용량)가 사용된다. 오염물질과 같이 비의도적으로 혼입될 수 있는 물질에는 TDI(tolerable daily intake, 일일내용섭취량)가 사용된다.

ADI가 "not allocated"라면 식품첨가물에 대한 안전성 자료나 식품으로서 사용에 대한 정보가 별로 발표되지 않았거나, 동정 및 순도에 관한 규격이 작성되어 있지 않는 등의 이유로 인해 그 물질의 ADI를 설정할 수 없는 경우에 사용한다.

ADI가 매우 크거나 "not specified"이면 사용기준은 숫자로 나타낸 사용량 대신 우리나라의 일반사용기준에 해당하는 적당량(quantum satis) 또는 GMP에 따른다고 한다. "not limited"는 "not specified"와 같은 뜻으로 사용된다.

JECFA에서는 주기적으로 식품첨가물의 안전성을 평가하여 안전성에 문제가 있다고 판명되면 지정을 취소한다. 지정될 당시의 과학적 지식에 의해 안전하다고 평가된 식품첨가물도 과학기술의 발달로 안전성이 재평가될 수 있다. 2004년 파라옥시안식향산프로필이 생식독성이 있다는 연구 결과가 발표되었다. 2006년 EU는 연구 결과를 검토한 결과 지정을 취소하기로 하였다. 이에 우리나라는 2008년도에 파라옥시안식향산프로필의 지정을 취소하고, 2009년도에는 파라옥시안식향산부틸, 파라옥시안식향산이소부틸 및 파라옥시안식향산이소프로필의 지정을 취소하였다.

## 3. 식품첨가물 안전성 평가

식품첨가물은 소비자에게 이익을 주는 것으로 건강을 해할 우려가 없어야 한다. 표 4.1은 식품첨가물의 기준 및 규격 설정 신청 시 제출하여야 하는 자료를 나타낸 것이다. 식품

**표 4.1** 식품첨가물의 기준 및 규격 설정 신청 시 제출 자료

| 자료의 종류 | |
|---|---|
| 1. 자료 개요 | 카. 정량법 |
| 2. 기원 또는 발견의 경위 및 외국에서의 사용 현황 | 타. 식품첨가물의 안정성 |
| 가. 기원 또는 발견의 경위 | 파. 식품 중의 식품첨가물 분석법 |
| 나. 외국에서의 (사용)현황 | 하. 성분 규격(안)의 설정 근거 |
| 3. 제조 방법 | 5. 사용의 기술적 필요성 및 정당성 |
| 4. 성분 규격(안)에 관한 자료 | 6. 안전성에 관한 자료 |
| 가. 명칭 | 가. 독성에 관한 자료 |
| 나. 구조식 또는 시성식 | 1) 반복투여독성시험 |
| 다. 분자식 또는 분자량 | 2) 생식·발생독성시험 |
| 라. 정의 | 3) 유전독성시험 |
| 마. 함량 | 4) 면역독성시험 |
| 바. 성상 | 5) 발암성시험 |
| 사. 확인시험 | 6) 일반약리시험 |
| 아. 순도시험 | 나. 체내 동태에 관한 자료 |
| 자. 건조감량, 강열감량 또는 수분 | 다. 1일 섭취량에 관한 자료 |
| 차. 강열잔류물 | 7. 사용기준(안)에 관한 자료 |

첨가물로 지정을 받으려면 안전성에 관한 자료로서 독성에 관한 자료, 체내 동태에 관한 자료 및 1일 섭취량에 관한 자료를 제출하여야 한다. 독성에 관한 자료는 기본적으로 반복 투여독성시험, 생식·발생독성시험, 유전독성시험, 면역독성시험, 발암성시험, 일반약리시험 자료를 제출한다.

## 1) 독성에 관한 자료

### (1) 급성독성시험

일반적으로 모든 독성시험에 앞서 수행하는데, 실험동물에 식품첨가물의 투여량을 크게 하여 저농도부터 순차적으로 고농도까지 1회 투여하고, 2주 정도까지 독성 증상을 관찰한다. 주로 반수치사량($LD_{50}$)의 측정이나 급성중독 증상의 관찰에 이용된다. 실험동물은 생쥐 (mouse)나 쥐(rat) 등 2종 이상을 사용한다.

### (2) 반복투여독성시험

실험동물에 식품첨가물을 치사량 이하의 여러 농도로 반복 투여하여 생체에 미치는 영

향을 관찰하는 시험으로 1개월 이내에 종료하는 아급성독성시험, 3개월에서 12개월 정도로 관찰하는 아만성독성시험, 1년 이상 실험동물의 생애 전체를 관찰하는 만성독성시험 등이 있다. 만성독성시험은 최대무독성량(NOAEL)을 구하는 데 이용된다.

### (3) 생식·발생독성시험

식품첨가물이 차세대에 미치는 영향을 평가하기 위한 시험법으로 암수 모두에게 식품첨가물을 투여하고 교배시켜 차세대 또는 그 다음 세대까지 임신율, 출산율, 사산율 및 기형의 형성 등을 관찰한다. 최기형성(teratogenicity)시험은 식품첨가물이 태아의 발생에 미치는 영향을 조사하는 시험이다.

### (4) 유전독성시험

식품첨가물이 DNA나 염색체에 직접적인 손상을 주어 유전적 변이를 일으키는지를 시험하는 것으로 가장 간편한 시험 방법은 에임스(Ames) 시험법이다.

### (5) 면역독성시험

면역계 이상 증상 유발 여부를 조사하는 시험으로 면역기능 저하, 면역기능의 이상증진, 면역원성, 항원성, 과민성 및 자가면역 등을 시험한다.

### (6) 발암성시험

식품첨가물이 종양을 유발하는지를 조사하는 것으로 보통 설치류를 대상으로 생애(2년) 동안 진행한다.

## 2) 체내 동태에 관한 자료

식품첨가물을 섭취하였을 때 생체 내에서 흡수(absorption), 분포(distribution), 대사(metabolism), 배설(excretion)을 추정하기 위해 시험을 실시한다.

## 4. 식품첨가물 섭취량 평가

식품첨가물의 안전성 평가에 있어서 가장 기본이 되는 것은 노출량 평가이다. 식품첨가물의 ADI가 설정되고 사용이 허용되면 그 식품첨가물의 섭취로부터 안전성이 확보되기 위해서는 그 식품첨가물의 총섭취량이 ADI를 초과하지 않는다는 것이 보장되어야 하는데 이를 확인하기 위해 노출량 평가가 필요하다. 식품첨가물의 경우 대부분 식품을 통해 노출되므로 식품첨가물 섭취량 조사를 통해 노출량 평가가 이루어진다. 즉, 식품첨가물을 안전하게 섭취하고 있는지를 판단하기 위해 식품첨가물의 섭취량을 평가한다. 식품첨가물 섭취량 평가 방법에는 budget 방법, poundage 방법, point estimation 방법 및 총식이조사(total diet study) 방법 등이 있다.

## 1) Budget 방법

가장 간단한 방법 중 하나로 식품첨가물을 사용기준에 따라 최대로 사용했다고 가정하고, 하루에 섭취할 수 있는 식품의 양은 한도가 있는데 이 범위 내에서 이 식품을 최대한 먹었을 때의 식품첨가물의 이론적인 최대섭취량을 구하는 것이다. 이 방법은 식품첨가물 섭취량을 간단하게 구할 수 있지만 결과가 지나치게 과장될 수 있다.

## 2) Poundage 방법

식품첨가물 공급량에 의한 평가 방법으로 식품첨가물 생산량, 수출량 및 수입량 등 통계자료에서 얻은 개별 식품첨가물의 생산량을 총인구수로 나누어 1인당 평균섭취량을 추정하는 방법이다.

## 3) Point estimation 방법

식품첨가물 섭취량을 알 수 있는 가장 정확한 방법 중의 하나로, 식품의 섭취량을 조사하고 식품 내 식품첨가물 함량을 분석한 후 식품섭취량에 그 식품 속 식품첨가물의 함량을 곱하여 식품첨가물 섭취량을 추정하는 방법이다. 식품섭취량은 국민건강영양조사 자료로부터 구할 수 있으며, 식품 내 식품첨가물 함량은 분석을 통해 구할 수 있다. 국민건강영양조사 자료와 『식품공전』의 식품 유형 분류가 서로 다르므로 이를 통일시키는 작업이 선행되어야 한다.

### 4) 총식이조사(Total diet study)

개별 식품군의 식품첨가물 함량을 직접 분석하는데 이때 분석 대상 식품군은 대표 식단에서 선택한다. 선택한 식품들을 섭취하기 직전의 형태로 조리한 후 식품그룹별로 분류하고 균질화하여 식품첨가물의 농도를 분석한다. 식품그룹별 식품첨가물 농도와 평균식품섭취량을 곱하여 식품첨가물 섭취량을 구한다.

## 5. 식품첨가물과 과민성

알레르기 반응은 면역반응과 관련이 있고, 불내증(intolerance)이란 독성을 나타내는 양보다 훨씬 적은 양에서 부작용을 나타내는 것을 말한다. 알레르기 반응은 아니지만 부작용을 보이는 경우에 과민성(hypersensitivity)이라는 용어를 사용한다.

식품첨가물에 의한 불내증은 극히 드물다고 알려져 있다. 즉, 식품에 의한 불내증은 성인의 경우 2%, 어린이의 경우 20%인 데 반하여 식품첨가물에 의한 불내증은 0.01~0.23%로 알려져 있다.

식품첨가물이 나타내는 과민성에 대한 연구에서 유럽에서는 역학조사를 실시한 결과 전체 인구의 0.06%가 황색4호에 대해 과민성을 보였고, 안식향산나트륨에 대해서는 0.05%가 과민성을 보였다고 한다. 아스피린(aspirin)에 과민성을 보인 군이 전체의 0.5%인 것에 비하면 낮은 비율이다. 덴마크에서는 인구의 0.01~0.12%가 황색4호와 안식향산나트륨에 과민성을 나타냈다는 보고가 있다. 프랑스 경우에는 인구의 0.03~0.15%가 황색4호에 대해 과민성을 경험했다고 한다. 즉, 식품첨가물에 의한 부작용은 드물고 식품첨가물에 의한 알레르기 반응은 더욱 드물다고 할 수 있다.

Tip

**위해분석**

위해분석(risk analysis)은 식품 등에 존재하는 위해요소에 노출되어 건강에 유해한 영향을 미칠 가능성이 있는 경우에 그 발생을 방지하거나 최소화하기 위한 체계로 안전관리를 위한 과학적 접근법이다. 위해분석은 위해평가(risk assessment), 위해관리(risk management) 및 위해 정보전달(risk communication)의 3가지 요소로 구성되어 있다.

모든 화학물질의 안전성은 그 물질 자체에 있는 것이 아니라 섭취량에 달려 있다. 즉, 모든 화학물질은 독이 될 수도 있고 약이 될 수도 있다. 아무리 안전한 물질이라고 하더라도 많은 양을 섭취하면 우리 몸에 해가 될 수 있다. 안전한 식품첨가물 섭취량의 기준으로 ADI(acceptable daily intake, 일일섭취허용량)가 사용된다. ADI는 일생 동안 매일 먹더라도 유해한 작용을 일으키지 않는 체중 1 kg당 1일 섭취허용량(mg/kg 체중/1일)으로 정의된다. ADI는 동물실험에서 유해한 작용을 일으키지 않는 양에 안전계수 100을 나누어서 계산한 값이다. 또한, 식품에 사용하는 사용기준을 설정할 때는 ADI값보다 훨씬 적은 양을 사용기준으로 설정한다. 장기간에 걸쳐 섭취한 양이 ADI 이하라면 일시적으로 ADI를 초과하여 섭취하더라도 건강에 문제가 되지 않는다.

식품첨가물로 지정을 받으려면 안전성에 관한 자료로서 독성에 관한 자료, 체내 동태에 관한 자료 및 1일 섭취량에 관한 자료를 제출해야 한다. 독성에 관한 자료는 기본적으로 반복투여독성시험, 생식·발생독성시험, 유전독성시험, 면역독성시험, 발암성시험, 일반약리시험 자료를 제출한다. 식품첨가물이 ADI를 초과하지 않고 안전하게 섭취되고 있는지를 판단하기 위해 식품첨가물의 섭취량을 평가한다. 식품첨가물 섭취량 평가 방법에는 budget 방법, poundage 방법, point estimation 방법 및 총식이조사(total diet study) 방법 등이 있다.

**1** 일일섭취허용량(ADI)에 대해 설명하시오.

**2** NOAEL에 대해 설명하시오.

**3** ADI는 어떻게 구하는지 설명하시오.

**4** ADI와 TDI의 차이점에 대해 설명하시오.

**5** 식품첨가물 섭취량 평가 방법 중 point estimation 방법에 대해 설명하시오.

---

풀이와 정답

1. 안전한 식품첨가물 섭취량의 기준으로 일생 동안 매일 먹더라도 유해한 작용을 일으키지 않는 체중 1 kg당 1일 섭취허용량(mg/kg 체중/1일)을 말한다.
2. No Observed Adverse Effect Level의 약어로서 최대무독성량을 말한다. 최대무독성량이란 동물실험에서 유해한 영향이 관찰되지 않는 화학물질의 최대섭취량을 말한다.
3. NOAEL을 안전계수(보통 100)로 나누어서 구한다.
4. ADI는 일일섭취허용량으로 농약, 식품첨가물과 같이 의도적으로 사용하는 화학물질에 적용하는 값이고, TDI는 일일내용섭취량으로 오염물질과 같이 비의도적으로 혼입될 수 있는 물질에 적용하는 값이다.
5. point estimation 방법은 식품의 섭취량을 조사하고, 식품 내 식품첨가물 함량을 분석한 후 식품섭취량에 그 식품 속 식품첨가물의 함량을 곱하여 식품첨가물 섭취량을 추정하는 방법이다. 식품섭취량은 국민건강 영양조사 자료로부터 구하며, 식품 내 식품첨가물 함량은 분석을 통해 구한다.

**표 5.1** 우리나라 식품첨가물의 용도별 분류

| 번호 | 식품첨가물의 용도 | 정의 | 식품첨가물 |
|---|---|---|---|
| 1 | 감미료 | 식품에 단맛을 부여하는 식품첨가물 | 아스파탐, 수크랄로스, 아세설팜칼륨, 사카린나트륨 등 |
| 2 | 고결방지제 | 식품의 입자 등이 서로 부착되어 고형화되는 것을 감소시키는 식품첨가물 | 이산화규소, 규산마그네슘, 페로시안화나트륨 등 |
| 3 | 거품제거제 | 식품의 거품 생성을 방지하거나 감소시키는 식품첨가물 | 규소수지 |
| 4 | 껌기초제 | 적당한 점성과 탄력성을 갖는 비영양성의 씹는 물질로서 껌 제조의 기초 원료가 되는 식품첨가물 | 초산비닐수지, 폴리부텐, 폴리이소부틸렌, 검레진 등 |
| 5 | 밀가루개량제 | 밀가루나 반죽에 첨가되어 제빵 품질이나 색을 증진시키는 식품첨가물 | 아조디카르본아미드, 과산화벤조일(희석) 등 |
| 6 | 발색제 | 식품의 색을 안정화시키거나, 유지 또는 강화시키는 식품첨가물 | 아질산나트륨, 질산나트륨, 질산칼륨 등 |
| 7 | 보존료 | 미생물에 의한 품질 저하를 방지하여 식품의 보존기간을 연장시키는 식품첨가물 | 안식향산나트륨, 소브산칼륨 |
| 8 | 분사제 | 용기에서 식품을 방출시키는 가스 식품첨가물 | 산소, 아산화질소, 이산화탄소, 질소 등 |
| 9 | 산도조절제 | 식품의 산도 또는 알칼리도를 조절하는 식품첨가물 | 구연산, 글루코노-$\delta$-락톤, 빙초산, 인산 등 |
| 10 | 산화방지제 | 산화에 의한 식품의 품질 저하를 방지하는 식품첨가물 | 디부틸히드록시톨루엔, 부틸히드록시아니솔, 터셔리부틸히드로퀴논, 비타민C, 에리토브산 등 |
| 11 | 살균제 | 식품 표면의 미생물을 단시간 내에 사멸시키는 작용을 하는 식품첨가물 | 오존수, 이산화염소(수), 차아염소산나트륨 등 |
| 12 | 습윤제 | 식품이 건조되는 것을 방지하는 식품첨가물 | 글리세린, 프로필렌글리콜, D-소비톨 등 |
| 13 | 안정제 | 두 가지 또는 그 이상의 성분을 일정한 분산 형태로 유지시키는 식품첨가물 | 가티검, 결정셀룰로스, 구아검, 잔탄검, 카라기난 등 |
| 14 | 여과보조제 | 불순물 또는 미세한 입자를 흡착하여 제거하기 위해 사용되는 식품첨가물 | 규조토, 백도토, 산성백토, 벤토나이트, 탤크 등 |
| 15 | 영양강화제 | 식품의 영양학적 품질을 유지하기 위해 제조 공정 중 손실된 영양소를 복원하거나, 영양소를 강화시키는 식품첨가물 | 비타민B$_{12}$, 비타민B$_1$ 염산염, 비타민B$_2$, 비타민D$_2$ 등 |
| 16 | 유화제 | 물과 기름 등 섞이지 않는 두 가지 또는 그 이상의 상(phases)을 균질하게 섞어 주거나 유지시키는 식품첨가물 | 글리세린지방산에스테르, 소르비탄지방산에스테르, 스테아릴젖산나트륨, 스테아릴젖산칼슘, 자당지방산에스테르, 레시틴 등 |
| 17 | 이형제 | 식품의 형태를 유지하기 위해 원료가 용기에 붙는 것을 방지하여 분리하기 쉽도록 하는 식품첨가물 | 유동파라핀, 피마자유 |
| 18 | 응고제 | 식품 성분을 결착 또는 응고시키거나, 과일 및 채소류의 조직을 단단하거나 바삭하게 유지시키는 식품첨가물 | 염화마그네슘, 염화칼슘, 황산마그네슘, 조제해수염화마그네슘, 글루코노-$\delta$-락톤 등 |
| 19 | 제조용제 | 식품의 제조·가공 시 촉매, 침전, 분해, 청징 등의 역할을 하는 보조제 식품첨가물 | 수산, 수산화나트륨, 수산화나트륨액, 수소, 염산, 황산, 이온교환수지 등 |
| 20 | 젤형성제 | 젤을 형성하여 식품에 물성을 부여하는 식품첨가물 | 염화칼륨, 젤라틴 |

(계속)

| 번호 | 식품첨가물의 용도 | 정의 | 식품첨가물 |
|---|---|---|---|
| 21 | 증점제 | 식품의 점도를 증가시키는 식품첨가물 | 가티검, 구아검, 글루코만난, 덱스트란, 로커스트콩검, 아라비아검, 카라기난 등 |
| 22 | 착색료 | 식품에 색을 부여하거나 복원시키는 식품첨가물 | 식용색소녹색제3호, 식용색소적색제2호, 식용색소적색제3호, 식용색소적색제40호, 식용색소적색제102호 등 |
| 23 | 추출용제 | 유용한 성분 등을 추출하거나 용해시키는 식품첨가물 | 메틸알콜, 부탄, 아세톤, 이소프로필알코올, 초산에틸, 헥산 등 |
| 24 | 충전제 | 산화나 부패로부터 식품을 보호하기 위해 식품의 제조 시 포장 용기에 의도적으로 주입시키는 가스 식품첨가물 | 산소, 수소, 아산화질소, 이산화탄소, 질소 등 |
| 25 | 팽창제 | 가스를 방출하여 반죽의 부피를 증가시키는 식품첨가물 | 탄산수소나트륨, 탄산나트륨, 탄산암모늄, 탄산수소암모늄, 황산알루미늄칼륨, 황산알루미늄암모늄 등 |
| 26 | 표백제 | 식품의 색을 제거하기 위해 사용되는 식품첨가물 | 무수아황산, 아황산나트륨, 산성아황산나트륨, 차아황산나트륨, 메타중아황산칼륨, 메타중아황산나트륨 등 |
| 27 | 표면처리제 | 식품의 표면을 매끄럽게 하거나 정돈하기 위해 사용되는 식품첨가물 | 탤크 |
| 28 | 피막제 | 식품의 표면에 광택을 내거나 보호막을 형성하는 식품첨가물 | 몰포린지방산염, 밀납, 쉘락, 석유왁스 등 |
| 29 | 향미증진제 | 식품의 맛 또는 향미를 증진시키는 식품첨가물 | L-글루탐산나트륨, 5'-구아닐산이나트륨, 5'-이노신산이나트륨, 5'-리보뉴클레오티드이나트륨, 카페인 등 |
| 30 | 향료 | 식품에 특유한 향을 부여하거나 제조 공정 중 손실된 식품 본래의 향을 보강시키는 식품첨가물 | 합성향료, 천연향료 |
| 31 | 효소제 | 특정한 생화학반응의 촉매작용을 하는 식품첨가물 | 국, $\beta$-글루카나아제, 글루코아밀라아제 등 |

성향료 허용물질목록(positive list)에 포함된 2,400여 개의 품목만 사용할 수 있도록 관리 체제가 개정되었다. 2016년 개정안은 착향료의 명칭을 향료로 바꾸었으며, 합성향료와 천연향료(natural flavoring substances)로 구분하였다. 합성향료는 기존의 합성착향료를 말하는 것이며, 천연향료는 기존의 천연착향료이다.

식품첨가물은 지정이 취소되기도 하고 신규로 지정되기도 하여 식품첨가물의 개수는 매년 변하는데 2016년 현재 총 607개 품목의 식품첨가물이 지정되어 있다. 식품첨가물은 안전성과 관련된 이유로, 또는 사용 실적이 없는 경우 지정이 취소되기도 한다. 표 5.2는 현재까지 지정 취소된 식품첨가물 및 지정 취소 이유를 나타낸 것이다. 지금까지 우리나라에서 안전성을 이유로 지정이 취소된 식품첨가물은 브롬산칼륨, 꼭두서니색소, 파라옥시안식

**표 5.2** 지정 취소된 식품첨가물

| 식품첨가물 | 취소 일자 | 취소 이유 |
|---|---|---|
| 브롬산칼륨 | 1996. 4. 25 | 신장암 유발 가능성 |
| 꼭두서니색소 | 2004. 7. 16 | 신장암 유발 가능성 |
| 염기성알루미늄탄산나트륨 | 2006. 12. 27 | 식품 중 알루미늄 저감화, 국내 사용 빈도 낮음 |
| 파라옥시안식향산프로필 | 2008. 6. 24 | 생식독성 |
| 파라옥시안식향산부틸, 파라옥시안식향산이소부틸, 파라옥시안식향산이소프로필 | 2009. 1. 2 | 생식독성 |
| 콘색소, 누리장나무색소, 땅콩색소 | 2009. 7. 10 | Codex, EU, 미국, 일본 등에 지정되어 있지 않고 최근 4년간 국내 생산 및 수입 실적 없음 |
| 이염화이소시아눌산나트륨 | 2009. 11. 19 | 시아눌산 생성 가능성 |
| 글리실리진산삼나트륨<br>비타민B₁나프탈린-2,6-디설폰산염<br>비타민B₁프탈린염<br>표백분<br>탈지미강추출물<br>데히드로초산 | 2010. 11. 12 | 국내에서만 지정되어 있거나 국내 제조, 수입 실적이 없음 |
| 뮤타스테인, L-소르보오스, 가재색소, 크릴색소 | 2012. 03. 27 | 국내에서만 지정되어 있거나 국내 제조, 수입 실적이 없음 |
| 3-acetyl-2,5-dimethylthiophene(합성향료 A018) | 2015. 02. 24 | 안전성 관련 |

향산프로필, 파라옥시안식향산이소프로필, 파라옥시안식향산부틸, 파라옥시안식향산이소부틸 및 이염화이소시아눌산나트륨 등 7개 품목이다. 이 중 꼭두서니색소는 천연에서 추출한 물질이지만 안전성을 이유로 지정이 취소되었다. 또한 합성향료 중에서는 1개 품목이 안전성을 이유로 지정 취소되었다. 이외에도 2005년 12월 14일 합성향료 허용물질목록 신설에 따라 기존 18개 유별품목이 삭제되기도 하였다.

우리나라 『식품첨가물공전』은 2011년 11월 30일 고시 제2011-71호에 의해 성분 규격과 사용기준을 분리하였다.

## 2. 식품첨가물의 표시

식품에 사용한 식품첨가물은 모두 표시하여야 한다. 또한 복합원재료에 포함된 식품첨가물이 해당 제품에 효과를 발휘하는 경우에는 그 식품첨가물의 명칭을 표시하여야 한다.

식품 등의 표시기준에는 식품첨가물에 관련된 표시 사항이 있다. 아스파탐을 사용한

제품에는 "페닐알라닌 함유"라는 내용을 표시하여야 한다. 아스파탐은 아미노산 아스파트산과 페닐알라닌으로 이루어진 다이펩타이드(dipeptide)의 메틸에스터로 페닐케톤뇨증(phenylketonuria)을 유발할 수 있다. 페닐케톤뇨증은 페닐알라닌을 타이로신으로 전환시키는 페닐알라닌 수산화효소(phenylalanine hydroxylase)의 결핍으로 페닐알라닌이 혈액이나 뇌에 과도하게 축적되어 뇌의 발달과 기능에 영향을 미치는 질병이다.

당알코올류를 주원료로 한 제품에 대하여는 해당 당알코올의 종류 및 함량을 표시하여야 하고, "과량섭취 시 설사를 일으킬 수 있습니다." 등의 표시를 하여야 한다. 당알코올류는 대장에서 수분을 흡수하여 설사를 유발할 수 있다.

카페인 함량을 mL당 0.15 mg 이상 함유한 액체식품은 "어린이, 임산부, 카페인 민감자는 섭취에 주의하여 주시기 바랍니다." 등의 문구를 표시하여야 하며, 주 표시 면에는 "고카페인 함유"와 "총 카페인 함량 OOO mg"을 표시하여야 한다.

또한 소비자가 오인·혼동하는 표시를 하면 안 된다. 예를 들어 보존료는 원래 면류, 김치 및 두부제품에는 사용하지 못하게 되어 있는데, 면류, 김치 및 두부제품에 "무보존료"라고 표시를 하면 안 된다. 합성향료만을 사용하여 원재료의 향 또는 맛을 내는 경우 그 향 또는 맛을 뜻하는 그림이나 사진 등의 표시를 하면 안 된다.

"맛" 또는 "향"을 내기 위하여 사용한 합성향료를 제품명 또는 제품명의 일부로 사용하고자 하는 때에는 원재료명 또는 성분명 다음에 "향"자를 사용하되, 그 활자 크기는 제품명과 같거나 크게 표시하고, 제품명 주위에 "합성OO향 첨가(함유)" 또는 "합성향료 첨가(함유)" 등의 표시를 하여야 한다. 예를 들면 딸기향캔디(합성딸기향 첨가)와 같이 표시하여야 한다.

식품의 원료에서 이행(carry-over)된 식품첨가물이 제품에 효과를 발휘할 수 있는 양보다 적게 함유된 경우에는 그 식품첨가물의 명칭을 표시하지 않는다. 또한, 식품의 가공 과정 중 첨가되어 최종 제품에서 제거되는 식품첨가물은 그 명칭을 표시하지 않는다. 식품첨가물은 「식품첨가물의 기준 및 규격」에서 고시한 명칭을 사용하여야 한다. 따라서 MSG는 고시된 명칭이 아니므로 표시하면 안 된다.

표 5.3에 해당하는 용도로 식품에 사용하는 식품첨가물은 그 명칭과 용도를 함께 표시하여야 한다. 표 5.4에 해당하는 식품첨가물의 경우에는 「식품첨가물 기준 및 규격」에서 고시한 명칭이나 표 5.4에서 규정한 간략명으로 표시하여야 한다. 표 5.5에 해당하는 식품첨가물의 경우에는 「식품첨가물 기준 및 규격」에서 고시한 명칭이나 표 5.5에서 규정한

**표 5.3** 명칭과 용도를 함께 표시해야 하는 식품첨가물

| 식품첨가물의 명칭 | 용도 |
|---|---|
| 사카린나트륨 | 감미료 |
| 아스파탐 | |
| 글리실리진산이나트륨 | |
| 수크랄로스 | |
| 아세설팜칼륨 | |
| 식용색소녹색제3호 | 착색료 |
| 식용색소녹색제3호알루미늄레이크 | |
| 식용색소적색제2호 | |
| 식용색소적색제2호알루미늄레이크 | |
| 식용색소적색제3호 | |
| 식용색소적색제40호 | |
| 식용색소적색제40호알루미늄레이크 | |
| 식용색소적색제102호 | |
| 식용색소청색제1호 | |
| 식용색소청색제1호알루미늄레이크 | |
| 식용색소청색제2호 | |
| 식용색소청색제2호 알루미늄레이크 | |
| 식용색소황색제4호 | |
| 식용색소황색제4호알루미늄레이크 | |
| 식용색소황색제5호 | |
| 식용색소황색제5호알루미늄레이크 | |
| 동클로로필 | |
| 동클로로필린나트륨 | |
| 철클로로필린나트륨 | |
| 삼이산화철 | |
| 이산화티타늄 | |
| 수용성안나토 | |
| 카민 | |
| $\beta$-카로틴 | |
| 동클로로필린칼륨 | |
| $\beta$-아포-8'-카로티날 | |
| 데히드로초산나트륨 | 보존료 |
| 소브산 | |

(계속)

| 식품첨가물의 명칭 | 용도 |
| --- | --- |
| 소브산칼륨 | 보존료 |
| 소브산칼슘 | |
| 안식향산 | |
| 안식향산나트륨 | |
| 안식향산칼륨 | |
| 안식향산칼슘 | |
| 파라옥시안식향산메틸 | |
| 파라옥시안식향산에틸 | |
| 프로피온산 | |
| 프로피온산나트륨 | |
| 프로피온산칼슘 | |
| 디부틸히드록시톨루엔 | 산화방지제 |
| 부틸히드록시아니졸 | |
| 몰식자산프로필 | |
| 에리토브산 | |
| 에리토브산나트륨 | |
| 아스코빌스테아레이트 | |
| 아스코빌팔미테이트 | |
| 이·디·티·에이.이나트륨 | |
| 이·디·티·에이.칼슘이나트륨 | |
| 터셔리부틸히드로퀴논 | |
| 산성아황산나트륨 | 표백용은 "표백제"로, 보존용은 "보존료"로, 산화방지제는 "산화방지제"로 한다. |
| 아황산나트륨 | |
| 차아황산나트륨 | |
| 무수아황산 | |
| 메타중아황산칼륨 | |
| 메타중아황산나트륨 | |
| 차아염소산칼슘 | 살균용은 "살균제"로, 표백용은 "표백제"로 한다. |
| 차아염소산나트륨 | |
| 아질산나트륨 | 발색용은 "발색제"로, 보존용은 "보존료"로 한다. |
| 질산나트륨 | |
| 질산칼륨 | |
| 카페인 | 향미증진제 |
| L-글루탐산나트륨 | |

간략명 또는 주 용도(중복된 사용 목적을 가질 경우에는 주요 목적을 주 용도로 함)로 표시하여야 한다. 다만, 표 5.5에서 규정한 주 용도가 아닌 다른 용도로 사용한 경우에는 고시한 식품첨가물의 명칭 또는 간략명으로 표시하여야 한다.

혼합제제류 식품첨가물은 혼합제제류의 구체적인 명칭을 표시하고, 괄호로 혼합제제류를 구성하는 식품첨가물 등을 모두 표시하여야 한다. 이 경우 식품첨가물의 명칭 표시 등은 고시한 명칭 또는 간략명으로 표시하여야 한다[예: 면류첨가알칼리제(탄산나트륨, 탄산칼륨)].

알레르기를 유발하는 것으로 알려져 있는 난류(가금류에 한함), 우유, 메밀, 땅콩, 대두, 밀, 고등어, 게, 새우, 돼지고기, 복숭아, 토마토에서 추출 등의 방법으로 얻은 식품첨가물을 사용하였을 경우에는 함유된 양과 관계없이 원재료명을 표시하여야 한다[예: 카제인나트륨(우유), 레시틴(대두) 등]. 또한 아황산류의 경우 이를 첨가하여 최종 제품에 이산화황($SO_2$)으로 10 mg/kg 이상 함유한 경우에는 표시를 하여야 한다.

표 5.4 명칭 또는 간략명을 표시해야 하는 식품첨가물

| 식품첨가물의 명칭 | 간략명 |
| --- | --- |
| 가티검 | |
| 감색소 | |
| 감초추출물 | |
| 결정셀룰로스 | 결정섬유소 |
| 고량색소 | |
| 과산화벤조일(희석) | |
| 과황산암모늄 | |
| 구아검 | |
| 국 | |
| 규산마그네슘 | 규산Mg |
| 규산칼슘 | 규산Ca |
| 규소수지 | |
| 글루코만난 | |
| 글루코사민 | |
| 글리세린 | |
| 금박 | |
| 김색소 | |
| 나타마이신 | |
| 니신 | |

(계속)

| 식품첨가물의 명칭 | 간략명 |
| --- | --- |
| 덱스트란 | |
| 라우린산 | |
| 락색소 | |
| 락티톨 | |
| 로진 | |
| 로커스트콩검 | |
| 루틴 | |
| D-리보오스 | 리보오스 |
| 마리골드색소 | |
| 만니톨 | |
| D-말티톨 | |
| 말티톨시럽 | |
| 메틸셀룰로스 | |
| 메틸알콜 | |
| 메틸에틸셀룰로스 | |
| 몰식자산 | |
| 무궁화색소 | |
| 미리스트산 | |
| 미세섬유상셀룰로스 | 미세섬유상섬유소 |
| 백단향색소 | |
| 베리류색소 | |
| 벤토나이트 | |
| 변성전분 | |
| 변성호프추출물 | |
| 봉선화추출물 | 분말섬유소 |
| 분말셀룰로스 | |
| 분말섬유소 | |
| 비트레드 | |
| 사일리움씨드검 | |
| 사프란색소 | |
| 산소 | |
| 잔탄검 | |
| D-소비톨 | 소비톨 |
| D-소비톨액 | 소비톨액 |

(계속)

| 식품첨가물의 명칭 | 간략명 |
|---|---|
| 수소 | |
| 스테비올배당체 | |
| 스테아린산 | |
| 스피룰리나색소 | |
| 시아너트색소 | |
| 시클로덱스트린 | |
| 시클로덱스트린시럽 | |
| 실리코알루민산나트륨 | 실리코알루민산Na |
| 심황색소 | |
| 아라비노갈락탄 | |
| 아라비아검 | |
| 아산화질소 | |
| 아세톤 | |
| 아조디카르본아미드 | |
| 안나토색소 | |
| 알긴산나트륨 | 알긴산Na |
| 알긴산암모늄 | |
| 알긴산칼륨 | 알긴산K |
| 알긴산칼슘 | 알긴산Ca |
| 알긴산프로필렌글리콜 | 알긴산에스테르 |
| 알팔파추출색소 | 알팔파색소 |
| 양파색소 | |
| 에틸셀룰로스 | |
| 염소 | |
| 염화칼륨 | 염화K |
| $\gamma$-오리자놀 | 오리자놀 |
| 오징어먹물색소 | |
| 옥시스테아린 | |
| 올레인산 | |
| 이산화규소 | 산화규소 |
| 이산화염소 | |
| 이산화탄소 | |
| 이소말트 | |
| 이소프로필알콜 | |

(계속)

| 식품첨가물의 명칭 | 간략명 |
|---|---|
| 자몽종자추출물 | |
| 자일리톨 | |
| 자주색고구마색소 | |
| 자주색옥수수색소 | |
| 자주색참마색소 | |
| 적무색소 | |
| 적양배추색소 | |
| 젤란검 | |
| 종국 | |
| 지베렐린산 | |
| 질소 | |
| 차즈기색소 | |
| 차추출물 | |
| 차카테킨 | |
| 참깨유불검화물 | 참깨유추출물 |
| 초산에틸 | |
| 치자적색소 | |
| 치자청색소 | |
| 치자황색소 | |
| 카라멜색소 | |
| 카라야검 | |
| 카로틴 | |
| 카복시메틸셀룰로스나트륨 | 카복시메틸셀룰로스Na, 섬유소글리콘산나트륨, 섬유소글리콘산Na, CMC나트륨, CMC-Na, CMC, 셀룰로스검 |
| 카복시메틸셀룰로스칼슘 | 카복시메틸셀룰로스Ca, 섬유소글리콘산칼슘, 섬유소글리콘산Ca, CMC칼슘, CMC-Ca |
| 카복시메틸스타치나트륨 | 카복시메틸스타치Na, 카복시메틸전분Na, 전분글리콘산나트륨, 전분글리콘산Na |
| 카카오색소 | |
| 카프릭산 | |
| 카프릴산 | |
| 커드란 | |
| 케르세틴 | |
| 코치닐추출색소 | 코치닐색소 |
| 클로로필 | |

(계속)

| 식품첨가물의 명칭 | 간략명 |
| --- | --- |
| D-자일로오스 | 자일로오스 |
| 키토산 | |
| 키틴 | |
| 타라검 | |
| 타마린드검 | |
| 타마린드색소 | |
| 탈지미강추출물 | |
| 토마토색소 | |
| 토마틴 | |
| 트라가칸스검 | |
| 파프리카추출색소 | 파프리카색소 |
| 파피아색소 | |
| 팔미트산 | |
| 퍼셀레란 | |
| 페로시안화나트륨 | 페로시안화Na |
| 페로시안화칼륨 | 페로시안화K |
| 페로시안화칼슘 | 페로시안화Ca |
| 페룰린산 | |
| 펙틴 | |
| 포도과즙색소 | |
| 포도과피색소 | |
| 포도종자추출물 | |
| 폴리감마글루탐산 | 폴리글루탐산 |
| 폴리글리시톨시럽 | 폴리글루시톨 |
| 폴리덱스트로스 | |
| ε-폴리리신 | 폴리리신 |
| 폴리아크릴산나트륨 | 폴리아크릴산Na |
| 피칸너트색소 | |
| 헥산 | |
| 홍국색소 | |
| 홍국황색소 | |
| 홍화적색소 | |
| 홍화황색소 | |
| 효소분해사과추출물 | |

(계속)

| 식품첨가물의 명칭 | 간략명 |
| --- | --- |
| 효소처리스테비아 | |
| 히드록시프로필메틸셀룰로스 | |
| 히드록시프로필셀룰로스 | |
| 히알루론산 | |

표 5.5 명칭, 간략명 또는 주 용도를 표시해야 하는 식품첨가물

| 식품첨가물의 명칭 | 간략명 | 주 용도 |
| --- | --- | --- |
| 검 레진 | | 껌기초제 |
| 5'-구아닐산이나트륨 | 구아닐산이나트륨, 구아닐산나트륨, 구아닐산Na | 영양강화제, 향미증진제 |
| 구연산 | | 산도조절제 |
| 구연산망간 | 구연산Mn | 영양강화제 |
| 구연산삼나트륨 | 구연산Na | 산도조절제 |
| 구연산철 | 구연산Fe | 영양강화제 |
| 구연산철암모늄 | | 영양강화제 |
| 구연산칼륨 | 구연산K | 산도조절제 |
| 구연산칼슘 | 구연산Ca | 산도조절제, 영양강화제 |
| $\beta$-글루카나아제 | 글루카나아제 | 효소제 |
| 글루코노-$\delta$-락톤 | | 두부응고제, 산도조절제, 팽창제 |
| 글루코아밀라아제 | | 효소제 |
| 글루코오스산화효소 | | 효소제 |
| 글루코오스이성화효소 | | 효소제 |
| 글루콘산 | | 산도조절제 |
| 글루콘산나트륨 | 글루콘산Na | 산도조절제, 유화제 |
| 글루콘산동 | 글루콘산Cu | 영양강화제 |
| 글루콘산마그네슘 | 글루콘산Mg | 산도조절제, 영양강화제 |
| 글루콘산망간 | 글루콘산Mn | 영양강화제 |
| 글루콘산아연 | 글루콘산Zn | 영양강화제 |
| 글루콘산철 | 글루콘산Fe | 산도조절제, 영양강화제 |
| 글루콘산칼륨 | 글루콘산K | 산도조절제 |
| 글루콘산칼슘 | 글루콘산Ca | 산도조절제, 영양강화제 |
| 글루타미나아제 | | 효소제 |
| L-글루타민 | 글루타민 | 영양강화제 |

(계속)

| 식품첨가물의 명칭 | 간략명 | 주 용도 |
|---|---|---|
| L-글루탐산 | 글루탐산 | 향미증진제 |
| L-글루탐산암모늄 | 글루탐산암모늄 | 향미증진제 |
| L-글루탐산칼륨 | 글루탐산칼륨, 글루탐산K | 향미증진제 |
| 글리세로인산칼륨 | 글리세로인산K | 영양강화제 |
| 글리세로인산칼슘 | 글리세로인산Ca | 영양강화제 |
| 글리세린지방산에스테르 | 글리세린에스테르 | 유화제, 껌기초제 |
| 글리신 | | 영양강화제, 향미증진제 |
| 나린진 | | 향미증진제 |
| 니코틴산 | | 영양강화제 |
| 니코틴산아미드 | | 영양강화제 |
| 담마검 | | 피막제 |
| 덱스트라나아제 | | 효소제 |
| 디벤조일티아민 | | 영양강화제 |
| 디벤조일티아민염산염 | | 영양강화제 |
| 디아스타아제 | | 효소제 |
| 라우릴황산나트륨 | 라우릴황산Na | 유화제 |
| L-라이신 | 라이신 | 영양강화제 |
| L-라이신염산염 | 라이신염산염 | 영양강화제 |
| 락타아제 | | 효소제 |
| 락토페린농축물 | 락토페린 | 영양강화제 |
| 레시틴 | | 유화제 |
| 렌넷카제인 | | 유화제 |
| L-로이신 | 로이신 | 영양강화제 |
| 5'-리보뉴클레오티드이나트륨 | 5'-리보뉴클레오티드Na, 리보뉴클레오티드이나트륨, 리보뉴클레오티드Na | 향미증진제 |
| 5'-리보뉴클레오티드이칼슘 | 5'-리보뉴클레오티드Ca, 리보뉴클레오티드칼슘, 리보뉴클레오티드Ca | 향미증진제 |
| 리소짐 | | 효소제 |
| 리파아제 | | 효소제 |
| 리파아제/에스테라아제 | | 효소제 |
| 말토게닉아밀라아제 | | 효소제 |
| 말토트리오히드로라제 | G3생성효소 | 효소제 |
| 메타인산나트륨 | 메타인산Na | 산도조절제, 팽창제 |
| 메타인산칼륨 | 메타인산K | 산도조절제, 팽창제 |
| DL-메티오닌 | | 영양강화제 |

(계속)

| 식품첨가물의 명칭 | 간략명 | 주 용도 |
|---|---|---|
| L-메티오닌 | | 영양강화제 |
| 몰리브덴산암모늄 | | 영양강화제 |
| 몰포린지방산염 | 몰포린 | 피막제 |
| 뮤신 | | 영양강화제 |
| 밀납 | | 피막제 |
| L-발린 | 발린 | 영양강화제 |
| 베타글리코시다아제 | 글리코시다아제 | 효소제 |
| 베타인 | | 향미증진제 |
| 분말비타민A | 비타민A, Vit. A | 영양강화제 |
| 비오틴 | | 영양강화제 |
| 비타민B$_{12}$ | | 영양강화제 |
| 비타민B$_1$나프탈린-1,5-디설폰산염 | | 영양강화제 |
| 비타민B$_1$나프탈린-2,6-디설폰산염 | | 영양강화제 |
| 비타민B$_1$라우릴황산염 | | 영양강화제 |
| 비타민B$_1$로단산염 | 치아민로단산염, Vit. B$_1$ 로단산염, Vit. B$_1$ 티오시안산염 | 영양강화제 |
| 비타민B$_1$염산염 | 치아민염산염 | 영양강화제 |
| 비타민B$_1$질산염 | | 영양강화제 |
| 비타민B$_1$프탈린염 | | 영양강화제 |
| 비타민B$_2$ | Vit. B$_2$ | 영양강화제 |
| 비타민B$_2$인산에스테르나트륨 | 비타민B$_2$ 인산에스테르Na, Vit. B$_2$ 인산에스테르Na, 리보플라빈인산에스테르Na | 영양강화제 |
| 비타민B$_6$염산염 | Vit. B$_6$ 염산염 | 영양강화제 |
| 비타민C | Vit. C | 영양강화제 |
| 비타민D$_2$ | Vit. D$_2$ | 영양강화제 |
| 비타민D$_3$ | Vit. D$_3$ | 영양강화제 |
| 비타민E | Vit. E | 영양강화제 |
| 비타민K$_1$ | Vit. K$_1$ | 영양강화제 |
| 빙초산 | | 산도조절제 |
| DL-사과산 | 사과산 | 산도조절제, 팽창제 |
| DL-사과산나트륨 | 사과산Na | 산도조절제, 팽창제 |
| 산성알루미늄인산나트륨 | 산성알루미늄인산Na | 산도조절제, 팽창제 |
| 산성피로인산나트륨 | 산성피로인산Na, 피로인산일나트륨, 피로인산일Na | 산도조절제, 팽창제 |

(계속)

| 식품첨가물의 명칭 | 간략명 | 주 용도 |
|---|---|---|
| 산화마그네슘 | 산화Mg | 영양강화제 |
| 산화아연 | 산화Zn | 영양강화제 |
| 산화칼슘 | 산화Ca | 산도조절제, 영양강화제 |
| 석유왁스 | | 피막제, 껌기초제 |
| L-세린 | 세린 | 영양강화제 |
| 세스퀴탄산나트륨 | 세스퀴탄산Na | 산도조절제, 팽창제 |
| 셀룰라아제 | | 효소제 |
| 소르비탄지방산에스테르 | 소르비탄에스테르 | 유화제, 껌기초제 |
| 수산화마그네슘 | 수산화Mg | 산도조절제, 영양강화제 |
| 수산화암모늄 | | 산도조절제 |
| 수산화칼슘 | 수산화Ca, 소석회 | 산도조절제 |
| 쉘락 | | 피막제 |
| 스테아린산마그네슘 | 스테아린산Mg | 영양강화제, 유화제 |
| 스테아린산칼슘 | 스테아린산Ca | 영양강화제, 유화제 |
| 스테아릴젖산나트륨 | 스테아릴젖산Na | 유화제 |
| 스테아릴젖산칼슘 | 스테아릴젖산Ca | 유화제 |
| L-시스테인염산염 | 시스테인염산염 | 영양강화제 |
| L-시스틴 | 시스틴 | 영양강화제 |
| 5'-시티딜산 | 시티딜산, CMP | 영양강화제, 향미증진제 |
| 5'-시티딜산이나트륨 | 5'-시티딜산나트륨, 5'-시티딜산Na, 시티딜산이나트륨, 시티딜산이Na, 시티딜산나트륨, 시티딜산Na | 영양강화제, 향미증진제 |
| 쌀겨왁스 | | 피막제 |
| 5'-아데닐산 | 아데닐산, AMP | 영양강화제, 향미증진제 |
| 아디핀산 | | 산도조절제, 팽창제 |
| L-아르지닌 | 아르지닌 | 영양강화제 |
| α-아밀라아제(비세균성) | 아밀라아제 | 효소제 |
| α-아밀라아제(세균성) | 아밀라아제 | 효소제 |
| 아셀렌산나트륨 | 아셀렌산Na | 영양강화제 |
| L-아스코브산나트륨 | 아스코브산나트륨, 아스코브산Na, 비타민C-Na | 영양강화제 |
| 아스코브산칼슘 | 아스코브산Ca, 비타민C-Ca | 영양강화제 |
| 아스파라지나아제 | | 효소제 |
| L-아스파라진 | 아스파라진 | 영양강화제 |
| L-아스파트산 | 아스파트산, 아스파라진산 | 영양강화제 |

(계속)

| 식품첨가물의 명칭 | 간략명 | 주 용도 |
|---|---|---|
| 알긴산 | | 유화제 |
| DL-알라닌 | | 영양강화제 |
| L-알라닌 | | 영양강화제 |
| 알파갈락토시다아제 | 갈락토시다아제 | 효소제 |
| 에리스리톨 | | 향미증진제 |
| 에스테르검 | | 껌기초제 |
| 엑소말토테트라히드로라아제 | | 효소제 |
| 염기성알루미늄인산나트륨 | 염기성알루미늄인산Na | 산도조절제, 유화제 |
| 염화마그네슘 | 염화Mg | 두부응고제, 영양강화제 |
| 염화망간 | 염화Mn | 영양강화제 |
| 염화암모늄 | | 팽창제 |
| 염화제이철 | 염화철, 염화Fe | 영양강화제 |
| 염화칼슘 | 염화Ca | 두부응고제 |
| 염화콜린 | | 영양강화제 |
| 염화크롬 | 염화Cr | 영양강화제 |
| 엽산 | | 영양강화제 |
| 올레인산나트륨 | 올레인산Na | 피막제 |
| 요오드칼륨 | 요오드K | 영양강화제 |
| 용성비타민P | | 영양강화제 |
| 5'-우리딜산이나트륨 | 5'-우리딜산나트륨, 5'-우리딜산Na, 우리딜산이나트륨, 우리딜산이Na, 우리딜산나트륨, 우리딜산Na | 영양강화제, 향미증진제 |
| 우유응고효소 | | 효소제 |
| 유동파라핀 | | 피막제 |
| 유성비타민A지방산에스테르 | 유성비타민A에스테르, 비타민A에스테르 | 영양강화제 |
| 유카추출물 | | 유화제 |
| 이노시톨 | | 영양강화제 |
| 5'-이노신산이나트륨 | 5'-이노신산나트륨, 5'-이노신산Na, 이노신산이나트륨, 이노신산Na | 영양강화제, 향미증진제 |
| 이리단백 | | 영양강화제 |
| L-이소로이신 | 이소로이신 | 영양강화제 |
| 이초산나트륨 | 이초산Na | 산도조절제 |
| 이타콘산 | | 산도조절제 |
| 인베르타아제 | | 효소제 |

(계속)

| 식품첨가물의 명칭 | 간략명 | 주 용도 |
|---|---|---|
| 인산 | | 산도조절제 |
| 인산철 | 인산Fe | 영양강화제 |
| 자당지방산에스테르 | 자당에스테르 | 유화제 |
| 껌기초제 | 전해철 | 영양강화제 |
| 젖산 | | 산도조절제 |
| 젖산나트륨 | 젖산Na | 산도조절제, 향미증진제, 유화제 |
| L-젖산마그네슘 | L-젖산Mg, 젖산마그네슘, 젖산Mg | 산도조절제 |
| 젖산철 | 젖산Fe | 산도조절제, 영양강화제 |
| 젖산칼륨 | 젖산K | 산도조절제, 향미증진제 |
| 젖산칼슘 | 젖산Ca | 산도조절제, 영양강화제 |
| 제삼인산나트륨 | 제삼인산Na, 인산삼Na | 산도조절제, 팽창제 |
| 제삼인산마그네슘 | 제삼인산Mg, 인산삼Mg | 산도조절제, 영양강화제, 팽창제 |
| 제삼인산칼륨 | 제삼인산K, 인산삼K | 산도조절제, 팽창제 |
| 제삼인산칼슘 | 제삼인산Ca, 인산삼Ca | 산도조절제, 영양강화제, 팽창제 |
| 제이인산나트륨 | 제이이산Na, 인산이Na | 산도조절제, 팽창제 |
| 제이인산마그네슘 | 제이인산Mg, 인산이Mg | 산도조절제, 영양강화제, 팽창제 |
| 제이인산암모늄 | | 산도조절제, 팽창제 |
| 제이인산칼륨 | 제이인산K, 인산이K | 산도조절제, 팽창제 |
| 제이인산칼슘 | 제이이산Ca, 인산이Ca | 산도조절제, 영양강화제, 팽창제 |
| 제일인산나트륨 | 제일인산Na, 인산일Na | 산도조절제, 팽창제 |
| 제일인산암모늄 | 인산일암모늄 | 산도조절제, 팽창제 |
| 제일인산칼륨 | 제일인산K, 인산일K, 산성인산칼륨, 산성인산K | 산도조절제, 팽창제 |
| 제일인산칼슘 | 제일인산Ca, 인산일Ca, 산성인산칼슘, 산성인산Ca | 산도조절제, 영양강화제, 팽창제 |
| 젤라틴 | | 유화제 |
| 조제해수염화마그네슘 | | 두부응고제 |
| DL-주석산 | | 산도조절제 |
| L-주석산 | | 산도조절제 |
| DL-주석산나트륨 | DL-주석산Na | 산도조절제 |
| L-주석산나트륨 | L-주석산Na | 산도조절제 |
| DL-주석산수소칼륨 | DL-주석산수소K, DL-중주석산칼륨, DL-중주석산K | 산도조절제, 팽창제 |
| L-주석산수소칼륨 | L-주석산수소K, L-중주석산칼륨, L-중주석산K | 산도조절제, 팽창제 |

(계속)

| 식품첨가물의 명칭 | 간략명 | 주 용도 |
|---|---|---|
| 주석산수소콜린 | 중주석산콜린 | 영양강화제 |
| 주석산칼륨나트륨 | 주석산K·Na | 산도조절제 |
| 초산 | | 산도조절제, 향미증진제 |
| 초산나트륨 | 초산Na | 산도조절제 |
| 초산비닐수지 | | 껌기초제, 피막제 |
| 초산칼슘 | 초산Ca | 산도조절제 |
| 카나우바왁스 | | 피막제 |
| 카라기난 | | 유화제 |
| L-카르니틴 | 카르니틴 | 영양강화제 |
| 카제인 | | 유화제 |
| 카제인나트륨 | 카제인Na | 유화제 |
| 카탈라아제 | | 효소제 |
| 칸델릴라왁스 | | 유화제, 피막제 |
| 퀼라야추출물 | | 유화제 |
| 키토사나아제 | | 효소제 |
| 타우린 | | 영양강화제 |
| 탄나아제 | | 효소제 |
| 탄닌산 | | 향미증진제 |
| 탄산나트륨 | 탄산Na, 소오다회 | 산도조절제, 팽창제 |
| 탄산마그네슘 | 탄산Mg | 산도조절제, 영양강화제, 팽창제 |
| 탄산수소나트륨 | 탄산수소Na, 중탄산Na | 산도조절제, 팽창제 |
| 탄산수소암모늄 | | 산도조절제, 팽창제 |
| 탄산수소칼륨 | 탄산수소K, 중탄산칼륨, 중탄산K | 산도조절제, 팽창제 |
| 탄산암모늄 | | 산도조절제, 팽창제 |
| 탄산칼륨(무수) | 탄산칼륨, 탄산K | 산도조절제, 팽창제 |
| 탄산칼슘 | 탄산Ca | 산도조절제, 영양강화제, 팽창제, 껌기초제 |
| 테아닌 | | 영양강화제 |
| 탤크 | | 껌기초제 |
| $d$-$\alpha$-토코페롤 | 토코페롤 | 영양강화제 |
| $d$-토코페롤(혼합형) | 토코페롤(혼합형) | 영양강화제 |
| $dl$-$\alpha$-토코페릴아세테이트 | 초산토코페롤, 초산비타민E, 초산Vit. E | 영양강화제 |
| $d$-$\alpha$-토코페릴아세테이트 | 초산토코페롤, 초산비타민E, 초산Vit. E | 영양강화제 |

(계속)

| 식품첨가물의 명칭 | 간략명 | 주 용도 |
|---|---|---|
| $d$-$\alpha$-토코페릴호박산 | 호박산토코페롤, 호박산비타민E, 호박산Vit. E | 영양강화제 |
| 트랜스글루코시다아제 | | 효소제 |
| 트랜스글루타미나아제 | | 효소제 |
| DL-트레오닌 | | 영양강화제 |
| L-트레오닌 | | 영양강화제 |
| 트리아세틴 | | 유화제, 껌기초제 |
| 트립신 | | 효소제 |
| DL-트립토판 | | 영양강화제 |
| L-트립토판 | | 영양강화제 |
| L-티로신 | 티로신 | 영양강화제 |
| 판크레아틴 | | 효소제 |
| 판토텐산나트륨 | 판토텐산Na | 영양강화제 |
| 판토텐산칼슘 | 판토텐산Ca | 영양강화제 |
| DL-페닐알라닌 | | 영양강화제 |
| L-페닐알라닌 | | 영양강화제 |
| 펙티나아제 | | 효소제 |
| 펙틴 | | 유화제 |
| 펩신 | | 효소제 |
| 포스포리파아제 A2 | | 효소제 |
| 폴리부텐 | | 껌기초제 |
| 폴리비닐피로리돈 | | 피막제 |
| 폴리소르베이트20 | | 유화제 |
| 폴리소르베이트60 | | 유화제 |
| 폴리소르베이트65 | | 유화제 |
| 폴리소르베이트80 | | 유화제 |
| 폴리이소부틸렌 | | 껌기초제 |
| 폴리인산나트륨 | 폴리인산Na | 산도조절제, 팽창제 |
| 폴리인산칼륨 | 폴리인산K | 산도조절제, 팽창제 |
| 푸마르산 | | 산도조절제 |
| 푸마르산일나트륨 | 푸마르산나트륨, 푸마르산Na | 산도조절제 |
| 푸마르산제일철 | 푸마르산철, 푸마르산Fe | 영양강화제 |
| 풀루라나아제 | | 효소제 |
| 풀루란 | | 피막제 |

(계속)

| 식품첨가물의 명칭 | 간략명 | 주 용도 |
|---|---|---|
| 프로테아제(곰팡이성: HUT) | 프로테아제 | 효소제 |
| 프로테아제(곰팡이성: SAP) | 프로테아제 | 효소제 |
| 프로테아제(세균성) | 프로테아제 | 효소제 |
| 프로테아제(식물성) | 프로테아제 | 효소제 |
| 프로필렌글리콜 | | 유화제 |
| 프로필렌글리콜지방산에스테르 | 프로필렌글리콜에스테르 | 유화제 |
| L-프롤린 | 프롤린 | 영양강화제 |
| 피로인산나트륨 | 피로인산Na, 피로인산사Na | 산도조절제, 팽창제 |
| 피로인산제이철 | 피로인산철, 피로인산Fe | 영양강화제 |
| 피로인산철나트륨 | 피로인산철Na, 피로인산Fe·Na | 영양강화제 |
| 피로인산칼륨 | 피로인산K | 산도조절제, 팽창제 |
| 피마자유 | | 피막제 |
| 피틴산 | | 산도조절제 |
| 향신료올레오레진류 | | 향미증진제 |
| 헤미셀룰라아제 | | 효소제 |
| 헤스페리딘 | | 영양강화제 |
| 헴철 | | 영양강화제 |
| 호박산 | | 산도조절제, 향미증진제 |
| 호박산이나트륨 | 호박산나트륨, 호박산Na | 산도조절제, 향미증진제 |
| 환원철 | | 영양강화제 |
| 황산나트륨 | 황산Na | 산도조절제 |
| 황산동 | 황산Cu | 영양강화제 |
| 황산마그네슘 | 황산Mg | 두부응고제, 영양강화제 |
| 황산망간 | 황산Mn | 영양강화제 |
| 황산아연 | 황산Zn | 영양강화제 |
| 황산알루미늄암모늄 | | 팽창제 |
| 황산알루미늄칼륨 | 황산알루미늄K, 황산Al·K, 칼륨명반 | 산도조절제, 팽창제 |
| 황산암모늄 | | 팽창제 |
| 황산제일철 | 황산철, 황산Fe | 영양강화제 |
| 황산칼륨 | 황산K | 산도조절제 |
| 황산칼슘 | 황산Ca | 두부응고제, 산도조절제, 영양강화제 |
| 효모 | | 팽창제, 향미증진제 |
| 효모추출물 | | 향미증진제 |
| 효소분해레시틴 | | 유화제 |

(계속)

| 식품첨가물의 명칭 | 간략명 | 주 용도 |
|---|---|---|
| 효소처리루틴 | | 영양강화제 |
| 효소처리헤스페리딘 | | 영양강화제 |
| L-히스티딘 | 히스티딘 | 영양강화제 |
| L-히스티딘염산염 | 히스티딘염산염 | 영양강화제 |

## 단원정리

우리나라는 1962년 1월 「식품위생법」을 공포하고 1962년 6월 217개 품목을 식품첨가물로 지정하였다. 1973년 11월에는 『식품첨가물공전』(제1판)을 발간하였으며, 1996년 4월 식품첨가물을 화학적합성품과 천연첨가물로 구분하여 관리하여 오다가 2016년 4월 화학적합성품과 천연첨가물을 식품첨가물로 통합하였다. 식품에 사용한 식품첨가물은 모두 표시하여야 한다. 또한 복합원재료에 포함된 식품첨가물이 해당 제품에 효과를 발휘하는 경우에는 그 식품첨가물의 명칭을 표시하여야 한다. 아스파탐을 사용한 제품에는 "페닐알라닌 함유"라는 내용을 표시하여야 한다. 또한 소비자가 오인·혼동하는 표시를 하면 안 된다. 식품의 원료에서 이행(carry-over)된 식품첨가물이 제품에 효과를 발휘할 수 있는 양보다 적게 함유된 경우에는 그 식품첨가물의 명칭을 표시하지 않는다. 또한 식품의 가공 과정 중 첨가되어 최종 제품에서 제거되는 식품첨가물은 그 명칭을 표시하지 않는다. 식품첨가물은 「식품첨가물의 기준 및 규격」에서 고시한 명칭을 사용하여야 한다.

**1** 다음 중 명칭과 용도를 함께 표시하지 않아도 되는 식품첨가물은?
　① 아질산나트륨　　　　　　　　　② 아스파탐
　③ L-글루탐산나트륨　　　　　　　④ 구연산

**2** 다음 중 우리나라에서 지정 취소된 식품첨가물은?
　① 홍국색소　　　　　　　　　　　② 사카린나트륨
　③ 꼭두서니색소　　　　　　　　　④ 아질산나트륨

**3** 다음 중 맞는 것은?
　① 식품의 가공 과정 중 첨가되어 최종 제품에서 제거되는 식품첨가물은 그 명칭을 표시하지 않는다.
　② L-글루탐산나트륨은 간략명 MSG로 표시할 수 있다.
　③ 김치에는 보존료를 사용하지 않으므로 "무보존료"라고 표시할 수 있다.
　④ 식품에 사용된 식품첨가물은 사용량이 가장 많은 5가지만 표시하면 된다.

**4** 지금까지 우리나라에서 안전성을 이유로 지정이 취소된 식품첨가물을 말하시오.

**5** 우리나라 식품첨가물의 분류 체계에 대해 설명하시오.

───────────────────────────────

풀이와 정답

1. ④

2. ③

3. ①

4. 브롬산칼륨, 꼭두서니색소, 파라옥시안식향산프로필, 파라옥시안식향산이소프로필, 파라옥시안식향산부틸, 파라옥시안식향산이소부틸 및 이염화이소시아눌산나트륨

5. 1996년 4월 식품첨가물을 화학적합성품과 천연첨가물로 분류하였다가 2016년 4월 화학적합성품과 천연첨가물을 식품첨가물로 통합하였다.

**CHAPTER 6**

# 제 외국의 식품첨가물 관리 체계

# 1. 미국

미국 식품첨가물 관리 체계의 골격은 1938년도에 제정된 연방 식품, 의약품 및 화장품법 (Federal Food, Drug and Cosmetic Act)이다. 이 법 201(s)에 의하면 식품첨가물이란 "식품의 구성 성분이 되거나 식품의 특성에 직접 혹은 간접적으로 영향을 끼치기 위해 의도적으로 사용되는 물질을 의미하며, 식품의 제조, 가공, 처리, 보존, 포장, 수송 등에 사용되는 물질을 말한다."라고 정의하며, 다만 잔류농약, 살충제, 동물용의약품, 영양강화제 및 식품첨가물 법령이 발효되기 이전인 1958년 이전에 승인된 물질 또는 축산물가공법에 따라 승인된 물질은 제외된다.

CFR(Code of Federal Regulation, 미국연방규정집), title 21, part 170에도 식품첨가물의 정의가 명시되어 있는데 식품첨가물이란 "의도적으로 사용하여 직간접적으로 식품의 성분이 되거나 식품의 특성에 영향을 줄 수 있는 물질을 말한다."라고 되어 있으며, 용기, 포장에 사용하는 물질도 직간접적으로 식품의 성분이 되거나 식품의 특성에 영향을 줄 수 있다면 이 정의에 포함된다.

미국의 식품첨가물에 대한 규정은 1958년 "식품첨가물 수정안(Food Additive Amend-ment)"과 1960년 "착색료 수정안(Color Additive Amendment)"에서 시작된다. 식품첨가물 수정안은 식품을 4개의 카테고리로 분류하였다. 먼저 식품 자체와 식품에 첨가하는 물질로 구분하였고, 식품에 첨가하는 물질은 다시 3개의 카테고리, 즉 식품첨가물, 기 인가된 (prior-sanctioned) 식품첨가물과 GRAS(Generally Recognized As Safe) 물질로 분류하였다. 기 인가된 식품첨가물은 1958년 9월 6일 식품첨가물 수정안 이전에 FDA(미국 식품의약국)와 USDA(미국 농무부)에 의해 식품에 사용할 수 있도록 공식적으로 허가를 받은 식품첨가물을 말하는 것으로, 여기에 속하는 식품첨가물은 질산나트륨(sodium nitrate), 질산칼륨 (potassium nitrate), 아질산나트륨(sodium nitrite) 및 아질산칼륨(potassium nitrite)을 제외하면 모두 식품포장재를 제조할 때 사용되는 물질이다. GRAS 물질은 일반적으로 안전하다고 인정된 물질로서 오랜 기간 동안 식품에 사용되어 온 이력이 있거나, 물질의 특성이나 정보에 의해 안전성이 확립되었기 때문에 FDA가 사전 심의를 할 필요가 없는 물질을 말한다. 이 수정안은 "딜레이니 조항"에 의해 동물실험에서 암을 유발하는 물질은 식품첨가물로 사용할 수 없다고 규정하였다. 따라서 새로운 식품첨가물은 사용 허가를 받으려면 안전성에 관한 FDA의 사전 심의를 받아야만 한다.

식품첨가물에 대한 규정은 21 CFR part 170-189에 수록되어 있으며, 착색료는 식품첨가물과 다른 별도의 규정을 두고 있고 21 CFR part 73-74에 수록되어 있다. USDA는 식육과 가금류 관리를 책임지고 있는데, 이러한 식품에 허가된 첨가물에 관한 규정은 9 CFR에 있다. 알코올, 담배, 총기 규제국은 알코올음료를 책임지고 있으며, 이러한 제품에 허가된 첨가물은 27 CFR에 수록되어 있다.

식품첨가물은 직접첨가물, 2차 직접첨가물 및 간접첨가물로 나눌 수 있다. 직접첨가물은 가공 중에 또는 식품의 구성 성분으로서 식품에 직접적으로 첨가하는 물질이며, 2차 직접첨가물은 고분자 및 고분자 보조물질(adjuvants), 효소제 및 미생물, 용매, 윤활유, 기포제, 이형제, 보일러용수에 사용되는 첨가물 및 세척에 사용되는 첨가물 같은 특수용도 첨가물처럼 매우 적은 양이지만 식품에 함유될 수 있는 물질이다. 즉, 가공식품에 사용되어 최종제품에 남을 수 있는 식품첨가물이다. 간접첨가물은 포장 재료나 식품의 기구에서 전이되는 것, 또는 식품 제조 시에 용기나 표면에서 전이되는 것 또는 가공보조제 및 살균제에서 전이되는 물질이다.

직접첨가물에 대한 규정은 21 CFR, part 172에 수록되어 있으며, 8개 부분으로 나누어져 있다. 8개 부분은 보존료, 코팅물질, 특수영양첨가물, 고결방지제, 향료, 검류 및 껌기초제, 특수용도첨가물 및 다용도첨가물 등이다. 2차 직접첨가물에 대한 규정은 part 173에 수록되어 있으며, 4개 부분으로 구성되어 있는데 고분자물질, 효소제와 미생물, 용매, 윤활제, 이형제 및 특수용도첨가물로 나누어져 있다.

간접첨가물은 part 175~178에 수록되어 있는데, part 175는 접착제와 코팅 성분에 관한 것이며, part 176은 종이와 판지에 사용되는 첨가물 목록이다. Part 177은 고분자에 관한 것이며, part 178은 보조물질, 가공보조제 및 살균제에 관한 것이다.

Part 179는 방사선 조사에 관한 것이고, part 180은 잠정적으로 식품에 사용이 허가된 식품첨가물에 관한 것이다. Part 181은 기 인가된 식품첨가물 목록이다. Part 182와 184에는 GRAS 물질에 대한 규정이 수록되어 있다.

착색료는 7개의 목록이 있는데 이 중 식품에 사용하는 착색료는 목록 1(인증을 받아야 함)과 목록 4(인증 면제)에 수록되어 있으며, 사용 금지 착색료 목록이 별도로 존재한다. 또 의약품과 화장품에 사용하는 착색료는 별도로 규정하고 있다.

향료는 식품첨가물일 수도 GRAS일 수도 있다. 어떤 향료는 식품첨가물로 관리하고, 어떤 향료는 GRAS로 관리하고 있다. 또한 FEMA(US Flavor and Extract Manufacturer's

Association)가 자체적으로 GRAS로 간주되는 향료 목록을 만들 수도 있다(FEMA/GRAS 목록). 법률은 FEMA/GRAS 목록에 있는 향료가 식품에 사용이 허가되었다고 특별히 언급하고 있지는 않지만, FEMA 전문가 패널의 GRAS 평가를 인정하고 있다.

식품첨가물의 성분 규격은 FCC(Food Chemicals Codex)에 수록되어 있으며, 사용기준은 CFR에 명시되어 있다. 미국의 식품첨가물 관리 체계를 정리하면 표 6.1과 같다.

표 6.1 미국의 식품첨가물 관리 체계

|  | | 정의 | 카테고리 | 21 CFR |
|---|---|---|---|---|
| 직접첨가물 | | 가공 중에 또는 식품의 구성 성분으로서 식품에 직접적으로 첨가하는 물질 | 보존료, 향료, 피막제 등 8개 카테고리 | 172 |
| 2차 직접첨가물 | | 매우 적은 양이지만 식품에 함유될 수 있는 물질 | 효소, 용매 등 4개 카테고리 | 173 |
| 간접첨가물 | | 포장 재료나 식품의 기구에서 전이되는 것, 또는 식품 제조 시에 용기나 표면에서 전이되는 것 또는 가공보조제 및 살균제에서 전이되는 물질 | 접착제, 코팅 성분 | 175 |
| | | | 종이와 판지 성분 | 176 |
| | | | 고분자 | 177 |
| | | | 보조물질, 가공보조제, 살균제 | 178 |
| 방사선 조사 | | 방사선 조사 | 방사선(radiation)과 방사선원(radiation source) | 179 |
| 잠정적으로 사용이 허가된 식품첨가물 | | 오랫동안 사용되어 온 물질이지만 안전성이 의문시된다는 연구 결과가 있는 물질 | acrylonitrile copolymers, 만니톨(mannitol), 사카린 등 | 180 |
| 기 인가된 식품첨가물 | | 1958년 9월 6일 이전에 FDA나 USDA에 의해 승인된 식품첨가물 | 질산나트륨, 질산칼륨, 아질산나트륨 및 아질산칼륨 등 | 181 |
| GRAS | | 일반적으로 안전하다고 인정된 물질 | GRAS 물질 | 182 |
| | | | GRAS 직접첨가물 | 184 |
| | | | GRAS 간접첨가물 | 186 |
| 사용 금지 물질 | | 안전성이 입증되지 않아 FDA에 의해 식품에 사용이 금지된 물질 | cyclamate, dulcin | 189 |
| 식사보충제 (Dietary supplements) | | 영양강화제 | 비타민, 무기질 | 190 |
| 착색료 | 인증 면제 | 인증 면제 | 안나토, 코치닐추출색소, 심황색소, 카라멜색소 등 | 73 |
| | 인증 필요 | 인증 필요 | 청색1호, 청색2호 등 | 74 |

## 2. 유럽연합(EU)

EU의 식품첨가물 관리의 골격은 규칙 (EC) No. 1333/2008이며, 사용이 허용된 식품첨가물의 성분 규격은 위원회 규칙 (EU) No. 231/2012에 나타나 있다. 규칙 (EC) No. 1333/2008에서 식품첨가물이란 "일반적으로 그 자체를 식품으로 섭취하지 않고 영양적 가치에 상관없이 식품의 원료로서 사용되지 않는 물질을 의미하며, 식품의 제조, 가공, 조리, 처리, 포장, 운송 및 보관 시에 기술적인 효과를 주기 위해 의도적으로 사용하는 물질로 그 부산물이 직접 혹은 간접적으로 식품의 구성 성분이 될 수도 있다."라고 정의하고 있다. EU는 28개 회원국으로 구성되어 있는데 식품첨가물에 대한 규칙은 회원국 간에 완전한 조화를 이루고 있다. EU는 식품첨가물을 미국처럼 직접첨가물과 간접첨가물로 구분하지 않으며, EU의 식품첨가물은 미국의 직접첨가물에 해당된다.

EU는 향료나 소금대체재, 비타민과 무기질 같이 영양을 목적으로 사용하는 물질은 식품첨가물로 관리하지 않는다. 사프란(saffron)처럼 착색을 목적으로 사용되는 식품 또는 효소도 식품첨가물로 관리되지 않는다. 효소는 별도 규칙의 적용을 받으며, 추출용매나 향료도 다른 법률의 적용을 받는다.

EU의 식품첨가물 규칙 (EC) No. 1333/2008에 의하면 식품첨가물은 가공보조제, 향료, 비타민과 무기질 및 효소를 제외한 물질이다. 이 규칙에는 식품첨가물의 사용기준이 명시되어 있다.

효소제에 관한 기본 규칙은 (EC) No. 1332/2008에 명시되어 있으며, 향료에 대한 규칙은 (EC) No. 1334/2008에 명시되어 있다. 식품첨가물, 효소 및 향료의 지정 절차에 대한 내용은 (EC) No. 1331/2008에 수록되어 있다.

비타민과 무기질 및 그 이외에 영양 또는 생리적 특성을 갖는 물질에 관한 규칙은 (EC) No. 1925/2006에 명시되어 있다.

EU는 가공보조제를 EU 차원에서 공통으로 관리하지 않고 각 회원국별로 목록을 만들어 관리하고 있다. 가공보조제는 그 자체로는 식품으로 섭취되지 않고 어떤 기술적인 효과를 충족시키기 위해 식품 가공에 의도적으로 사용하는 물질로서 식품의 본질적인 특성에 영향을 주지 않고, 가공 중에 비의도적이지만 기술적으로 불가피하게 잔류물이 최종 제품에 남아 있을 수도 있으나 건강에 위해하지 않고, 최종 제품에 어떠한 기술적인 효과도 주지 않는다.

**표 6.2** EU의 식품첨가물 관리 체계

| 이름 | 규칙 |
|---|---|
| 지정 절차 | EC No. 1331/2008 |
| 식품첨가물 | EC No. 1333/2008, EU No. 1129/2011 (Annex II), EU No. 1130/2011 (Annex III) |
| 향료 | EC No. 1334/2008 |
| 비타민과 무기질 | EC No. 1925/2006 |
| 효소 | EC No. 1332/2008 |
| 가공보조제 | 각국에서 각자 관리 |

EU는 식품첨가물을 식품첨가물, 향료, 효소 및 영양강화제로 분류하고 있는데 EU의 식품첨가물 관리 체계에 대한 규칙은 표 6.2와 같다.

EU는 사용이 허가된 식품첨가물에 대하여 E 번호를 부여하고 있다. E 번호는 숫자로 간단하게 표시할 수 있도록 하기 위하여 고안되었는데 E 번호가 부여된 식품첨가물은 안전성이 입증된 식품첨가물을 의미하며, 번호에서 어느 정도 식품첨가물의 용도를 예측할 수 있다.

E 번호는 식품첨가물의 용도별로 같은 번호 체계를 부여하는 방식이며, 3자리 또는 4자리 숫자로 구성되어 있다. 100번대의 번호는 주로 착색료에 부여되며, 200번대는 보존료, 300번대는 산화방지제, 안정제, 산도조절제, 인산염 등에 부여되어 있다. 400번대는 증점제, 유화제, 안정제 및 젤형성제에, 500번대는 산도조절제 및 고결방지제에, 620부터 642까지는 향미증진제에 부여되어 있다. 700번대와 800번대는 식품첨가물에는 사용되지 않고 사료첨가제에 부여하며, 900번대는 피막제, 밀가루개량제, 충전제 및 감미료에 부여되어 있다. 변성전분처럼 1400번대의 4자리 번호를 가지고 있는 것도 있다. 효소도 1100번대의 4자리 숫자를 가진다. 향료, 껌기초제 및 영양강화제 등은 E 번호를 가지고 있지 않다.

몇몇 경우에 있어서는 숫자 뒤에 알파벳이 뒤따르는데, 예를 들어 E150a는 카라멜 I-plain을, E150b는 카라멜 II-caustic sulfite process 등을 나타낸다. 이는 표시의 목적으로 부여된다. 몇몇 첨가물은 부가번호가 붙어 있는데, 예를 들어 E339는 인산나트륨(sodium phosphates)인데 E339(i)은 제일인산나트륨(monosodium phosphate), E339(ii)는 제이인산나트륨(disodium phosphate), E339(iii)는 제삼인산나트륨(trisodium phosphate)으로 구분된다. 이러한 구분은 표시의 목적이 아니라 단지 규격이 다른 하부그룹을 분류하기 위한 것이다.

## 3. 일본

일본 「식품위생법」에서 언급한 식품첨가물의 범위는 Codex에서 정의한 것과 차이가 있는데, Codex에서 식품첨가물로 정의되지 않은 가공보조제, 비타민, 무기질, 아미노산 및 향료도 일본에서는 식품첨가물에 포함된다.

일본은 식품첨가물을 지정첨가물, 기존첨가물, 천연향료기원물질, 식품원료성첨가물로 분류하고 있다. 일본 「식품위생법」 제3조에 의하면 지정첨가물이란 건강에 해가 되지 않는 물질로 일본 후생노동성에 의해 지정된 첨가물을 말한다. 기존첨가물이란 일본에서 널리 사용하고 식품으로 섭취한 오랜 역사가 있기 때문에 지정제도를 거치지 않고 사용이 허가된 물질을 말한다. 1995년 이전에는 화학적합성품만이 지정첨가물로 관리되었으나 1995년 「식품위생법」이 개정된 이후에는 천연첨가물이라도 새로 지정을 받으면 지정첨가물로 관리를 받는다.

기존첨가물에 포함되는 식품첨가물의 범위는 일반적으로 다른 나라에서 식품첨가물로 인정되는 것에서부터 다른 나라에서는 일반적으로 관리되지 않는 것까지 다양하다. 효소제도 기존첨가물에 속한다.

천연향료기원물질이란 식품에 향을 부여하기 위해 사용하는 천연물로 동물이나 식물에서 얻는 것을 말한다. 천연향료기원물질 목록에는 천연향료를 얻기 위한 기원물질이 나열

**표 6.3** 일본의 식품첨가물 관리 체계

| 식품첨가물 | 특징 | 식품첨가물 종류 |
|---|---|---|
| 지정첨가물<br>(Designated food additives) | • 일본 후생노동성에 의해 지정된 첨가물<br>• 1995년 이전에는 화학적합성품만 지정됨<br>• 1995년부터는 천연첨가물도 해당됨<br>• 영양강화제, 향료, 가공보조제 포함 | 아질산나트륨, L-아스코브산, 이온교환수지, 자일리톨 등 |
| 기존첨가물<br>(Existing food additives) | • 일본에서 널리 사용되고 있음<br>• 식품으로 섭취한 오랜 역사가 있음<br>• 지정 제도 거치지 않고 사용이 허가된 물질<br>• 365개 | 아라비아검, 알긴산, 인베르타아제(invertase), 카라기난, 키틴, 클로로필 등 |
| 천연향료기원물질<br>(Natural flavorings) | • 식품에 향을 부여하기 위해 사용하는 천연물<br>• 동물이나 식물에서 얻음<br>• 지정 제도 면제 | 딜(dill), 캐러웨이(caraway), 커피, 참깨, 달걀, 치즈, 크랜베리, 그레이프프루트, 글로버, 정향 등 |
| 식품원료성첨가물<br>(Food/food ingredient used as additives) | • 식품으로 사용될 수 있는 물질로서 식품첨가물로도 사용될 수 있는 물질<br>• 지정 제도 면제 | 적양배추색소(red cabbage color), 붉은쌀 색소(red rice color), 강황(turmeric), 과일주스, 카제인, 우무(agar), 콜라겐, 차 등 |

되어 있다.

식품원료성첨가물은 일반적으로 식품으로 사용되는 물질로서 식품첨가물로도 사용할 수 있는 물질을 말한다. 천연향료기원물질과 식품원료성첨가물은 지정 제도가 면제된다. 기존첨가물, 천연향료기원물질 및 식품원료성첨가물은 천연첨가물에 해당한다. 이상을 정리하면 표 6.3과 같다.

일본 식품첨가물 규격은 식품첨가물공정서에 수록되어 있으며, 지정첨가물뿐 아니라 기존첨가물, 천연향료기원물질 및 식품원료성첨가물 중 일부 규격이 식품첨가물공정서에 수록되어 있다. 사용기준은 별도의 사용기준 목록에 수록되어 있다.


## 4. Codex

Codex에서 가공보조제, 비타민, 무기질, 아미노산 및 향료는 식품첨가물에 포함되지 않는다. Codex의 식품첨가물에 대한 기준은 CODEX STAN 192-1995에 나타나 있다. Codex에서 허용된 식품첨가물과 향료의 성분 규격은 FAO(유엔식량농업기구) 홈페이지에서 찾을 수 있다. 식품첨가물의 사용기준은 GSFA(General Standard for Food Additives, 식품첨가물 일반 사용기준)에 나타나 있다. 제 외국의 식품첨가물 분류 체계를 표로 정리하면 표 6.4와 같다. Codex는 가공보조제 목록을 별도로 관리하고 있다.

표 6.4 제 외국의 식품첨가물 분류 체계 비교

| 한국 | 미국 | EU | 일본 | Codex |
| --- | --- | --- | --- | --- |
| 식품첨가물<br>혼합제제류 | 직접첨가물<br>2차 직접첨가물<br>간접첨가물 | 식품첨가물<br>가공보조제<br>향료<br>효소제<br>영양강화제 | 지정첨가물<br>기존첨가물<br>천연향료기원물질<br>식품원료성첨가물 | 식품첨가물<br>가공보조제<br>향료<br>영양강화제 |


## 5. 제 외국의 식품첨가물 규격과 사용기준

표 6.5는 제 외국의 식품첨가물 규격과 사용기준이 수록되어 있는 공전을 비교한 것이다. 우리나라는 식품첨가물 규격과 사용기준이 『식품첨가물공전』에 수록되어 있으며, 사용기준은 별도의 표로 정리되어 있다. 미국은 식품첨가물의 성분 규격을 FCC(Food Chemicals

**표 6.5** 제 외국의 식품첨가물 규격과 사용기준

|  | 한국 | 미국 | EU | 일본 | Codex |
|---|---|---|---|---|---|
| 규격 | 식품첨가물공전 | Food Chemical Codex | 위원회 규칙 (EU) No. 231/2012 | 식품첨가물공정서 | JECFA 규격서 |
| 사용기준 | 식품첨가물공전 | CFR | 위원회 규칙 (EU) No. 1129/2011, No. 1130/2011 | 사용기준 목록 | GSFA |

Codex, 식품화학물질 규격집)에 수록하고 있으며, 사용기준은 CFR에 명시되어 있다.

EU는 규격을 위원회 규칙 (EU) no. 231/2012에 수록하고 있으며, 사용기준은 위원회 규칙 (EU) no. 1129/2011과 1130/2011에 나타나 있다. 일본은 식품첨가물 규격이 식품첨가물 공정서에 있으며, 사용기준은 별도의 사용기준 목록에 있다. Codex는 식품첨가물 규격이 JECFA(Joint FAO/WHO Expert Committee on Food Additives, 국제식량농업기구/세계보건기구 합동식품첨가물전문가위원회) 규격서에 수록되어 있으며, 사용기준은 GSFA에 나타나 있다.

Codex는 식품첨가물에 INS(International Numbering System) 번호를 사용하는데 이는 E 번호에 기초하여 Codex에서 채택한 번호 체계이다. E 번호에서 E 대신 INS를 적는다.

　미국은 식품첨가물을 직접첨가물, 2차 직접첨가물 및 간접첨가물로 나누는데, 직접첨가물은 식품에 직접적으로 첨가하는 물질이며, 2차 직접첨가물은 효소제, 미생물 및 용매처럼 가공식품에 사용되어 최종 제품에 남을 수 있는 식품첨가물이다. 간접첨가물은 포장 재료나 식품의 기구에서 전이되는 것, 또는 식품 제조 시에 용기나 표면에서 전이되는 것 또는 가공보조제 및 살균제에서 전이되는 물질이다.

　EU는 식품첨가물을 식품첨가물, 가공보조제, 향료, 효소 및 영양강화제로 분류하고 있으며, 가공보조제는 EU 공통이 아니라 각 회원국별로 관리하고 있다. EU는 사용이 허가된 식품첨가물에 대하여 E 번호를 부여하고 있다. E 번호가 부여된 식품첨가물은 안전성이 입증된 식품첨가물을 의미하며, 번호에서 어느 정도 식품첨가물의 용도를 예측할 수 있다.

　일본은 식품첨가물을 지정첨가물, 기존첨가물, 천연향료기원물질, 식품원료성첨가물로 분류하고 있다. 지정첨가물은 일본 후생노동성에 의해 지정된 첨가물을 말한다. 기존첨가물은 일본에서 널리 사용하고 식품으로 섭취한 오랜 역사가 있기 때문에 지정 제도를 거치지 않고 사용이 허가된 물질을 말한다. 1995년 이전에는 화학적합성품만이 지정첨가물로 관리되었으나 1995년 「식품위생법」이 개정된 이후에는 천연첨가물이라도 새로 지정을 받으면 지정첨가물로 관리를 받는다. 천연향료기원물질이란 식품에 향을 부여하기 위해 사용하는 천연물로 동물이나 식물에서 얻는 것을 말한다. 식품원료성첨가물은 일반적으로 식품으로 사용되는 물질로서 식품첨가물로도 사용할 수 있는 물질을 말한다. 천연향료기원물질과 식품원료성첨가물은 지정 제도가 면제된다.

　Codex에서는 식품첨가물을 식품첨가물, 가공보조제, 영양강화제 및 향료로 분류한다. Codex는 식품첨가물에 INS 번호를 사용하는데 이는 E 번호에 기초하여 Codex에서 채택한 번호 체계이다.

**1** EU는 식품첨가물을 어떻게 분류하고 있는지 설명하시오.

**2** 미국은 식품첨가물을 어떻게 분류하고 있는지 설명하시오.

**3** 일본은 식품첨가물을 어떻게 분류하고 있는지 설명하시오.

**4** Codex는 식품첨가물을 어떻게 분류하고 있는지 설명하시오.

**5** 식품첨가물의 E 번호와 INS 번호를 설명하시오.

**6** EU의 식품첨가물 관리 체계를 설명하시오.

**7** Codex에서 식품첨가물의 사용기준은 어디에 명시되어 있는지 설명하시오.

---

**풀이와 정답**

1. EU는 식품첨가물을 식품첨가물, 가공보조제, 향료, 효소 및 영양강화제로 분류하고 있으며, 가공보조제는 EU 공통이 아니라 각 회원국별로 관리하고 있다.

2. 미국의 식품첨가물에 대한 규정은 1958년 "식품첨가물 수정안(Food Additive Amendment)"과 1960년 "착색료 수정안(Color Additive Amendment)"을 기초로 한다. 미국은 식품첨가물을 직접첨가물, 2차 직접첨가물 및 간접첨가물로 나누는데, 직접첨가물은 식품에 직접적으로 첨가하는 물질이며, 2차 직접첨가물은 효소제, 미생물 및 용매처럼 가공식품에 사용되어 최종 제품에 남을 수 있는 식품첨가물이다. 간접첨가물은 포장 재료나 식품의 기구에서 전이되는 것, 또는 식품 제조 시에 용기나 표면에서 전이되는 것 또는 가공보조제 및 살균제에서 전이되는 물질이다.

3. 일본은 식품첨가물을 지정첨가물, 기존첨가물, 천연향료기원물질, 식품원료성첨가물로 분류하고 있다. 지정 첨가물은 일본 후생노동성에 의해 지정된 첨가물을 말한다. 기존첨가물은 일본에서 널리 사용하고 식품으로 섭취한 오랜 역사가 있기 때문에 지정 제도를 거치지 않고 사용이 허가된 물질을 말한다. 1995년 이전에는 화학적합성품만이 지정첨가물로 관리되었으나 1995년 「식품위생법」이 개정된 이후에는 천연첨가물이라도 새로 지정을 받으면 지정첨가물로 관리를 받는다. 천연향료기원물질이란 식품에 향을 부여하기 위해 사용하는 천연물로 동물이나 식물에서 얻는 것을 말한다. 식품원료성첨가물은 일반적으로 식품으로 사용되는 물질로서 식품첨가물로서도 사용할 수 있는 물질을 말한다.

4. Codex에서는 식품첨가물을 식품첨가물, 가공보조제, 영양강화제 및 향료로 분류한다.

5. E 번호는 EU에서 사용이 허가된 식품첨가물에 부여하는 번호 체계를 말한다. E 번호가 부여된 식품첨가물은 안전성이 입증된 식품첨가물을 의미하며, 번호에서 어느 정도 식품첨가물의 용도를 예측할 수 있다. 3자리 또는 4자리 숫자로 구성되어 있다. INS(International Numbering System) 번호는 E 번호에 기초하여 Codex에서 식품첨가물에 부여하는 번호 체계이다. E 번호에서 E 대신 INS를 적는다.

6. EU의 식품첨가물 관리의 골격은 규칙 (EC) No. 1333/2008이며, 사용이 허용된 식품첨가물의 성분 규격은 위원회 규칙 (EU) No. 231/2012에 나타나 있다. 식품첨가물의 사용기준은 위원회 규칙 (EU) No. 1129/2011 과 No. 1130/2011에 나타나 있다.

7. GSFA(General Standard for Food Additives)

# CHAPTER 7

# 보존료

보존료(preservative)는 미생물에 의한 품질 저하를 방지하여 식품의 보존 기간을 연장시키는 식품첨가물로 데히드로초산나트륨, 소브산, 소브산칼륨, 소브산칼슘, 안식향산, 안식향산나트륨, 안식향산칼륨, 안식향산칼슘, 파라옥시안식향산메틸, 파라옥시안식향산에틸, 프로피온산, 프로피온산나트륨, 프로피온산칼슘 등이 있다. 이 13종의 보존료는 명칭과 용도를 함께 표시해 주어야 한다[예: 안식향산나트륨(보존료)]. 천연에서 얻는 보존료로는 리소짐, 자몽종자추출물, 나타마이신, 니신 및 ε-폴리리신 등이 있다.

아질산염류와 아황산염류는 각각 발색제와 표백제가 주 용도이지만 보존료로서의 효과도 있다. 간혹 보존료 대신 방부제란 용어를 사용하는데 이는 잘못된 용어이다. 방부제(antiseptic)는 목재나 생물 표본의 부패를 방지하는 데 사용하는 약품으로 포르말린(formaldehyde 37% 이상의 수용액으로 원래 상품명임)이나 승홍[염화수은(II)] 등이 여기에 해당되며, 이는 식품에 사용하는 보존료와는 다르다.

식품 유형에 따른 보존료의 사용기준을 보면 과일·채소류음료(비가열제품 제외)에는 안식향산류와 소브산류를 사용할 수 있고, 인삼·홍삼음료, 기타음료(분말음료 제외), 간장에는 안식향산류와 파라옥시안식향산에스테르류를 사용할 수 있으며, 탄산음료류(탄산수 제외)에는 안식향산류만을 사용할 수 있다. 과실주에는 소브산류만을, 잼류에는 안식향산류와 소브산류, 파라옥시안식향산에스테르류 및 프로피온산류를 사용할 수 있다. 식육가공품(포장육, 양념육류, 분쇄가공육제품, 갈비가공품, 식육추출가공품, 식용우지, 식용돈지 제외)이나 어육가공품에는 소브산류만 사용할 수 있다. 식초와 소스류에는 파라옥시안식향산에스테르류만 사용할 수 있다. 토마토케첩에는 소브산류만 사용할 수 있다.

초산과 젖산 같은 약산인 유기산도 보존료로서의 효과가 있다. 약산이기 때문에 해리된 형태(전하를 띤 상태)와 해리되지 않은 형태로 존재하는데 해리되지 않은 산은 지방질에 용해되며, 해리된 산은 전하를 띠어 지방질에 불용성이다. 약산의 pH는 미생물 세포 내부의 pH보다 낮기 때문에 해리가 되지 않아 전하를 띠지 않은 부분은 미생물 세포막을 잘 투과하여 세포질 내부로 들어갈 수 있다. 세포질 내부로 들어온 약산은 세포질 내부가 중성이므로 해리가 되어 $H^+$를 내놓고 음이온 형태를 갖게 된다. 전하를 띤 보존료는 지방질에 불용성이고 세포질 내부에 축적이 되어 세포질의 pH를 감소시킨다. 이것이 세포에 해롭게 작용하여 대사 활성을 저해한다. 그 외에 세포막 파괴, 세포 내 대사작용 저해, pH 항상성 스트레스와 독성인 음이온 축적에 의해 저해작용을 나타낸다.

안식향산, 소브산 및 프로피온산 같은 보존료의 항미생물작용은 pH의 영향을 받는다.

산인 보존료는 비해리형만이 세포 내부로 들어가기 때문에 pH에 따라 보존료의 효과가 영향을 받는다. $pH = pK_a + \log[A-]/[HA]$에서 일반적인 유기산은 $pK_a$ 값이 4~5이고 4 이하의 산성에서 비해리형 산의 비율이 높아지므로 효과가 있게 된다. 즉, pH가 낮을수록 보존료로서의 효과가 크다.

국내에 지정된 보존료의 국가별 지정 현황은 표 7.1에 나타나 있다.

**표 7.1** 국내 지정 보존료의 국가별 지정 현황

| 식품첨가물명 | INS No. | CAS No. | 미국 | EU | Codex | 일본 |
|---|---|---|---|---|---|---|
| 소브산 | 200 | 110-44-1 | ○ | ○ | ○ | ○ |
| 소브산칼륨 | 202 | 24634-61-5 | ○ | ○ | ○ | ○ |
| 소브산칼슘 | 203 | 7492-55-9 | ○ | ○ | ○ | ○ |
| 안식향산 | 210 | 65-85-0 | ○ | ○ | ○ | ○ |
| 안식향산나트륨 | 211 | 532-32-1 | ○ | ○ | ○ | ○ |
| 안식향산칼륨 | 212 | 582-25-2 | ○ | ○ | ○ | × |
| 안식향산칼슘 | 213 | 2090-05-3 | × | ○ | ○ | × |
| 파라옥시안식향산메틸 | 218 | 99-76-3 | ○ | ○ | ○ | × |
| 파라옥시안식향산에틸 | 214 | 120-47-8 | × | ○ | ○ | ○ |
| 프로피온산 | 280 | 79-09-4 | ○ | ○ | ○ | ○ |
| 프로피온산나트륨 | 281 | 137-40-6 | ○ | ○ | ○ | ○ |
| 프로피온산칼슘 | 282 | 4075-81-4 | ○ | ○ | ○ | ○ |
| 데히드로초산나트륨 | 266 | 4418-26-2 | ○ | × | × | ○ |
| 리소짐 | 1105 | 12650-88-3 | ○ | ○ | ○ | ○ |
| 자몽종자추출물 | – | – | ○ | × | × | ○ |
| 나타마이신 | 235 | 7681-93-8 | ○ | ○ | ○ | ○ |
| 니신 | 234 | 1414-45-5 | ○ | ○ | ○ | ○ |
| ε-폴리리신 | – | – | ○ | × | × | ○ |

Tip

보존료 사용 현황 및 섭취량

우리나라의 보존료 사용 현황을 보면 소브산을 가장 많이 사용하고, 그 다음으로 안식향산류, 파라옥시안식향산류, 프로피온산류의 순서로 사용량이 많았다. 보존료 섭취량은 ADI 대비 0.00~0.89% 수준에 불과하여 우리나라 국민은 보존료를 안전한 수준으로 섭취하고 있음을 알 수 있다.

# 1. 소브산 및 그 염류

우리나라에는 소브산(sorbic acid), 소브산칼륨(potassium sorbate) 및 소브산칼슘(calcium sorbate)의 사용이 허가되어 있다. 소브산은 천연에도 존재하는 물질로 1859년 마가목(*Sorbus aucuparia*)의 베리(berry)에서 발견되었다. 1880년 구조가 밝혀졌으며, 1900년에 처음으로 합성되었다. 1940년에 보존료로서 효과가 있음이 밝혀졌다. 소브산은 불포화지방산의 일종으로, (*E,E*)-2,4-헥사다이엔산[(*E,E*)-2,4-hexadienoic acid]이라고도 부른다.

소브산은 무색의 바늘 모양의 결정 또는 백색의 결정성 분말로서 냄새가 없거나 약간 특이한 냄새가 있다. 물에 대한 용해도는 30°C에서 0.25%이고 100°C에서 4%이다. 95% 에탄올에는 12.6~14.5% 녹으며, 프로필렌글리콜에는 5.5%(20°C) 녹는다. 소브산칼륨은 백~엷은 황갈색의 비늘 모양 결정, 결정성 분말 또는 과립으로 냄새가 없거나 또는 조금 냄새가 있다. 물에 대한 용해도는 20°C에서 58.2%(pH 3.1)이고 100°C에서 64%이다. 95% 에탄올에는 6.5% 녹으며, 프로필렌글리콜에는 55%(20°C) 녹는다. 소브산칼슘은 백색의 미세한 결정성 분말로 물에 대한 용해도는 20°C에서 58.2%이고, 95% 에탄올과 프로필렌글리콜에는 녹지 않는다.

소브산 및 그 염류는 곰팡이와 세균의 생육을 효과적으로 저해한다. 소브산의 $pK_a$는 4.75이고, 다른 유기산과 마찬가지로 소브산의 항미생물작용은 해리되지 않은 상태에서 최대가 된다. 비해리된 산이 해리된 산보다 10~600배 효과가 더 크다.

소브산의 구조는 그림 7.1에 나타나 있다.

소브산에 의한 항미생물 효과는 균을 죽이는 작용과 정균작용을 둘 다 가지고 있다. 소브산은 살모넬라균(*Salmonella*), 클로스트리듐 보툴리눔균(*Clostridium botulinum*), 황색포도상구균(*Staphylococcus aureus*)의 생육을 저해한다. 소브산칼륨은 포자 형성을 효과적으

그림 7.1 소브산          소브산칼륨이 사용된 식품

로 저해한다. 소브산은 효소의 작용을 저해함으로써 미생물의 생육을 저해한다. 소브산은 지방산의 산화에 관련된 탈수소효소(dehydrogenase)를 억제한다. 또한, 소브산은 설프하이드릴(sulfhydryl) 효소의 억제제로 작용한다.

소브산과 소브산칼륨은 GRAS 물질로서 안전성에 대해서는 크게 문제가 제기되지 않는 보존료이다. 소브산은 보통 식품에 사용하는 농도 이상에서 사용하여도 아무런 해가 되지 않는 가장 안전한 보존료의 하나로 간주되고 있다. 미국에서도 일반적으로 최대허용농도는 0.3%이다. 소브산칼륨은 올리브, 오이피클, 사워크라우트(sauerkraut) 등에 0.05~0.08% 사용된다. 이 농도는 젖산 발효에 영향을 미치지 않는다. 미국에서는 와인 제조 시 SO$_2$를 대체하거나 병용해서 소브산칼륨을 0.02~0.04% 사용한다. 또한 건조소세지에 곰팡이가 자라는 것을 방지하기 위하여 소브산칼륨을 사용한다.

소브산은 쥐에서 에너지원으로 이용되기도 하는데, 소브산은 C6화합물로서 대사는 카프로산(caproic acid 또는 hexanoic acid)과 같은 기작으로 동물의 체내에서 대사된다. 소브산의 LD$_{50}$ 값은 7.4~10.5 g/kg이며, 사료에 10% 소브산을 첨가해 40일간 먹여도 아무런 해가 없었다. 5% 소브산을 1,000일간 투여해도 건강상 아무런 문제가 발견되지 않았다.

소브산 및 그 염류의 ADI는 0~25 mg/kg 체중이다(JECFA, 1973).

소브산 및 그 염류의 사용기준은 표 7.2와 같다.

표 7.2 국내 지정 보존료의 ADI 및 사용기준

| 보존료 | ADI (mg/kg 체중) | 사용기준 |
|---|---|---|
| 소브산 소브산칼륨 소브산칼슘 | 0~25 | 1. 자연치즈, 가공치즈: 3.0 g/kg 이하<br>2. 식육가공품(포장육, 양념육류, 분쇄가공육제품, 갈비가공품, 식육추출가공품, 식용우지, 식용돈지 제외), 고래고기제품, 어육가공품, 성게젓, 땅콩버터, 모조치즈: 2.0 g/kg 이하<br>3. 콜라겐케이싱: 0.1 g/kg 이하<br>4. 젓갈류(단, 염분 8% 이하의 제품에 한함), 한식된장, 된장, 조미된장, 고추장, 조미고추장, 춘장, 청국장(단, 비건조제품에 한함), 혼합장, 어패건제품, 팥등앙금류, 절임류(식초절임 제외), 플라워페이스트, 드레싱: 1.0 g/kg 이하<br>5. 알로에전잎(겔 포함) 건강기능식품(단, 두 가지 이상의 건강기능식품 원료를 사용하는 경우에는 사용된 알로에전잎(겔 포함) 건강기능식품 성분의 배합비율을 적용): 1.0 g/kg 이하<br>6. 농축과실즙: 1.0 g/kg 이하<br>7. 잼류: 1.0 g/kg 이하<br>8. 건조과실류, 토마토케첩, 당절임(건조당절임 제외): 0.5 g/kg 이하<br>9. 식초절임: 0.5 g/kg 이하<br>10. 발효음료류(살균한 것은 제외): 0.05 g/kg 이하<br>11. 과실주: 0.2 g/kg 이하 |

(계속)

| 보존료 | ADI<br>(mg/kg 체중) | 사용기준 |
|---|---|---|
| 소브산<br>소브산칼륨<br>소브산칼슘 | 0~25 | 12. 마가린: 1.0 g/kg이하<br>13. 저지방마가린(지방스프레드): 2.0 g/kg 이하<br>14. 당류가공품(당류를 주원료로 하여 제조한 것으로 과자, 빵류, 아이스크림류 등 식품에 도포, 충전 등의 목적으로 사용되는 시럽상 또는 페이스트상에 한한다): 1.0 g/kg 이하<br>15. 향신료조제품(건조제품 제외): 1.0 g/kg 이하 |
| 안식향산<br>안식향산나트륨<br>안식향산칼륨<br>안식향산칼슘 | 0~5 | 1. 과일·채소류음료(비가열제품 제외): 0.6 g/kg 이하<br>2. 탄산음료류(탄산수 제외): 0.6 g/kg 이하<br>3. 기타음료(분말제품 제외), 인삼·홍삼음료: 0.6 g/kg 이하<br>4. 한식간장, 양조간장, 산분해간장, 효소분해간장, 혼합간장: 0.6 g/kg 이하<br>5. 알로에 전잎(겔 포함) 건강기능식품(단, 두 가지 이상의 건강기능식품 원료를 사용하는 경우에는 사용된 알로에 전잎(겔 포함) 건강기능식품 성분의 배합비율을 적용): 0.5 g/kg 이하<br>6. 마요네즈: 1.0 g/kg 이하<br>7. 잼류: 1.0 g/kg 이하<br>8. 망고처트니: 0.25 g/kg 이하<br>9. 마가린: 1.0 g/kg 이하<br>10. 저지방마가린(지방스프레드): 2.0 g/kg 이하<br>11. 식초절임: 1.0 g/kg 이하 |
| 파라옥시안식향산메틸<br>파라옥시안식향산에틸 | 0~10 | 1. 캡슐류: 1.0 g/kg 이하<br>2. 잼류: 1.0 g/kg 이하<br>3. 망고처트니: 0.25 g/kg 이하<br>4. 한식간장, 양조간장, 산분해간장, 효소분해간장, 혼합간장: 0.25 g/kg 이하<br>5. 식초: 0.1 g/L 이하<br>6. 기타음료(분말제품 제외), 인삼·홍삼음료: 0.1 g/kg 이하<br>7. 소스류: 0.2 g/kg 이하<br>8. 과실류(표피 부분에 한한다): 0.012 g/kg 이하<br>9. 채소류(표피 부분에 한한다): 0.012 g/kg 이하 |
| 프로피온산<br>프로피온산나트륨<br>프로피온산칼슘 | not limited | 1. 빵류: 2.5 g/kg 이하<br>2. 자연치즈, 가공치즈: 3.0 g/kg 이하<br>3. 잼류: 1.0 g/kg 이하<br>4. 착향의 목적(프로피온산의 경우에만) |
| 데히드로초산나트륨 | - | 1. 자연치즈, 가공치즈, 버터류, 마가린류: 0.5 g/kg 이하(데히드로아세트산으로서) |
| 리소짐 | - | 일반사용기준에 준함 |
| 자몽종자추출물 | - | 일반사용기준에 준함 |
| 나타마이신 | 0~0.3 | 나타마이신은 자연치즈 및 가공치즈의 표면 이외에 사용하여서는 아니 된다. 나타마이신의 사용량은 1 mg/dm$^2$ 이하이어야 하며, 표면으로부터 깊이 5 mm 이상에서는 검출되어서는 아니 된다(0.020 g/kg 이하). |
| 니신 | 0~2 | 니신은 가공치즈 이외에 사용하여서는 아니 된다. 니신의 사용량은 가공치즈 1 kg에 대하여 250 mg 이하이어야 한다. |
| ε-폴리리신 | - | 일반사용기준에 준함 |

## 2. 안식향산 및 그 염류

안식향산(benzoic acid)은 천연에 존재하는 물질로 사과, 계피, 정향, 크랜베리, 자두 및 딸기 등에 함유되어 있다. 1556년 최초로 발견되어 1832년에 그 구조가 밝혀졌고, 1875년에 보존료로서 효과가 있음이 밝혀졌다. 안식향산은 백색의 작은 잎 모양 또는 바늘 모양의 결정으로서 냄새가 없거나 벤즈알데하이드 같은 냄새가 조금 있다. 물에 잘 녹지 않는다 [18°C에서 0.27%(w/v)].

우리나라에서 사용이 허가된 안식향산류는 안식향산, 안식향산나트륨, 안식향산칼륨 및 안식향산칼슘이다. 안식향산나트륨은 물에 잘 녹고[20°C에서 66% (w/v)], 에탄올에는 0.81%(15°C) 녹는다.

안식향산은 GRAS 물질로 알려져 있다. 안식향산 및 그 염류의 ADI는 0~5 mg/kg 체중으로 설정되어 있고(JECFA, 1983), 섭취되어도 인체 내에 축적되지 않고 배설된다. 안식향산의 구조는 그림 7.2와 같다.

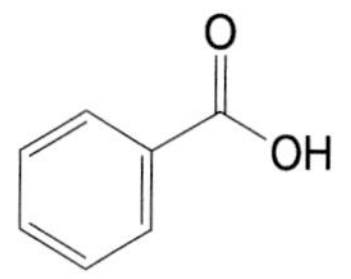

그림 7.2 안식향산

대부분의 효모와 곰팡이는 pH 5.0에서 mL당 20~2,000 $\mu$g 안식향산에 의해 억제된다. 하지만 효모 지고사카로미세스 바일리(*Zygosaccharomyces bailii*)는 안식향산에 저항성이 있어서 0.3%의 안식향산나트륨으로 지고사카로미세스 바일리에 의한 마요네즈의 오염을 방지하지 못하였다는 보고가 있다. 식품 오염에 관련된 세균은 안식향산 1,000~2,000 $\mu$g/mL에도 억제되지만 미생물 오염을 억제하려면 더 높은 농도가 필요하다. 안식향산의 보존료로서의 효과는 pH 2.5~4에서 가장 효과적이며, pH 4.5 이상에서는 효과가 없다. 안식향산은 대장균(*E. coli* O157:H7)과 살모넬라에도 저해작용이 있다고 알려져 있다.

표 7.3은 여러 종류의 미생물에 대한 안식향산의 보존료로서의 효과를 보여 주고 있다. 안식향산의 pK$_a$는 4.19로 pH가 낮을수록 항미생물작용에 효과적이다.

식품에 자연적으로 존재하거나 산화방지제 또는 영양 강화 등의 목적으로 첨가한 비타민C가 안식향산과 화학반응을 일으키면 벤젠이 생성될 수 있다. 이는 음료류 중 비타민 C가 제조 용수 및 제품 원료에 존재하는 구리(Cu), 철(Fe) 등의 금속 촉매에 의해 산화되어 산소를 환원시키고 초과산화물음이온 라디칼(superoxide anion radical, O$^{2-}$)을 형성하여 과산화수소($H_2O_2$)를 생성하고, 안식향산은 과산화수소 및 산소로부터 형성된 하이드록실라디칼(hydroxyl radical)에 의해 벤젠을 생성하게 된다.

표 7.3  미생물의 생장을 저해하는 안식향산의 최소저지농도

| 미생물 | | pH | 최소저지농도 ($\mu$g/mL) |
|---|---|---|---|
| 그람<br>양성균 | Bacillus cereus | 6.3 | 500 |
| | Lactobacillus | 4.3~6.0 | 300~1,800 |
| | Listeria monocytogenes | 5.6(4°C) | 2,000 |
| | | 5.6(21°C) | 3,000 |
| | Micrococcus | 5.5~5.6 | 50~100 |
| | Streptococcus | 5.2~5.6 | 200~400 |
| 그람<br>음성균 | Escherichia coli | 5.2~5.6 | 50~120 |
| | Pseudomonas | 6.0 | 200~480 |
| 효모 | Candida krusei | – | 300~700 |
| | Debaryomyces hansenii | 4.8 | 500 |
| | Hansenula | 4.0 | 180 |
| | Pichia membranefaciens | – | 700 |
| | Rhodotorula | – | 100~200 |
| | Saccharomyces bayanus | 4.0 | 330 |
| | Zygosaccharomyces bailii | 4.8 | 4,500 |
| | Zygosaccharomyces rouxii | 4.8 | 1,000 |
| 곰팡이 | Aspergillus | 3.0~5.0 | 20~300 |
| | Aspergillus parasiticus | 5.5 | ⟩4,000 |
| | Aspergillus niger | 5.0 | 2,000 |
| | Byssochlamys nivea | 3.3 | 500 |
| | Cladosporium herbarum | 5.1 | 100 |
| | Mucor racemosus | 5.0 | 30~120 |
| | Penicillium | 2.6~5.0 | 30~280 |
| | Penicillium citrinum | 5.0 | 2,000 |
| | Penicillium glaucum | 5.0 | 400~500 |
| | Rhizopus nigricans | 5.0 | 30~120 |

Branen, Davidson, Salminen, and Thorngate III. *Food Additives*(2002) 인용

· 제품명 : 젤리씽 1 · 영업등록번호 : 제2009-0호 · 유형 : 혼합음료 · 총열량 : 660kcal · 중량 : 950g
· 원재료및 함량 : 정제수, 고과당, 백설탕, 포도당, 카라겐120(카라기난,로커스트콩검,염화칼륨,포도당,젖산칼륨)
DL-사과산 (합성산미료), 합성착향료.(사과향, 포도향, 복숭아향, 딸기향),구연산, 스테비오사이드, 안식향산나트륨
(합성보존료) 0.03%, 식용색소[혼합녹색(청색1호 20%, 황색4호80%), 적색40호, 청색1호, 황색5호- 합성착색료]
※ 보관방법 : 직사광선 및 습기를 피하고 건냉한 곳에 보관하십시오.  · 유통기한 : 별도표기일까지

안식향산나트륨이 사용된 식품

따라서 음료류에서 생성될 수 있는 벤젠의 양은 먹는 물 수질 기준인 10 ppb로 정하고 있다. 현재는 비타민 C 음료에 안식향산나트륨을 사용하지 않고 천연보존료로 대체 사용하거나 또는 살균 공정을 강화하고 있다.

안식향산 및 그 염류의 사용량은 안식향산으로 나타내는데 과일·채소류음료(비가열제품 제외), 탄산음료류(탄산수 제외), 기타음료(분말제품 제외), 인삼·홍삼음료에 0.6 g/kg 이하 사용하며, 한식간장, 양조간장, 산분해간장, 효소분해간장, 혼합간장에 0.6 g/kg 이하, 마요네즈, 잼류, 마가린 및 식초절임에는 1.0 g/kg 이하를 사용한다. 안식향산 염류를 사용할 때는 안식향산이 이에 해당하는 양을 사용할 수 있다. 안식향산 및 그 염류의 사용기준은 표 7.2와 같다.

안식향산 및 안식향산나트륨은 미국 FDA에 의해 식품에 사용이 허가된 최초의 보존료이다. 대부분의 나라에서 안식향산 및 그 염류의 최대허용량은 0.15~0.25%이다.

안식향산 및 그 염류는 동물과 인체에 독성이 낮다고 알려져 있다. 인간은 안식향산에 대해 효과적인 해독 기작을 갖고 있는데 간에서 글리신(glycine)과 접합(conjugation)되어 히푸르산(hippuric acid, 마뇨산)을 형성하여 소변으로 배출되기 때문에 독성이 낮다. 사람에 따라 안식향산에 과민반응을 보이는 경우도 있다. 5%의 안식향산나트륨을 쥐에 투여해도 암을 일으키지 않았으며, 돌연변이도 일으키지 않는 것으로 알려져 있다.

안식향산은 소브산, 프로피온산 또는 파라옥시안식향산에스테르류와 병용처리하기도 한다. 안식향산은 매실제품, 된장제품 및 요쿠르트제품 등에서 천연 유래되기도 하는데, 깻잎절임에서 0.1 g/kg이 검출되었고, 크랜베리 당절임에서 0.5 g/kg 검출되었다는 보고가 있다.

## 3. 파라옥시안식향산에스테르류

파라옥시안식향산(p-hydroxybenzoic acid)의 알킬에스터는 파라벤(paraben)이라고도 부르며, 캡슐류, 잼류, 망고처트니, 간장, 식초, 기타음료(분말음료 제외), 인삼·홍삼음료, 소스류 및 과실·채소류(표피 부분에 한한다) 등에 사용된다. 우리나라는 파라옥시안식향산메틸(methyl p-hydroxybenzoate)과 파라옥시안식향산에틸(ethyl p-hydroxybenzoate)만 사용할 수 있다. 파라옥시안식향산메틸의 이명은 메틸파라벤(methylparaben) 또는 methyl p-oxybenzoate이며, 파라옥시안식향산에틸은 에틸파라벤(ethylparaben) 또는 ethyl p-oxybenzoate라고도 한다. 이들 품목은 무색의 결정 또는 백색의 결정성 분말로서 냄새

그림 7.3 **파라옥시안식향산메틸과 파라옥시안식향산에틸**

가 없다. 구조는 그림 7.3과 같다.

파라벤의 보존료로서의 효과는 1920년대에 처음으로 알려졌다. 안식향산의 카복실기를 에스터화하면 pH 8.5에서도 비해리된 상태를 유지하게 된다. 안식향산은 pH 2.5~4.0에서 최적의 항미생물 효과를 보이지만 파라벤은 항미생물작용에 효과적인 pH가 3~8로서 산성과 알칼리성 조건에서도 효과적이다. 파라벤은 세균보다 효모와 곰팡이에 더 효과적이며, 세균 중에서는 그람양성 세균에 더 효과적이다.

2004년 EFSA(European Food Safety Authority, 유럽식품안전청)는 파라옥시안식향산프로필 (propyl *p*-hydroxybenzoate)의 안전성에 관한 연구 논문들을 종합적으로 평가한 결과, 파라옥시안식향산프로필이 성장기 쥐(rat)에서 성호르몬과 수컷 생식기관에 영향을 미친다고 발표하였다. 그 내용은 파라옥시안식향산프로필을 생후 3주의 수컷 쥐 3군에 대해 0.01, 0.10, 1.00% 비율로 사료에 섞어 4주간 투여하였을 때 생식 장기 무게의 변화는 없었으나 섭취량이 증가할수록 부고환 내 정자 저장량 및 농도가 감소하였으며, 고환의 정자 생성율도 감소하는 경향이 유의성 있게 나타났다고 하였다.

2006년 EU에서는 파라옥시안식향산프로필이 생식독성 등 안전성에 문제가 있다고 판단하여 사용 금지하였다. 이에 우리나라는 2008년 파라옥시안식향산프로필의 지정을 취소하였고, 파라옥시안식향산부틸(butyl *p*-hydroxybenzoate), 파라옥시안식향산이소부틸(isobutyl *p*-hydroxybenzoate) 및 파라옥시안식향산이소프로필 (isopropyl *p*-hydroxybenzoate) 등도 2009년 지정 취소하였다. 따라서 현재 우리나라에서 사용이 허가된 파라옥시안식향산에스테르류는 파라옥시안식향산메틸과 파라옥시안식향산에틸 두 종류뿐이다.

파라옥시안식향산에스테르류의 ADI는 0~10 mg/kg 체중이다(JECFA, 1973). 파라옥시안식향산메틸과 파라옥시안식향산에틸의 사용기준은 표 7.2와 같다.

파라옥시안식향산메틸이 사용된 식품

# 4. 프로피온산 및 그 염류

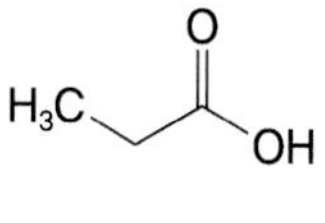

프로피온산(propionic acid)은 유상의 액체로서 약간 특이한 냄새가 있다(그림 7.4). 프로피온산 염류로 프로피온산나트륨(sodium propionate)과 프로피온산칼슘(calcium propionate)이 국내에 지정되어 있다.

ADI는 "not limited"이다(JECFA, 1973). ADI가 "not limited"라는 것은 아무리 섭취하여도 위해가 발생하지 않아 안전하다는 의미이다. 프로피온산은 물과 에탄올과 잘 섞인다. 프로피온산류는 빵류, 자연치즈, 가공치즈, 잼류에 사용된다(표 7.2 참조). 프로피온산은 향료로도 사용된다.

프로피온산은 천연에도 존재하는데 스위스치즈 및 소스류에서 0.06∼0.8 g/kg의 농도로 검출되었으며, 젓갈류에서도 0.02 g/kg이 검출되기도 하였다. 그 외에도 발효식초, 메주, 간장에서도 프로피온산이 천연 유래한다.

그림 7.4 **프로피온산**

■ **식품 위생법에 의한 한글표시사항**
· 제품명 : 인디 밀 또띠아 (INDI FLOUR TORTILLAS) · 식품의 유형: 빵류 · 원산지: 미국(USA)
· 내용량: 272g, 6인치(628 kcal) · 원재료명 및 함량: 영양강화밀가루[[밀가루(밀), 과산화벤조일(희석), 니코틴산, 환원철, 비타민B1, 질산염, 비타민B2, 엽산)], 정제수, 카놀라유, 식물성쇼트닝[부분경화대두유, 부분경화목 화씨유(글리세린지방산에스테르)], 정제염, 글리세린지방산에스테르(유화제), 프로피온산칼슘(합성보존료),산도조 절제(탄산수소나트륨, 산성피로인산나트륨), 푸마르산, 황산칼슘, L-시스테인염산염, 비타민C · 수입원: 대한푸드텍㈜ / 경기도 광주시 도척면 방도길 43 (TEL. 031-762-4357) · 제조원: La

프로피온산칼슘이 사용된 식품

# 5. 데히드로초산나트륨

데히드로초산나트륨(sodium dehydroacetate)은 백색의 결정성 분말로서 냄새가 없거나 조금 냄새가 있다(그림 7.5). 물(33 g/100 g), 글리세린(15 g/100 g), 프로필렌글리콜(48 g/100 g) 등에는 잘 녹으나 알코올, 에테르, 아세톤 등에는 잘 녹지 않는다. 데히드로초산나트륨은 자

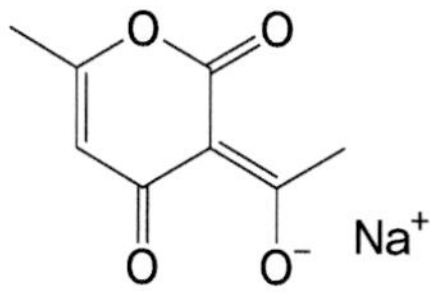

· 제품명 : 식물성 마아가린
· 원재료명 : 식물성식용유지(대두), 정제염, 버터향, 레시틴, 글리세린지방산에스테르
· 식품첨가물 : 데히드로초산나트륨(합성보존료), 이.디.티.에이.칼슘이나트륨(산화방지제)
· 유통기한 : 상면 표시일까지               용기

그림 7.5 **데히드로초산나트륨**

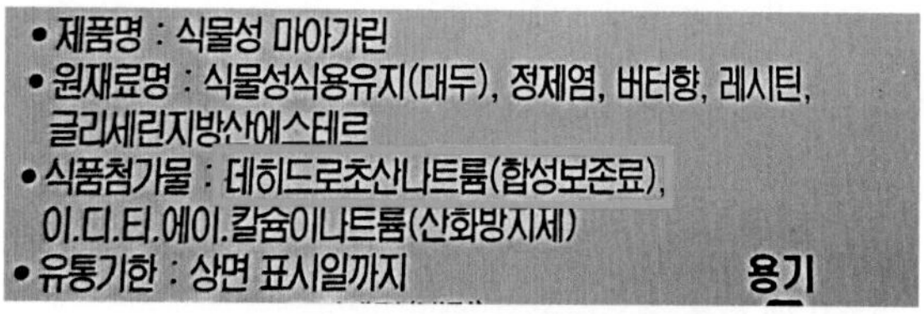

데히드로초산나트륨이 사용된 식품

연치즈, 가공치즈, 버터류 및 마가린류에 0.5 g/kg 이하 사용한다(표 7.2 참조).

데히드로초산(dehydroacetic acid)은 미국과 우리나라에서만 지정되어 있고 사용 실적이 없으므로 2010년 지정이 취소되었다.

## 6. 리소짐

리소짐(lysozyme)은 난백을 알칼리성 수용액 및 식염수로 처리하고 수지 정제하여 얻어지는 것, 또는 수지처리 또는 가염처리한 후 칼럼 정제 또는 재결정에 의해 얻어지는 효소 제이다. 성상은 백~진한 갈색의 분말, 입상, 페이스트상 또는 무~진한 갈색의 액상이다. 난백에 약 0.3% 함유되어 있으며, 사람의 눈물과 타액 등에도 존재한다. 그람양성균 및 그람음성균의 세포벽을 분해하는 용균활성을 가지고 있어 보존료로서 작용을 한다. 사용기준은 일반사용기준에 준하여 사용한다.

## 7. 자몽종자추출물

자몽종자추출물(grapefruit seed extract)은 운향과 자몽(*Citrus paradisi* MACF.)의 종자를 물, 에틸알코올 또는 글리세린으로 추출하여 얻어지는 것으로 그 성분은 지방산, 플라보노이드 등이다. 자몽종자추출물은 무~황색의 분말 또는 점성이 있는 액체로서 약간 특이한 냄새가 있고, 약간 쓴맛이 있다. 사용기준은 일반사용기준에 준하여 사용한다. 자몽종자추출물의 항균력에 대해서는 논란이 있으며, 우리나라, 미국, 일본에서만 사용이 허가되어 있다.

Tip

**자몽종자추출물**

최근 자몽종자추출물의 항균력에 대한 논란이 있다. 일본 및 오스트리아 과학자의 발표에 의하면 시판되는 자몽종자추출물을 분석한 결과 화장품에서 사용하는 방부제인 벤제토늄클로라이드(benzethonium chloride)가 함유되어 있었으며, 트리클로산(triclosan)과 메틸파라벤도 들어 있었다고 한다. 아무런 방부제도 들어 있지 않은 자몽종자추출물은 항균력이 없다는 것이다. 이들은 자몽종자추출물의 항균력은 그 안에 함유되어 있는 합성방부제 성분 때문이라고 결론지었다.

## 8. 나타마이신

나타마이신(natamycin)은 스트렙토미세스(*Streptomyces*)속이 생산하는 항곰팡이작용이 있는 보존료로서 백~황백색의 결정성 분말이다. 이명은 피마리신(pimaricin)이다. 폴리엔마크롤라이드(polyene macrolide)계 항생물질(큰 고리형 락톤 구조를 갖는 항생물질로서 공액2중결합 구조를 가짐)이다. 분자량은 665.73이고, 물에는 녹지 않지만 메탄올에는 조금 녹고 빙초산에 녹는다. 나타마이신의 항곰팡이작용은 pH에 의해 영향을 받지 않는다. 나타마이신은 자연치즈 및 가공치즈의 표면에만 사용한다. 사용량은 1 mg/dm$^2$ 이하이어야 하며, 표면으로부터 깊이 5 mm 이상에서는 검출되어서는 안 된다(0.020 g/kg 이하).

미국, 일본, EU 및 Codex에도 지정이 되어 있으며, 우리나라는 2008년 사용을 허가하였다. 포도주에 사용하면 안 되는데 수입산 포도주에서 검출되어 문제가 된 적이 있었다.

ADI는 0~0.3 mg/kg 체중이다(JECFA, 1976). 나타마이신의 구조는 그림 7.6과 같다.

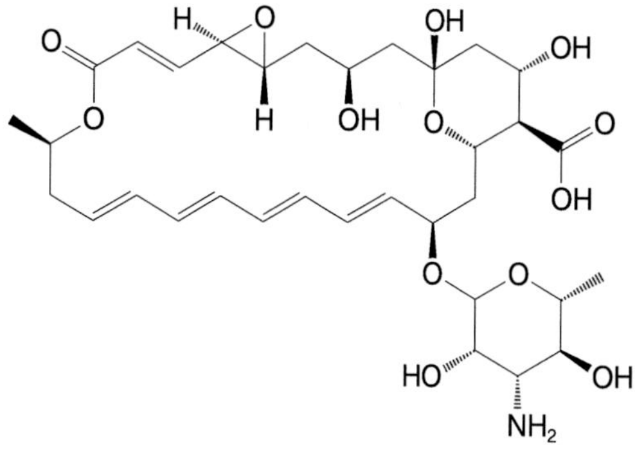

그림 7.6  **나타마이신의 구조**

## 9. 니신

니신(nisin)은 란스필드 그룹(Lancefield group N: Lancefield가 개발한 용혈성연쇄상구균의 혈청학적 분류법에 의한 N군)에 속하는 락토코쿠스 락티스(*Lactococcus lactis*: *Streptococcus lactis*)가 생산하는 폴리펩타이드와 염화나트륨이 혼합된 화합물로서 백색의 미세한 분말이다. 발효산물에서 주 폴리펩타이드는 니신 A이고, 니신 A는 34개의 아미노산으로 구성되어 있다(그림 7.7). 니신 A의 분자량은 3,354.12이고, 물에는 녹지만 비극성 용매에는 녹지 않는다. 그람양성균을 비롯하여 광범위하게 작용하는 박테리오신(bacteriocin)이다. 니신은 가공치즈에만 사용할 수 있고, 사용량은 가공치즈 1 kg에 대하여 0.250 g 이하이다. ADI는 0~2 mg/kg 체중이다(JECFA, 2013).

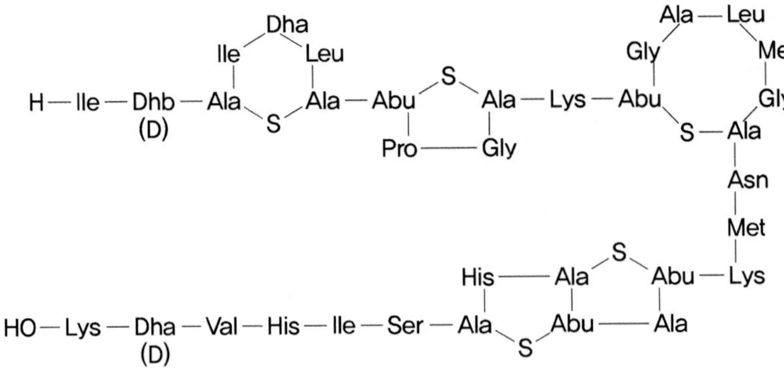

그림 7.7 니신의 구조

## 10. ε-폴리리신

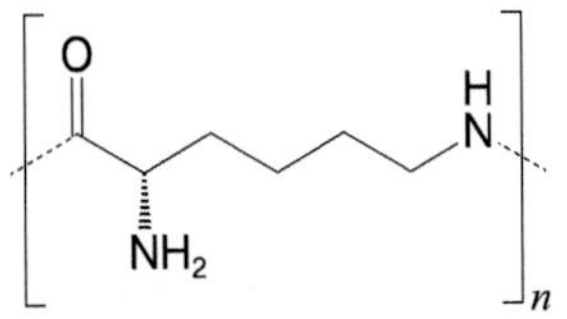

ε-폴리리신(ε-polylysine)은 방선균의 일종인 스트렙토미세스 알부루스(*Streptomyces albulus*)를 배양한 다음 배양여액을 이온교환수지에 흡착, 분리, 정제하여 얻어지는 물질로서 흡습성이 강한 엷은 황색의 분말이며, 약간의 쓴맛을 가지고 있다. 보통 25~30개의 리신이 ε 위치에서 펩타이드

그림 7.8 ε-폴리리신

결합을 하고 있다(그림 7.8). ε-폴리리신은 세균의 세포 표면에 정전기적으로 흡착되어 세포막을 벗겨서 세포에 손상을 주게 된다.

2004년에는 미국 GRAS 물질이 되었다. 사용기준은 일반사용기준에 준하여 사용한다.

## 11. 외국에서만 허용되어 있는 보존료

우리나라에서는 사용이 허용되어 있지 않지만 외국에서 사용이 허가되어 있는 보존료는 다음과 같다.

Codex에서는 *o*-페닐페놀(*o*-phenylphenol) (INS 231), *o*-페닐페놀나트륨(sodium *o*-phenyl-phenol) (INS 232) 및 다이메틸다이카보네이트(dimethyl dicarbonate)가 보존료로 지정되어 있는데 *o*-페닐페놀과 *o*-페닐페놀나트륨은 과일, 채소류의 수확 후 처리에 사용한다. 티오시안산나트륨(sodium thiocyanate, NaSCN)도 보존료로 사용된다.

보존료는 미생물에 의한 부패를 방지하여 식품의 보존 기간을 연장시키는 식품첨가물로 데히드로초산나트륨, 소브산, 소브산칼륨, 소브산칼슘, 안식향산, 안식향산나트륨, 안식향산칼륨, 안식향산칼슘, 파라옥시안식향산메틸, 파라옥시안식향산에틸, 프로피온산, 프로피온산나트륨 및 프로피온산칼슘 등이 있다. 이들 보존료는 명칭과 용도를 함께 표시해 주어야 한다. 아질산염류와 아황산염류도 보존료 용도로 사용된다. 산인 보존료는 비해리형만이 세포 내부로 들어가기 때문에 보존료의 효과는 pH의 영향을 받는다. 즉, pH가 낮을수록 비해리형의 비율이 높아지므로 보존료로서의 효과가 크다. 안식향산은 사과, 계피, 정향 및 크랜베리 등 천연에 존재하는 물질로 GRAS 물질로 알려져 있다. 안식향산 및 그 염류의 일일섭취허용량(ADI)은 0~5 mg/kg 체중으로 설정되어 있으며, 인체 내에 섭취되어도 축적되지 않고 배설된다. 안식향산과 비타민 C가 함께 존재하는 음료의 경우 벤젠이 검출될 수도 있다. 안식향산 및 그 염류는 과일·채소류음료, 탄산음료류, 기타음료 및 인삼·홍삼음료 등에 사용한다. 파라옥시안식향산에스테르류는 파라벤이라고도 부르며, 잼류, 간장, 식초, 소스류 및 과실·채소류(표피 부분에 한함) 등에 사용된다. 우리나라는 파라옥시안식향산메틸과 파라옥시안식향산에틸만 사용할 수 있다. EFSA(유럽식품안전청)은 파라옥시안식향산프로필이 생식독성이 있다고 판단하여 사용 금지 조치하였다. 이에 우리나라는 2008년 파라옥시안식향산프로필의 지정을 취소하였고, 파라옥시안식향산부틸, 파라옥시안식향산이소부틸 및 파라옥시안식향산이소프로필 등도 2009년 지정 취소하였다. 소브산 및 그 염류는 자연치즈, 가공치즈, 식육가공품, 어육가공품 등에 사용한다. 프로피온산류는 빵류, 자연치즈, 가공치즈 및 잼류에 사용된다. 데히드로초산나트륨은 자연치즈, 가공치즈, 버터류 및 마가린류에만 사용할 수 있다. 나타마이신은 자연치즈 및 가공치즈의 표면에만 사용할 수 있고, 니신은 가공치즈에만 사용할 수 있다.

1  안식향산의 보존료로서의 효과는 pH의 영향을 받는다. 이에 대해 설명하시오.

2  파라벤류의 안전성에 대해 설명하시오.

3  소브산에 대해 설명하시오.

4  다음 보존료 중 천연에 존재하지 않는 것은?
   ① 안식향산                          ② 프로피온산
   ③ 소브산                            ④ 데히드로초산나트륨

---

풀이와 정답

1. 산인 보존료는 비해리형만이 세포 내부로 들어가기 때문에 pH의 영향을 받는다. 안식향산은 비해리형만이 미생물 세포막을 잘 투과하여 세포질 내부로 들어갈 수 있다. 안식향산의 $pK_a$는 4.19로서 $pH=pK_a+\log[A^-]/[HA]$ 식에 의해 pH가 3.19이면 비해리형 안식향산의 농도는 해리형인 안식향산이온보다 10배 더 많아지게 된다. pH가 낮아질수록 비해리형 안식향산의 비율은 높아지게 된다. 즉, pH가 낮을수록 안식향산은 보존료로서 효과가 크다.

2. 파라벤은 파라옥시안식향산에스테르류를 말하며, EU에서는 파라옥시안식향산프로필이 생식독성 때문에 사용이 금지되었다. 이에 우리나라도 파라옥시안식향산프로필뿐만 아니라, 파라옥시안식향산부틸, 파라옥시안식향산이소부틸 및 파라옥시안식향산이소프로필의 지정을 취소하였고, 현재 우리나라에서 사용이 허가된 파라벤은 파라옥시안식향산메틸과 파라옥시안식향산에틸이다.

3. 소브산은 지방산의 일종으로 가장 안전한 보존료의 하나로 간주되며, 과실주, 식육가공품 및 어육가공품 등에 사용한다. 소브산은 pH가 낮을수록 보존료로서의 효과가 크다.

4. ④

# CHAPTER 8

# 감미료

감미료(sweetener)는 식품에 단맛을 부여하는 식품첨가물을 말한다. 고감도 감미료로 사카린나트륨, 아스파탐, 수크랄로스, 아세설팜칼륨 및 글리실리진산이나트륨 등이 있으며, 이 5종은 명칭과 용도를 함께 표시해 주어야 한다[예: 사카린나트륨(감미료)]. 네오탐은 아스파탐에서 유래된 고감도 감미료이다. 당알코올류로는 D-소비톨, 만니톨, 락티톨, 자일리톨, D-말티톨, 이소말트, 폴리글리시톨시럽 등이 있다. 그 외에도 천연에서 얻어지는 스테비올배당체, 감초추출물, D-리보오스, D-자일로오스, 토마틴, 효소처리스테비아 및 에리스리톨 등이 있다. 국내에 지정된 감미료의 국가별 지정 현황은 표 8.1에 나타나 있다.

사이클라메이트(cyclamate)와 둘신(dulcin)은 우리나라에서 사용이 금지된 감미료이다. 사이클라메이트는 현재 40개국 이상에서 사용되고 있으나 우리나라에서는 사용을 허가하고

**표 8.1** 국내 지정 감미료의 국가별 지정 현황

| 식품첨가물명 | INS No. | CAS No. | 미국 | EU | Codex | 일본 |
|---|---|---|---|---|---|---|
| 사카린나트륨 | 954(iv) | 6155-57-3 | ○ | ○ | ○ | ○ |
| 아스파탐 | 951 | 22839-47-0 | ○ | ○ | ○ | ○ |
| 수크랄로스 | 955 | 56038-13-2 | ○ | ○ | ○ | ○ |
| 아세설팜칼륨 | 950 | 55589-62-3 | ○ | ○ | ○ | ○ |
| 글리실리진산이나트륨 | - | 71277-79-7 | × | × | ×○ | ○ |
| 네오탐 | 961 | 165450-17-9 | ○ | ○ | ○ | ○ |
| D-소비톨 | 420(i) | 50-70-4 | ○ | ○ | ○ | ○ |
| 만니톨 | 421 | 69-65-8 | ○ | ○ | ○ | ○ |
| 락티톨 | 966 | 585-86-4 | ○ | ○ | ○ | × |
| 자일리톨 | 967 | 87-99-0 | ○ | ○ | ○ | ○ |
| D-말티톨 | 965(i) | 585-88-6 | ○ | ○ | ○ | × |
| 이소말트 | 953 | 64519-82-0 | × | ○ | ○ | × |
| 폴리글리시톨시럽 | 964 | - | × | × | ○ | × |
| 스테비올배당체 | 960 | 57817-89-7, 58543-16-1 | × | ○ | ○ | ○ |
| 감초추출물 | - | - | ○ | × | × | ○ |
| 토마틴 | 957 | 53850-34-3 | × | ○ | ○ | ○ |
| 효소처리스테비아 | - | - | × | × | × | ○ |
| 에리스리톨 | 968 | 149-32-6 | ○ | ○ | ○ | × |
| D-리보오스 | - | 50-69-1 | × | × | × | ○ |
| D-자일로오스 | - | 58-86-6 | × | × | ○ | ○ |

있지 않다.

## 1. 사카린나트륨

사카린나트륨(sodium saccharin)은 용성사카린이라고도 부르며, 열에 안정하고 물과 알코올에 잘 녹는다(그림 8.1). 감미도는 설탕의 약 300배이며, 농도가 높으면 쓴맛을 나타낸다. 보통 식품에는 0.02~0.03% 이하로 사용한다.

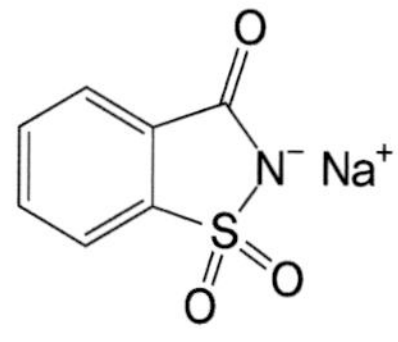

그림 8.1 **사카린나트륨**

사카린나트륨은 1879년 독일의 콘스탄틴 팔베르크(Constantin Fahlberg)가 미국 존스홉킨스대학교의 아이라 램슨(Ira Remsen) 실험실에서 톨루엔설폰아마이드(toluenesulfonamide)의 산화 기작을 밝히는 실험을 하다가 우연히 발견한 최초의 인공감미료이다. 1907년부터 산업화되어 사용되다가 1970년 미국 FDA 승인을 얻었다.

1969년에는 사이클라메이트가 발암성을 이유로 사용이 금지되었고, 1981년부터 아스파탐을 사용하기 시작하였으므로 사카린나트륨은 1970년과 1981년 사이 미국에서 허용된 유일한 저열량 감미료였다. 1974년에는 동물실험에서 사카린나트륨이 방광암을 유발한다는 연구 결과가 발표되었으며, 캐나다 및 미국에서는 안전성을 이유로 사카린나트륨의 사용을 금지하였다. 1980년 WHO(세계보건기구) 산하 국제암연구소(International Agency for Research on Cancer, IARC)는 사카린나트륨의 안전성을 평가하여 사카린나트륨이 수컷 쥐의 요로에 종양을 발생시킬 만한 충분한 증거가 있다고 결론짓고, 발암물질 그룹 2B(동물실험 결과 발암성이 있다는 증거가 충분하지만 인간에게 발암성이 있다는 증거는 불충분함)로 분류하였다.

그 이후 사카린나트륨의 발암성에 대한 많은 연구 결과 사카린나트륨은 수컷 쥐에서만 방광암을 유발하는 것으로 알려졌다. 그리고 종양도 아주 고농도(25,000 ppm 이상)로 평생 투여했을 경우에만 발생하는 것이었다. 고농도란 사카린나트륨이 첨가된 식품이나 음료를 매일 수백 번씩 일생 동안 섭취하는 것에 해당되는 양이다.

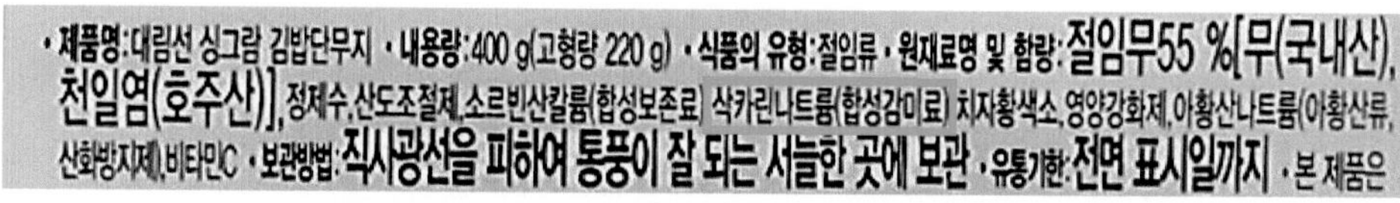

· **제품명**:대림선 싱그람 김밥단무지 · **내용량**:400 g(고형량 220 g) · **식품의 유형**:절임류 · **원재료명 및 함량**: **절임무55 %[무(국내산),** **천일염(호주산)]**, 정제수,산도조절제 소르빈산칼륨(합성보존료) **사카린나트륨**(합성감미료) 치자황색소, 영양강화제, 아황산나트륨(아황산류, 산화방지제),비타민C · **보관방법**: **직사광선을 피하여 통풍이 잘 되는 서늘한 곳에 보관** · **유통기한**: **전면 표시일까지** · 본 제품은

사카린나트륨이 사용된 식품

사카린나트륨이 방광암을 유발하는 기작은 쥐의 배설계에서 특이적인 것이다. 쥐에 고농도로 사카린나트륨을 투여하면 높은 pH와 고농도의 단백질 존재 하에 소변에서 인산칼슘 침전물이 형성된다. 이 침전물이 방광 조직을 손상시켜서 세포증식으로 이어지고 암의 위험성을 증가시키는 것이다. 쥐 방광에서 사카린나트륨에 의해 종양이 유도되는 요인은 인간에게는 일어나지 않는다. 쥐와 인간 두 종 간에는 방광의 생리와 소변의 조성에 차이가 있기 때문이다. 당뇨환자들을 대상으로 한 역학조사에서도 사카린나트륨 섭취가 방광암 발생과는 관련성이 없다는 것이 밝혀졌다.

1999년 국제암연구소는 사카린나트륨을 재평가하여 발암물질 목록에서 삭제하였고, 2000년 미국 국립독성학프로그램(National Toxicology Program, NTP)도 사카린나트륨을 발암물질 목록에서 삭제하였다. 2010년에는 사카린과 그 염류가 미국 환경보호청(Environmental Protection Agency, EPA)의 유해물질 목록에서 삭제되어, 현재는 사카린나트륨이 발암물질이 아니라는 사실이 인정되고 있다.

표 8.2. 사카린나트륨의 사용기준

| | 사용기준 |
|---|---|
| 사카린나트륨 | 1. 젓갈류, 절임식품, 조림식품: 1.0 g/kg 이하(단, 팥 등 앙금류의 경우에는 0.2 g/kg 이하)<br>2. 김치류: 0.2 g/kg 이하<br>3. 음료류(발효음료류, 인삼·홍삼음료 제외): 0.2 g/kg 이하(다만, 5배 이상 희석하여 사용하는 것은 1.0 g/kg 이하)<br>4. 어육가공품: 0.1 g/kg 이하<br>5. 시리얼류: 0.1 g/kg 이하<br>6. 뻥튀기: 0.5 g/kg 이하<br>7. 특수의료용도 등 식품: 0.2 g/kg 이하<br>8. 체중조절용 조제식품: 0.3 g/kg 이하<br>9. 건강기능식품: 1.2 g/kg 이하<br>10. 추잉껌: 1.2 g/kg 이하<br>11. 잼류: 0.2 g/kg 이하<br>12. 장류: 0.2 g/kg 이하<br>13. 소스류: 0.16 g/kg 이하<br>14. 토마토케첩: 0.16 g/kg 이하<br>15. 조제커피, 액상커피: 0.2 g/kg 이하<br>16. 탁주: 0.08 g/kg 이하<br>17. 소주: 0.08 g/kg 이하<br>18. 기타 코코아가공품, 초콜릿류: 0.5 g/kg 이하<br>19. 빵류: 0.17 g/kg 이하<br>20. 과자: 0.1 g/kg 이하<br>21. 캔디류: 0.5 g/kg 이하<br>22. 빙과류: 0.1 g/kg 이하<br>23. 아이스크림류: 0.1 g/kg 이하 |

Tip

국제암연구소 발암물질 분류

WHO 산하 국제암연구소(IARC)는 발암물질을 다음과 같이 분류하고 있다.

- 1군: 인간에게 암을 일으키는 물질. 인간 발암성에 있어서 충분한 증거가 있는 물질. 예) 벤조피렌, 석면, 에탄올, 담배, 햇볕, 가공육
- 2A군: 인간에게 암을 일으킬 개연성이 있는 물질. 인간 발암성에 대한 제한적인 증거와 동물실험에서 충분한 증거가 있는 물질. 예) 질산염, 아질산염, 니트로사민, 아크릴아마이드, 적색육
- 2B군: 인간에게 암을 일으킬 가능성이 있는 물질. 예) 커피, 퓨란, 납
- 3군: 인간 발암성으로 분류 불가능한 물질.
- 4군: 인간에게 암을 일으킬 개연성이 없는 물질.

IARC의 분류는 발암성에 대한 과학적 증거가 충분하다는 의미일 뿐 위해(risk)의 정도를 평가하는 것은 아니다. 위해요소(hazard)와 위해는 다른 의미로 위해요소에 노출빈도를 곱해 주어야 위해하다고 말할 수 있다. 아무리 위해요소라 하더라도 노출빈도가 높지 않으면 위해하지 않다.

ADI는 0~5 mg/kg 체중이다(JECFA, 1993). 우리나라에서 사카린나트륨은 현재 어린이 기호식품을 포함한 23개 식품군에 사용이 허용되어 있다(표 8.2).

## 2. 아스파탐

아스파탐(aspartame)은 1965년에 미국의 제약회사 썰(Searle)사에서 개발되어 1981년 미국에서 건조식품에 사용이 허가되었고, 이어서 탄산음료, 음료, 제과 등에 사용이 허가되었다. 1996년 미국 FDA는 모든 식품에서 아스파탐의 사용을 허가하였다.

아스파탐은 아미노산 아스파트산(aspartic acid)과 페닐알라닌(phenylalanine)이 결합된 다

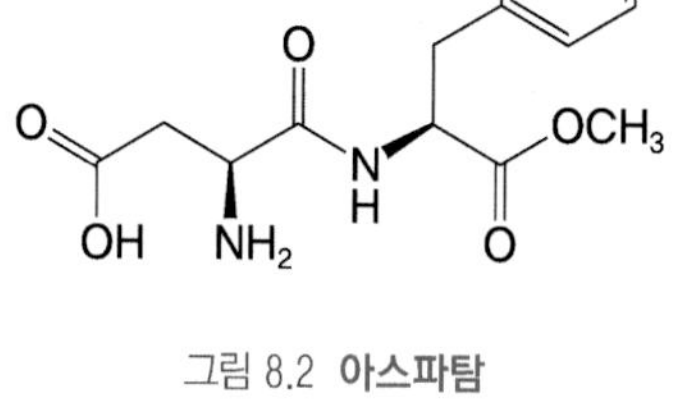
O
O
OCH3
N
H
OH
NH2
O

그림 8.2 **아스파탐**

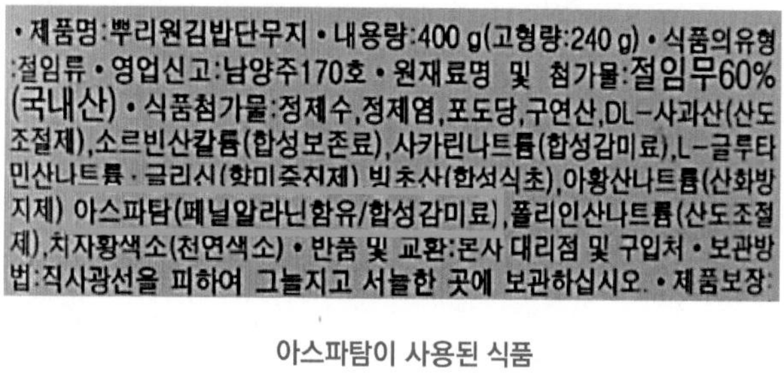
• 제품명:뿌리원김밥단무지 • 내용량:400 g(고형량:240 g) • 식품의유형:절임류 • 영업신고:남양주170호 • 원재료명 및 첨가물:절임무60%(국내산) • 식품첨가물:정제수,정제염,포도당,구연산,DL-사과산(산도조절제),소르빈산칼륨(합성보존료),사카린나트륨(합성감미료),L-글루타민산나트륨 · 글리신(향미증진제) 빙초산(합성식초),아황산나트륨(산화방지제) 아스파탐(페닐알라닌함유/합성감미료),폴리인산나트륨(산도조절제),치자황색소(천연색소) • 반품 및 교환:본사 대리점 및 구입처 • 보관방법:직사광선을 피하여 그늘지고 서늘한 곳에 보관하십시오. • 제품보장:

**아스파탐이 사용된 식품**

이펩타이드(dipeptide)의 메틸에스터이다(그림 8.2). 성상은 백색의 결정성 분말 또는 과립으로서 냄새가 없고 강한 단맛이 있다. 설탕에 비해 약 200배의 감미도를 가지며, 단맛은 설탕과 비슷하고 불쾌한 뒷맛도 없다. 아스파탐은 단맛과 더불어 향미도 향상시키는데, 감미는 상쾌하고 식염, 구연산과 공존할 경우 감미가 증가되며, 사카린나트륨과의 병용으로도 상승작용이 있다. 물과 에탄올에 녹기 어려운데, 상온에서 물에 대한 용해도는 약 1%이며, pH 5.2에서 가장 녹기 어렵다. 0.8% 수용액의 pH는 4.5~6.0이다.

강산이나 강알칼리 조건에서 가수분해에 의해 메탄올이 생성된다. 더 격렬한 조건에서는 아미노산으로 분해되기도 한다. 아스파탐의 아민기는 마이야르 반응을 일으키기도 한다. 80°C에서 2시간 가열한 경우 아스파탐의 잔존율은 pH 3.0에서 97%, pH 4.0에서 97%이지만 pH 6.5에서는 7.5%로 급격히 감소하여 분해생성물로 다이케토피페라진(diketopiperazine)을 생성하게 되며, 감미를 잃게 된다. 건조 상태에서는 장기간 안정하여, 55°C에서 2개월의 보존에도 다이케토피페라진의 생성은 1% 이하이다. 상온에서 가장 안정한 pH는 4.3으로 반감기가 300일 정도 된다. 하지만 pH 7에서는 반감기가 며칠밖에 되지 않는다. 대부분의 청량음료는 pH가 3~5 사이이기 때문에 아스파탐은 안정하다.

아스파탐은 빵류, 과자, 빵류 제조용 믹스, 과자 제조용 믹스에 5.0 g/kg 이하, 시리얼류에 1.0 g/kg 이하, 특수의료용도 등 식품에 1.0 g/kg 이하, 체중조절용 조제식품에 0.8 g/kg 이하, 건강기능식품에 5.5 g/kg를 사용하며, 기타식품의 경우 사용량에 제한받지 않는다.

ADI는 0~40 mg/kg 체중이다(JECFA, 1981). 상품명은 뉴트라스위트(NutraSweet)이고, 일본은 2009년 아지노모토(Ajinomoto)사가 아미노스위트(AminoSweet)라는 상품명으로 생산하였다. 우리나라에서는 1985년에 지정되었다. 현재 미국, 유럽, 아시아, 아프리카, 호주 등 세계 200개국 이상의 나라에서 사용되고 있다.

칼로리는 설탕과 같은 1 g당 4 kcal이지만, 설탕에 비해 약 200배의 감미도를 가지기 때문에 가공식품에 이용할 경우는 1/200배의 양이면 된다. 따라서 저칼로리 감미료의 용도로 사용될 수 있다.

## 3. 수크랄로스

수크랄로스(sucralose)는 설탕 분자의 일부를 3개의 염소(Cl)로 치환한 감미료로(그림 8.3) 1976년 영국의 테이트앤라일(Tate & Lyle)사에서 개발되었다. 성상은 백~엷은 회백색의 결정

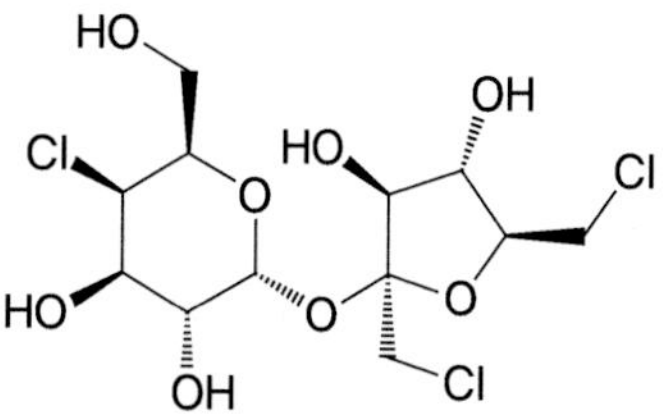

성 분말로서 냄새가 없고 단맛이 있다. 상품명은 스플렌다(Splenda)
이다. 위장에서는 분해되지 않으므로 칼로리가 없다. 수크랄로스는
설탕에서 제조되므로 설탕과 감미 특성이 매우 유사하며, 설탕에
비해 약 600배의 감미도를 갖는 고감미 감미료로서 단맛이 빠르게
발현된다. 단맛의 지속 시간 역시 설탕과 유사하여 설탕을 사용하
는 모든 식품에 적용할 수 있다.

그림 8.3 **수크랄로스**

물, 메탄올 또는 에탄올에 잘 녹으며 초산에틸에는 약간 녹는다. 낮은 온도의 물에서도
매우 잘 용해된다(20℃ 물에서의 용해도 28.2 g/100 mL). 수크랄로스는 열에 안정하며 넓은 범
위의 pH에서도 안정하다. pH 3에서 1년간 저장 시 수크랄로스의 손실률은 0.5% 이하이고,
pH 4~7에서도 안정하다. 다른 당질계 또는 비당질계 감미료와 혼합되면 다른 감미료의 단
점을 보완하며 단맛을 증가시키는 시너지 효과가 있다. 우리나라에서는 2000년에 지정되
었다. ADI는 0~15 mg/kg 체중이다(JECFA, 1990).

수크랄로스는 과자에 1.8 g/kg 이하, 추잉껌에 2.6 g/kg 이하, 잼류에 0.4 g/kg 이하, 음
료류, 가공유류, 발효유류, 조제커피에 0.40 g/kg 이하(다만, 희석하여 음용하는 제품에 있어서
는 희석한 것으로서), 설탕대체식품에 12 g/kg 이하, 시리얼류에 1.0 g/kg 이하, 특수의료용도
등 식품에 0.4 g/kg 이하, 체중조절용 조제식품에 0.32 g/kg 이하, 기타식품에 0.58 g/kg
이하, 건강기능식품에 1.25 g/kg 이하 사용한다.

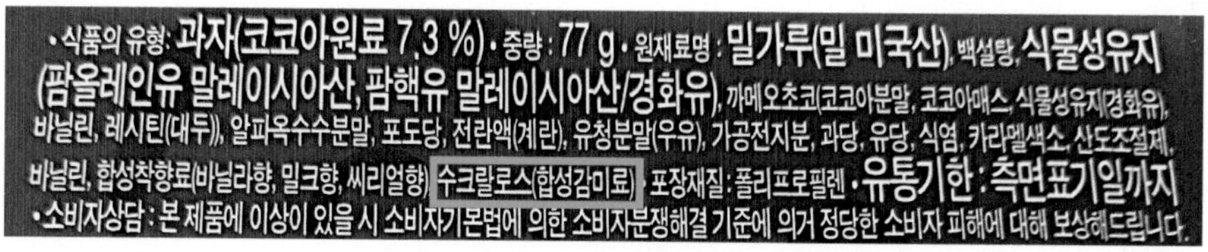

**수크랄로스가 사용된 식품**

## 4. 아세설팜칼륨

아세설팜칼륨(acesulfame potassium)은 아세설팜 K(acesulfame K)라고도 하며(그림 8.4),
독일 훽히스트(Hoechst AG, 현재 Nutrinova)사 칼 클라우스(Karl Clauss)에 의해 1967년에
합성된 화합물이다. 여러 가지의 치환기를 바꾸어 가며 설탕 4% 용액에 대한 감미도가
20~200배 되는 화합물을 합성하였는데 그중 감미도가 200배인 것을 선택하여 아세설팜

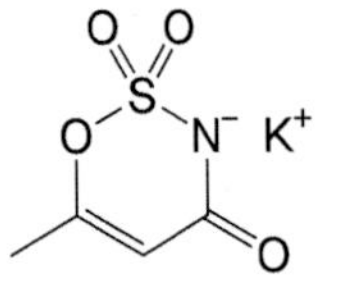

**식품위생법에 의한 한글표시사항**
•제품명:스노우타임 슬러쉬 아이스 레몬향 라임향(합성레몬향 0.125%,합성라임향0.125%, 천연레몬향 0.005%, 천연라임향 0.005% 함유) •식품의 유형:혼합음료(살균제품) •수입업소 명 및 소재지:에코푸드(031-796-4875)서울특별시 노원구 공릉로41길 21 (공릉동, 지상1층) •용량:240g(2컵 x 120g)(152kcal) •유통기한:제품별도표기일까지(읽는법-EXPIRY DATE: 년.월.일 순) •원재료명:정제수,설탕,사과주스농축액,구연산,합성착향료(레몬향,라임향) 0.25%, 천연향(레몬향, 라임향)0.01%, 잔탄검, 카라기난, 구여사삼나트륨, 합성착색료(식용색소황색 제4호,이산화티타늄),합성감미료(수크랄로스,아세설팜칼륨),합성보존료(안식향산나트륨)

그림 8.4 **아세설팜칼륨** 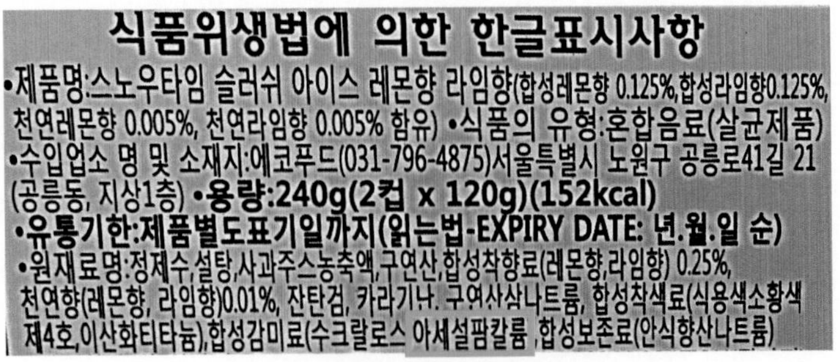                          아세설팜칼륨이 사용된 식품

이라고 이름 지었고, 1978년 WHO는 이의 칼륨염을 아세설팜칼륨이라고 하였다. 성상은 백색의 결정성 분말로서 냄새가 없고 강한 감미가 있다. 아세설팜칼륨은 낮은 농도에서 강력한 감미를 나타내고 높은 농도에서는 뒷맛이 느껴지는데, 중간 정도의 농도에서는 뒷맛과 불쾌한 맛이 느껴지지 않으며, 설탕, 소비톨, 포도당, 과당 등과 혼합하면 감미에 상승효과를 기대할 수 있다.

물에 잘 녹지만 에탄올에는 매우 녹기 어렵다. 20°C에서 용해도는 약 270 g/L이고 온도가 상승하면 용해도가 증가하며, 100°C에서는 50% 이상의 용해가 가능하다. 고체입자 상태로는 안정하며, 저온에서 건조한 것은 노출 상태에서 수년간 방치하더라도 분해되지 않는다. 그리고 pH 3 이상의 산성에서도 분해되지 않는다. 우리나라에서는 2000년에 지정되었다. ADI는 0~15 mg/kg 체중이다(JECFA, 1990).

아세설팜칼륨은 과자, 팥 등 앙금류에 2.5 g/kg 이하, 추잉껌에 5.0 g/kg 이하, 소스류, 캔디류, 잼류, 절임식품, 빙과류, 아이스크림류, 아이스크림분말류, 아이스크림믹스류, 플라워페이스트에 1.0 g/kg 이하, 음료류, 가공유류, 발효유류, 조제커피에 0.50 g/kg 이하(다만, 희석하여 음용하는 제품에 있어서는 희석한 것으로서), 설탕대체식품에 15 g/kg 이하, 시리얼류에 1.2 g/kg 이하, 특수의료용도 등 식품에 0.5 g/kg 이하, 체중조절용 조제식품에 0.45 g/kg 이하, 기타식품에 0.35 g/kg 이하, 건강기능식품에 2.0 g/kg 이하 사용한다.


# 5. 글리실리진산이나트륨

글리실리진산이나트륨(disodium glycyrrhizinate)은 감초의 감미 성분인 글리실리진산 (glycyrrhizic acid 또는 glycyrrhizin)의 나트륨염으로 백~엷은 황색의 분말로서 맛이 매우

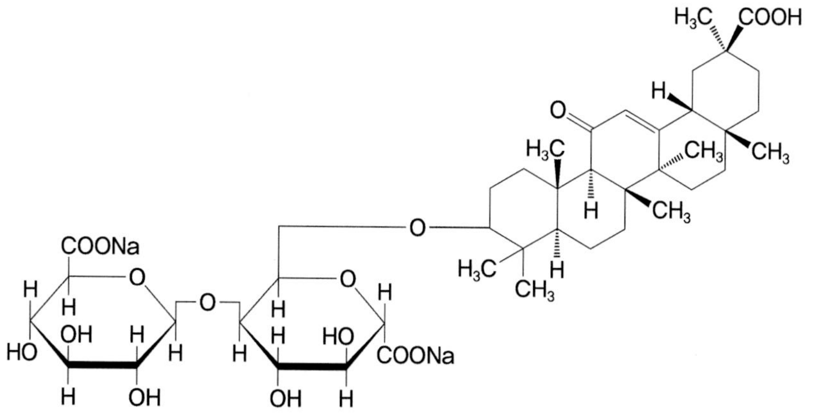

그림 8.5 **글리실리진산이나트륨**

달다(그림 8.5). 글리실리진(glycyrrhizin)의 어원은 그리스어 'glukus(달다)'와 'rhiza(뿌리)'
에서 왔다고 한다. 글리실리진산은 배당체로서 아글리콘(aglycone)은 글리시르레틴산(gly-
cyrrhetinic acid)이다. 물과 알코올에 잘 녹으며, pH는 5.5~6.5이다. 설탕에 비해 약 200배
의 감미도를 가지며, 다른 감미료와 달리 입에 넣고 조금 있어야 단맛을 느끼는 것이 특징
이다. 분해온도는 약 212~217°C이며, 갈변을 일으키지 않는다. 발포성이 있으며, 유화, 분
산을 돕고 생선 비린내 억제, 초콜릿의 블루밍 방지, 거품안정, 항산화, 비발효성 등 다양한
기능을 가지고 있다.

　글리실리진산이나트륨은 한식된장, 된장, 한식간장, 양조간장, 산분해간장, 효소분해간장,
혼합간장에만 사용할 수 있다.


## 6. 네오탐

　네오탐(neotame)은 백~회백색의 분말로서 물에 잘 녹지 않으
나, 에탄올에는 매우 잘 녹는다(그림 8.6). 0.5% 수용액의 pH는
5.0~7.0이다. 우리나라에서는 2016년도에 지정되었다. 이명은 메
틸 N-(3,3-다이메틸부틸)-L-α-아스파틸-L-페닐알라닌[methyl
N-(3,3-dimethylbutyl)-L-α-aspartyl-L-phenylalanine]이며, 메
탄올용액 하에서 아스파탐에 3,3-다이메틸부틸알데하이드(3,3-
dimethyl-butyraldehyde)를 반응시켜 제조한다. 감미도는 설탕의

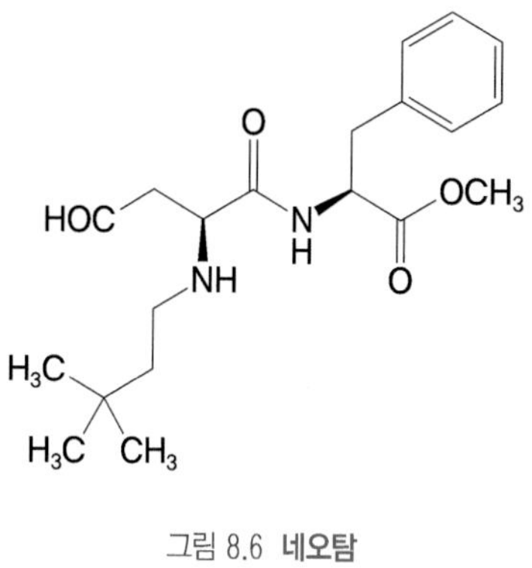

그림 8.6 **네오탐**

**표 8.3** 네오탐의 사용기준

| | 사용기준 |
|---|---|
| 네오탐 | 1. 추잉껌: 1.0 g/kg 이하<br>2. 떡류: 0.033 g/kg 이하<br>3. 잼류: 0.070 g/kg 이하<br>4. 농축과·채즙: 0.065 g/kg 이하<br>5. 특수의료용도 등 식품: 0.033 g/kg 이하<br>6. 체중조절용 조제식품: 0.065 g/kg 이하<br>7. 식초: 0.012 g/kg 이하<br>8. 소스류: 0.070 g/kg 이하<br>9. 토마토케첩: 0.070 g/kg 이하<br>10. 향신료조제품: 0.012 g/kg 이하<br>11. 복합조미식품: 0.032 g/kg 이하<br>12. 드레싱류: 0.065 g/kg 이하<br>13. 조미액젓: 0.012 g/kg 이하<br>14. 절임류: 0.100 g/kg 이하<br>15. 땅콩 또는 견과류가공품: 0.033 g/kg 이하<br>16. 과·채가공품류: 0.100 g/kg 이하<br>17. 튀김식품: 0.065 g/kg 이하<br>18. 가공치즈, 자연치즈, 모조치즈: 0.033 g/kg 이하<br>19. 식물성크림: 0.065 g/kg 이하<br>20. 시리얼류: 0.160 g/kg 이하<br>21. 즉석섭취식품: 0.033 g/kg 이하<br>22. 즉석조리식품: 0.032 g/kg 이하<br>23. 버섯가공식품: 0.033 g/kg 이하<br>24. 효모식품: 0.065 g/kg 이하<br>25. 당류가공품: 0.100 g/kg 이하<br>26. 버터유류: 0.020 g/kg 이하<br>27. 유크림류: 0.065 g/kg 이하<br>28. 건강기능식품: 0.090 g/kg 이하 |

7,000~13,000배이며, 열에 안정하며 인체에 축적되지 않는다.

ADI는 0~2 mg/kg 체중(JECFA, 2003)이고, 사용기준은 표 8.3과 같다.

## 7. D-소비톨 및 D-소비톨액

D-소비톨(D-sorbitol)은 백색의 알맹이, 분말 또는 결정성 분말로서 냄새가 없고 청량한 단맛이 있다. 물에는 매우 잘 녹고, 에탄올에는 녹기 어렵다. 포도당의 당알코올로, D-글루시톨(D-glucitol) 또는 소비트(sorbit)라고도 한다(그림 8.7). 우리나라에서는 1962년에 지정되었다. 감미도는 설탕의 약 60% 정도이나 상쾌한 감미가 있어 입안에서 청량감을 준다. 청량감은 D-소비톨의 용해열이 -26.5 kcal/g으로 흡열반응이기 때문이다. 흡습성을 가지고

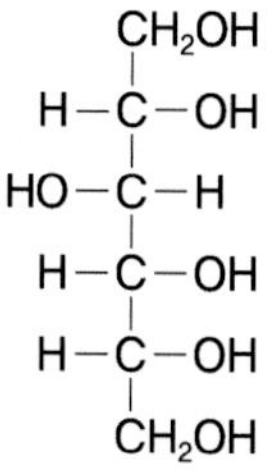

그림 8.7 D-소비톨

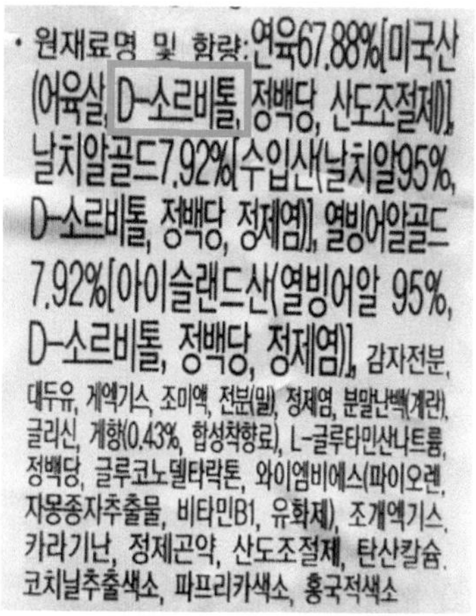


D-소비톨이 사용된 식품

있으나 건조 상태나 멸균 수용액 중에서는 안정하고 묽은 산, 알칼리에도 안정하며, 식품의 조리온도에서도 안정하다. 소비톨은 2.6 kcal/g의 에너지를 내기 때문에 저열량 감미료로 이용된다. 천연에는 핵과류에 주로 존재하는데, 예를 들어 배, 사과, 서양자두 등에 자당, 포도당, 과당과 함께 존재하며, 말린 자두의 소비톨 함량은 20%에 달한다. 해조류에도 많이 함유되어 있다.

D-소비톨은 1872년 산딸기의 일종인 소부스 아우쿠파리아(*Sorbus aucuparia* L.) 과실에서 최초로 분리되었으며, 이것이 소비톨의 어원이 되었다. 소비톨은 다른 당알코올류와 달리 생체 내에서 중간대사산물로서 널리 존재하는 당알코올로, 특히 소비톨을 1차 광합성산물로 하고 있는 장미과 식물에 많이 포함되어 있다.

D-소비톨은 흡습속도가 글리세린보다 빠르고 보습효과가 우수하여 식품의 유연성과 신선도를 유지하게 된다. 그리고 건조 중량 감소, 균열 등의 방지, 녹말의 노화 방지에도 사용한다. 마이야르 반응이 일어나지 않는 특성을 가졌기 때문에 갈변반응을 일으키지 않아 제과 분야에서 널리 사용하고 있으며, 습윤제(humectant), 금속이온봉쇄제(sequestrant), 텍스처화제(texturizer), 안정제(stabilizer), 증량제(bulking agent)의 용도로도 사용된다. 수분흡수력이 좋아 다량 섭취 시 설사를 유발할 수 있고, 비발효성 당이므로 치아에 플라그를 형성하지 않아 충치가 발생하지 않는다.

D-소비톨액(D-sorbitol solution)은 D-소비톨 67.0~73.0%를 함유하는데, 포도당액을 수소화반응시켜 제조한다. D-소비톨과 D-만니톨로 구성되어 있으며, 습윤제의 용도로도 사

용된다.

D-소비톨 및 D-소비톨액은 ADI가 "not specified"(JECFA, 1982)이고, 사용기준은 일반사용기준에 준하여 사용한다.

## 8. 만니톨

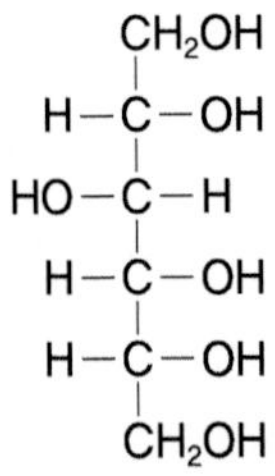

만니톨(mannitol)은 백색의 결정성 분말로서 냄새가 없으며, 단맛을 가지고 있다. 물에는 녹으나 에탄올에는 매우 녹기 어렵고, 에테르에는 거의 녹지 않는다. 만노스의 당알코올이며(그림 8.8), D-소비톨의 이성질체이기도 하다. 이명은 D-만니트(D-mannite)이다. 만니톨의 감미도는 설탕의 0.4~0.5배이고 상쾌하고 부드러운 단맛을 가지며, D-소비톨과 같은 청량감이 느껴지지 않는다. D-소비톨과는 달리 흡습성이 없으므로 흡습하여 굳는 일은 없다. 마이야르 반응이 일어나지 않으므로 갈변 반응을 일으키지 않는다.

그림 8.8 만니톨

1806년 프루스트(Proust)가 물푸레나뭇과 식물즙액의 건조물인 만나(manna)에서 분리하였으며, 1844년에는 스텐하우스(Stenhouse)가 해조류 중에 존재하는 것을 발견하였고, 이후 버섯, 지의류 등에도 널리 분포되어 있음이 알려지게 되었다. 사탕무, 샐러리, 올리브, 해조류와 같은 식물체에 천연으로 존재한다.

ADI는 "not specified"(JECFA, 1986)이고, 사용기준은 일반사용기준에 준하여 사용한다. 습윤제의 용도로도 사용된다.

## 9. 락티톨

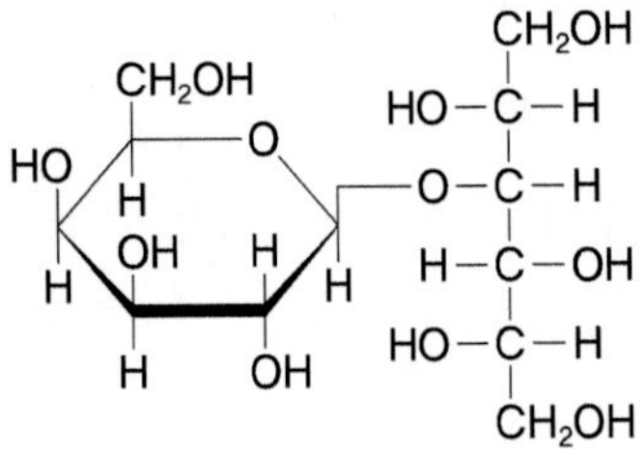

락티톨(lactitol)은 결정성 분말 또는 무색의 액상으로서 냄새가 없으며, 단맛을 가지고 있다. 물에 잘 녹아서 높은 온도에서는 설탕보다 용해도가 좋다. 유당의 수소화반응에 의해 생성되므로 환원유당이라고도 하며, 유당의 포도당 부분이 환원되어 소비톨이 된 당알코올이다(그림 8.9). 이명은 락티트(lactit)이다. 설탕과

그림 8.9 락티톨

아주 비슷한 감미 특성을 가지고 있으며, 강한 후미가 없다. 감미도는 설탕의 약 30~40% 이다. 마이야르 반응에 의한 갈변반응을 일으키지 않으며, 소장에서 거의 흡수되지 않고 충치를 유발하지 않는다. 습윤제의 용도로도 사용된다.

ADI는 "not specified"(JECFA, 1983)이고, 사용기준은 일반사용기준에 준하여 사용한다.

## 10. 자일리톨

자일리톨(xylitol)은 백색의 결정 또는 결정성 분말이다. 물에 매우 잘 녹고 에탄올에는 조금 녹는다. 자일리톨은 5탄당인 자일로스의 당알코올이다(그림 8.10).

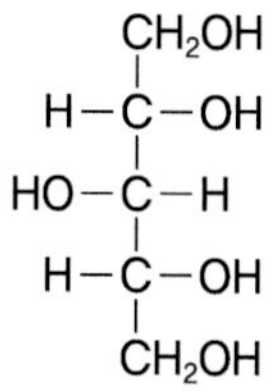

자일리톨은 1891년에 발견되었으며, 천연에 존재하는 성분으로 서양 자두나무, 딸기, 꽃양배추 등 채소와 과일 등에 존재한다. 1960년경부터 감미료로서 식용에 사용하게 되었다. 자일란(xylan)을 함유한 식물을 가수분해, 수소첨가, 정제하여 만들거나 생물공학적 방법으로도 생산할 수 있다.

$$CH_2OH$$
$$H-C-OH$$
$$HO-C-H$$
$$H-C-OH$$
$$CH_2OH$$

그림 8.10 **자일리톨**

감미도는 설탕과 비슷하여 설탕의 90~100%이다. 열량은 설탕과 같고, 120°C에서도 캐러멜화되지 않으며, 일반적인 식품 가공 조건에서 매우 안정하다. 용해 시에 흡열하기 때문에 (-36.6 kcal/g) 입안에 청량감을 준다. 비발효성 당이므로 식품 보존 중에 산패, 발효 등의 변질을 일으키지 않으며, 구강미생물에 의해서 충치를 일으키지 않는다. 습윤제의 용도로도 사용된다.

ADI는 "not specified"(JECFA, 1983)이고, 우리나라에서는 1992년에 지정되었다. 사용기준은 일반사용기준에 준하여 사용한다.

• 제품명:롯데 쥬시후레쉬 • 제조/판매업소:롯데제과(주) 서울시 영등포구 양평동 4가 20 • 소분업소:디농식품 경기도 김포시 하성면 원산리 585-4 • 직사광선 및 습기를 피해 진열하시고, 변질품은 구입상점 및 본사에서 항상 교환해 드립니다 • 본 제품은 재정경제부가 고시한 소비자 피해 보상규정에 의거 정당한 소비자 피해에 대해 보상해 드립니다. • 고객상담(수신자요금부담): 080-024-6060 • 휴지줍는 고운마음, 안버리는 밝은마음 • 유통기한: 측면 표기일까지 • 내포장재질: 염화비닐수지 • 원재료명:자일리톨77% 껌베이스,아라비아검,합성착향료,피막제,유화제,합성감미료(아세팜칼륨,수크랄로스)

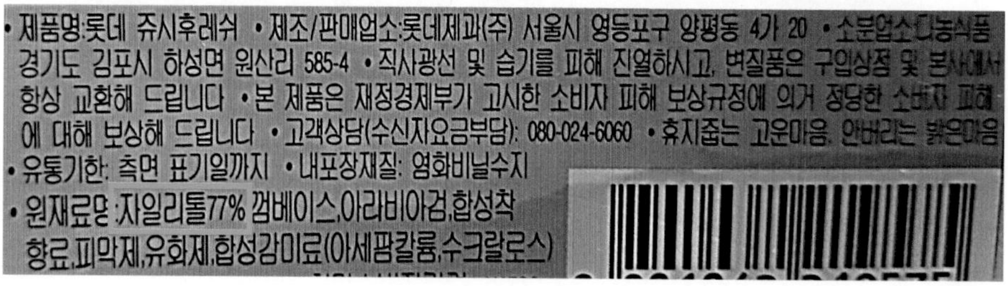

**자일리톨이 사용된 식품**

## 11. D-말티톨 및 말티톨시럽

D-말티톨(D-maltitol)은 백색의 결정성 분말로서 단맛이 있다. 물에 매우 잘 녹고, 에탄올에는 잘 녹지 않는다. 이명은 hydrogenated maltose이다. 맥아당(maltose)의 당알코올로서(그림 8.11), 녹말을 효소로 분해하여 얻어지는 고순도 맥아당을 촉매 존재 하에 수소화반응시켜 얻는다. 감미도는 설탕의 75~90%이다. 마이야르 반응을 일으키지 않는 것 외에는 설탕과 특성이 거의 비슷하다. 습윤제의 용도로도 사용된다.

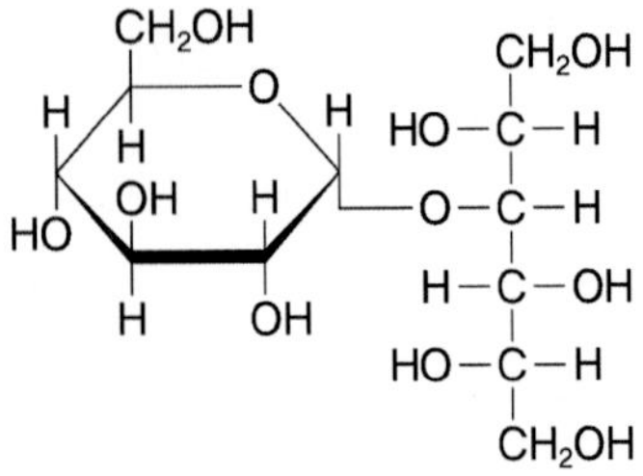

그림 8.11 **말티톨**

말티톨의 ADI는 "not specified"(JECFA, 1993)이고, 우리나라에서는 1992년에 지정되었다. 사용기준은 일반사용기준에 준하여 사용한다.

말티톨시럽(maltitol syrup)은 소비톨, 수소화올리고당류 및 다당류를 가진 말티톨혼합물이다. 성상은 무색투명한 점조성 액체 또는 백색의 결정성 덩어리로서 냄새가 없으며, 단맛을 가지고 있다. 무수물로 환산한 것은 총수소화당류 99.0% 이상 및 말티톨 50.0% 이상을 함유한다. 물에 매우 잘 녹고, 에탄올에는 약간 녹는다. 습윤제, 텍스처화제, 안정제 및 증량제의 용도로도 사용된다.

말티톨시럽의 ADI는 "not specified"(JECFA, 1997)이고, 사용기준은 일반사용기준에 준하여 사용한다.

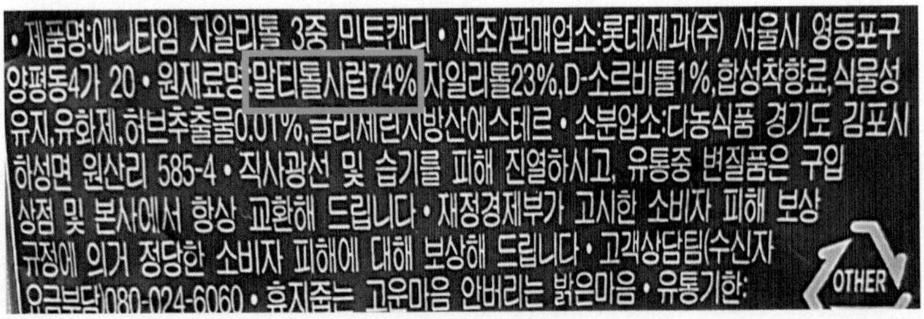

말티톨이 사용된 식품

## 12. 이소말트

이소말트(isomalt)는 무수물로서 이소말트 98.0% 이상을 함유하여야 하며(그림 8.12), 그중 α-D-글루코피라노실-1,6-D-소비톨-(GPS, $C_{12}H_{24}O_{11}$)과 α-D-글루코피라노실-1,1-D-만니톨 [2수화물(GPM, $C_{12}H_{24}O_{11} \cdot 2H_2O$)]의 양의 합계는 86.0% 이상이어야 한다. 성상은 약간 흡습성이 있는 백색의 결정으로서 냄새가 없고 단맛이 있다. 이명은 hydrogenated palatinose 또는 이소말티톨(isomaltitol)이다. 팔라티노스(palatinose)는 포도당과 과당의 α-1,6-결합체이다(그림 8.13). 물에 녹고 에탄올에는 매우 녹기 어렵다. 감미도는 설탕의 0.45배이지만 설탕과 비슷한 좋은 맛을 나타내어서 뒷맛이 없고 산뜻하다.

이소말트는 당알코올의 성질인 내열성, 내산성, 내알칼리성, 난발효성을 갖고 있으며, 충치 예방 효과를 갖는다. 또 혈당치와 인슐린을 상승시키지 않으며 체내에서의 열량 이용은 설탕의 약 1/2 정도이다. 가열에 의한 갈변반응도 일으키지 않는다. 융점은 145~150℃로서 설탕의 182℃보다 상당히 낮다. 160℃까지 가열하여도 거의 분해되지 않으며, 그 잔존율은

GPS

GPM

그림 8.12 **이소말트**

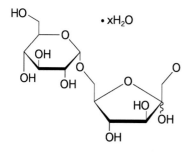

그림 8.13 **팔라티노스**

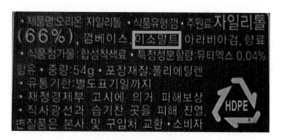

**이소말트가 사용된 식품**

96.6%로 다른 당류보다 열안정성이 크다. 식품 생산 중에 발생할 수 있는 일반적인 조건에서 산과 알칼리에 안정하다. 물에 대한 용해도는 상온에서는 설탕의 약 50%, 70℃에서는 약 90%로 되어서 온도가 올라갈수록 설탕의 용해도에 가까워진다. 그러나 그 용해속도는 설탕보다 약간 떨어진다.

과자, 추잉껌, 청량음료 등에 설탕 대용품으로 사용할 수 있으며, 설탕보다 열량이 낮고 자일리톨이나 소비톨보다 설사를 유발하는 경우가 덜하다. 우리나라에서는 1995년에 지정되었다.

ADI는 "not specified"(JECFA, 1985)이고, 사용기준은 일반사용기준에 준하여 사용한다. 과량섭취 시 설사 등을 유발할 수 있으므로 성인은 하루에 50 g 이하, 어린이의 경우는 25 g 이하를 섭취해야 한다.

## 13. 폴리글리시톨시럽

폴리글리시톨시럽(polyglycitol syrup)은 소비톨, 말티톨, 말토트리톨 및 수소화당류를 가진 혼합물이다. 보통 말티톨이 50%, 소비톨이 20%, 그 외 당알코올류가 함유되어 있다. 성상은 무색, 무취의 투명한 점조성 액체 또는 백색의 결정성 덩어리이다. 녹말 가수분해물을 수소화반응으로 환원시켜서 제조한 당알코올 혼합물로서, 이명은 hydrogenated starch hydrolysate 또는 폴리글루시톨(polyglucitol)이다. 물에 잘 녹고 에탄올에 약간 녹는다.

ADI는 "not specified"(JECFA, 1998)이고, 사용기준은 일반사용기준에 준하여 사용한다. 습윤제 및 안정제의 용도로도 사용된다.

## 14. 스테비올배당체

스테비올배당체(steviol glycoside)는 남미 파라과이가 원산인 스테비아(*Stevia rebaudiana* Bertoni)의 건조 잎을 열수로 추출하여 얻어진 수용성추출물을 흡착수지로 처리하여 농축한 다음, 메탄올 또는 에탄올을 사용하여 재결정 등의 정제를 거친 후 건조하여 얻어지는 것으로서 주성분은 스테비올배당체이다. 이명은 스테비오사이드(stevioside) 또는 리바우디오사이드 A(rebaudioside A)이다. 성상은 백~엷은 황색의 분말, 박편 또는 과립으로서 냄새가 없거나 또는 약간 특유한 냄새를 가지며, 강한 단맛이 있다. 물에는 매우 잘 녹고 수용

| 배당체 | R₁ | R₂ | 분자량 |
|---|---|---|---|
| stevioside | $\beta$-Glc | $\beta$-Glc-$\beta$-Glc(2→1) | 804.9 |
| rebaudioside A | $\beta$-Glc | $\beta$-Glc-$\beta$-Glc(2→1)<br>$\beta$-Glc(3→1) | 967.0 |
| rebaudioside B | H | $\beta$-Glc-$\beta$-Glc(2→1)<br>$\beta$-Glc(3→1) | 804.9 |
| rebaudioside C | $\beta$-Glc | $\beta$-Glc-$\alpha$-Rha(2→1)<br>$\beta$-Glc(3→1) | 951.0 |
| rebaudioside D | $\beta$-Glc-$\beta$-Glc(2→1) | $\beta$-Glc-$\beta$-Glc(2→1)<br>$\beta$-Glc(3→1) | 1129.2 |
| rebaudioside F | $\beta$-Glc | $\beta$-Glc-$\beta$-Xyl(2→1)<br>$\beta$-Glc(3→1) | 937.0 |
| steviolbioside | H | $\beta$-Glc-$\beta$-Glc(2→1) | 642.7 |
| dulcoside A | $\beta$-Glc | $\beta$-Glc-$\alpha$-Rha(2→1) | 78.9 |
| rubusoside | $\beta$-Glc | $\beta$-Glc | 642.7 |

Glc : D-glucose, Rha : L-rhamnose, Xyl : D-xylose

그림 8.14  스테비올배당체

액의 pH는 4.5~7.0이다.

스테비올배당체(그림 8.14)에는 9개의 배당체가 들어 있는데 아글리콘은 스테비올(steviol)이며, 스테비오사이드와 리바우디오사이드 A가 주 감미 성분이다. 감미도는 각각 설탕의 250배와 350배이다. 이외에도 리바우디오사이드 B, 리바우디오사이드 C, 리바우디오사이드 D, 리바우디오사이드 F, 둘코사이드 A(dulcoside A), 루부소사이드(rubusoside) 및 스테비올비오사이드(steviolbioside)가 포함되어 있다. 스테비오사이드의 분자량은 804.9이고, 리바우디오사이드 A의 분자량은 967.0이다.

설탕이나 사카린나트륨은 식염 혹은 산이 존재하면 감미도가 저하되나 스테비올배당체는 전혀 영향을 받지 않는다. 스테비올배당체는 내열성이 커서 수용액을 1시간 동안 끓여도 단맛의 변화가 없으며, pH의 영향을 받지 않아 pH 4 및 pH 10에서 100℃, 5시

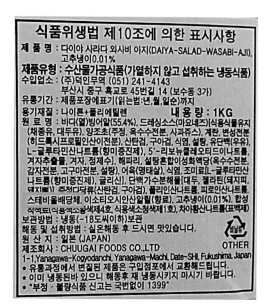

스테비올배당체가 사용된 식품

간 가열하여도 아무런 변화가 없다. 또한 스테비올배당체는 미생물이 이용할 수 없을 뿐만 아니라 갈변반응을 일으키지 않는다.

ADI는 0~4 mg/kg 체중(JECFA, 2008)이고, 백설탕, 갈색설탕, 포도당, 물엿 및 벌꿀에 사용하지 못하도록 사용기준이 정해져 있다. 미국은 순수하게 분리한 리바우디오사이드 A는 GRAS로 인정하고 사용을 허가하고 있으나, 스테비아 추출물은 식품첨가물로 허용하고 있지 않다.

## 15. 감초추출물

감초추출물(licorice extract)은 콩과 감초(*Glycyrrhiza inflata* Batalin, *Glycyrrhiza uralensis* Fischer, *Glycyrrhiza glabra* Linne), 또는 그 밖의 동속식물의 뿌리 및 근경을 열수로 추출하여 얻어지거나 실온 또는 약간 미온 상태의 알칼리성 수용액으로 추출하고 정제하여 얻어지는 것으로서 주성분은 글리실리진산이다. 감초정제물과 감초조제물이 있는데, 감초정제물은 글리실리진산을 50.0% 이상, 감초조제물은 글리실리진산을 50.0% 미만 함유한다. 성상은 감초정제물은 백~황색의 결정 또는 분말이고, 감초조제물은 황~갈색의 분말, 박편, 알맹이, 덩어리, 액체 또는 페이스트상의 물질이다. 감미도는 설탕의 200배이며 오래전부터 간장에 사용되어 왔고, 사용기준은 일반사용기준에 준하여 사용한다.

## 16. 토마틴

토마틴(thaumatin)은 서아프리카의 열대우림의 삼림지대에 생육하고 있는 토마토코쿠스 다닐엘리이(*Thaumatococcus daniellii* Benth.)의 종자를 물로 추출한 후 정제하여 얻어지는 것으로서 유백~회갈색의 분말, 박편 또는 덩어리이며, 냄새가 없고 청량한 강한 감미가 있다. 단백질 토마틴 I과 토마틴 II로 구성되어 있으며, 분자량은 토마틴 I이 22,209, 토마틴 II가 22,293이다. 물에는 매우 잘 녹고 아세톤에는 녹지 않는다. 열과 산성 조건에서 안정하며, 감미도는 설탕의 2,500~3,000배이다. 설탕보다 단맛이 나중에 느껴지고, 감미 지속 시간이 길다.

토마틴은 감미를 주는 것 외에도 향미 증진 효과가 있다고 알려져 있다. ADI는 "not specified"(JECFA, 1985)이며, 사용기준은 일반사용기준에 준하여 사용한다.


## 17. 효소처리스테비아

효소처리스테비아(enzymatically modified stevia)는 스테비아추출물에 $\alpha$-글루코실전이효소 등을 이용하여 포도당을 부가시켜 얻어지는 것으로서 그 성분은 $\alpha$-글루코실스테비오사이드 등이다. 성상은 백~엷은 황색의 분말, 박편 또는 과립으로서 냄새가 없거나 또는 약간 특유한 냄새를 가지며, 청량한 감미를 갖는다. 물에 녹기 쉽고, 50% 에탄올에 녹는다. 이명은 글루코실스테비아(glucosyl stevia)이다.

---

Tip

**단백질 감미료**

단백질 감미료에는 토마틴 외에도 모넬린(monellin), 미라쿨린(miraculin), 커쿨린(curculin), 펜타딘(pentadin), 마빈린(mabinlin), 브라제인(brazzein) 등이 있다. 모넬린은 서부아프리카 원산식물인 디오스코레오필룸 쿠민시이(*Dioscoreophyllum cumminsii*) 열매에서 발견된 단백질 감미료로서 감미도는 설탕의 약 5,000배이고 분자량이 10,700인 단백질이다. 하지만 열에 불안정해 상업적으로 이용하는 데는 한계가 있다. 미라쿨린은 당단백질로서 그 자체는 단맛이 없으나 신맛을 단맛으로 변하게 하는 특성이 있다. 서아프리카에서 자라는 미라클 프루트(miracle fruit)라는 열매에서 분리했는데 이 열매를 먹고 신 것을 먹으면 단맛이 난다고 한다. 커쿨린도 미라쿨린처럼 신맛을 단맛으로 변하게 하는 특성이 있다.

감미도는 설탕의 100~200배이며, 열과 산에 안정하다. 설탕 등의 당과 함께 섭취하면 감미도 상승효과가 있다. 효소처리스테비아는 백설탕, 갈색설탕, 포도당, 물엿 및 벌꿀에 사용할 수 없다.

## 18. 에리스리톨

에리스리톨(erythritol)은 효모인 모닐리엘라 폴리니스(*Moniliella pollinis*), 트리코스포로노이데스 메가킬렌시스(*Trichosporonoides megachilensis*) 또는 칸디다 리포리티카[*Candida lipolytica*(*Yarrowia lipolytica*)]에서 얻어진 발효액을 여과, 정제, 결정화, 수세를 거친 다음 건조하여 얻어지는 물질이다. 성상은 백색의 결정성 분말로서 냄새가

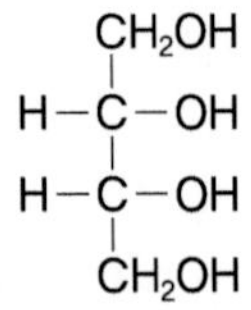

그림 8.15 에리스리톨

없으며, 단맛을 가지고 있다. 에리스리톨은 4탄당의 당알코올(그림 18.15)로서 물에 잘 녹고 에탄올에는 약간 녹으며, 에테르에는 녹지 않는다. 융점은 119~123℃이다.

감미도는 설탕의 70~80%이고, 용해 시에 흡열작용이 매우 강하여(-42.9 kcal/g) 청량감이 뛰어나다. 체내에서 에너지원으로 이용되지 않고 소변으로 대부분 배출되며, 충치균 등에 이용되지 않기 때문에 충치를 일으키지도 않는다. 내열성이 뛰어나 200℃에서 1시간 동안 가열하여도 분해되지 않을 뿐만 아니라, 흡습성도 낮다. 감미료 외에 향미증진제 및 습윤제의 용도로도 사용된다.

ADI는 "not specified"(JECFA, 1999)이며, 사용기준은 일반사용기준에 준하여 사용한다.

## 19. D-리보오스

D-리보오스(D-ribose)는 포도당을 원료로 바실루스 푸밀루스(*Bacillus pumilus*)에 의해 생산된 발효 생산물을 분리, 정제하여 얻어지는 물질이다(그림 8.16). 성상은 백~엷은 갈색의 결정성 분말로서 냄새가 없거나 또는 약간의 특이한 냄새가 있다. 물에 약간 녹고 에탄올에는 녹기 어렵다.

그림 8.16 D-리보오스

자연계에는 핵산의 구성 성분으로 존재하며, 비타민 $B_2$ 제조의 중간원료로서도 사용된다. 감미도는 설탕의 약 70%이며, 가열식품에 사용하면 뛰어난 향미

증진 효과가 있다. 사용기준은 일반사용기준에 준하여 사용한다.

## 20. D-자일로오스

D-자일로오스(D-xylose)는 목재 또는 아욱과 목화(*Gossypium arboretum* Linne), 벼과 벼(*Oryza sativa* Linne), 벼과 사탕수수(*Saccharum officinarum* Linne) 또는 벼과 옥수수(*Zea mays* Linne) 또는 그 밖의 동속식물의 줄기, 열매, 껍질을 뜨거운 산성수용액 또는 효소로 가수분해한 다음 분리하여 얻어진다(그림 8.17). 성상은 무~백색의 결정 또는 백색의 결정성 분말로서 냄새가 없으며, 감미가 있다. 물에 잘 녹으며(1 g/0.8 mL), 감미도는 설탕의 40% 정도이다. 섭취하면 60~70%가 흡수되고 30~40%는 그대로 배설되므로 흡수율이 낮아 저칼로리 감미료로 이용된다. 자일로스(xylose)는 '나무(wood)'를 뜻하는 그리스어 '자일론(xylon)'에서 유래하였다.

D-자일로오스는 5탄당으로 6탄당에 비해 가열에 의한 캐러멜화와 마이야르 반응이 잘 일어나므로 적당한 착색을 하거나, 불에 굽는 냄새를 내거나, 아민취를 제거하는 등 식품의 향미 개선에도 이용한다. 사용기준은 일반사용기준에 준하여 사용한다.

$$
\begin{array}{c}
CHO \\
H-C-OH \\
HO-C-H \\
H-C-OH \\
CH_2OH
\end{array}
$$

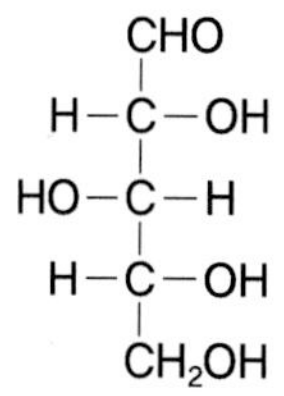

그림 8.17 D-자일로오스

## 21. 외국에서만 허용되어 있는 감미료

우리나라에서는 지정되어 있지 않으나 Codex에 지정되어 있는 감미료는 알리탐(alitame)(INS 956), 아드반탐(advantame) (INS 969), 사이클라민산칼슘(calcium cyclamate) [INS 952(ii)], 사이클라민산나트륨(sodium cyclamate) [INS 952(iv)] 등이 있다.

글리실리진산삼나트륨(trisodium glycyrrhizinate)은 주요 외국에 지정되어 있지 않고, 국내에서도 사용 실적이 없어 2010년 지정이 취소되었다. L-소르보오스도 같은 이유로 2012년에 지정이 취소되었다.

감미료는 식품에 단맛을 부여하는 식품첨가물을 말한다. 고감도 감미료로 사카린나트륨, 아스파탐, 글리실리진산이나트륨, 수크랄로스 및 아세설팜칼륨 등이 있으며, 이 5종은 명칭과 용도를 함께 표시해 주어야 한다. 사카린나트륨의 감미도는 설탕의 약 300배이며, 1974년 동물실험에서 방광암을 유발한다는 연구 결과가 발표되어 안전성 논란이 있었으나 그 이후 실험에서 수컷 쥐에서만 방광암을 유발하는 것으로 밝혀져 국제암연구소 및 미국 국립독성학프로그램은 사카린나트륨을 발암물질 목록에서 삭제하였고, 2010년에는 미국 환경보호청의 유해물질 목록에서 삭제되어 현재는 사카린나트륨이 발암물질이 아니라는 사실이 인정되고 있다. 아스파탐은 아미노산 아스파트산과 페닐알라닌이 결합된 다이펩타이드(dipeptide)의 메틸에스터로서 설탕에 비해 약 200배의 감미도를 가진다. 아스파탐은 가열하는 공정에서는 분해되어 감미를 잃게 된다. 수크랄로스는 설탕분자의 일부를 3개의 염소로 치환한 감미료로 감미도가 설탕의 약 600배이다. 아세설팜칼륨은 감미도가 설탕의 약 200배이다. 글리실리진산이나트륨은 감초의 감미 성분인 글리실리진산의 나트륨염으로 감미도가 설탕의 약 200배이며 입에 넣고 조금 있어야 단맛을 느끼게 된다. 네오탐은 아스파탐에 3,3-다이메틸부틸알데하이드(3,3-dimethylbutyraldehyde)를 반응시켜 제조한다. 감미도는 설탕의 7,000~13,000배이며, 열에 안정하다. 당알코올인 감미료로는 포도당의 당알코올인 D-소비톨, 만노스의 당알코올인 만니톨, 유당의 당알코올인 락티톨, 자일로스의 당알코올인 자일리톨, 맥아당의 당알코올인 말티톨, 포도당과 과당의 $\alpha$-1,6-결합체인 팔라티노스의 당알코올인 이소말트 및 녹말가수분해물의 당알코올 혼합물인 폴리글리시톨시럽 등이 있다. 당알코올은 마이야르 반응에 의한 갈변반응을 일으키지 않고, 체내에서 에너지원으로 이용되지 않으며, 비발효성 당이므로 충치를 유발하지 않는다. 스테비올배당체는 스테비아잎에서 얻어지는 것으로 수용성추출물을 흡착수지로 처리하여 농축한 다음, 메탄올 또는 에탄올을 사용하여 재결정 등의 정제를 거친 후 건조하여 얻는다. 주 감미 성분은 스테비오사이드(stevioside)와 리바우디오사이드 A(rebaudioside A)이며, 감미도는 각각 설탕의 250배와 350배이다. 감초추출물은 감초에서 얻어지는 것으로 주성분은 글리실리진산이며, 감미도는 설탕의 200배이다. 토마틴은 단백질감미료로서 감미도는 설탕의 2,500~3,000배이다. 에리스리톨은 효모에서 얻어진 4탄당의 당알코올이다. 이외에도 효소처리스테비아, D-리보오스 및 D-자일로오스 등이 감미료의 용도로 사용된다.

**1** 우리나라에서 사용이 허가된 고감도 감미료의 종류를 쓰시오.

**2** 감미료로 사용되는 당알코올 종류를 나열하시오.

**3** 천연에서 얻어지는 감미료에는 어떤 것이 있는가?

풀이와 정답
_____

1. 사카린나트륨, 아스파탐, 글리실리진산이나트륨, 수크랄로스, 아세설팜칼륨, 네오탐

2. D-소비톨, 만니톨, 락티톨, 자일리톨, D-말티톨, 이소말트, 폴리글리시톨시럽, 에리스리톨

3. 스테비올배당체, 감초추출물, 토마틴, 효소처리스테비아

# 산화방지제

지방질을 함유하고 있는 식품은 가공이나 저장 중 공기 중의 산소에 의해 산화가 일어난다. 지방질이 산화되면 이취가 발생하고, 영양적 가치가 감소하며, 또한 유해 성분이 생성되기도 한다. 따라서 식품 가공 및 저장 중에 지방질 산화를 방지하는 것은 식품 산업에서 아주 중요하다. 산화방지제(antioxidant)는 산화에 의한 식품의 품질 저하를 방지하는 식품 첨가물이다.

지방질 산화(lipid oxidation)는 불포화지방을 함유하는 식품에서 잘 일어나며, 온도가 높을수록, 금속이온이 존재할수록, 빛에 노출되었을 때 잘 일어난다. 지방질 산화에는 자동산화(autoxidation), 광산화(photooxidation) 및 열산화(thermal oxidation)가 있다. 지방질의 자동산화 기작은 그림 9.1과 같다.

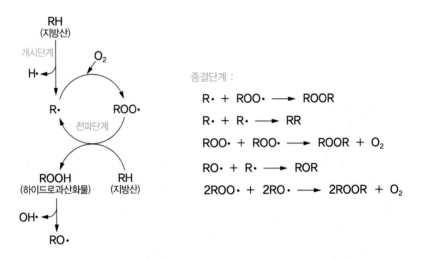

그림 9.1 **지방질의 자동산화**

자동산화는 개시 단계, 전파 단계 및 종결 단계로 나뉜다. 개시 단계에서는 가열, 빛, 금속촉매 등 개시제(initiator)에 의해 활성화되며, 지방산 분자 내에 공유결합을 이루고 있던 전자쌍이 균일하게 분열하여 수소가 떨어짐으로써 자유라디칼(free radical)이 생성되는 단계이다. 자유라디칼은 반응성이 매우 큰 물질로서, 특히 하이드록실라디칼은 매우 불안정하여 다른 분자들과의 반응성이 크다. 광산화에서는 감광제(photosensitizer)에 의해서 생성되는 일중항산소(singlet oxygen)가 개시제로 작용한다.

생성된 자유라디칼은 산소와 결합하여 과산화라디칼(ROO·)을 생성하고, 과산화라디칼은 다시 지방산과 반응하여 수소를 떼어 내어 하이드로과산화물(hydroperoxide, ROOH)과

자유라디칼을 생성한다. 이 반응을 전파 단계라고 한다. 전파 단계는 연쇄반응으로 계속 라디칼을 생성하게 된다.

종결 단계에서 라디칼끼리 결합하여 중합체를 형성하면 연쇄반응에 참여할 라디칼이 소진되어 반응이 종결된다.

자동산화에서는 개시 단계가 중요한데 지방질 산화 개시에는 금속이온이 가장 중요한 역할을 한다. 천연에는 금속이온봉쇄제(metal chelating agent)가 존재하나 식품 가공 중에 손실되거나 금속이온이 과잉으로 축적되어 산화가 개시된다. 따라서 금속이온과 결합하는 금속 킬레이트제(metal chelator: sequestrant, 금속이온봉쇄제)를 사용하면 식품에서 지방질의 산화를 효과적으로 방지할 수 있다. 이.디.티.에이.이나트륨과 이.디.티.에이.칼슘이나트륨은 금속이온봉쇄제로서 금속이온이 개시제로 작용을 하지 못하게 하여 지방질 산화를 억제한다.

지방질의 산화를 방지하는 또 하나의 기작은 하이드로과산화물의 생성을 방지하는 것이다. 자유라디칼 소거(free radical scavenging) 산화방지제(AH)는 과산화라디칼(ROO·)을 하이드로과산화물(ROOH)로 환원시켜서 자동산화에서 연쇄반응의 전파 단계를 억제한다. 이때 산화방지제에서 생성된 자유라디칼 A·는 반응성이 약해 ROO·보다 느리게 반응한다. A·는 비타민 C 같은 환원제에 의해 재환원되거나 다른 라디칼과 이합체(dimer)를 형성하기도 하고, 퀴논으로 산화되기도 한다.

산화방지제의 또 다른 작용기작에는 담금질(quenching) 기작이 있는데 이는 일중항산소 소거작용으로 산화방지제가 일중항산소와 반응하여 자유라디칼의 전파를 종결시킨다.

산화방지제에는 폴리페놀을 갖는 산화방지제와 플라보노이드 구조를 갖는 산화방지제가 있는데, BHT, BHA, TBHQ, 몰식자산프로필 및 토코페롤 같은 산화방지제는 페놀화합물이고, 차 추출물이나 차카테킨은 주성분이 플라보노이드인 카테킨(catechin)류이다.

산화방지제에는 지용성인 것과 수용성인 것이 있다. 지용성 산화방지제는 유지 또는 유지를 함유하는 식품의 산화방지제로 사용되고, 수용성인 것은 주로 색소의 산화방지에 사용된다. 디부틸히드록시톨루엔, 부틸히드록시아니솔, 터셔리부틸히드로퀴논, 아스코빌스테아레이트, 아스코빌팔미테이트 및 비타민E 등은 지용성이고, 에리토브산, 에리토브산나트륨, 비타민C, L-아스코브산나트륨, 아스코브산칼슘, 이.디.티.에이.이나트륨 및 이.디.티.에이칼슘이나트륨 등은 수용성이다.

표 9.1은 국내 지정 산화방지제의 국가별 지정 현황을 나타낸 것이다. 우리나라에서 사용이 허용된 산화방지제는 대부분 외국에서도 사용이 허가된 것이며, 디부틸히드록시톨루

**표 9.1** 국내 지정 산화방지제의 국가별 지정 현황

| 식품첨가물명 | INS No. | CAS No. | 미국 | EU | Codex | 일본 |
|---|---|---|---|---|---|---|
| 디부틸히드록시톨루엔 | 321 | 128-37-0 | ○ | ○ | ○ | ○ |
| 부틸히드록시아니솔 | 320 | 25013-16-5 | ○ | ○ | ○ | ○ |
| 터셔리부틸히드로퀴논 | 319 | 1948-33-0 | ○ | ○ | ○ | × |
| 몰식자산프로필 | 310 | 121-79-9 | ○ | ○ | ○ | ○ |
| 에리토브산 | 315 | 89-65-6 | ○ | ○ | ○ | ○ |
| 에리토브산나트륨 | 316 | 6381-77-7 | ○ | ○ | ○ | ○ |
| 아스코빌팔미테이트 | 304 | 137-66-6 | ○ | ○ | ○ | ○ |
| L-아스코빌스테아레이트 | 305 | 25395-66-8 | × | ○ | ○ | ○ |
| 비타민C | 300 | 50-81-7 | ○ | ○ | ○ | ○ |
| L-아스코브산나트륨 | 301 | 134-03-2 | ○ | ○ | ○ | ○ |
| 아스코브산칼슘 | 302 | 5743-27-1 | ○ | ○ | ○ | ○ |
| 비타민E | 307c | 2074-53-5 | ○ | ○ | ○ | ○ |
| $d$-$\alpha$-토코페롤 | 307a | 59-02-9 | ○ | ○ | ○ | ○ |
| $d$-토코페롤(혼합형) | 307b | – | ○ | ○ | ○ | ○ |
| 이.디.티.에이.이나트륨 | 386 | 139-33-3 | ○ | × | ○ | ○ |
| 이.디.티.에이칼슘이나트륨 | 385 | 662-33-9 | ○ | ○ | ○ | ○ |

엔, 부틸히드록시아니솔, 터셔리부틸히드로퀴논, 몰식자산프로필, 에리토브산, 에리토브산
나트륨, L-아스코빌스테아레이트, 아스코빌팔미테이트, 이.디.티.에이.이나트륨 및 이.디.티.에
이칼슘이나트륨 등은 식품첨가물을 표시할 때 용도와 명칭을 함께 표시하여야 한다.

# 1. 디부틸히드록시톨루엔

디부틸히드록시톨루엔(butylated hydroxytoluene, 2,6-bis(1,1-dimethylethyl)-4-methylphenol,
BHT)(그림 9.2)은 무색의 결정 또는 백색의 결정성 분말 또는 덩어리로서 냄새가 없거나 약
간 특이한 냄새가 있다. 물과 프로필렌글리콜에는 녹지 않으며, 에탄올에는 잘 녹고(용해도
25%), 식물성기름에는 30%(25℃) 녹는다. 녹는점은 69~72℃이다. BHT는 동물성기름에는
효과적이지만 식물성기름에는 상대적으로 덜 효과적이다.

열에 안정하며, 원료에 포함된 첨가물이 최종 제품에 이행되어 효력을 나타내는 효과

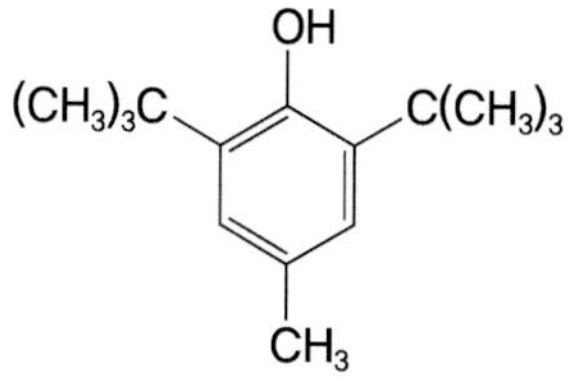

그림 9.2 BHT

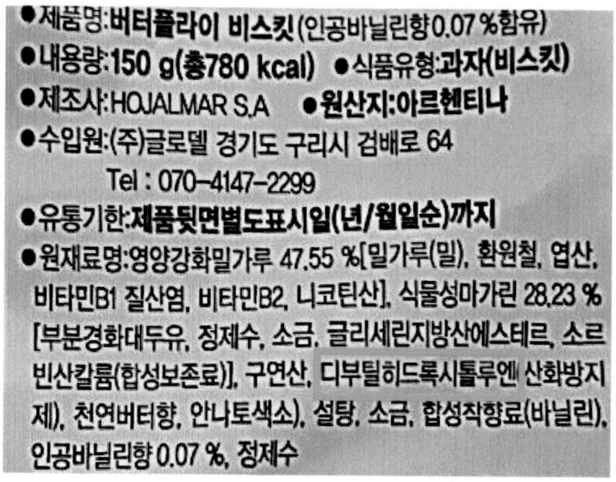

디부틸히드록시톨루엔이 사용된 식품

(carry through)가 있다. BHT는 철이 존재할 때 스틸벤퀴논(stilbenequinone)을 형성하여 노란색을 띠는 단점이 있고, 가열하면 휘발할 수 있다. BHT와 BHA(butylated hydroxyanisole)를 병용하면 상승효과가 있는데, 이는 BHA가 과산화라디칼과 반응하면 BHA가 라디칼이 되고 BHT가 BHA 라디칼에 수소를 전달하여 BHA의 효력이 재생되고, BHT 라디칼은 다시 과산화라디칼과 반응하여 연쇄반응을 종결시키기 때문이라고 설명하고 있다.

ADI는 0~0.3 mg/kg 체중이다(JECFA, 1995). 사용기준은 식용유지류, 식용우지, 식용돈지, 버터류, 어패건제품 및 어패염장품에 0.2 g/kg 이하, 어패냉동품(생식용 냉동선어패류, 생식용굴은 제외)의 침지액 및 고래냉동품(생식용은 제외)의 침지액에 1 g/kg 이하, 추잉껌에 0.4 g/kg 이하, 체중조절용 조제식품 및 시리얼류에 0.05 g/kg 이하, 마요네즈에 0.06 g/kg 이하이다. BHA 및 TBHQ를 병용할 때는 사용량의 합계가 각 성분을 단독으로 사용할 때의 사용량을 초과하면 안 된다.

## 2. 부틸히드록시아니솔

부틸히드록시아니솔(butylated hydroxyanisole, BHA)은 무~엷은 황갈색의 결정 또는 덩어리 또는 백색의 결정성 분말로서 조금 특이한 냄새와 자극성의 맛을 가지고 있다(그림 9.3). 녹는점은 48~55℃이다. 터셔리부틸기가 2번에 붙어 있는 2-*tert*-butyl-4-hydroxy-anisole(2-BHA)과 3번에 붙어 있는 3-*tert*-butyl-4-hydroxyanisole(3-BHA)의 혼합물인데, 3-BHA가 90% 이상 들어 있다. 물에는 녹지 않으며, 프로필렌글리콜에는 70%(20℃) 녹고

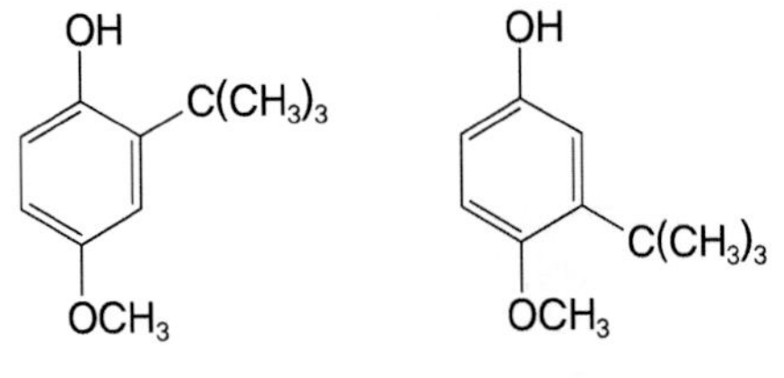

그림 9.3 BHA

3-BHA 2-BHA

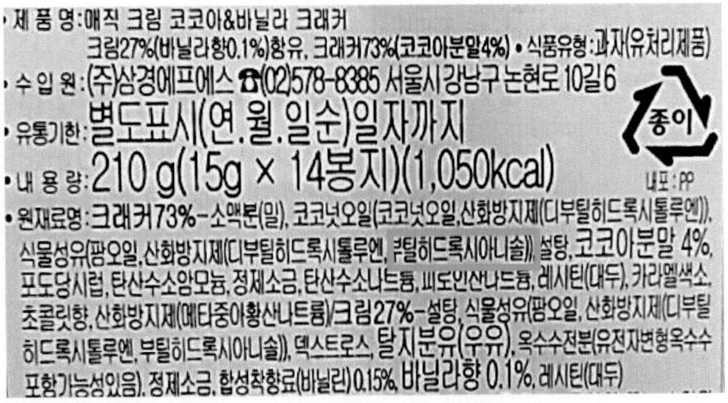

부틸히드록시아니솔이 사용된 식품

에탄올에도 잘 녹는다(>25%, 25℃). 식물성기름에는 30%(면실유, 25℃)~50%(대두유, 25℃) 정도 녹는다.

BHA를 처리한 기름을 높은 온도에서 가열하면 강한 페놀 냄새가 난다. BHA는 동물성기름의 산화 방지에 효과가 있으며, 식물성기름에는 동물성기름에 비해 효과가 덜하지만 팜핵기름(palm kernel oil)이나 코코넛기름에는 효과가 있다. 또 BHA는 이행효과가 좋아 최종 제품에 이행되어 효력을 발휘한다(carry through). 안정성이 커서 가열 공정 후에도 효력이 저하되지 않으며, 다른 산화방지제와 병용하면 상승효과가 있다. 포장재에도 사용된다.

ADI는 0~0.5 mg/kg 체중이고(JECFA, 1988), 사용기준은 BHT와 동일하나 마요네즈에 0.14 g/kg 이하를 사용하는 것이 다르다. BHT 및 TBHQ를 병용할 때는 사용량의 합계가 각 성분을 단독으로 사용할 때의 사용량을 초과하면 안 된다.

## 3. 터셔리부틸히드로퀴논

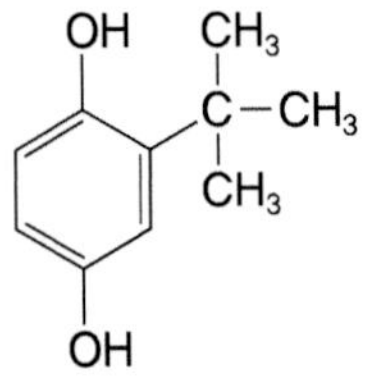

터셔리부틸히드로퀴논(*tert*-butylhydroquinone, mono-*tert*-butyl-hydroquinone, TBHQ)은 백색의 결정성 고체로서 특이한 냄새가 있다(그림 9.4). 물에 약간 녹고(용해도<1%, 20℃; 5%, 100℃), 프로필렌글리콜에는 용해도가 30%(20℃)이며, 에탄올에는 25%, 식물성기름에는 10% 녹는다(20℃). 녹는점은 126.5~128.5℃이다. 유지에도 잘 녹고 물에도 용해되기 때문에 많이 이용된다. 금속이온과 반응하여

그림 9.4 TBHQ

탈색을 시키지 않는다. 다른 산화방지제보다 식물성기름에 잘 작용하며, 튀김유 산화방지

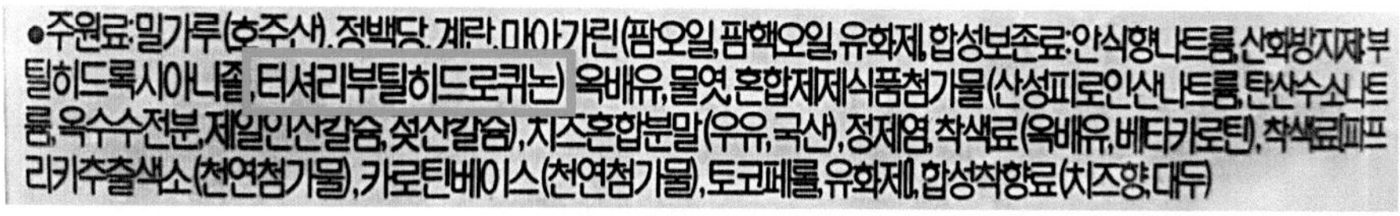

터셔리부틸히드로퀴논이 사용된 식품

에 가장 좋은 산화방지제이다. 일반적으로 BHT 및 BHA와 병용하여 사용하며, 구연산은 효력증강제(synergist)로 작용한다. 일본에서는 사용이 허가되어 있지 않다(표 9.1).

ADI는 0~0.7 mg/kg 체중이고(JECFA, 1997), 식용유지류, 식용우지, 식용돈지, 버터류, 어패건제품 및 어패염장품에 0.2 g/kg 이하, 어패냉동품(생식용 냉동선어패류, 생식용굴은 제외)의 침지액 및 고래냉동품(생식용은 제외)의 침지액에 1 g/kg 이하, 추잉껌에 0.4 g/kg 이하 사용한다. BHT 및 BHA를 병용할 때는 사용량의 합계가 각 성분을 단독으로 사용할 때의 사용량을 초과하면 안 된다.

## 4. 몰식자산프로필

몰식자산프로필(propyl gallate 또는 gallic acid, propyl ester)은 몰식자산(gallic acid)의 프로필(propyl) 에스터화합물이다. 백~엷은 황갈색의 결정성 분말로 냄새가 없으며, 조금 쓴맛을 가지고 있다(그림 9.5). 물에는 약간 녹고(<1%, 20℃), 에탄올에는 잘 녹는다(>60%). 면실유에는 1%(20℃), 대두유에는 2%(20℃) 녹고, 옥수수유에는 녹지 않는다. 녹는 점은 146~150℃이다.

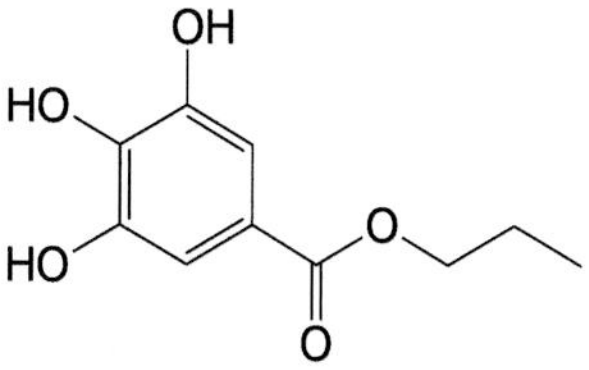

그림 9.5 몰식자산프로필

Tip

**산화방지제 섭취량 평가**

식품의약품안전처에 의하면 2011년 우리나라 국민의 산화방지제 섭취량은 일일섭취허용량(ADI) 대비 최저 0.01%에서 최대 0.28%로 아주 안전한 수준이라고 한다. 산화방지제를 섭취하는 주요 식품 경로는 빵류, 햄류, 식용유지류, 소스류 등으로 조사되었으며, 부틸히드록시아니솔은 식용유지류, 디부틸히드록시톨루엔은 과자류, 터셔리부틸히드로퀴논은 빵류, 에리토브산류는 햄류, 이.디.티.에이류는 소스류, 몰식자산프로필은 빵류를 통해 섭취되었다.

ADI는 0~1.4 mg/kg 체중이고(JECFA, 1996), 식용유지류, 식용우지, 식용돈지 및 버터류에 0.1 g/kg 이하로 사용한다.

## 5. 에리토브산 및 에리토브산나트륨

에리토브산(erythorbic acid 또는 isoascorbic acid)은 백~황색을 띤 백색의 결정 또는 결정성 분말로서 냄새가 없고 신맛이 있다(그림 9.6). 빛에 노출되면 서서히 어두운 색을 띤다. 물과 에탄올에 잘 녹는다. 녹는점은 164~172°C이다. 에리토브산은 비타민 C의 입체이성질체이다. 비타민 C는 4번 탄소와 5번 탄소가 비대칭 탄소인데, 비타민 C는 4R, 5S 배열(configuration)이지만 에리토브산은 4R, 5R 배열이다. 에리토브산은 D-형으로서 산화를 방지하는 효과는 있지만 비타민 C로서의 영양적 기능은 없다.

에리토브산나트륨(sodium erythorbate 또는 sodium isoascorbate)은 백~황색을 띤 백색의 알맹이 또는 결정성 분말로서 냄새가 없고 약간 염미가 있다. 물에는 잘 녹고 에탄올에는 약간 녹는다.

에리토브산 및 에리토브산나트륨의 ADI는 "not specified"(JECFA, 1990)이고, 산화방지제 이외의 목적으로 사용하면 안 된다. 에리토브산 및 에리토브산나트륨은 식육제품에서 아질산염에 의한 나이트로사민의 생성을 억제하기 위해 첨가한다.

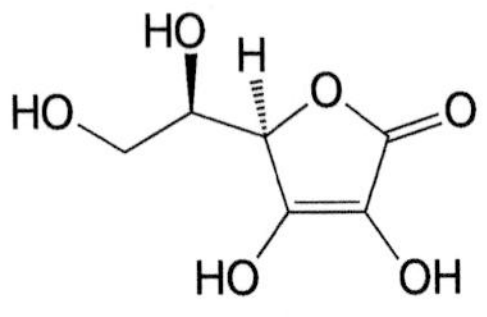

그림 9.6 에리토브산

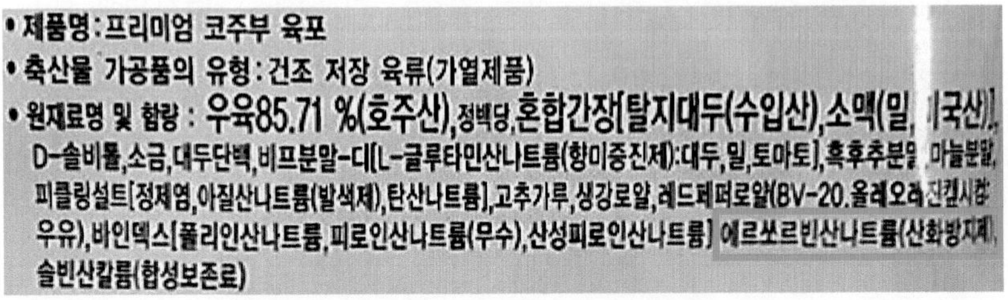

에리토브산나트륨이 사용된 식품

## 6. 아스코빌팔미테이트

아스코빌팔미테이트(ascorbyl palmitate 또는 vitamin C palmitate)는 백색 또는 황백색의 분말로서 감귤류(Citrus)의 향을 가지고 있으며(그림 9.7), 녹는점은 107~117°C이다. 물에는

극소량만 녹고, 에탄올에는 잘 녹는다. L-아스코브산
(비타민C)을 유지류에 첨가하기 위한 것으로 비타민 C
의 효력도 갖는다.

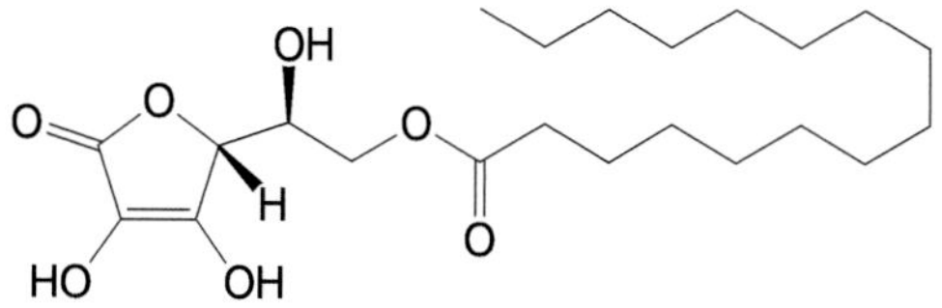

그림 9.7 **아스코빌팔미테이트**

ADI는 0~1.25 mg/kg 체중이며(JECFA, 1973), 사용
기준은 식용유지류, 식용우지 및 식용돈지에 0.5 g/kg
이하, 마요네즈에 0.5 g/kg 이하, 조제유류, 영아용 조제식, 성장기용 조제식 및 영·유아용
특수조제식품에 0.05 g/L 이하(표준조유농도에 대하여), 영·유아용 곡류조제식 및 기타영·
유아식에 0.2 g/L 이하(표준조유농도에 대하여), 기타식품에 1.0 g/kg 이하(다만, 건강기능식품
의 경우는 해당 기준 및 규격에 따른다)이며, L-아스코빌스테아레이트와 병용할 때에는 사용량
의 합계가 각 성분을 단독으로 사용할 때의 사용량을 초과하면 안 된다. 아스코빌팔미테
이트는 차광한 밀봉용기에 넣어 찬 곳에 보존하여야 한다는 보존기준이 있다.

## 7. L-아스코빌스테아레이트

L-아스코빌스테아레이트(L-ascorbyl stearate
또는 vitamin C stearate)는 백~황색을 띤 백색
의 분말로서 감귤류의 향을 가지고 있으며(그
림 9.8), 녹는점은 114~119°C이다. 물에는 녹지
않으며, 에탄올에는 잘 녹는다.

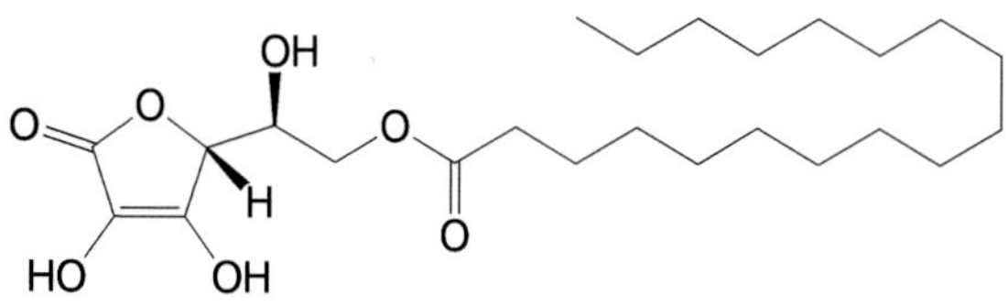

그림 9.8 **아스코빌스테아레이트**

ADI는 0~1.25 mg/kg 체중이고(JECFA, 1973), 식용유지류, 식용우지, 식용돈지(0.5 g/kg 이
하) 및 건강기능식품에 사용할 수 있다. L-아스코빌팔미테이트와 병용할 때에는 사용량의
합계가 각 성분을 단독으로 사용할 때의 사용량을 초과하면 안 된다.

## 8. 비타민C, L-아스코브산나트륨 및 아스코브산칼슘

비타민C(L-ascorbic acid)는 백색 또는 엷은 황색의 결정, 결정성 분말 또는 분말로서 냄
새가 없고, 신맛을 가지고 있다(그림 9.9). 물에는 잘 녹고 에탄올에는 약간 녹으며, 에테르
에는 녹지 않는다. 녹는점은 187~192°C이다.

비타민C 용액은 공기 중의 산소에 의해 산화되기 쉽다. 산화에 영향을 주는 것은 구리,

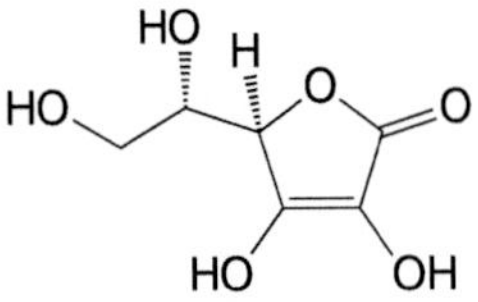

그림 9.9 비타민C

비타민C가 사용된 식품

철 같은 금속이온, 열, 빛, pH, 산소농도 및 수분활성도 등이다. 알칼리성 용액에서 산화가 촉진되며, 구리이온은 철이온보다 촉매력이 크다.

L-아스코브산나트륨(sodium L-ascorbate 또는 sodium ascorbate)은 백~황색을 띤 백색의 알맹이 또는 결정성 분말로서 냄새가 없고, 약간 염미가 있다. 빛에 노출되면 서서히 어두운 색을 띤다. 물에는 잘 녹고 에탄올에는 약간 녹는다.

아스코브산칼슘(calcium ascorbate)은 백~엷은 황색의 결정성 분말로서 냄새가 없다. 물에는 잘 녹고 에탄올에는 약간 녹으며, 에테르에는 녹지 않는다.

ADI(Ca, K, Na 염의 그룹 ADI)는 "not specified"이다(JECFA, 1981). 비타민C, L-아스코브산나트륨 및 아스코브산칼슘은 영양강화제 용도로도 사용되며, 별도의 사용기준이 없고 일반사용기준에 준하여 사용한다.

## 9. 비타민E, *d*-α-토코페롤 및 *d*-토코페롤(혼합형)

비타민E(vitamin E 또는 *dl*-α-tocopherol)는 엷은 황~갈색의 점조한 액체로서 냄새가 없다 (그림 9.10). 비타민E는 물에는 거의 녹지 않고, 에탄올에는 녹기 쉽다. 또한, 에테르, 아세톤,

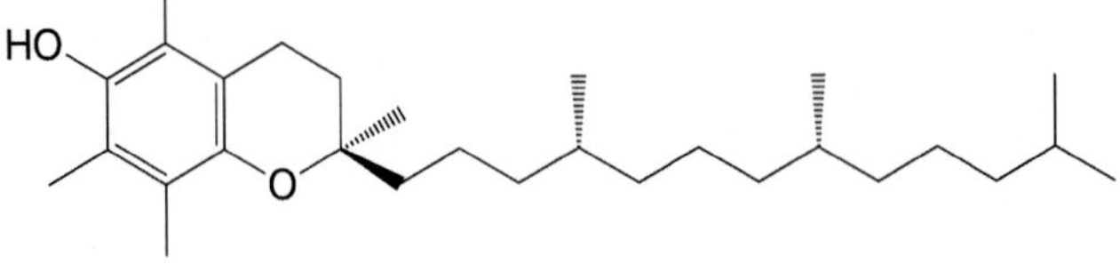

그림 9.10 비타민E

클로로폼 또는 식물유와 섞인다. 공기 및 빛에 노출되면 산화되어 어두운 색으로 된다.

$d$-$\alpha$-토코페롤($d$-$\alpha$-tocopherol concentrate)은 식용 식물성기름에서 얻는 비타민 E의 한 형태로서 총 토코페롤을 40.0% 이상을 함유하며, 그중 $d$-$\alpha$-토코페롤이 95.0% 이상이어야 한다. 성상은 엷은 황~적갈색의 투명하고 점조한 액체로서 약간 특이한 냄새가 있다.

$d$-토코페롤(혼합형)($d$-tocopherol concentrate, mixed)은 식용식물성기름에서 얻어진 것으로 주성분은 $d$-$\alpha$-토코페롤, $d$-$\beta$-토코페롤, $d$-$\gamma$-토코페롤, $d$-$\delta$-토코페롤이며, 총 토코페롤을 34.0% 이상 함유한다. 성상은 엷은 황~적갈색의 징명하고 점성이 있는 액체로서 약간 특이한 냄새가 있다.

비타민E, $d$-$\alpha$-토코페롤 및 $d$-토코페롤(혼합형)의 ADI는 그룹 ADI로 0.15~2 mg/kg 체중이며 (JECFA, 1986), 사용기준은 일반사용기준에 준하여 사용한다.

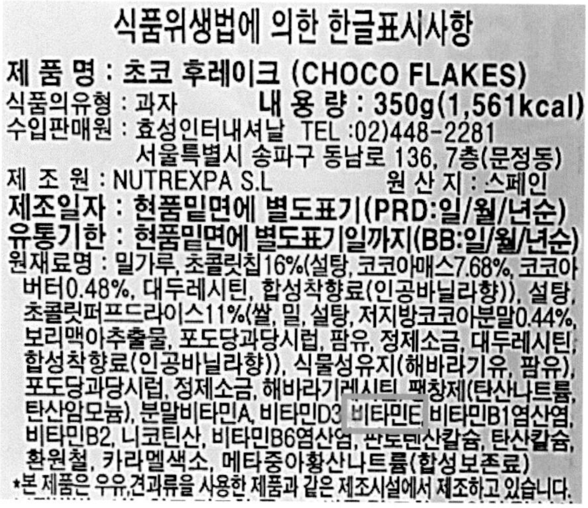

비타민E가 사용된 식품

## 10. 이.디.티.에이.이나트륨 및 이.디.티.에이칼슘이나트륨

이.디.티.에이.이나트륨(disodium ethylenediaminetetraacetate)은 백~유백색의 결정성 분말로서 냄새가 없다(그림 9.11). 이명은 disodium EDTA이다.

이.디.티.에이.칼슘이나트륨(calcium disodium ethylenediaminetetraacetate)은 백~유백색의 결정성 분말 또는 과립으로서 냄새가 없고 약간 짠맛이 있다(그림 9.12). 이명은 calcium disodium EDTA이다.

이.디.티.에이.이나트륨의 물에 대한 용해도는 10%(20℃)이며, 1% 수용액의 pH는 4.3~4.7이다. 이.디.티.에이.칼슘이나트륨의 물에 대한 용해도는 80%(20℃)이며, 1% 수용액의 pH는 6.5~7.5이다. 이들은 금속이온봉쇄제로 작용하여, 산

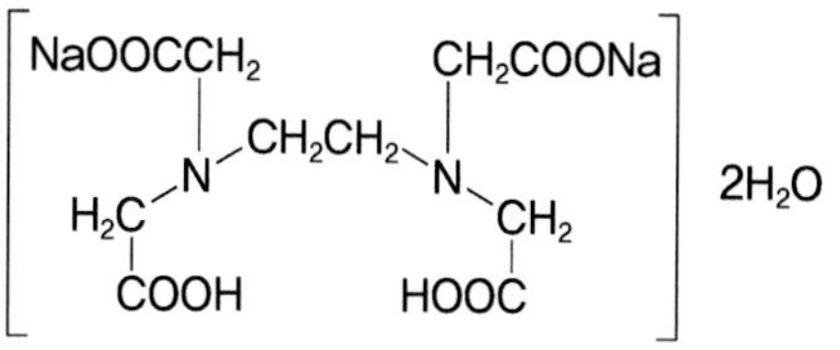

그림 9.11 이.디.티.에이.이나트륨

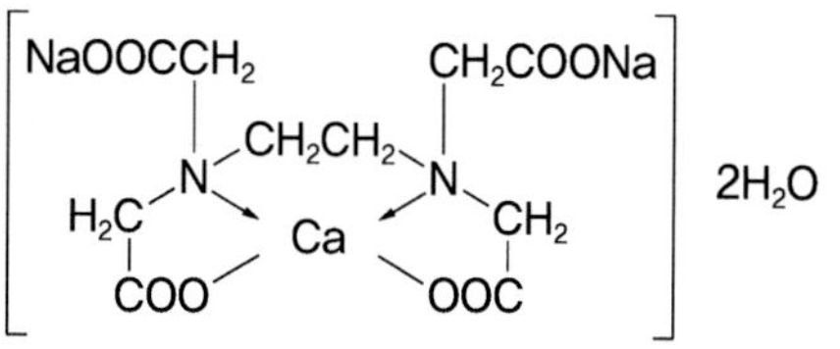

그림 9.12 이.디.티.에이.칼슘이나트륨

- 제품명: 서울밤(다이스)
- 식품의 유형: 땅콩 또는 견과류가공품/통조림
- 원재료명: 밤(중국산)56.25%, 백설탕, 정제수, 폴리인산나트륨, 메타인산나트륨, 피로인산나트륨, 황산알루미늄칼륨, 차아황산나트륨(표백제), 구연산, 천연색소(치자황색소), 이·디·티·에이이나트륨(산화방지제)

이.디.티.에이.이나트륨이 사용된 식품

화에 영향을 미치는 금속이온(Fe)을 봉쇄함으로써 산화방지제의 기능을 한다. 비타민 안정화, 색변화 방지, 육류의 탈색방지에 이용된다. BHA나 BHT는 마요네즈, 마가린, 샐러드드레싱 등에는 산화방지 효과가 약하지만 이.디.티.에이.이나트륨과 이.디.티.에이.칼슘이나트륨은 효과가 좋다.

ADI는 0~2.5 mg/kg 체중이며(JECFA, 1973), 사용기준은 드레싱류 및 소스류에 0.075 g/kg 이하, 통조림식품 및 병조림식품에 0.25 g/kg 이하, 음료류(캔 또는 병제품)에 0.035 g/kg 이하, 마가린류에 0.1 g/kg 이하, 오이초절임 및 양배추 초절임에 0.22 g/kg 이하, 건조과실류(바나나에 한함)에 0.265 g/kg 이하, 서류가공품(냉동감자에 한한다)에 0.365 g/kg 이하, 땅콩버터에 0.1 g/kg 이하이다. 이 두 개를 병용할 때에도 사용량의 합계는 각각의 사용기준과 같다.

## 11. 기타

몰식자산, 루틴, 봉선화추출물, $\gamma$-오리자놀, 차추출물, 차카테킨, 참깨유불검화물, 케르세틴, $d$-$\alpha$-토코페릴아세테이트, $dl$-$\alpha$-토코페릴아세테이트, $d$-$\alpha$-토코페릴호박산, 퍼셀레란, 페룰린산, 효소분해사과추출물 및 효소처리루틴도 산화방지제 작용을 하는 식품첨가물이다. 표백제 용도로 사용하는 아황산염도 산화방지제 효과가 있다.

　산화방지제는 산화에 의한 식품의 품질 저하를 방지하는 식품첨가물이다. 지방질 산화는 이취 발생, 탈색, 조직감 변화를 일으켜 식품의 품질을 감소시키고, 산화 생성물은 유해 성분으로 식품뿐 아니라 인체에도 부정적인 영향을 미친다.

　지방질의 자동산화는 개시 단계, 전파 단계 및 종결 단계로 나뉘는데, 개시 단계에서 가열, 빛, 금속촉매 등에 의해 자유라디칼이 생성된다. 생성된 라디칼은 전파 단계에서 연쇄반응에 의해 계속 라디칼을 생성하게 된다. 지방질의 산화를 방지하기 위해서는 지방질 산화의 개시를 지연시키거나 속도를 늦추어야 하며, 전파 단계에서 자유라디칼의 생성을 억제하여야 한다. 이.디.티.에이.이나트륨과 이.디.티.에이.칼슘이나트륨은 금속이온봉쇄제로서 금속이온이 개시제로 작용하지 못하게 하여 지방질 산화를 억제한다. 자유라디칼의 생성을 저해하기 위해 사용하는 페놀화합물인 산화방지제는 생성된 자유라디칼에 수소를 주고 자신은 공명구조에 의해 안정한 자유라디칼이 된다. 산화방지제 중 BHT, BHA, TBHQ, 몰식자산프로필 및 토코페롤 같은 산화방지제는 페놀화합물이다. 디부틸히드록시톨루엔, 부틸히드록시아니솔, 터셔리부틸히드로퀴논, 몰식자산프로필, 에리토브산, 에리토브산나트륨, L-아스코빌스테아레이트, 아스코빌팔미테이트, 이.디.티.에이.이나트륨 및 이.디.티.에이칼슘이나트륨 등은 식품첨가물을 표시할 때 용도와 명칭을 함께 표시하여야 한다.

**1** 산화방지제의 지방질 산화방지 기작에 대해 설명하시오.

**2** BHA, BHT 및 TBHQ의 구조를 설명하고 지방질 산화방지 기작을 설명하시오.

**3** 이.디.티.에이.이나트륨 및 이.디.티.에이.칼슘이나트륨이 주로 사용되는 식품과 지방질 산화방지 기작에 대해 설명하시오.

**4** 아스코빌팔미테이트와 L-아스코빌스테아레이트에 대해 설명하시오.

**5** 비타민E, $d$-$\alpha$-토코페롤 및 $d$-토코페롤(혼합형)의 차이에 대해 설명하시오.

**6** 비타민C와 에리토브산을 비교 설명하시오.

풀이와 정답

1. 산화방지제는 지방질 산화의 개시제(initiator)인 금속이온을 봉쇄함으로써, 또는 일중항산소를 소거함으로써 개시 단계에서 자유라디칼의 생성을 방지하거나, 생성된 자유라디칼에 수소를 주고 자신은 공명구조에 의해 안정한 자유라디칼이 됨으로써 전파 단계에서 자유라디칼의 생성을 억제한다.

2. BHT, BHA 및 TBHQ는 페놀계 산화방지제이며 지방질 산화에 의해 생성된 자유라디칼에 수소를 주고 자신은 공명구조에 의해 안정한 자유라디칼이 됨으로써 전파 단계에서 자유라디칼의 생성을 억제한다.

3. 이.디.티.에이.이나트륨과 이.디.티.에이.칼슘이나트륨은 금속이온봉쇄제로서 금속이온이 지방질 산화의 개시제로 작용을 하지 못하게 하여 지방질 산화를 억제한다. 드레싱류, 소스류 및 마가린류 등에 사용하면 효과가 좋다.

4. 비타민C는 수용성이므로 유지류에 산화방지제로 사용할 수 없다. 아스코빌팔미테이트와 L-아스코빌스테아레이트는 비타민C를 유지류에 첨가하기 위한 산화방지제이다.

5. 비타민E는 산화방지 효과가 있는 $\alpha$-토코페롤을 합성한 것으로 $\alpha$-토코페롤의 $d$-형과 $l$-형이 50%씩 혼합되어 있는 라세미화합물이다. 비타민E는 주로 영양강화제의 용도로 사용된다. $d$-$\alpha$-토코페롤은 식물성기름에서 추출한 비타민E의 한 형태로서 총 토코페롤을 40.0% 이상 함유하며, 그중 $d$-$\alpha$-토코페롤이 95.0% 이상이어야 한다. $d$-토코페롤(혼합형)은 식물성기름에서 추출한 비타민E의 한 형태로서 $d$-$\alpha$-토코페롤, $d$-$\beta$-토코페롤, $d$-$\gamma$-토코페롤 및 $d$-$\delta$-토코페롤을 함유한다. 총 토코페롤을 34.0% 이상 함유한다. $d$-$\alpha$-토코페롤 및 $d$-토코페롤(혼합형)은 영양강화제뿐 아니라 산화방지제의 용도로도 사용된다.

6. 에리토브산은 비타민 C의 입체이성질체이다. 비타민C는 4번 탄소와 5번 탄소가 비대칭 탄소인데, 비타민C는 4R, 5S 배열이지만 에리토브산은 4R, 5R 배열이다. 에리토브산은 D-형으로서 산화를 방지하는 효과는 있지만 비타민 C로서의 영양적 기능은 없다.

CHAPTER 10

# 발색제

발색제(color retention agent, color fixative)는 식품의 색을 안정화시키거나, 유지 또는 강화시키는 식품첨가물로서 아질산염과 질산염이 있다. 질산염은 아질산염으로 환원된 후 발색작용을 한다. 신선한 육류는 일반적으로 선명한 붉은색을 띠지만 시간이 지나면 적갈색을 거쳐 갈색이 된다. 이러한 육류는 상품의 가치가 떨어지므로 발색제를 사용하여 변색을 방지한다. 우리나라에서 사용이 허가된 아질산염에는 아질산나트륨이 있으며, 질산염에는 질산나트륨 및 질산칼륨이 있다. 질산이온은 체내에서 아질산이온으로 환원된다.

국내에 지정된 발색제의 국가별 지정 현황은 표 10.1에 나타나 있다. 우리나라에서 사용이 허가된 모든 발색제는 일본, 미국, EU 및 Codex에도 지정이 되어 있다. 한편, 미국, EU 및 Codex에 지정되어 있는 아질산칼륨은 우리나라에는 지정되어 있지 않다.

이 3품목은 명칭과 용도를 함께 표시해 주어야 하는데 발색용은 발색제로, 보존용은 보존료로 표시한다.

질산염은 육류의 숙성과 보존을 위하여 수백 년 동안 사용되어 왔다. 서양에서는 오랫동안 육류를 저장할 때 염지(curing)를 하였는데 이때 경험적으로 초석(saltpeter)을 사용하였고, 이 초석에 질산염이 함유되어 있어서 육류의 색을 보존할 수 있었다. 육류의 선홍색은 헤모글로빈(hemoglobin)이나 미오글로빈(myoglobin)에 기인하는데 이 색소가 산화되면 메트헤모글로빈(methemoglobin) 또는 메트미오글로빈(metmyoglobin)이 되어 갈색으로 변하게 된다. 이때 아질산($HNO_2$)이 분해되어 생성된 산화질소(NO, nitric oxide)가 헤모글로빈이나 미오글로빈과 결합하여 나이트로소헤모글로빈(nitrosohemoglobin) 또는 나이트로소미오글로빈(nitrosomyoglobin)을 생성하므로 선홍색이 유지되는 것이다. 1890년대에 들어와서 질산염을 첨가한 육류의 색깔이 잘 보존되는 것은 질산($HNO_3$)에서 유래한 아질산에 의해 일어난다는 것이 알려짐에 따라 질산염 대신 아질산염을 사용하게 되었다. 아질산염은 육가공제품의 선홍색을 유지시켜 주는 발색제 작용 외에도, 보존료로서 식중독균인 클로스트리듐 보툴리늄(*Clostridium botulinum*)균의 생육을 억제하며, 풍미를 좋게 하고, 지방질 산화를 억제하는 작용도 가지고 있다.

표 10.1 국내 지정 발색제의 국가별 지정 현황

| 식품첨가물명 | INS No. | CAS No. | 미국 | EU | Codex | 일본 |
|---|---|---|---|---|---|---|
| 아질산나트륨 | 250 | 7632-00-0 | ○ | ○ | ○ | ○ |
| 질산나트륨 | 251 | 7631-99-4 | ○ | ○ | ○ | ○ |
| 질산칼륨 | 252 | 7757-79-1 | ○ | ○ | ○ | ○ |

아질산염은 아미노산 등 2급 아민과 산성 조건에서 가열에
의해 나이트로사민(nitrosamine)(그림 10.1)을 생성한다고 알
려져 있는데 이 나이트로사민이 발암성이 있다고 한다. 나이
트로사민은 국제암연구소 발암물질 분류 등급에 따르면 그

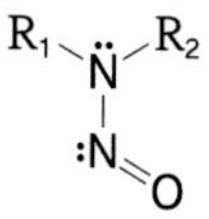

그림 10.1 **나이트로사민의 구조**

룹 2B(인체발암성에 대한 증거가 제한적이고 동물발암성에 대한 증거도 불충분한 경우)에 속한다.
하지만 실제로 섭취된 아질산이 나이트로사민으로 전환되는 비율은 매우 낮은 것으로 보
고되고 있다. 또한, 비타민C나 에리토브산과 같은 산화방지제를 첨가하면 나이트로사민
의 생성을 억제할 수 있다. 현재 아질산염을 대체할 수 있는 식품첨가물은 없는 것으로 알
려져 있으며, 아질산염은 보툴리누스중독(botulism)에 의한 식중독의 위험성을 줄이는 이
득이 나이트로사민에 의한 위험성보다 훨씬 크기 때문에 위해와 이익의 균형(risk-benefit
balance)에 의해 계속 사용되고 있다. 나이트로사민의 생성 기작은 그림 10.2와 같다.

2005년도 우리나라의 아질산염 섭취량 조사 결과 대부분이 ADI에 훨씬 못 미치게(ADI의

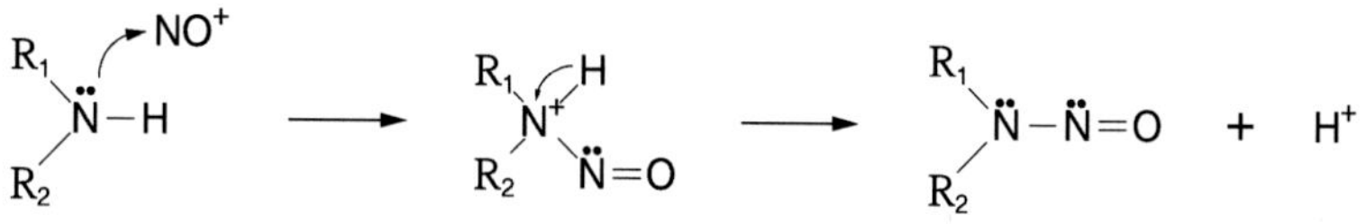

그림 10.2 **나이트로사민의 생성 기작**

---

Tip

### 가공육과 적색육

2015년 WHO(세계보건기구) 산하 국제암연구소(International Agency for Research on Cancer, IARC)는
햄, 소시지, 베이컨 같은 가공육을 1군 발암물질, 적색육을 2A군 발암물질 목록에 올려놓았다. 가공육을 매
일 50 g 섭취하면 대장암 발생 가능성을 18% 상승시킨다는 것이었다. 가공육에서 발암 원인물질 및 발암 기
작은 불확실하지만 벤조피렌 같은 여러고리방향족탄화수소(polycyclic aromatic hydrocarbon, PAH), 헤테
로고리아민(heterocyclic amine) 및 나이트로사민이 연관이 있을 것이라고 한다. IARC의 분류는 가공육이
암을 유발한다는 과학적 증거가 충분하다는 의미이지 위해의 정도를 평가하는 것은 아니다. 가공육이 흡연
과 같은 발암물질 1군으로 분류되었다고 가공육의 섭취가 흡연, 석면과 동등하게 위험하다는 뜻은 아니다.
햇볕과 술도 1군 발암물질로 분류되어 있다. 위해요소(hazard)와 위해(risk)는 다르다. 같은 1군 발암물질(위
해요소)이라도 위해는 천차만별이다. 담배로 연간 100만 명, 음주로 60만 명, 공해로 20만 명 사망하는 것에
비하면 가공육에 의한 사망은 3만 4천 명 정도이다.

6.77%) 섭취하고 있어 우려할 만한 수준은 아닌 것으로 나타났다. 하지만 극단 소비층의 경우에는 ADI를 초과할 수도 있으므로 균형 잡힌 식생활을 하여야 할 것이다.

채소류에는 질산이 많이 들어 있고, 섭취한 질산은 체내에서 아질산으로 전환된다. 미국 성인의 경우 하루 동안 아질산염에 노출되는 비율은 장내 생성 90 mg, 침 15 mg, 식품첨가물 3 mg으로 식품첨가물에서 유래하는 아질산염의 비율은 전체 노출량의 3%에 불과하다.

나이트로사민은 생체 내(위 등)에서 생성되는 내인성 나이트로사민이 외인성보다 10배 이상 많다고 알려져 있다. 아질산염은 과채류, 질산염이나 아질산염에 오염된 물, 아질산염이 첨가된 육가공품 등에 의해 노출되는데 이 중 노출의 90% 이상이 채소류이다.

아질산염은 산성 pH에서 세균 억제에 효과적이다. pH가 7.0에서 6.0으로 감소되면 클로스트리듐 보툴리늄에 대한 보존 효과가 10배 증가한다. 또한 아질산염은 혐기 조건에서 더 효과가 크다. 비타민C와 에리토브산은 클로스트리듐 보툴리늄의 생육 억제 효과를 더 크게 한다. 아질산염은 클로스트리듐 보툴리늄 외에도 다른 미생물의 생육을 억제한다. 아질산염 200 ppm 농도에서 클로스트리듐 퍼프린젠스(*C. perfringens*)와 리스테리아 모노사이토제네스(*Listeria monocytogenes*)의 생육을 억제한다는 보고도 있다. 살모넬라(*Salmonella*)나 대장균(*E. coli*)은 아질산염 400 ppm 농도에서도 생육하였다. 아질산염은 호흡에 관련된 효소의 활성을 불활성화하여 생육억제 효과를 나타낸다. 즉, 아질산염은 사이토크롬산화효소(cytochrome oxidase)의 제1철(ferrous iron)을 제2철(ferric iron) 형태로 산화시킴으로써 능동수송(active transport)과 산소 흡수(oxygen uptake)를 억제한다. 또한, 아질산염으로부터 생성된 산화질소에 의해 효소(pyruvate decarboxylase) 활성이 억제되어 미생물의 생육이 억제된다. 아질산염이 호기성 세균을 억제할 때는 사이토크롬산화효소의 헴철(heme iron)에 결합하는 것으로 알려져 있다.

아질산염이 들어 있는 육가공품으로는 베이컨, 볼로냐소시지(bologna sausage), 프랑크푸르트소시지(frankfurter sausage), 런천미트(luncheon meats), 발효소시지(fermented sausage)가 있으며, 어류 및 가금제품(fish and poultry products)에도 사용된다. 질산나트륨은 유럽 치즈에서 클로스트리듐 타이로뷰티리쿰(*C. tyrobutyricum*) 또는 클로스트리듐 뷰티리쿰(*C. butyricum*)에 의한 오염을 방지하는 데도 사용된다.

다량의 아질산염을 섭취하면 메트헤모글로빈이 생성되어 산소 운반 능력을 저하시키는데 소량 섭취 시에는 메트헤모글로빈 환원효소에 의하여 헤모글로빈이 되므로 정상 기능을 회복한다. 영아는 메트헤모글로빈 환원효소가 부족하므로 아질산염은 3개월 미만의 영아에게는 사용하면 안 된다. 한때 아질산염이 직접적으로 암과 연관성이 있다는 연구가 보고되었으나, 미국 FDA는 이를 반박하고 아질산염이 종양을 유발한다는 아무런 증거도 없다고 결론 내렸다.

또한, 채소, 과일 및 콩 등에 들어 있는 식물성 색소의 발색제로 황산제일철, 황산동, 황산알루미늄칼륨 및 황산알루미늄암모늄이 사용되기도 한다(표 10.2).

표 10.2 국내 지정 식물성 색소 발색제의 국가별 지정 현황

| 식품첨가물명 | INS No. | CAS No. | 미국 | EU | Codex | 일본 |
|---|---|---|---|---|---|---|
| 황산제일철 | – | 7720-78-7 | ○ | ○ | ○ | ○ |
| 황산알루미늄칼륨 | 522 | 무수: 10043-67-1<br>12수: 7784-24-9 | ○ | ○ | ○ | ○ |
| 황산알루미늄암모늄 | 523 | 무수: 7784-25-0<br>12수: 7784-26-1 | ○ | ○ | ○ | ○ |
| 황산동 | 519 | 7758-99-8 | ○ | ○ | ○ | ○ |

# 1. 아질산나트륨

아질산나트륨(sodium nitrite, $NaNO_2$)은 백~엷은 황색의 결정성 분말, 알맹이 또는 막대기 모양의 덩어리이다. 물에 대한 용해도는 81.5%(15℃)와 163%(100℃)이다. 20% 에탄올 용액에서의 용해도는 0.3%이고, 100% 에탄올 용액에서의 용해도는 3%이다.

ADI는 0~0.06 mg/kg 체중이다(JECFA, 1995). 아질산염은 3개월 이하의 영아에게는 사용하면 안 된다(Codex 규격서). 아질산나트륨은 식육가공품(포장육, 식육추출가공품, 식용우지, 식용돈지 제외) 및 고래고기제품에 0.07 g/kg(70 ppm) 이상 남지 않도록 사용해야 한다. 그 외에도 어육소시지나 명란젓 및 연어알젓에 사용할 수 있다(표 10.3). 미국은 식육가공품에 200 ppm을 사용하고, EU는 100 ppm을 사용한다.

아질산나트륨이 사용된 식품

## 2. 질산나트륨

질산나트륨(sodium nitrate, $NaNO_3$)은 무색의 결정 또는 백색의 결정성 분말로서 냄새가 없으며, 조금 염미를 가지고 있다. 물에 대한 용해도는 92.1%(25°C)와 180%(100°C)이고, 에탄올 용액에서도 잘 녹는다. 질산염은 3개월 이하의 영아에게는 사용하면 안 된다(Codex 규격서).

ADI는 0~3.7 mg/kg 체중이다(JECFA, 1995). 질산나트륨은 식육가공품(포장육, 식육추출가공품, 식용우지, 식용돈지 제외) 및 고래고기제품와 자연치즈 및 가공치즈에 사용할 수 있다 (표 10.3).

## 3. 질산칼륨

질산칼륨(potassium nitrate, $KNO_3$)은 무색의 기둥 모양 결정 또는 백색의 결정성 분말로서 냄새가 없고, 염미 및 청량미를 가지고 있다. 물에 대한 용해도는 33%(20°C)와 200%(100°C)이고, 100% 에탄올 용액에서의 용해도는 0.13%이다.

**표 10.3** 아질산염과 질산염의 사용기준

| | 사용기준(사용량은 아질산이온으로서 아래의 기준 이상 남지 아니하도록 사용하여야 한다) |
|---|---|
| 아질산나트륨 | 1. 식육가공품(포장육, 식육추출가공품, 식용우지, 식용돈지 제외) 및 고래고기제품: 0.07 g/kg<br>2. 어육소시지: 0.05 g/kg<br>3. 명란젓 및 연어알젓: 0.005 g/kg |
| 질산나트륨 | 1. 식육가공품(포장육, 식육추출가공품, 식용우지, 식용돈지 제외) 및 고래고기제품: 0.07 g/kg<br>2. 자연치즈 및 가공치즈: 0.05 g/kg |
| 질산칼륨 | 1. 식육가공품(포장육, 식육추출가공품, 식용우지, 식용돈지 제외) 및 고래고기제품: 0.07 g/kg<br>2. 자연치즈 및 가공치즈: 0.05 g/kg<br>3. 대구알염장품: 0.2 g/kg |

Tip

**아질산염 대체**

질산염은 채소류에 많이 들어 있다. 질산염이 많이 들어 있는 채소 추출액을 육제품 가공 시 아질산염 대용으로 사용하기도 한다. 샐러리에는 질산염의 농도가 높아서 샐러리추출물을 아질산염 대용으로 사용하는 연구도 있다.

ADI는 0~3.7 mg/kg 체중이다(JECFA, 1995). 질산칼륨은 식육가공품(포장육, 식육추출가공품, 식용우지, 식용돈지 제외) 및 고래고기제품, 자연치즈 및 가공치즈, 그리고 대구알염장품에 사용할 수 있다(표 10.3).

## 4. 황산제일철

황산제일철(ferrous sulfate, $FeSO_4$)은 결정물(7수염) 및 건조물(1~1.5수염)이 있고, 각각을 황산제일철(결정) 및 황산제일철(건조)이라고 한다. 황산제일철의 결정물은 흰색을 띤 연녹색의 결정 또는 결정성 분말이고, 건조물은 회백색의 분말이다. 과일, 채소, 다시마 및 콩 등의 발색제로 사용하는데, 특히 가지를 소금절임할 때 사용한다. 발색 기작은 안토사이아닌 색소가 철이온과 결합하여 색깔을 유지한다.

철에 대하여 PMTDI(provisional maximum tolerable daily intake, 잠정최대내용일일섭취량)가 0.8 mg/kg 체중으로 설정되어 있고(JECFA, 1983), 사용기준은 일반사용기준에 준하여 사용한다. 발색제 외에도 영양강화제로서 철분강화용으로 사용한다.

## 5. 황산알루미늄칼륨

황산알루미늄칼륨(aluminum potassium sulfate)[$AlK(SO_4)_2 \cdot 0$~$12H_2O$]은 결정물(12수염) 및 건조물이 있고, 각각을 황산알루미늄칼륨 및 황산알루미늄칼륨(건조)이라고 한다. 결정물은 명반, 건조물은 소명반이라고도 부른다. 황산알루미늄칼륨은 무~백색의 결정, 분말, 조각, 과립 또는 덩어리로서 냄새가 없고 약간 떫은맛이 있으며, 수렴성이 있다.

알루미늄에 대하여 PTWI(provisional tolerable weekly intake, 잠정내용주간섭취량)가 2 mg/kg으로 설정되어 있으며(JECFA, 2011), 한식된장, 된장, 조미된장에 사용하여서는 아니 된다는 사용기준이 있다. 알루미늄이 안토사이아닌 색소와 결합하는 성질이 있어 색깔을 유지한다. 발색제 외에도 산도조절제로서 합성팽창제의 산제로 사용한다(제18장 팽창제 참조).

## 6. 황산알루미늄암모늄

황산알루미늄암모늄(aluminum ammonium sulfate)[$AlNH_4(SO_4)_2 \cdot 0$~$12H_2O$]은 결정물(12수염)

및 건조물이 있고, 각각을 황산알루미늄암모늄 및 황산알루미늄암모늄(건조)이라고 한다. 결정물은 암모늄명반, 건조물은 소암모늄명반이라고 부른다. 황산알루미늄암모늄은 무~백색의 결정, 분말, 조각, 과립 또는 덩어리로서 냄새가 없고 약간 떫은맛이 있으며 수렴성이 있다.

알루미늄에 대하여 PTWI가 2 mg/kg으로 설정되어 있으며(JECFA, 2011), 한식된장, 된장, 조미된장에 사용하면 아니 된다는 사용기준이 있다.

## 7. 황산동

황산동(cupric sulfate, $CuSO_4 \cdot 5H_2O$)은 청색의 결정성 분말, 분말 또는 진한 청색의 결정이다. 물에 잘 녹고 에탄올에 약간 녹는다. 구리에 대하여 MTDI(maximum tolerable daily intake, 최대내용일일섭취량)가 0.5 mg/kg 체중으로 설정되어 있고(JECFA, 1982), 사용기준은 포도주에 동으로서 1 mg/kg 이상 남지 않도록 사용하며, 그 외에 시리얼류, 조제유류, 영아용 조제식, 성장기용 조제식, 영·유아용 곡류조제식, 기타 영·유아식, 특수의료용도 등 식품, 체중조절용 조제식품, 건강기능식품에 사용한다. 황산동은 영양강화제와 제조용제의 용도로도 사용한다.

---

Tip

PMTDI와 PTWI

PMTDI(provisional maximum tolerable daily intake, 잠정최대내용일일섭취량)는 축적되는 성질이 없는 물질에 적용되는 값으로 식품에 천연으로 존재하는 물질의 내용일일섭취량이다. 즉, 식품첨가물이 식품의 필수영양소인 경우에 사용하는 개념이다.

PTWI(provisional tolerable weekly intake, 잠정내용주간섭취량)는 체내에 축적되는 성질을 지닌 중금속과 같은 물질에 적용되는 값이다. 뚜렷한 건강 위해 없이 일생 동안 매주 섭취할 수 있는 양으로서 mg/kg 체중/week로 표시한다. 체내 축적과 대사기능에 의한 제거 능력과의 균형이 고려되면 주당 섭취 가능 수준을 뜻한다.

발색제는 식품의 색을 안정화시키거나, 유지 또는 강화시키는 식품첨가물로서 아질산염과 질산염이 있다. 질산염은 아질산염으로 환원된 후 발색작용을 한다. 우리나라에서 사용이 허가된 아질산염에는 아질산나트륨이 있으며, 질산염에는 질산나트륨 및 질산칼륨이 있다

아질산염은 육류의 색을 유지시키는 주 용도 외에 클로스트리듐 보툴리눔(*Clostridium botulinum*)의 생육을 억제하는 보존료로서도 기능도 가지고 있다. 육류의 선홍색은 헤모글로빈이나 미오글로빈에 기인하는데 이 색소가 산화되면 메트헤모글로빈 또는 메트미오글로빈이 되어 갈색으로 변하게 된다. 이때 아질산($HNO_2$)이 분해되어 생성된 산화질소(NO)가 헤모글로빈이나 미오글로빈과 결합하여 나이트로소헤모글로빈 또는 나이트로소미오글로빈을 생성하여 선홍색이 유지되는 것이다. 아질산염은 아미노산 등 2급 아민과 산성 조건에서 가열에 의해 발암성의 나이트로사민을 생성한다고 알려져 있다. 하지만 실제로 섭취된 아질산이 나이트로사민으로 전환되는 비율은 매우 낮은 것으로 보고되고 있다. 또한 비타민C나 에리토브산과 같은 산화방지제를 첨가하면 나이트로사민의 생성을 억제할 수 있다.

1  식육가공품에 아질산염을 사용하는 이유는 무엇인지 설명하시오.

2  아질산염이 식육가공품에서 색을 유지하는 기작을 설명하시오.

3  식육가공품에서 아질산염 첨가에 의한 위해(risk)를 어떻게 관리하는지 설명하시오.

풀이와 정답

1. 아질산염은 발색제로서 육류의 선홍색을 유지시켜 주고, 보존료로서 식중독균인 클로스트리듐 보툴리늄의
   생육을 억제하며, 풍미를 좋게 하고, 지방질 산화를 억제하는 작용을 한다. 질산염은 아질산염으로 환원된
   후 발색작용을 한다.
2. 육류의 선홍색은 헤모글로빈이나 미오글로빈에 기인하는데 이 색소가 산화되면 메트헤모글로빈 또는 메트
   미오글로빈이 되어 갈색으로 변하게 된다. 아질산($HNO_2$)은 분해되면 산화질소(NO)를 생성하는데 헤모글
   로빈이나 미오글로빈이 산화질소와 결합하면 나이트로소헤모글로빈 또는 나이트로소미오글로빈이 되면서
   선홍색이 유지되는 것이다.
3. 아질산염을 아미노산 등 2급 아민과 산성 조건에서 가열하면 발암성의 나이트로사민이 생성된다고 알려져
   있다. 하지만 가공 시 비타민C나 에리토브산과 같은 산화방지제를 첨가하면 나이트로사민의 생성을 억제
   할 수 있다.

# 표백제

표백제(bleaching agent)는 식품의 색을 제거하기 위해 사용되는 식품첨가물로 아황산나트륨, 산성아황산나트륨, 메타중아황산나트륨, 메타중아황산칼륨, 차아황산나트륨 및 무수아황산(SO₂, 이산화황) 등이 있다. 이산화황 및 아황산염류는 표백제 용도 외에도 보존료, 산화방지제 및 갈변방지제(antibrowning agent) 등 다기능(multifunctional)으로 사용된다. 아황산염은 환원표백제로서 환원력이 매우 강한 아황산이 황산으로 산화될 때 색소물질을 환원작용으로 파괴시켜 강한 표백작용을 나타낸다고 알려져 있다.

이산화황 및 아황산염은 고대 그리스 시대부터 사용해 온 식품첨가물이다. 이산화황을 식품에 사용한 기록으로 고대 로마 시대에 와인에 사용했다는 기록이 있다.

아황산염이 보존료로 작용할 때 가장 큰 영향을 미치는 인자는 pH이다. 이산화황 및 아황산염은 수용액에서 다음과 같이 H⁺를 내놓는다.

$$SO_2 \cdot H_2O \rightleftharpoons HSO_3^- + H^+ \rightleftharpoons SO_3^{2-} + H^+$$

$pK_a$ 값은 1.76~1.90과 7.18~7.20이다. 보존료로 가장 잘 작용하려면 아황산이 비해리 상태여야 하는데 pH가 <4.0에서 가장 효과적으로 작용한다.

이산화황 수용액은 이론적으로 $H_2SO_3$이나 실제로는 $SO_2 \cdot H_2O$ 형태로 존재한다.

비해리 상태의 $H_2SO_3$(또는 $SO_2 \cdot H_2O$)가 $HSO_3^-$나 $SO_3^{2-}$에 비해 대장균(E. coli), 효모, 검정고지곰팡이(Aspergillus niger)에 대해 각각 1,000, 500, 100배 더 보존료로서의 활성이 있다. 비해리 상태의 $H_2SO_3$(또는 $SO_2 \cdot H_2O$)는 세포막을 쉽게 투과할 수 있다.

이산화황은 세균, 효모 및 곰팡이의 생육을 억제하지만 효모나 곰팡이는 세균보다 덜 민감하다. 아황산염은 주로 와인을 제조할 때 효모나 곰팡이의 생육을 억제하기 위해서 사용되며, 과일이나 채소제품에서 초산생성세균이나 젖산발효(malolactic)세균을 억제하기 위해서도 사용된다.

이산화황은 낮은 농도에서도 효모나 곰팡이에 효과적으로 작용한다. 효모에 대해 이산화황의 억제 농도는 사카로미세스(Saccharomyces)의 경우 0.1~20.2 μg/mL, 지고사카로미세스(Zygosaccharomyces)는 7.2~8.7 μg/mL, 피키아(Pichia)는 0.2 μg/mL, 한세눌라(Hansenula)는 0.6 μg/mL, 칸디다(Candida)는 0.4~0.6 μg/mL로 알려져 있다.

이산화황은 세포 내 단백질이나 효소의 SH기와 반응하여 세포를 손상시켜서 보존료로 작용한다. 또는 이황화결합(disulfide bond)을 분해하여 효소의 구조를 변형시켜서 작용을 못하게 한다. 일반적으로 와인 제조 시 포도즙에 50~100 ppm이 사용된다. 적당한 농도의 이산화황은 와인 효모의 작용을 억제하지 않고 와인의 향에도 영향을 주지 않는다. 과일 저장 시에 0.01~0.2%의 이산화황이 사용되며, 최종 제품에 잔류하는 이산화황은 가열이나 진공으로 제거한다.

미국 FDA는 이산화황과 아황산염을 GRAS로 간주한다. 하지만 아황산염은 육류, 비타민 $B_1$의 급원으로 간주되는 식품과 생과일이나 생채소에는 사용할 수 없다. 하지만 육류, 가금류 및 해산물에 사용을 허가하는 국가도 있다. 미국에서 와인에 사용하는 이산화황의 최대농도는 350 ppm이다. 이산화황은 비타민 $B_1$을 파괴한다.

이산화황의 $LD_{50}$은 쥐에서 1,000~2,000 mg이며, 무수아황산 및 아황산염류의 ADI는 그룹 ADI로 0~0.7 m g/kg 체중($SO_2$로서)이다(JECFA, 1998).

이산화황은 정상적인 사람에게는 전혀 문제가 없지만 천식환자 같은 민감한 사람에게는 심각한 알레르기 반응을 일으킬 수도 있으며, 치명적인 아나필락시스(anaphylaxis)를 유발했다는 보고가 있다. 미국 FDA는 아황산염이 들어 있다고 표시할 수 없는 식품에는 사용을 제한하고 있다. 즉, 샐러드바나 레스토랑에서 표시되지 않은 채 팔리는 생과일이나 생채소에는 사용이 금지되어 있다.

식품의 저장 및 가공 시 발생하는 갈변반응은 식품의 품질에 부정적인 영향을 미치는데 갈변반응에는 효소적 갈변반응과 비효소적 갈변반응이 있다. 효소적 갈변반응은 폴리페놀산화효소(polyphenol oxidase, PPO)의 작용에 의해 폴리페놀(polyphenol)이 퀴논(quinone)으로 산화된 후 퀴논이 아미노산, 단백질 및 페놀화합물 등 다른 화합물과 중합되어 갈변물질을 생성하는 것이다. 생과일이나 채소제품 또는 건조채소제품과 냉동채소제품에서 갈변반응은 품질에 나쁜 영향을 미칠 수 있다. 변색 외에도 효소적 갈변반응은 과일과 채소에서 퀴논이 비타민 C와 반응하여 비타민 C의 손실을 가져올 수 있다. 아황산염은 효소적 갈변반응 및 비효소적 갈변반응을 억제하는데, 효소적 갈변반응의 경우 아황산염은 PPO 저해제로 작용한다. 아황산염은 또한 카보닐 중간체와 반응하여 비효소적 갈변반응을 저해한다.

Tip

아나필락시스(anaphylaxis)
외부에서 들어온 항원에 대해 전신에 심각하게 나타나는 알레르기 반응으로 심할 경우 호흡곤란, 의식 저하, 쇼크 등이 발생할 수 있다.

최근 아황산염 대체물질을 찾기 위한 연구가 활발히 진행되고 있는데, 아황산염은 갈변 반응 저해제로 아주 효과적이며, 가격이 저렴할 뿐 아니라, 다기능적이어서 미생물 생육을 저해하는 기능도 갖고 있다는 점에서 대체재를 찾기가 쉽지 않다. 아황산염 대체재로는 비타민C(또는 에리토브산)가 사용되는데 비타민C는 퀴논을 환원시켜 색소의 생성을 억제한다. 또 시스테인을 사용하기도 하는데 시스테인도 퀴논과 반응하여 색소 생성을 억제한다. 우리나라에서 허가는 안 되어 있지만 4-헥실레소신올(4-hexylresorcinol)은 새우의 갈변방지를 위해 사용되는 PPO 저해제다. 또 다른 PPO 저해제로는 시남산(cinnamic acid), 고지산(kojic acid), 카라기난 및 말토덱스트린(maltodextrin)이 사용된다. $\beta$-시클로덱스트린($\beta$-cyclodextrin), PVPP, 산성피로인산나트륨(sodium acid pyrophosphate, SAPP)은 폴리페놀과 결합하여 갈변을 방지한다.

신선편이(fresh-cut) 사과에 2~4%의 에리토브산나트륨과 0.1~0.2%의 염화칼슘이 함유된 용액에 침지하면 갈변을 방지할 수 있다.

아황산염 섭취량 조사에 의하면 우리나라 국민의 평균 아황산염 섭취는 주로 과일·채소 음료, 건조과일 등을 통해 섭취하며, 2012년 섭취 수준을 조사한 결과 ADI 대비 4.6%였고, 고섭취집단도 ADI 대비 최대 25.6%로 나타났다. 즉, 섭취 수준은 안전한 것으로 나타났다.

식품의 제조, 가공 시에 직접 사용·첨가하는 아황산염은 그 명칭과 용도를 함께 표시하여야 한다.[예: 산성아황산나트륨(표백제) 등]. 아황산염은 표백용은 "표백제"로, 보존용은 "보존료"로, 산화방지제는 "산화방지제"로 표시한다.

표 11.1은 국내 지정 아황산염의 국가별 지정 현황을 나타낸 것이다.

---

Tip

**과일, 채소류에는 아황산염을 사용할 수 없다**

껍질을 벗겨서 파는 도라지, 연근 등이 유난히 하얗게 보이면 아황산염으로 표백한 것이라고 의심하는 소비자가 많다. 하지만 과일류, 채소류 및 그 단순가공품(탈피, 절단 등)에는 아황산염을 사용할 수 없다. 만일 이러한 제품에 아황산염을 사용했다면 처벌을 받을 수도 있다. 식품 제조, 가공 시에는 반드시 사용기준을 준수해야 할 것이다.

**표 11.1** 국내 지정 아황산염의 국가별 지정 현황

| 식품첨가물명 | INS No. | CAS No. | 미국 | EU | Codex | 일본 |
|---|---|---|---|---|---|---|
| 아황산나트륨 | 221 | 무수: 7757-83-7<br>7수: 10102-15-5 | ○ | ○ | ○ | ○ |
| 산성아황산나트륨 | 222 | 7631-90-5 | ○ | ○ | ○ | ○ |
| 메타중아황산나트륨 | 223 | 7681-57-4 | ○ | ○ | ○ | ○ |
| 메타중아황산칼륨 | 224 | 16731-55-8 | ○ | ○ | ○ | ○ |
| 차아황산나트륨 | - | 7775-14-6 | × | × | × | ○ |
| 무수아황산 | 220 | 7446-09-5 | ○ | ○ | ○ | ○ |

# 1. 아황산나트륨

아황산나트륨(sodium sulfite, $Na_2SO_3$)은 아황산소다라고도 하며, 결정물(7수염) 및 무수물이 있고, 각각을 아황산나트륨(결정) 및 아황산나트륨(무수)이라고 한다. 무~백색의 결정 또는 백색의 분말로서, 물에 대한 용해도는 28%(40℃)이다. 미국은 GMP 기준으로 사용할 수 있으나, 생과일이나 생채소, 생감자, 육류 및 비타민 $B_1$이 급원인 식품에는 사용할 수 없다. 우리나라의 사용기준은 표 11.2와 같다.

· 제품명: 김밥단무지 · 식품의유형: 절임류/비살균제품 · 허가번호: 경북 성주 위허 제26호 · 원재료: 절임무 44.45%(국산) · 식품첨가물: 정제수, 빙초산(산도조절제), 솔빈산칼륨(합성보존료), 구연산(산도조절제), 삭카린나트륨(합성감미료), 치자황색소(천연색소), 아황산나트륨(산화방지제), 글리신(향미증진제), 식염(중국산) · 제조원: (주)대성식품/ 경상북도 성주군 월항면 월항농공단지 2길 15

**아황산나트륨이 사용된 식품**

# 2. 산성아황산나트륨

산성아황산나트륨(sodium bisulfite 또는 sodium hydrogen sulfite, $NaHSO_3$)은 아황산수소나트륨이라고도 한다. 물에는 잘 녹아서 물에 대한 용해도는 3,000 g/L(20℃)이다. 에탄올에는 약간 녹는다. 이것은 산성아황산나트륨과 메타중아황산나트륨(피로아황산나트륨, $Na_2S_2O_5$)의 혼합물이다. 함량은 이산화황으로 58.5~67.4%를 함유한다. 백색의 분말로 이산화황 냄새가 있다. 사용기준은 표 11.2와 같다.

## 3. 메타중아황산나트륨

메타중아황산나트륨(sodium metabisulfite, $Na_2S_2O_5$)은 피로아황산나트륨(sodium pyrosulfite)이라고도 하며, 백색의 결정 또는 결정성 분말로서 이산화황의 냄새가 있다. 물에 대한 용해도는 54%(20℃)이고, 에탄올에는 약간 녹는다. 사용기준은 표 11.2와 같다.

## 4. 메타중아황산칼륨

메타중아황산칼륨(potassium metabisulfite, $K_2S_2O_5$)은 피로아황산칼륨(potassium pyrosulfite)라고도 하며, 백색의 결정 또는 결정성 분말로서 이산화황의 냄새가 있다. 물에 대한 용해도는 25%(20℃)이고, 에탄올에는 잘 녹지 않는다. 사용기준은 표 11.2와 같다.

## 5. 차아황산나트륨

차아황산나트륨(sodium hydrosulfite, $Na_2S_2O_4$)은 백~밝은 회백색의 결정성 분말로서 냄새가 없거나 또는 약간 이산화황의 냄새가 있다. 폼알데하이드와 반응시켜 롱갈리트(rongalite)를 만든다. 차아황산나트륨은 미국, EU 및 Codex에는 지정되어 있지 않고, 일본에서만 지정되어 있다.

Tip

**롱갈리트**

우리나라에서 식품첨가물 관련 최초의 사건은 롱갈리트(rongalite) 사건이었다. 1966년 일부 제과업체에서 사탕 등에 빛깔을 맑게 하고자 '롱갈리트'를 사용해 큰 파문이 일었다. 롱갈리트는 상품명이고, 화학명은 sodium hydroxymethanesulfinate(IUPAC 이름) 또는 sodium formaldehyde sulfoxylate이다. 차아황산나트륨과 폼알데하이드의 축합화합물로 제과공업에서 물엿을 만들 때 사용되어 온 표백제이다. 강력한 환원제로 화학섬유의 표백에 이용되나 식품의 표백제로는 허가되어 있지 않았던 물질이다. 사탕류에서 폼알데하이드가 0.002~0.003% 검출되었고, 법적으로 허가되지 않은 식품첨가물을 사용하여 문제가 되었다.

당시 담당 부서인 보건사회부에서는 사탕 등에서 검출된 '롱갈리트'가 미량(0.003% 이하)이므로 인체에 해가 없다고 발표해서 소비자를 혼란스럽게 만들었다. 하지만 비록 폼알데하이드가 낮은 농도이기 때문에 인체에 해가 없더라도 롱갈리트는 식품첨가물로 허용이 되지 않은 물질이기 때문에 사용하면 안 되었던 것이다.

**표 11.2** 아황산염류의 사용기준

| 아황산염류 | 사용기준<br>(사용량은 이산화황으로서 아래의 기준 이상 남지 아니하도록 사용한다) |
|---|---|
| 아황산나트륨<br>산성아황산나트륨<br>메타중아황산나트륨<br>메타중아황산칼륨<br>차아황산나트륨<br>무수아황산 | 1. 박고지(박의 속을 제거하고 육질을 잘라내어 건조시킨 것을 말한다): 5.0 g/kg<br>2. 당밀: 0.30 g/kg<br>3. 물엿, 기타엿: 0.20 g/kg<br>4. 과실주: 0.350 g/kg<br>5. 과실주스, 농축과실즙, 과·채가공품: 0.150 g/kg(단, 5배 이상 희석하여 음용하거나 사용하는 제품에 한함)<br>6. 건조과실류: 1.0 g/kg(단, 「대한민국약전」(식품의약품안전처고시) 또는 「대한민국약전외한약(생약)규격집」(식품의약품안전처 고시)에 포함되어 식품원료로 사용가능한 과실류(건조한 것에 한함)는 상기 고시의 이산화황 기준에 따르며, 건조살구의 경우에는 2.0 g/kg, 건조코코넛의 경우에는 0.20 g/kg)<br>7. 건조채소류: 0.030 g/kg<br>8. 곤약분: 0.90 g/kg<br>9. 새우: 0.10 g/kg(껍질을 벗긴 살로서)<br>10. 냉동생게: 0.10 g/kg(껍질을 벗긴 살로서)<br>11. 설탕: 0.020 g/kg<br>12. 발효식초: 0.10 g/kg<br>13. 건조감자: 0.50 g/kg<br>14. 소스류: 0.30 g/kg<br>15. 향신료조제품: 0.20 g/kg<br>16. 기타식품[참깨, 콩류, 서류, 과실류, 채소류 및 그 단순가공품(탈피, 절단 등), 건강기능식품 제외]: 0.030 g/kg |

## 6. 무수아황산

무수아황산(sulfur dioxide, $SO_2$)은 이산화황이라고도 하며, 물에 대한 용해도는 11%(20°C)이고, 에탄올에도 25% 녹는다. 사용기준은 표 11.2와 같다.

이외에도 아황산칼륨이 있는데 우리나라에서는 지정되어 있지 않지만 Codex, EU, 미국 및 일본에서 사용을 허용하고 있다. 아황산염류 외에 표백제로 사용되는 식품첨가물에는 과산화벤조일(희석), 차아염소산칼슘, 과산화수소 및 차아염소산나트륨 등이 있다.

## 7. 이산화황 분석

이산화황 분석은 모니어-윌리암스(Monier-Williams)법을 사용하는데 검출한계가 10 ppm 이므로 그 이하의 양은 불검출로 한다. 아황산 분석은 $SO_2$를 적정하는 것인데 모니어-윌리암스법은 식품을 가열하여 $SO_2$를 증류시킨 후 수산화나트륨용액으로 적정하는 방법이다.

천연에도 $SO_2$가 존재하므로 검출될 수 있으며, 천연 유래 $SO_2$는 표시하지 않아도 된다. 마늘, 파 및 양파에서 천연 유래로 각각 134, 13 및 13 ppm이 검출되기도 하였다. 과채류나 과일류에는 적게 들어 있어 10 ppm 이하의 농도로 존재한다. 산을 많이 함유한 식품은 산 증류법으로 정량하여야 한다.

표백제는 식품의 색을 제거하기 위해 사용되는 식품첨가물로 아황산나트륨, 산성아황산나트륨, 메타중아황산나트륨, 메타중아황산칼륨, 차아황산나트륨 및 무수아황산 등이 있다. 무수아황산 및 아황산염류는 표백제 외에도 보존료, 산화방지제 및 갈변방지제로 사용된다. 아황산염은 와인을 제조할 때 효모나 곰팡이의 생육을 억제하기 위해서 주로 사용되는데, 육류, 비타민 $B_1$의 급원으로 간주되는 식품과 생과일 및 생채소에는 사용할 수 없다. 아황산은 정상적인 사람에게는 전혀 문제가 없지만 천식환자 같은 민감한 사람에게는 심각한 알레르기 반응을 일으킬 수도 있다. 아황산염은 환원표백제로서 환원력이 매우 강한 아황산이 황산으로 산화될 때 색소물질을 환원작용에 의하여 파괴시켜 강한 표백작용을 나타낸다. 아황산염류는 효소적 갈변반응 및 비효소적 갈변반응을 억제하는데, 효소적 갈변반응의 경우 폴리페놀산화효소 저해제로 작용하며, 비효소적 갈변반응의 경우 카보닐 중간체와 반응하여 갈변반응을 저해한다. 아황산염 대체재로는 비타민C(또는 에리토브산)가 사용되는데 비타민C는 퀴논을 환원시켜 색소의 생성을 억제한다. 또 시스테인을 사용하기도 하는데 시스테인도 퀴논과 반응하여 색소 생성을 억제한다. 식품의 제조, 가공 시에 직접 사용·첨가하는 아황산염류는 그 명칭과 용도를 함께 표시하여야 한다. 이산화황 분석은 모니어-윌리암스법을 사용하는데 검출한계가 10 ppm이므로 그 이하의 양은 불검출로 한다. 천연에도 $SO_2$가 존재하므로 아황산염을 사용하지 않은 식품에서도 이산화황은 검출될 수 있다.

**1** 우리나라에서 사용이 허가된 아황산염류의 종류를 쓰시오.

**2** 표백제로 아황산염류를 사용할 때 주의할 점을 설명하시오.

**3** 아황산염류의 안전성에 대해 설명하시오.

**4** 아황산염을 사용한 식품은 어느 농도 이상으로 존재할 때 표시하는지 설명하시오.

풀이와 정답

1. 아황산나트륨, 산성아황산나트륨, 메타중아황산나트륨, 메타중아황산칼륨, 차아황산나트륨, 무수아황산

2. 사용기준에 맞게 사용하여야 하며, 참깨, 콩류, 서류, 과실류, 채소류 및 그 단순가공품(탈피, 절단 등), 건강
   기능식품에는 사용할 수 없다.

3. 아황산염류는 정상적인 사람에게는 전혀 문제가 없지만 천식환자 같은 민감한 사람에게는 심각한 알레르
   기 반응을 일으킬 수도 있다.

4. 모니어-윌리암스법을 사용한 이산화황 분석의 검출한계가 10 ppm이므로 그 이하의 양은 불검출로 한다.

# CHAPTER 12

# 착색료

착색료(color)는 식품에 색을 부여하거나 복원시키는 식품첨가물이다. 식품에서 빨강, 노랑, 주황 등의 색은 식욕을 증진시킬 뿐 아니라 식품의 기호도에도 영향을 미치는 중요한 요소이다. 하지만 식품의 색은 조리, 가공 및 저장 중에 산화되어 퇴색되는데, 색이 퇴색된 식품은 상품적 가치가 줄어들고 기호성도 감소된다. 이때 식품에 색을 부여하고 품질을 향상시켜 상품 가치를 높이기 위한 목적으로 착색료를 사용하게 된다. 즉, 우리가 식품에 착색료를 사용하는 목적은 영양가 증진이나 보존성 향상이 아니라 식품의 기호성과 상품성을 좋게 하려는 것이다. 식품의 색은 식욕을 느끼게 하는 중요 요소이고 식품의 신선도를 판단하는 기준이 되기도 한다.

착색료에는 천연소재(동식물)로부터 추출한 것, 동식물로부터 추출한 색소를 화학적으로 처리한 것, 그리고 인공적으로 합성한 것이 있다. 천연에서 추출한 색소의 수용성이나 안정성을 증대시키기 위해 화학적으로 변형시킨 것이 있는데, 예를 들면 코치닐추출색소의 주성분인 카민산을 화학적으로 처리하여 만든 카민이나 안나토색소의 수용성을 증대시킨 수용성안나토 등이 여기에 해당되는 것이다. 인공적으로 합성한 식용색소에는 타르색소가 있는데 타르색소는 자연계에 존재하는 물질이 아니라 과학기술이 발전함에 따라 자연계에 존재하지 않던 새로운 물질이 합성된 것이다.

타르색소란 석유화학 부산물인 타르(tar)로부터 색소를 합성하기 때문에 붙여진 명칭이다. 타르색소라는 명칭에서 마치 시꺼먼 콜타르(coal tar)를 가지고 만들기 때문에 안전하지 않을 것이라는 편견을 가질 수 있는데 실제로는 타르를 가지고 직접 만드는 것이 아니라 타르에서 얻어진 벤젠, 톨루엔, 나프탈렌 등을 이용하여 색소를 합성한다. 우리가 일상생활에서 접하는 아스피린 같은 의약품도 이와 같은 물질로부터 합성된 것이다. 처음에는 섬유공업에서 염료의 용도로 많이 사용되었으나 안전성이 충분히 입증된 물질에 한하여 식품에 사용하도록 허용하였다. 우리나라에서 사용이 허용된 타르색소는 녹색3호, 적색2호, 적색3호, 적색40호, 적색102호, 청색1호, 청색2호, 황색4호 및 황색5호 등 9종이 있고, 녹색3호, 적색2호, 적색40호, 청색1호, 청색2호, 황색4호 및 황색5호 등 7종은 알루미늄레이크(aluminium lake)로도 만들어져 총 16종의 타르색소가 사용이 허가되어 있다. 알루미늄레이크는 타르색소의 알루미늄착화합물로 수용성 타르색소로는 시간이 오래 걸리고, 균일하게 착색되기 어려운 분말식품, 유지식품, 알사탕 및 추잉껌 등에 사용한다.

나라마다 식습관이나 문화의 차이에 의해 사용이 허가된 타르색소가 다를 수 있다. 일본은 12종, EU는 15종, 미국 9종 그리고 Codex는 14종의 타르색소가 허용되어 있으며, 우리나라에서 사용하는 타르색소는 미국, 일본, EU 및 Codex 등 대부분의 국가에서도 사용이 허용되어 있다. 우리나라에서 허용된 타르색소 중 녹색3호가 EU에서 허용이 안 되어 있고, 적색2호와 적색102호는 미국에서 허용되어 있지 않다. 우리나라에서 허용되지 않은 타르색소가 이들 국가에서는 허용되기도 한다.

식용색소녹색제3호, 식용색소녹색제3호알루미늄레이크, 식용색소적색제2호, 식용색소적색제2호알루미늄레이크, 식용색소적색제3호, 식용색소적색제40호, 식용색소적색제40호알루미늄레이크, 식용색소적색제102호, 식용색소청색제1호, 식용색소청색제1호알루미늄레이크, 식용색소청색제2호, 식용색소청색제2호알루미늄레이크, 식용색소황색제4호, 식용색소황색제4호알루미늄레이크, 식용색소황색제5호, 식용색소황색제5호알루미늄레이크, 동클로로필, 동클로로필린나트륨, 철클로로필린나트륨, 이산화티타늄, 삼이산화철, 수용성안나토, 카민 등 23종의 착색료는 명칭과 용도를 함께 표시해 주어야 한다[예: 식용색소황색제4호(착색료)]. 천연에서 추출한 착색료로는 감색소, 치자적색소, 치자황색소, 카라멜색소 등 50여 품목이 있다.

주로 사탕, 음료수, 아이스크림, 껌, 과자 등의 가공식품에 사용되고 있으며, 현재 허용되고 있는 것은 모두 수용성이다. 타르색소는 아조(azo)기(-N=N-)를 가진 것이 문제가 되며, 분자 중에 $SO_3H$기가 있고, COOH기와 OH기가 킬레이트를 형성하지 않는 한 독성이 없다고 알려져 있다. 현재 우리나라에서 허용되어 있는 것들은 COOH기가 없어서 킬레이트를 형성할 수 없으므로 독성에는 별 문제가 없다고 생각된다.

타르색소의 경우에는 금지물질목록(negative list)으로 관리되어 왔으나(사용기준에 "어떤 식품 또는 그 이외의 식품에 사용하여서는 아니 된다."라고 명시되어 있다.) 2015년 11월부터 국제기준과의 조화 및 기준 적용 명확화를 위해 식용색소류 16품목의 사용기준을 개선하여 사용 대상 식품과 사용량을 설정하여 허용물질목록(positive list)으로 관리하고 있다. 적색2호 및 적색102호는 어린이 기호식품[과자류 중 과자(한과류 제외), 캔디류, 빙과류, 빵류, 초콜릿류, 아이스크림류 등]에는 사용하지 못하도록 규정하고 있다.

타르색소는 영유아용 곡류조제식, 기타 영유아식, 조제유류, 영아용 조제식, 성장기용 조제식 등에는 사용할 수 없다. 식품의 품질을 속이고 소비자를 속일 목적으로 타르색소를 사용하면 안 된다(예: 천연식품, 면류, 단무지, 김치, 고춧가루 등).

타르색소는 구조에 따라 아조계, 트라이페닐메테인(triphenylmethane)계, 인디고이드(indigoid)계 및 잔텐(xanthene)계로 나눌 수 있다. 적색2호, 적색40호, 적색102호, 황색4호 및 황색5호는 아조계이다. 청색1호와 녹색3호는 트라이페닐메테인계, 청색2호는 인디고이드계, 적색3호는 잔텐계이다.

구조에 따라 안정성도 차이가 있다. 트라이페닐메테인계 색소인 청색1호와 녹색3호는 알칼리에 의해 탈색이 되기 쉽다. 인디고이드계인 청색2호와 잔텐계인 적색3호는 UV에 불안정하다.

예전에는 유용성 타르색소도 사용이 되었었으나 현재는 안전성을 이유로 모든 유용성 색소는 사용하지 않는다. 유지식품에는 글리세롤이나 프로필렌글리콜 같은 비수용매(nonaqueous solvent)에 녹여서 사용하기도 하지만 주로 알루미늄레이크를 사용한다. 알루미늄레이크의 색소 함유량은 보통 10~40%이다. 적색 3호와 102호는 알루미늄레이크가 없다. 표 12.1은 국내에 지정된 착색료의 국가별 지정 현황을 나타낸 것이다.

**표 12.1** 국내 지정 착색료의 국가별 지정 현황

| 식품첨가물명 | INS No. | CAS No. | 미국 | EU | Codex | 일본 |
|---|---|---|---|---|---|---|
| 식용색소녹색제3호 | 143 | 2353-45-9 | ○ | × | ○ | ○ |
| 식용색소녹색제3호알루미늄레이크 | – | – | ○ | × | ○ | ○ |
| 식용색소적색제2호 | 123 | 915-67-3 | × | ○ | ○ | ○ |
| 식용색소적색제2호알루미늄레이크 | – | – | × | ○ | ○ | ○ |
| 식용색소적색제3호 | 127 | 16423-68-0 | ○ | ○ | ○ | ○ |
| 식용색소적색제40호 | 129 | 25956-17-6 | ○ | ○ | ○ | ○ |
| 식용색소적색제40호알루미늄레이크 | – | – | ○ | ○ | ○ | ○ |
| 식용색소적색제102호 | 124 | 2611-82-7 | × | ○ | ○ | ○ |
| 식용색소청색제1호 | 133 | 3844-45-9 | ○ | ○ | ○ | ○ |
| 식용색소청색제1호알루미늄레이크 | – | – | ○ | ○ | ○ | ○ |
| 식용색소청색제2호 | 132 | 860-22-0 | ○ | ○ | ○ | ○ |
| 식용색소청색제2호알루미늄레이크 | – | – | ○ | ○ | ○ | ○ |
| 식용색소황색제4호 | 102 | 1934-21-0 | ○ | ○ | ○ | ○ |
| 식용색소황색제4호알루미늄레이크 | – | – | ○ | ○ | ○ | ○ |
| 식용색소황색제5호 | 110 | 2783-94-0 | ○ | ○ | ○ | ○ |
| 식용색소황색제5호알루미늄레이크 | – | – | ○ | ○ | ○ | ○ |
| 클로로필 | 140 | 1406-65-1 | ○ | ○ | ○ | ○ |
| 동클로로필 | 141(i) | – | × | ○ | ○ | ○ |
| 동클로로필린나트륨 | 141(ii) | – | ○ | ○ | ○ | ○ |
| 동클로로필린칼륨 | 141(ii) | – | × | ○ | ○ | × |
| 철클로로필린나트륨 | – | – | × | × | × | ○ |

(계속)

| 식품첨가물명 | INS No. | CAS No. | 미국 | EU | Codex | 일본 |
|---|---|---|---|---|---|---|
| 카라멜색소 | I: 150a<br>II: 150b<br>III: 150c<br>V: 150d | 8028-89-5 | ○ | ○ | ○ | ○ |
| 안나토색소 | 160b(i)<br>160b(ii) | 1393-63-1 | ○ | ○ | ○ | ○ |
| 수용성안나토 | 160b(ii) | 33261-80-2(K염)<br>33261-81-3(Na염) | ○ | ○ | ○ | ○ |
| $\beta$-카로틴 | 160a(i) | 7235-40-7 | ○ | ○ | ○ | ○ |
| 카로틴 | 160a(ii) | 7235-40-7 | ○ | ○ | ○ | ○ |
| $\beta$-아포-8'-카로티날 | 160e | 1107-26-2 | ○ | ○ | ○ | × |
| 심황색소 | 100(i)<br>100(ii) | 458-37-7 8024-37-1 | ○ | ○ | ○ | ○ |
| 고량색소 | - | - | × | × | × | ○ |
| 파프리카추출색소 | 160c | 68917-78-2 | ○ | ○ | ○ | ○ |
| 포도과피색소 | 163(ii) | - | ○ | ○ | ○ | ○ |
| 포도과즙색소 | - | - | ○ | ○ | × | ○ |
| 베리류색소 | 163 | - | ○ | ○ | × | ○ |
| 비트레드 | 162 | 7659-95-2(베타닌) | ○ | ○ | ○ | ○ |
| 사프란색소 | - | - | ○ | × | ○ | ○ |
| 치자황색소 | 164 | - | × | × | ○ | ○ |
| 홍화황색소 | - | - | × | × | ○ | ○ |
| 코치닐추출색소 | 120 | 1343-78-8 | ○ | ○ | ○ | ○ |
| 카민 | 120 | 1390-65-4 | ○ | ○ | ○ | × |
| 락색소 | - | - | × | × | × | ○ |
| 삼이산화철 | 172(ii) | 1309-37-1 | ○ | ○ | ○ | ○ |
| 이산화티타늄 | 171 | 13463-67-7 | ○ | ○ | ○ | ○ |

Tip

**아조루빈**

한때 젊은 층에서 큰 인기를 모았던 '우주술'에 사용한 색소가 국내에서 허가되지 않은 색소이기 때문에 검찰에 적발된 적이 있었다. 우주술은 보드카 등 여러 종류의 술에 반짝이 물질 등을 섞어 만든 술이다. 여기에 들어가는 색소는 아조루빈(azorubine)이라는 색소를 사용했다고 한다. 아조루빈은 카모이신(carmoisine)이라고도 부르는 타르색소이다. 아조루빈은 EU와 Codex에서 치즈, 건조과실 및 알코올음료 등에 사용이 허가되어 있지만 우리나라에서는 사용이 허가되지 않은 색소이다. 아무리 안전한 식품첨가물이라도 우리나라에서 지정이 되어 있지 않으면 사용할 수 없다.

# 1. 식용색소녹색제3호 및 식용색소녹색제3호알루미늄레이크

식용색소녹색제3호(Food Green No. 3)는 금속광택을 가진 암록색의 알맹이 또는 분말로서 냄새가 없으며, 3-[N-에틸-N-[4-[[4-[N-에틸-N-(3-설포네이토벤질)아미노]페닐](4-하이드록시-2-설포네이토페닐)메틸렌]-2,5-사이클로헥사다이에니리덴]암모니오메틸]벤젠설폰산이나트륨을 주성분으로 한다(그림 12.1). Fast Green FCF라고도 부른다. 물에는 녹고 에탄올에도 조금 녹는다. ADI는 0~25 mg/kg 체중이다(JECFA, 1986).

식용색소녹색제3호알루미늄레이크(Food Green No. 3 aluminium lake)는 알루미늄염의 수용액에 알칼리를 반응시키고, 이에 식용색소녹색제3호를 흡착시킨 후 여과, 건조, 분쇄하여 얻어진 것이다.

식용색소녹색제3호 및 식용색소녹색제3호알루미늄레이크의 사용기준은 과자 0.1 g/kg 이하, 캔디류 0.4 g/kg 이하, 빵류 및 떡류 0.1 g/kg 이하, 초콜릿류 0.6 g/kg 이하, 기타잼류 0.4 g/kg 이하, 소시지류 및 어육소시지 0.1 g/kg 이하, 과·채음료, 탄산음료 및 기타음료 0.1 g/kg 이하(다만, 희석하여 음용하는 제품에 있어서는 희석한 것으로서), 향신료가공품[고추냉이(와사비)가공품 및 겨자가공품에 한함] 0.1 g/kg 이하, 절임식품(밀봉 및 가열살균 또는 멸균처리한 제품에 한함) 0.3 g/kg 이하, 주류(탁주, 약주, 소주, 주정을 첨가하지 않은 청주 제외) 0.1 g/kg 이하, 곡류가공품, 당류가공품 및 수산물가공품 0.1 g/kg 이하, 건강기능식품(정제의 제피 또는 캡슐에 한함) 및 캡슐류 0.6 g/kg 이하, 아이스크림류, 아이스크림분말류 및 아이스크림믹스류 0.1 g/kg 이하이다.

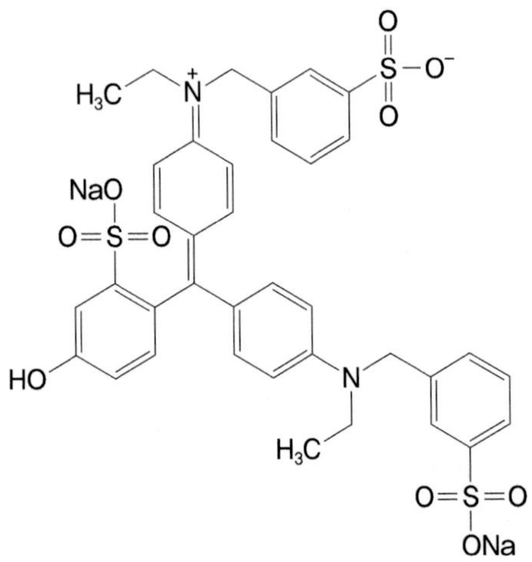

식용색소녹색제3호는 표 12.1에서 보는 바와 같이 EU에서는 사용이 허가되어 있지 않지만 미국, 일본 및 Codex에서는 사용이 허가되어 있다.

쥐에게 식용색소녹색제3호가 0.5, 1, 2 및 5% 함유된 사료를 2년간 투여해도 아무런 이상이 없었다. 개에게 식용색소녹색제3호가 1 및 2% 함유된 사료를 2년간 투여해도 아무런 영향이 없었으며, 생쥐에 식용색소녹색제3호가 2% 함유된 사료를 2년간 투여해도 아무런 영향이 없었다.

그림 12.1 **식용색소녹색제3호의 구조**

## 2. 식용색소적색제2호 및 식용색소적색제2호알루미늄레이크

식용색소적색제2호(Food Red No. 2)는 amaranth라고도 부르며, 4-아미노-1-나프탈렌설폰산을 다이아조화하고 3-하이드록시-2,7-나프탈렌설폰산과 커플링 반응시킨 후, 염석하고 정제하여 얻어지는 것으로서 2-하이드록시아조나프탈렌-3,4′,6-트라이설폰산삼나트륨을 주성분으로 한다(그림 12.2). 아조계 색소이며, 물에는 녹고 에탄올에도 조금 녹는다. ADI는 0~0.5 mg/kg 체중이다(JECFA, 1984).

식용색소적색제2호알루미늄레이크(Food Red No. 2 aluminium lake)는 알루미늄염의 수용액에 알칼리를 반응시키고, 이에 식용색소적색제2호를 흡착시킨 후 여과, 건조, 분쇄하여 얻어진 것이다.

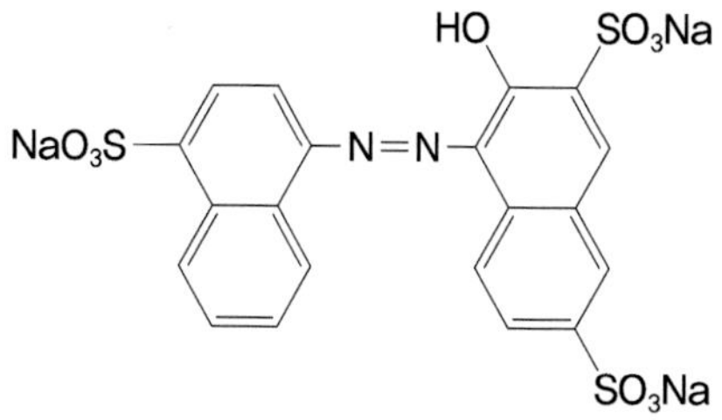

식용색소적색제2호는 어린이 기호식품에는 사용을 하지 못하도록 규정하고 있으며, 식용색소적색제2호 및 식용색소적색제2호알루미늄레이크의 사용기준은 과자(한과에 한함) 및 추잉껌 0.3 g/kg 이하, 떡류 0.3 g/kg 이하, 소시지류 0.05 g/kg 이하, 음료베이스 0.3 g/kg 이하(다만, 희석하여 음용하는 제품에 있어서는 희석한 것으로서), 향신료가공품[고추냉이(와사

그림 12.2 식용색소적색제2호의 구조

비)가공품 및 겨자가공품에 한함] 0.5 g/kg 이하, 젓갈류(명란젓에 한함) 0.03 g/kg 이하, 절임식품(밀봉 및 가열살균 또는 멸균처리한 제품에 한함) 0.5 g/kg 이하, 주류(탁주, 약주, 소주, 주정을 첨가하지 않은 청주 제외) 0.1 g/kg 이하, 기타전분 및 식물성크림 0.5 g/kg 이하, 즉석섭취식품 0.3 g/kg 이하, 곡류가공품, 전분가공품 및 당류가공품 0.3 g/kg 이하, 수산물가공품 및 기타가공품 0.5 g/kg 이하, 건강기능식품(정제의 제피 또는 캡슐에 한함) 및 캡슐류 0.3 g/kg 이하이다.

식용색소적색제2호는 1970년 (구)소련학자가 쥐에게 1.5 mg/kg 이상을 장기투여하면 임신율 저하 및 배 속의 태자(새끼) 사망 증가가 관찰된다고 보고하였다. 1976년 미국 FDA는 쥐에 적색 2호 0.003, 0.03, 0.3 및 3%를 혼합한 사료를 131주간 투여하는 시험을 행한 결과 고농도 투여군에서 44마리 중 14마리에서, 대조군에서는 44마리 중 4마리에서 발암이 인정된다고 발표하였다. 이 실험에서 동물의 약 반수가 사망하거나 동물을 혼동하는 등 실수가 있어 그 결과를 반드시 평가할 수 있는 것은 아니라는 의견이 지배적이지만 FDA는 그 실험 결과 및 종래의 데이터에 기초하여 안전성을 확인할 수 없는 것을 이유로 사용금지하였다. 하지만, 그 이후의 실험에서는 아무 이상이 발견되지 않았다. 따라서 EU와 일본에서는 사용이 허가되어 있으며, 우리나라도 사용이 허가되어 있다. 우리나라는 적색 2호의 안전성 여부와 상관없이 2008년 「어린이 식생활안전관리 특별법」에 의해 어린이기호식품에는 적색 2호의 사용을 금지하는 조치를 취하였다.

## 3. 식용색소적색제3호

식용색소적색제3호(Food Red No. 3)는 erythrosine으로도 부르며, 이 품목은 2′,4′,5′,7′-테트라요오드플루오레세인이나트륨수화물을 주성분으로 한다(그림 12.3). 물과 에탄올에 녹는다.

식용색소적색제3호는 섭취 시 100% 대변으로 배설된다고 알려져 있으며, 발암성은 입증되지 않았다. 생쥐에게 1 mg/day를 사료와 혼합하여 700일간 투여한 결과 발암성이 없었고, 쥐에게 0.5, 1, 2 및 5% 함유된 사료를 2년간 투여해도 별 이상이 없었다. 생쥐에게 1 및 2% 사료를 2년간 투여해도 종양 발생은 없었다. ADI는 0~0.1 mg/kg으로 알려져 있다 (JECFA, 1991).

식용색소적색제3호의 사용기준은 과자 및 캔디류 0.3 g/kg 이하, 추잉껌 0.05 g/kg 이하, 빙과류 0.15 g/kg 이하, 빵류, 떡류 및 만두류 0.3 g/kg 이하, 기타코코아가공품 및 초콜릿류 0.3 g/kg 이하, 기타잼류, 기타설탕 및 기타엿 0.3 g/kg 이하, 소시지류 0.03 g/kg 이하, 어육소시지 0.3 g/kg 이하, 과·채음료, 탄산음료 및 기타음료 0.3 g/kg 이하(다만, 희석하여 음용하는 제품에 있어서는 희석한 것으로서), 향신료가공품[고추냉이(와사비)가공품 및 겨자가공품에 한함] 0.5 g/kg 이하, 드레싱 0.3 g/kg 이하, 젓갈류(명란젓에 한함) 0.5 g/kg 이하, 절임식품(밀봉 및 가열살균 또는 멸균처리한 제품에 한함) 0.2 g/kg 이하, 주류(탁주, 약주, 소주, 주정을 첨가하지 않은 청주 제외) 0.3 g/kg 이하, 즉석섭취식품 0.3 g/kg 이하, 곡류가공품 및 전분가공품 0.3 g/kg 이하, 서류가공품 0.2 g/kg 이하, 식용유지가공품, 수산물가공품 및 기타가공품 0.5 g/kg 이하, 당류가공품 0.1 g/kg 이하, 건강기능식품(정제의 제피 또는 캡슐에 한함) 및 캡슐류 0.3 g/kg 이하, 아이스크림류, 아이스크림분말류 및 아이스크림믹스류 0.3 g/kg 이하이다.

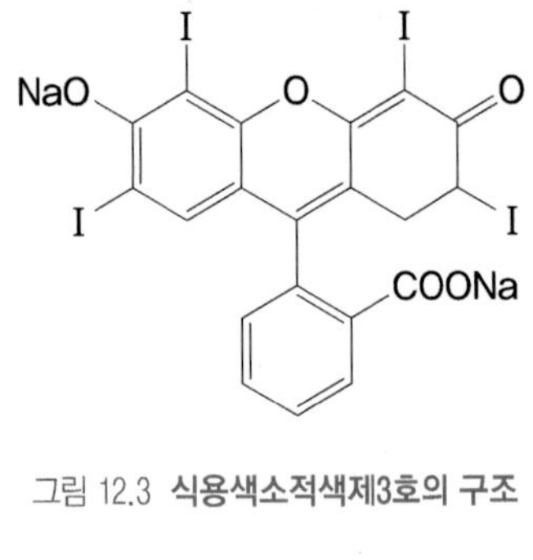

그림 12.3 **식용색소적색제3호의 구조**

## 4. 식용색소적색제40호 및 식용색소적색제40호알루미늄레이크

식용색소적색제40호(Food Red No. 40)는 allura red라고도 부르며, 이 품목은 4-아미노-5-메톡시-2-메틸벤젠설폰산을 다이아조화하고, 6-하이드록시-2-나프탈렌설폰산과 커플링 반응시킨 후 염석하고 정제하여 얻어지는 것으로서 6-하이드록시-5[(2-메톡시-5-메틸-4-설포페닐)아조]-2-나프탈렌설폰산이나트륨을 주성분으로 한다(그림 12.4). 아조계 색소이며, 물에는 녹으나 에탄올에는 녹지 않는다. ADI는 0~7 mg/kg으로 알려져 있다(JECFA, 1981).

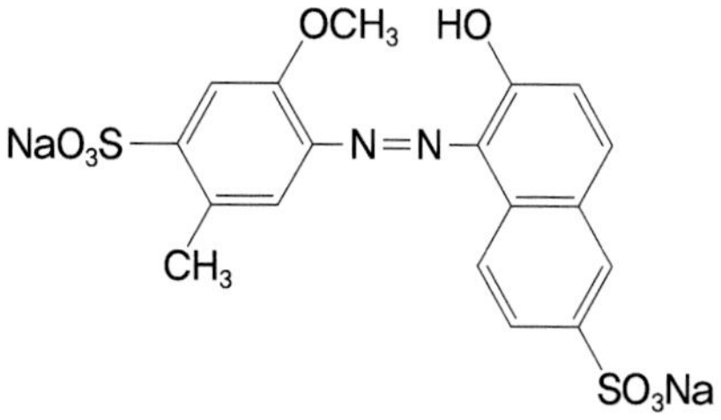

미국 알라이드케미컬사(Allied Chemical Co.)가 개발한 아조계 색소로서 1970년 미국 FDA에서 승인되었다. 쥐에게 0.37, 1.39 및 5.19% 함유한 사료를 21개월간 투여해도 독성을 나

그림 12.4 **식용색소적색제40호의 구조**

타내지 않았으며, 개에게 0.37, 1.39 및 5.19% 함유한 사료를 104주간 투여해도 아무런 이상이 없었다. 각종 식품의 착색에 적색 2호 대신 사용한다.

식용색소적색제40호알루미늄레이크(Food Red No. 40 aluminium lake)는 알루미늄염의 수용액에 알칼리를 반응시키고, 이에 식용색소적색제40호를 흡착시킨 후 여과, 건조, 분쇄하여 얻어진 것이다.

식용색소적색제40호 및 식용색소적색제40호알루미늄레이크의 사용기준은 과자, 캔디류 및 추잉껌 0.3 g/kg 이하, 빙과류 0.15 g/kg 이하, 빵류 및 떡류 0.3 g/kg 이하, 기타코코아가공품 및 초콜릿류 0.3 g/kg 이하, 기타잼류 0.3 g/kg 이하, 기타설탕, 기타엿 및 당시럽류 0.3 g/kg 이하, 소시지류 0.025 g/kg 이하, 어육소시지 0.3 g/kg 이하, 과·채음료, 탄산음료류 및 기타음료 0.3 g/kg 이하(다만, 희석하여 음용하는 제품에 있어서는 희석한 것으로서), 향신료가공품[고추냉이(와사비)가공품 및 겨자가공품에 한함] 0.3 g/kg 이하, 드레싱 0.3 g/kg 이하, 젓갈류(명란젓에 한함) 0.3 g/kg 이하, 절임식품(밀봉 및 가열살균 또는 멸균처리한 제품에 한함) 0.3 g/kg 이하, 주류(탁주, 약주, 소주, 주정을 첨가하지 않은 청주 제외) 0.3 g/kg 이하, 튀김식품, 식물성크림 및 즉석섭취식품 0.3 g/kg 이하, 곡류가공품, 전분가공품, 당류가공품, 수산물가공품 및 기타가공품 0.3 g/kg 이하, 콩류가공품 및 서류가공품 0.2 g/kg 이하, 건강기능식품(정제의 제피 또는 캡슐에 한함) 및 캡슐류 0.3 g/kg 이하, 아이스크림류, 아이스크림분말류 및 아이스크림믹스류 0.3 g/kg 이하이다.

## 5. 식용색소적색제102호

식용색소적색제102호(Food Red No. 102)는 ponceau 4R 또는 new coccine, cochineal red A라고도 한다. 이 품목은 4-아미노-1-나프탈렌설폰산을 다이아조화하고 7-하이드록시-1,3-나프탈렌다이설폰산과 커플링 반응시킨 후, 염석하고 정제하여 얻어지는 것으로서 7-하이드록시-8-(4-설포나프틸아조)-1,3-나프탈렌다이설폰산삼나트륨 1½수화물을 주성분으로 한다(그림 12.5). 아조계 색소이며, 물에는 녹고 에탄올에도 조금 녹는다. ADI는 0~4 mg/kg 체중이다(JECFA, 2011).

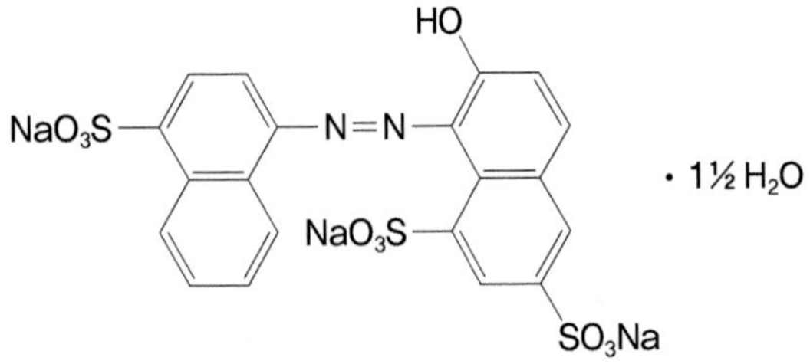

식용색소적색제102호는 어린이 기호식품에는 사용을 하지 못하도록 규정하고 있으며, 식용색소적색제102호의 사용기준은 과자(한과에 한함) 0.2 g/kg 이하, 추잉껌 0.3 g/kg 이하, 떡류 0.05 g/kg

그림 12.5 **식용색소적색제102호의 구조**

이하, 만두류 0.5 g/kg 이하, 기타코코아가공품 0.3 g/kg 이하, 소시지류 0.05 g/kg 이하, 음료베이스 0.05 g/kg 이하(다만, 희석하여 음용하는 제품에 있어서는 희석한 것으로서), 향신료가공품[고추냉이(와사비)가공품 및 겨자가공품에 한함] 0.5 g/kg 이하, 젓갈류(명란젓에 한함) 0.5 g/kg 이하, 절임식품(밀봉 및 가열살균 또는 멸균처리한 제품에 한함) 0.5 g/kg 이하, 주류(탁주, 약주, 소주, 주정을 첨가하지 않은 청주 제외) 0.2 g/kg 이하, 콩류가공품 및 서류가공품 0.2 g/kg 이하, 당류가공품 0.3 g/kg 이하, 수산물가공품 및 기타가공품 0.5 g/kg 이하, 건강기능식품(정제의 제피 또는 캡슐에 한함) 및 캡슐류 0.3 g/kg 이하이다.

## 6. 식용색소청색제1호 및 식용색소청색제1호알루미늄레이크

식용색소청색제1호(Food Blue No.1)는 brilliant blue FCF라고도 부른다. 이 품목은 3-[N-에틸-N-[4-[[4-[N-에틸-N-(3-설포네이토벤질)아미노]페닐](2-설포네이토페닐)메틸렌]-2,5-사이클로헥사다이에닐리덴]암모니오메틸]벤젠설폰산이나트륨을 주성분으로 한다(그림 12.6). 물에는 녹으나 에탄올에는 녹기 어렵다. ADI는 0~12.5 mg/kg 체중이다(JECFA, 1969).

식용색소청색제1호알루미늄레이크(Food Blue No. 1 aluminium lake)는 알루미늄염의 수용액에 알칼리를 반응시키고, 이에 식용색소청색제1호를 흡착시킨 후 여과, 건조, 분쇄하여 얻어진 것이다.

식용색소청색제1호 및 식용색소청색제1호알루미늄레이크의 사용기준은 과자 0.2 g/kg 이하, 캔디류 및 추잉껌 0.3 g/kg 이하, 빙과류 0.15 g/kg 이하, 빵류 0.2 g/kg 이하, 떡류 0.15

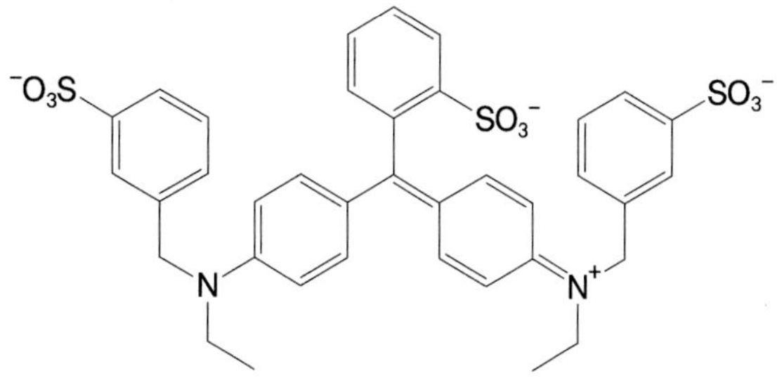

그림 12.6 식용색소청색제1호의 구조

g/kg 이하, 만두류 0.1 g/kg 이하, 기타코코아가공품 및 초콜릿류 0.1 g/kg 이하, 기타잼류 0.25 g/kg 이하, 기타설탕, 기타엿 및 당시럽류 0.3 g/kg 이하, 소시지류 및 어육소시지 0.1 g/kg 이하, 과·채음료, 탄산음료류 및 기타음료 0.1 g/kg 이하(다만, 희석하여 음용하는 제품에 있어서는 희석한 것으로서), 향신료가공품[고추냉이(와사비)가공품 및 겨자가공품에 한함] 0.1 g/kg 이하, 드레싱 0.1 g/kg이하, 절임식품(밀봉 및 가열살균 또는 멸균 처리한 제품에 한함) 0.5 g/kg 이하, 주류(탁주, 약주, 소주, 주정을 첨가하지 않은 청주 제외) 0.2 g/kg 이하, 튀김식품 0.5 g/kg 이하, 식물성크림 0.1 g/kg 이하, 즉석섭취식품 0.05 g/kg 이하, 곡류가공품 0.3 g/kg 이하, 콩류가공품 및 서류가공품 0.2 g/kg 이하, 전분가공품 0.15 g/kg 이하, 식용유지가공품, 당류가공품, 수산물가공품 및 기타가공품 0.5 g/kg 이하, 건강기능식품(정제의 제피 또는 캡슐에 한함) 및 캡슐류 0.3 g/kg 이하, 아이스크림류, 아이스크림분말류 및 아이스크림믹스류 0.15 g/kg 이하이다.

## 7. 식용색소청색제2호 및 식용색소청색제2호알루미늄레이크

식용색소청색제2호(Food Blue No. 2)는 indigo carmine 또는 indigotine이라고 부른다. 이 품목은 3,3′-다이옥소-2,2′-바이인돌리덴-5,5′-다이설폰산이나트륨을 주성분으로 한다(그림 12.7). 물에는 녹고 에탄올에도 조금 녹는다. ADI는 0~5 mg/kg 체중이다(JECFA, 1974).

식용색소청색제2호알루미늄레이크(Food Blue No. 2 aluminium lake)는 알루미늄염의 수용액에 알칼리를 반응시키고, 이에 식용색소청색제2호를 흡착시킨 후 여과, 건조, 분쇄하여 얻어진 것이다.

식용색소청색제2호 및 식용색소청색제2호알루미늄레이크의 사용기준은 과자 0.2 g/kg

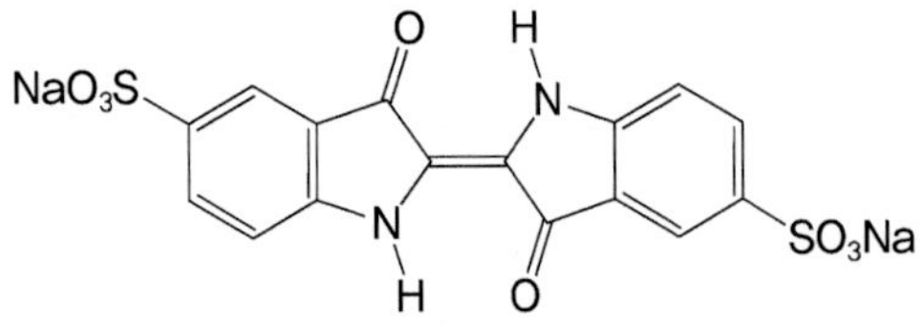

그림 12.7 **식용색소청색제2호의 구조**

이하, 캔디류 및 추잉껌 0.3 g/kg 이하, 빙과류 0.15 g/kg 이하, 빵류 0.2 g/kg 이하, 떡류 0.15 g/kg 이하, 기타코코아가공품 및 초콜릿류 0.45 g/kg 이하, 기타 잼류 및 기타설탕 0.3 g/kg 이하, 소시지류 0.1 g/kg 이하, 어육소시지 0.3 g/kg 이하, 과·채음료 및 기타음료 0.1 g/kg 이하(다만, 희석하여 음용하는 제품에 있어서는 희석한 것으로서), 향신료가공품[고추냉이(와사비)가공품 및 겨자가공품에 한함] 0.3 g/kg 이하, 절임식품(밀봉 및 가열살균 또는 멸균처리한 제품에 한함) 0.3 g/kg 이하, 주류(탁주, 약주, 소주, 주정을 첨가하지 않은 청주 제외) 0.3 g/kg 이하, 곡류가공품 0.2 g/kg 이하, 당류가공품 0.3g/kg 이하, 기타가공품 0.45 g/kg 이하, 건강기능식품(정제의 제피 또는 캡슐에 한함) 및 캡슐류 0.3 g/kg 이하, 아이스크림류, 아이스크림분말류 및 아이스크림믹스류 0.15 g/kg 이하이다.

## 8. 식용색소황색제4호 및 식용색소황색제4호알루미늄레이크

식용색소황색제4호(Food Yellow No. 4)는 tartrazine이라고도 한다. 미국에서는 FD & C Yellow No. 5이다. 이 품목은 4-아미노벤젠설폰산을 다이아조화하고, 5-하이드록시-1-(4-설포페닐)-3-피라졸카복실산과 커플링 반응시킨 후, 염석하고 정제하여 얻어지는 것으로서 3-카복실레이토-5-히드록시-1-(4-설포네이토페닐)-1H-피라졸-4-아조-4'-(벤젠설폰산)

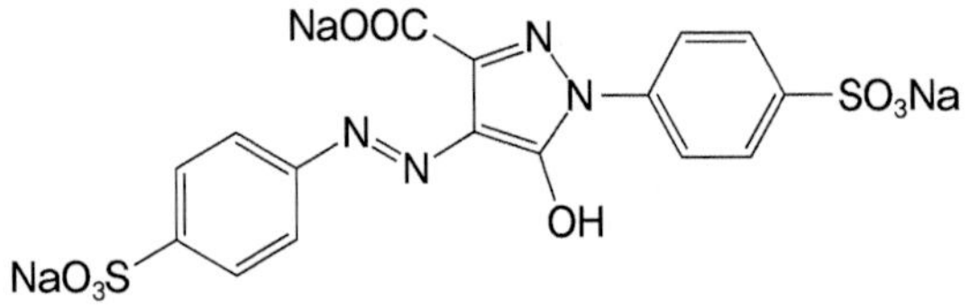

그림 12.8 **식용색소황색제4호의 구조**

식품위생법 제 10조에 의한 한글 표시 사항
1. 제품명: 파멘스 스위트 피클
(FARMANS SWEET PICKLES)
2. 식품유형: 절임류(식초절임), 살균제품
3. 원산지: 인도
4. 제조사: GLOBALGREEN COMPANY LTD
5. 원재료명 및 함량: 오이 54.6%, 설탕, 정제수, 와인식초, 재제소금, 염화칼슘, 합성착향료(단피클향), 황산알루미늄칼륨, 합성착색료(식용색소황색제4호)
6. 내용량: 1.36L
(1,304g(고형량: 670g))

**식용색소황색제4호가 사용된 식품**

삼나트륨을 주성분으로 한다(그림 12.8). 아조계 색소이며, 물에는 녹고 에탄올에도 조금 녹는다. ADI는 0~7.5 mg/kg 체중이다(JECFA, 1964).

황색4호는 특이체질에 한해 천식환자나 아스피린 과민군에서 알레르기를 유발할 가능성이 있는 것으로 알려져 있다. 한때 황색4호가 어린이의 주의력결핍 과잉행동장애(Attention Deficit Hyperactivity Disorder, ADHD)에 영향을 미치는 것으로 알려졌으나 1993년 미국 FDA에서 근거가 없다고 발표하였다. 하지만 2007년 영국 사우샘프턴 대학교(University of Southampton) 연구진은 황색4호, 황색5호, 적색40호, 적색102호 등이 어린이 ADHD에 영향을 미칠 수 있다는 연구 결과를 발표하였고, 영국 정부는 식품업체가 자발적으로 이러한 타르색소를 사용하지 말도록 권고하였다.

2006년도에 우리나라에서는 타르색소 섭취량 조사를 실시한 적이 있다. 황색 4호의 경우 체중 20 kg인 어린이가 일일섭취허용량을 초과하여 안전성에 위협을 받으려면 매일 10,870개의 사탕을 평생 먹어야 한다고 한다. 그 외의 타르색소도 섭취량 조사 결과 시중에서 판매되는 타르색소 함유식품을 먹더라도 일일섭취허용량을 초과할 가능성은 극히 낮다고 할 수 있다.

식용색소황색제4호 및 식용색소황색제4호알루미늄레이크(Food Yellow No. 4 aluminium lake)의 사용기준은 과자 0.2 g/kg 이하, 캔디류 및 추잉껌 0.3 g/kg 이하, 빙과류 0.15 g/kg 이하, 빵류 0.2 g/kg 이하, 떡류 0.15 g/kg 이하, 만두류 0.5 g/kg 이하, 기타코코아가공품 및 초콜릿류 0.4 g/kg 이하, 기타잼류 0.2 g/kg 이하, 기타설탕, 기타엿 및 당시럽류 0.5 g/kg 이하, 소시지류 0.3 g/kg 이하, 어육소시지 0.5 g/kg 이하, 과·채음료, 탄산음료 및 기타음료 0.1 g/kg 이하(다만, 희석하여 음용하는 제품에 있어서는 희석한 것으로서), 향신료가공품[고추냉이(와사비)가공품 및 겨자가공품에 한함] 0.5 g/kg 이하, 드레싱 0.5 g/kg 이하, 젓갈류(명란젓에 한함) 0.5 g/kg 이하, 절임식품(밀봉 및 가열살균 또는 멸균처리한 제품에 한함) 0.5 g/kg 이하, 주류(탁주, 약주, 소주, 주정을 첨가하지 않은 청주 제외) 0.2 g/kg 이하, 기타전분 및 식물성크림 0.5 g/kg 이하, 튀김식품 0.3 g/kg 이하, 즉석섭취식품 0.05 g/kg 이하, 콩류가공품 및 서류가공품 0.1 g/kg 이하, 전분가공품, 곡류가공품, 당류가공품, 수산물가공품 및 기타가공품 0.5 g/kg 이하, 식용유지가공품 0.3 g/kg 이하, 건강기능식품(정제의 제피 또는 캡슐에 한함) 및 캡슐류 0.3 g/kg 이하, 아이스크림류, 아이스크림분말류 및 아이스크림믹스류 0.15 g/kg 이하이다.

# 9. 식용색소황색제5호 및 식용색소황색제5호알루미늄레이크

식용색소황색제5호(Food Yellow No. 5)는 sunset yellow FCF라고도 불린다. 미국에서는 FD & C Yellow No. 6이다. 이 품목은 4-아미노벤젠설폰산을 다이아조화하고, 6-하이드록시-2-나프탈렌설폰산과 커플링 반응시킨 후 염석하여 정제하여 얻어지는 것으로서 2-(하이드록시-6-설포네이토나프탈렌)-1-아조-(4′-벤젠설폰산)이나트륨을 주성분으로 한다(그림 12.9). 아조계 색소이며, 물에는 녹고 에탄올에도 조금 녹는다. ADI는 0~4 mg/kg 체중이다(JECFA, 2011).

식용색소황색제5호 및 식용색소황색제5호알루미늄레이크(Food Yellow No. 5 aluminium lake)의 사용기준은 과자 0.2 g/kg 이하, 캔디류 및 추잉껌 0.3 g/kg 이하, 빙과류, 빵류 및 떡류 0.05 g/kg 이하, 만두류 0.4 g/kg 이하, 기타코코아가공품 및 초콜릿류 0.4 g/kg 이하, 기타잼류 0.3 g/kg 이하, 기타설탕, 기타엿 및 당시럽류 0.4 g/kg 이하, 소시지류 및 어육소시지 0.3 g/kg 이하, 과·채음료, 탄산음료 및 기타음료 0.1 g/kg 이하(다만, 희석하여 음용하는 제품에 있어서는 희석한 것으로서), 향신료가공품[고추냉이(와사비)가공품 및 겨자가공품에 한함] 0.3 g/kg 이하, 드레싱 0.3 g/kg 이하, 젓갈류(명란젓에 한함) 0.3 g/kg 이하, 절임식품(밀봉 및 가열살균 또는 멸균처리한 제품에 한함) 0.3 g/kg 이하, 주류(탁주, 약주, 소주, 주정을 첨가하지 않은 청주 제외) 0.2 g/kg 이하, 기타전분 및 식물성크림 0.4 g/kg 이하, 튀김식품 및 즉석섭취식품 0.3 g/kg 이하, 곡류가공품, 식용유지가공품 및 당류가공품 0.3 g/kg 이하, 서

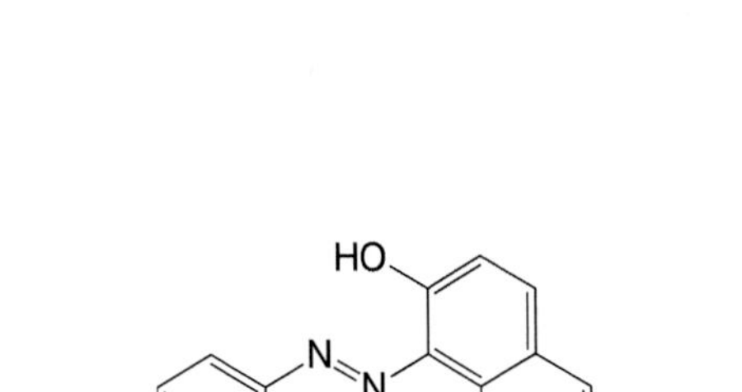

그림 12.9 **식용색소황색제5호의 구조**

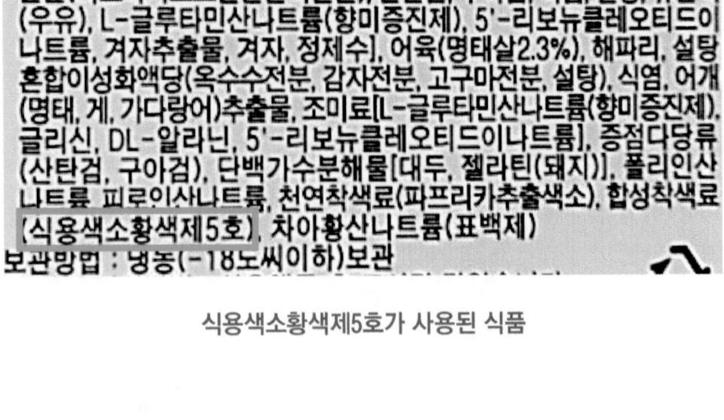

**식용색소황색제5호가 사용된 식품**

류가공품 및 전분가공품 0.05 g/kg 이하, 수산물가공품 0.2 g/kg 이하, 기타가공품 0.4 g/kg 이하, 건강기능식품(정제의 제피 또는 캡슐에 한함) 및 캡슐류 0.3 g/kg 이하, 아이스크림류, 아이스크림분말류 및 아이스크림믹스류 0.3 g/kg 이하이다.

## 10. 클로로필, 동클로로필, 동클로로필린나트륨, 동클로로필린칼륨 및 철클로로필린나트륨

클로로필(chlorophyll)은 클로렐라과 클로렐라(*Chlorea pyrenoides* CHIK 등), 명아주과 시금치(*Spinacia oleracea* L.), 지치과 캄프리(*Symphytum officinale* LEDEB), 남조식물인 스피룰리나[*Spirulina plalensis*(NORD.) GEITLER 등] 등의 녹색식물에서 에탄올 또는 유기용제인 아세톤, 이소프로필알코올, 메탄올, 헥산, 염화메틸렌으로 추출하여 얻어진 클로로필류(chlorophylls)를 주성분으로 하는 것이다. 성상은 녹~암녹색의 액체 또는 페이스트상의 물질로서 약간 특이한 냄새가 있다. 구조는 그림 12.10에 나타나 있는데 클로로필은 포피린(porphyrin)계 색소로서 포피린은 피롤(pyrrole) 고리 4개가 메틸렌(methylene) 가교에 의해 결합되어 있는 포핀(테트라피롤)[porphin(tetrapyrrole)]의 유도체로 클로로필은 Mg-포피린(Mg-porphyrin)이다. 클로로필 a는 X가 $CH_3$이고 클로로필 b는 CHO이다. 클로로필은 여러 종류가 있는데 고등식물에는 클로로필 a와 클로로필 b가 약 3:1의 비율로 존재한다.

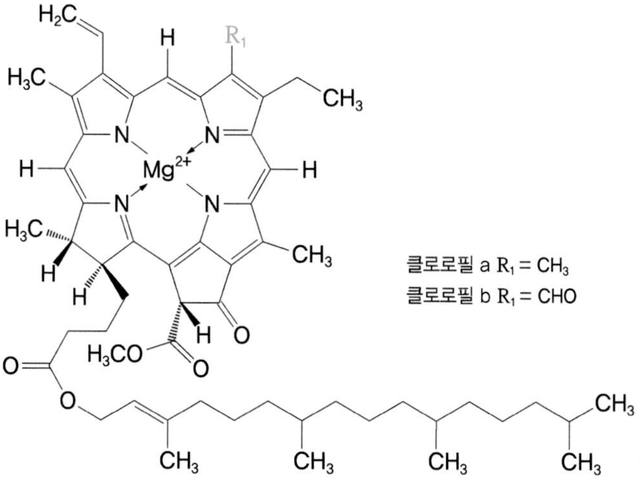

클로로필 a R₁ = CH₃
클로로필 b R₁ = CHO

그림 12.10 **클로로필의 구조**

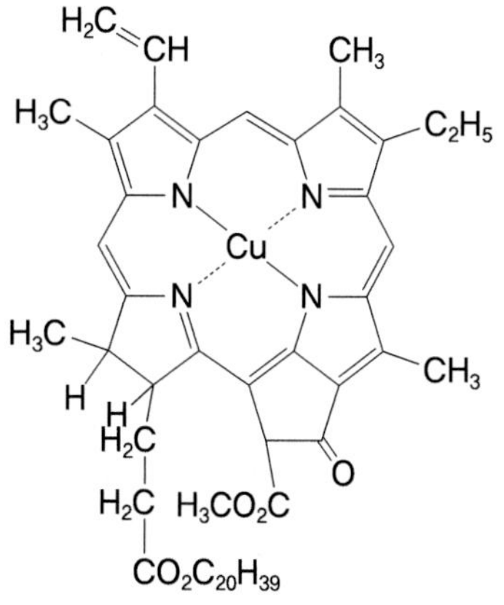

그림 12.11 **동클로로필의 구조**

동클로로필(copper chlorophyll)은 식물로부터 클로로필을 용매로 추출한 후 구리염을 가하여 제조한다. 클로로필의 Mg이 Cu로 치환된 것이다(그림 12.11). 흑청~흑녹색의 분말, 조각, 덩어리 또는 점조한 물질로서 특이한 냄새가 있다. 물에는 안 녹고 에탄올에는 녹는다. 동클로로필의 ADI는 0~15 mg/kg 체중이다(JECFA, 1969).

동클로로필린나트륨(sodium copper chlorophyllin)과 동클로로필린칼륨(potassium copper chlorophyllin)은 클로로필을 알칼리로 가수분해시킨 후(검화) 얻은 클로로필린에 구리를 가하여 얻는다. 동클로로필린나트륨은 흑청~흑녹색의 분말로 냄새가 없거나 약간 특이한 냄새가 있으며, 수용액(1→100)의 pH는 9.5~11.0이다. 동클로로필린칼륨은 암녹~청, 흑색의 분말 또는 암녹색의 액체이다. 동클로로필린나트륨과 동클로로필린칼륨은 물에 잘 녹는다. ADI는 0~15 mg/kg 체중이다(JECFA, 1978). 클로로필린은 클로로필을 알칼리로 가수분해한 것으로 클로로필 구조에서 피톨(phytol)이 제거된 것을 말한다.

철클로로필린나트륨(sodium iron chlorophyllin)은 클로로필의 Mg을 Fe로 치환하여 안정화시킨 철클로로필을 수산화나트륨으로 가수분해하여 수용성을 갖게 한 것이다. 성상은 어두운 녹색의 분말로서 냄새가 없거나 또는 약간 특이한 냄새가 있으며, 수용액(1→100)의 pH는 9.5~11.0이다. 철클로로필린나트륨은 미국, EU 및 Codex에는 지정되어 있지 않지만 일본에서는 지정되어 있다.


## 11. 카라멜색소

카라멜색소(caramel color)는 암갈~흑색의 분말, 덩어리, 페이스트 또는 액체로 냄새가 없거나 또는 약간 특이한 냄새가 있고, 맛은 없거나 약간 특이한 맛이 있다. 이 품목에는 카라멜색소 Ⅰ, Ⅱ, Ⅲ, Ⅳ가 있으며, 각각의 정의는 다음과 같다.
- 카라멜색소 I(plain caramel) : 식용 탄수화물인 전분가수분해물, 당밀 또는 당류를 열처리하거나 또는 암모니아화합물과 아황산화합물을 제거한 산 또는 알칼리를 가하고 열처리하여 얻어지는 것으로서 아황산화합물 및 암모늄화합물을 사용하지 않은 것이다.
- 카라멜색소 Ⅱ(sulfite caramel) : 식용 탄수화물인 전분가수분해물, 당밀 또는 당류에 아황산화합물을 가하고, 암모늄화합물을 제거한 산 또는 알칼리를 가하거나 가하지 않고 열처리하여 얻어지는 것으로서 암모늄화합물을 사용하지 않은 것이다.
- 카라멜색소 Ⅲ(ammonia caramel) : 식용 탄수화물인 전분가수분해물, 당밀 또는 당류

에 암모늄화합물을 가하고, 아황산화합물을 제거한 산 또는 알칼리를 가하거나 가하지 않고 열처리하여 얻어지는 것으로서 아황산화합물을 사용하지 않은 것이다.

- 카라멜색소 IV(sulfite ammonia caramel) : 식용 탄수화물인 전분가수분해물, 당밀 또는 당류에 아황산화합물과 암모늄화합물을 가하고, 산 또는 알칼리를 가하거나 가하지 않고 열처리하여 얻어지는 것이다.

카라멜색소 I의 ADI는 "not specified"(JECFA, 1985)이고, II는 0~160 mg/kg 체중(JECFA, 2000), III는 0~200 mg/kg 체중(고체일 때는 0~150 mg/kg 체중, JECFA, 1985), IV는 0~200 mg/kg 체중(고체일 때는 0~150 mg/kg 체중, JECFA, 1985)이다.

카라멜색소에서 4-MEI(4-methylimidazole)(그림 12.12)가 문제가 되기도 하나 암모늄화합물을 사용하지 않은 카라멜 I과 II에서는 문제가 되지 않는다. 4-MEI는 국제암연구소(IARC)에서 발암물질 그룹 2B로 분류된 물질이다. 4-MEI는 암모니아와 당의 가열에 의해 생성되는 물질이다.

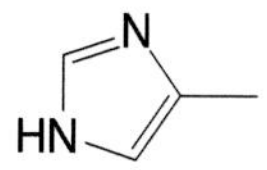

그림 12.12  4-Methylimidazole의 구조

카라멜색소는 천연식품[식육류, 어패류(고래고기 포함), 과실류, 채소류, 해조류, 콩류 등 및 그 단순가공품(탈피, 절단 등)], 다류(고형차 및 희석하여 음용하는 액상차는 제외), 인삼성분 및 홍삼성분이 함유된 다류, 커피, 고춧가루, 실고추, 김치류, 고추장, 조미고추장 및 인삼 또는 홍삼을 원료로 사용한 건강기능식품에는 사용할 수 없다.

Tip

4-메틸이미다졸(4-MEI)

카라멜색소는 콜라, 간장, 제빵류 등에 널리 사용하는 착색료인데, 2012년 콜라에서 발암물질인 4-메틸이미다졸(4-MEI, 4-methylimidazole)이 검출되었고, 이 4-MEI가 콜라에 첨가한 카라멜색소에서 유래하였다고 하여 카라멜색소가 논란이 되기도 하였다. 카라멜색소는 여러 가지의 제법으로 생산되는데, 암모늄화합물을 가하여 제조하는 카라멜색소에서만 4-MEI가 검출된다. 콜라에 들어 있는 4-MEI의 함량은 기준치의 0.1%로 4-MEI가 건강에 문제가 되려면 평생 매일 1,000캔 이상의 콜라를 마셔야 한다고 미국 FDA는 밝힌 바 있다. 따라서 카라멜색소의 안전성은 걱정할 정도가 아닌 것으로 생각된다. 4-MEI는 이미다졸(imidazole)의 H가 메틸(methyl)기로 치환된 것으로 구운 고기, 커피 등 마이야르(Maillard) 반응에 의해 생성된다. 카라멜색소에서 50~700 ppm 농도로 발견된다.

## 12. 안나토색소

안나토색소(annato extract)는 유용성색소와 물분산성색소가 있다. 유용성색소는 안나토(*Bixa orellana* Linné) 종자의 겉껍질을 유지 또는 유기용제(향신료올레오레진류의 추출용매)로 추출하여 얻어지는 색소로서 주 색소는 카로티노이드계의 빅신(bixin)이다. 물분산성색소는 안나토 종자 색소함유물을 물 또는 프로필렌글리콜을 사용하여 미립자로 분산시켜서 얻어지거나 빅신을 가압, 가열로 가수분해하여 얻어지는 색소로서 주 색소는 카로티노이드계의 빅신(bixin) 또는 노빅신(norbixin)이다. 성상은 적갈~갈색의 액체, 덩어리, 분말 또는 페이스트상의 물질로서 약간 특유의 냄새가 있다. Codex에서는 bixin-based annato extract [INS 160b(i)]와 norbixin-based annato extract [INS 160b(ii)]로 나누어 관리하고 있는데, annato extract [solvent-extracted norbixin, INS 160b(ii)], annato extract [alkali-processed norbixin, acid precipitated, INS 160b(ii)], annato extract [alkali-processed norbixin, not acid precipitated, INS 160b(ii)], annato extract [aqueous processed bixin, INS 160b(i)] 및 annato extract [solvent-extracted bixin, INS 160b(i)]의 5개의 규격으로 세분화되어 있다.

안나토 종자는 약 5%의 색소를 함유하고 있는데 70~80%가 빅신이다(그림 12.13). 빅신은 화학적으로 불안정하며, 지방에는 녹지만 물에는 녹지 않는다. 빅신의 구조에서 메틸에

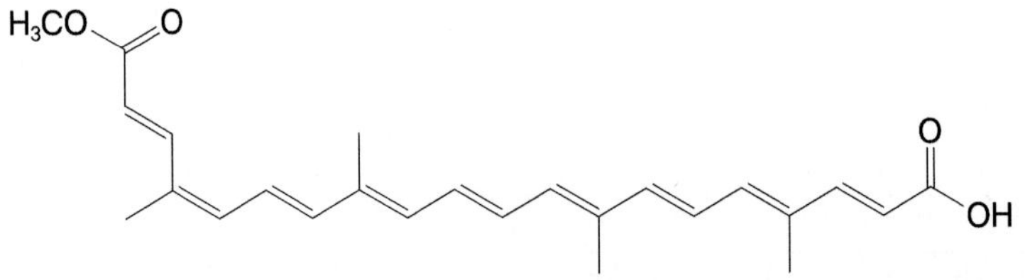

그림 12.13 **빅신(*cis*-형)의 구조**

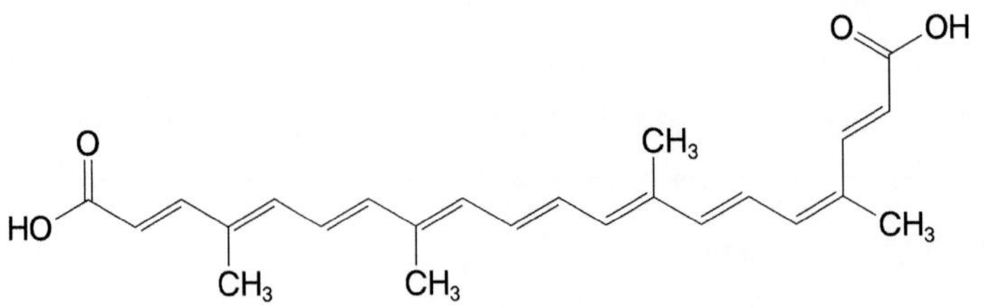

그림 12.14 **노빅신(*cis*-형)의 구조**

스터(methyl ester)가 알칼리에 의해 가수분해되면 노빅신이 된다(그림 12.14). 빅신의 ADI는 0~12 mg/kg 체중이다(JECFA, 2006). 노빅신과 그 염류의 그룹 ADI는 0~0.6 mg/kg 체중이다(JECFA, 2006).

안나토색소는 천연식품[식육류, 어패류(고래고기 포함), 과실류, 채소류, 해조류, 콩류 등 및 그 단순가공품(탈피, 절단 등)], 다류, 커피, 고춧가루, 실고추, 김치류, 고추장, 조미고추장, 식초, 향신료가공품(고추 또는 고춧가루 함유 제품에 한함)에 사용할 수 없다. 안나토색소는 버터나 마가린에 많이 사용하고 있다.

## 13. 수용성안나토

수용성안나토(water-soluble annato)는 안나토[*Bixa orellana* L.(Bixaceae)] 종자 겉껍질의 색소 성분인 빅신을 알칼리로 가수분해하여 얻은 노빅신의 칼륨염 또는 나트륨염이다. 성상은 적갈~갈색의 액체, 덩어리 또는 분말 혹은 페이스트상 물질로서 약간의 특이한 냄새를 가지고 있다. 수용성안나토의 사용기준은 안나토색소와 동일하다. 수용성안나토는 치즈나 소시지에 많이 사용된다.

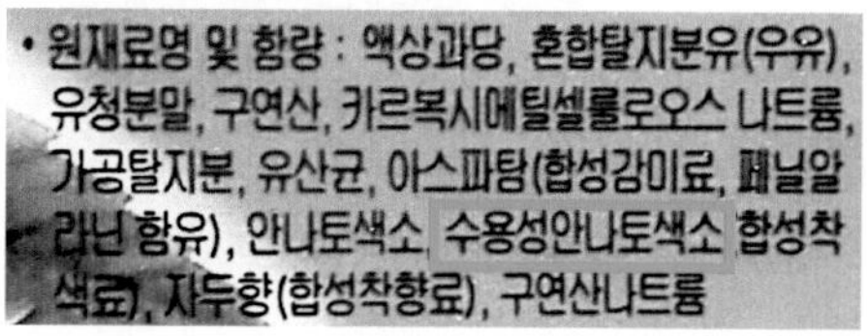

• 원재료명 및 함량 : 액상과당, 혼합탈지분유(우유), 유청분말, 구연산, 카르복시메틸셀룰로오스 나트륨, 가공탈지분, 유산균, 아스파탐(합성감미료, 페닐알라닌 함유), 안나토색소 수용성안나토색소 합성착색료), 자두향(합성착향료), 구연산나트륨

수용성안나토가 사용된 식품

## 14. β-카로틴 및 카로틴

β-카로틴(β-carotene)은 카로티노이드계 색소로서 화학적으로 합성한 것은 그 구조가 천연에 존재하는 β-카로틴과 같다. 적자~암적색의 결정 또는 결정성 분말로서 약간 특이한 냄새와 맛이 있다. β-카로틴은 대부분 *trans*형이며(그림 12.15), 소량의 *cis* 이성질체, *trans*-레틴알(retinal), β-아포-12′-카로티날 및 β-아포-10′-카로티날이 포함될 수 있다. 물과 에

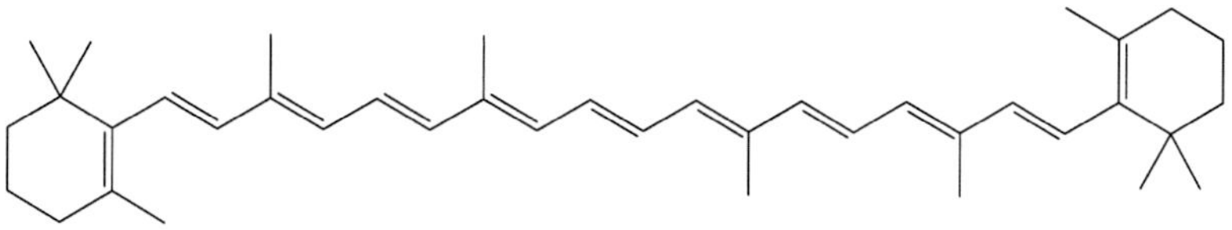

그림 12.15 β-카로틴의 구조

탄올에는 안 녹고, 식물성유지에 약간 녹는다. ADI는 0~5 mg/kg 체중이다(JECFA, 2001).

카로틴(carotene)은 메꽃과 고구마(*Ipomoea batatas* POIR.)의 괴근(塊根)을 유지 또는 유기용제인 아세톤, 이소프로필알코올, 메탄올, 헥산으로 추출해서 얻어지는 고구마카로틴, *Dunaliella salina* 및 *Dunaliella bardawil*을 이산화탄소, 유지 또는 유기용제인 아세톤, 이소프로필알코올, 메탄올, 헥산으로 추출해서 얻어지는 듀나린카로틴, 산형과 당근(*Daucus carota* L.등)의 뿌리 건조체를 유지 또는 유기용제인 아세톤, 이소프로필알코올, 메탄올, 헥산으로 추출해서 얻어지는 당근카로틴, 종려과 엘라에이스(*Elaeis guineensis* JACQ.) 팜유의 흡착 분리 또는 분리한 불검화물에서 유기용제인 아세톤, 이소프로필알코올, 메탄올, 헥산으로 추출해서 얻어지는 팜유카로틴 등의 총칭으로 주성분은 카로틴이다. 성상은 적갈~등적색의 액체, 분말 또는 페이스트상의 물질로서 약간 특유의 냄새가 있다. 물에는 녹지 않는다. ADI는 "acceptable"이다(JECFA, 1993).

β-카로틴과 카로틴은 천연식품[식육류, 어패류(고래고기 포함), 과실류, 채소류, 해조류, 콩류 등 및 그 단순가공품(탈피, 절단 등)], 다류, 커피, 고춧가루, 실고추, 김치류, 고추장, 조미고추장, 식초에는 사용할 수 없다.

## 15. β-아포-8′-카로티날

β-아포-8′-카로티날(β-apo-8′-carotenal)은 β-카로틴의 산화생성물로 자연계에 널리 분포하지만 일반적으로 화학적으로 합성하여 얻는다(그림 12.16). 금속성 광택을 갖고 있는 짙은 자색의 결정 또는 결정성 분말이다. β-아포-8′-카로티날은 β-카로틴처럼 비타민 A의 활성(50%)을 갖는다. 물에는 녹지 않고 에탄올에는 녹기 어려우며, 식물성 기름에는 조금 녹는다. ADI는 0~5 mg/kg 체중이다(JECFA, 1974). 사용기준은 카로틴과 동일하다.

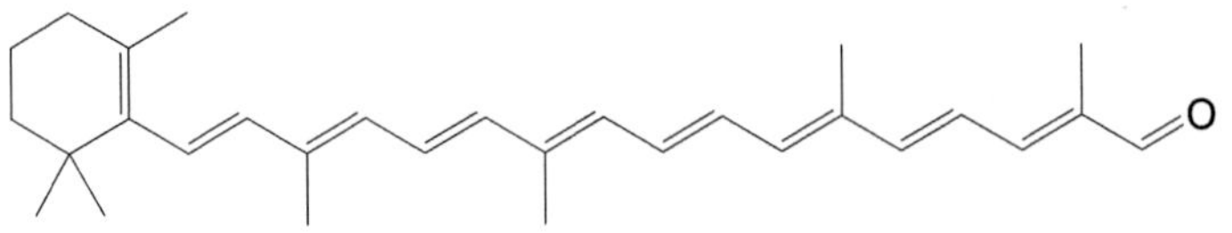

그림 12.16 β-**아포-8'-카로티날**의 구조

## 16. 심황색소

심황색소(curcumin)는 심황(*Curcuma longa* Linné)의 건조근경을 에탄올, 유지 또는 유기용제(향신료올레오레진류의 추출용매)로 추출하여 얻어진 색소로서 쿠쿠민(curcumin)을 주성분으로 하는 것이다(그림 12.17). 성상은 황~암적갈색의 액체, 덩어리, 분말 또는 페이스트상의 물질로서 특이한 냄새가 있다. 다른 명칭으로 울금색소 또는 투메릭 올레오레진(turmeric oleoresin)이라고도 한다. 물과 에테르에 녹지 않고 에탄올과 빙초산에 녹는다. ADI는 0~3 mg/kg 체중이다(JECFA, 2003). 사용기준은 카로틴과 동일하다. 예전부터 카레가루나 단무지에 많이 사용되고 있다.

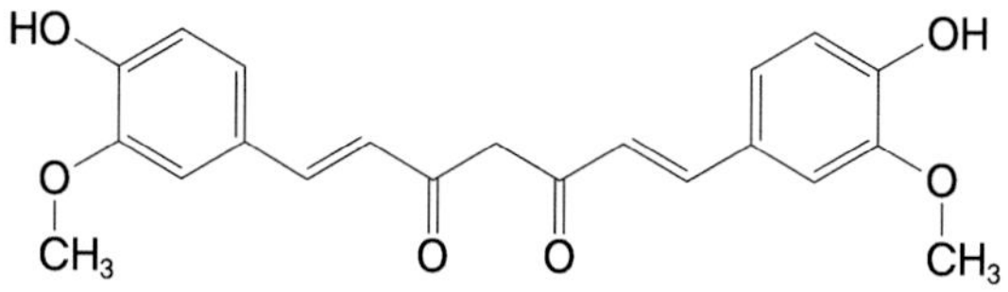

그림 12.17 **쿠쿠민의 구조(keto 형)**

## 17. 고량색소

고량색소(kaoliang color)는 수수(*Sorghum nervosum* BESS.)의 열매를 물 또는 에탄올로 추출하여 얻어진 색소로서 아피게닌(apigenin) 및 루테오리니딘(luteolinidine)을 주성분으로 하는 것이다(그림 12.18). 성상은 갈색의 액체, 덩어리, 분말 또는 페이스트상의 물질로서 약간의 특이한 냄새가 있다. 사용기준은 카로틴과 동일하다.

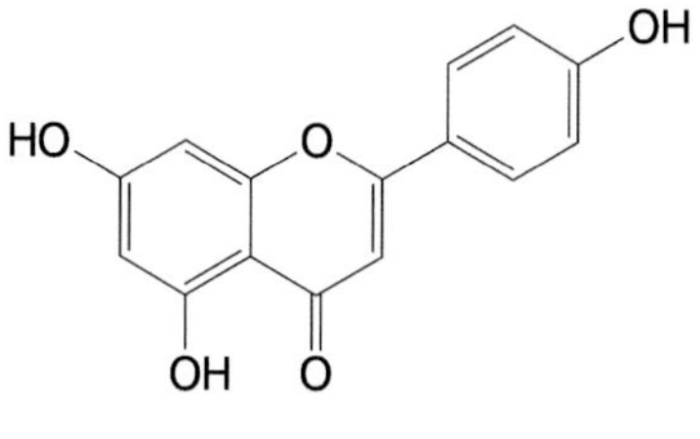

아피게닌 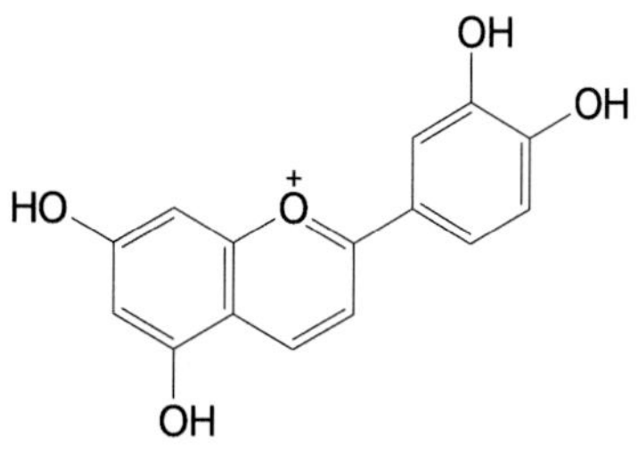                    루테오리니딘

그림 12.18 **아피게닌과 루테오리니딘의 구조**

## 18. 파프리카추출색소

파프리카추출색소(oleoresin paprika)는 파프리카(*Capsicum annum* Linné)의 과실을 유기용제(향신료올레오레진류의 추출용매)로 추출하여 얻어진 카로티노이드계 색소로서 캡산틴류(capsanthins)를 주성분으로 하는 것이다. 성상은 등~암갈색의 액체, 페이스트상 또는 분말의 물질로 약간 특유한 냄새가 있다. ADI는 "acceptable"이다(JECFA, 1970). 사용기준은 안나토색소와 동일하다.

## 19. 포도과피색소

포도과피색소(grape skin extract)는 포도과 포도(*Vitis labrusca* Linné 또는 *Vitis vinifera* Linné)의 과피를 물로 추출하여 얻어진 색소로서 안토사이아닌(anthocyanin)을 주성분으로 하는 것이다. 성상은 적~암자색의 액체, 덩어리, 분말 또는 페이스트상의 물질로서 약간 특이한 냄새가 있다. 물에 녹으며, ADI는 0~2.5 mg/kg 체중이다(JECFA, 1982). 사용기준은 카로틴과 동일하다.

## 20. 포도과즙색소

포도과즙색소(grape juice color)는 포도과 포도(*Vitis labrusca* Linné 또는 *Vitis vinifera* Linné)의 과실을 착즙한 다음 침전을 제거하여 얻어진 색소로서 주 색소는 말비딘-3-글리코사이드(malvidin-3-glycoside)이다. 사용기준은 안나토색소와 동일하다.

## 21. 베리류색소

베리류색소(berries color)는 베리류를 기원물질로 하여 얻어지는 색소의 총칭이다. 베리류과실을 착즙 또는 물, 약산성이나 산성 수용액, 에탄올, 또는 메탄올로 추출하여 얻어진 색소로서 주 색소는 안토사이아닌(anthocyanin)이다. 사용기준은 안나토색소와 동일하다.

## 22. 비트레드

비트레드(beet red)는 비트(*Beta vulgaris* Linné)의 뿌리를 물 또는 에탄올로 추출하여 얻어진 색소로서 아이소베타닌(isobetanin) 및 베타닌(betanin)을 주성분으로 하는 것이다(그림 12.19). 성상은 적자~암자색의 액체, 덩어리, 분말 또는 페이스트상의 물질로서 약간의 특이한 냄새가 있다. ADI는 "not specified"이다(JECFA, 1987). 사용기준은 안나토색소와 동일하다.

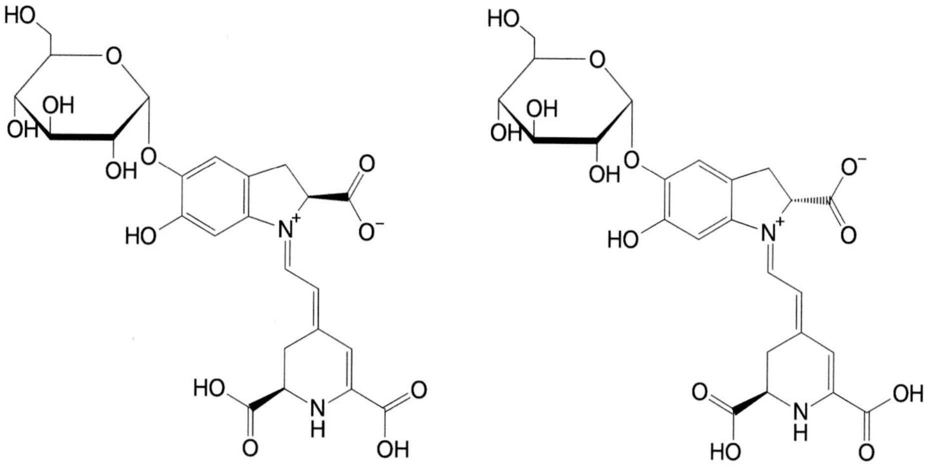

아이소베타닌                    베타닌

그림 12.19 **아이소베타닌과 베타닌의 구조**

## 23. 사프란색소

사프란색소(saffron color)는 붓꽃과 사프란(*Crocus sativus* Linné) 꽃의 건조암술머리

Tip

**사프란**

사프란은 "레드골드(red gold)"라고 불리는 세계에서 가장 비싼 향신료이다. 1 g의 사프란을 얻으려면 200~500개의 암술을 말려야 하며, 모든 작업은 직접 사람의 손을 거쳐야 하기 때문에 금값만큼 비싸다. 이란이 세계 교역량의 90~93%를 차지한다.

(stigma)를 에탄올로 추출하여 얻어지는 색소로서 카로티노이드계의 크로신(crocin) 및 크로세틴(crocetin)을 주성분으로 하는 것이다(그림 12.20). 크로신은 크로세틴에 겐티오바이오스(gentiobiose) 2분자가 에스터 결합한 구조이다. 크로신은 당(gentiobiose)이 결합되어 있어서 물에 잘 녹는다. 성상은 황~등적색의 액체, 덩어리, 분말 또는 페이스트상의 물질로서 약간 특이한 냄새가 난다. 사용기준은 카로틴과 동일하다.

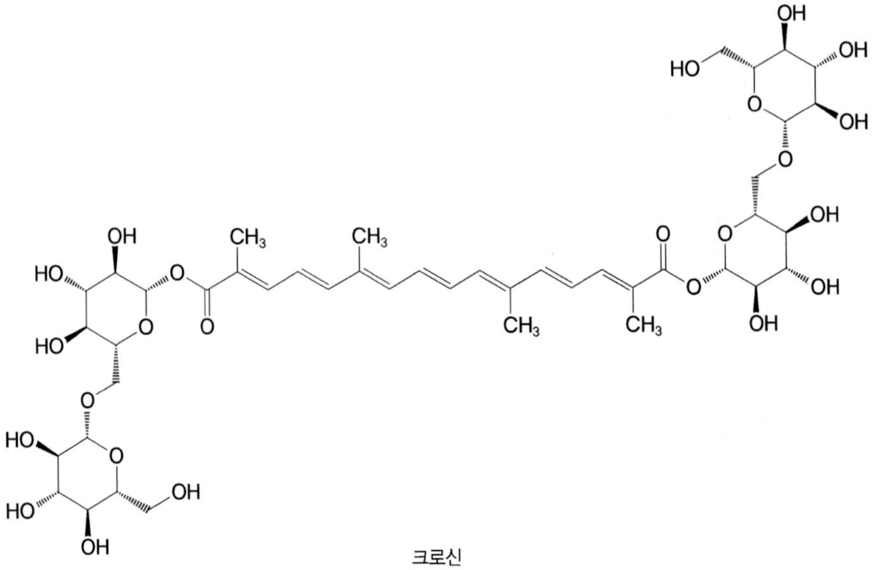

크로신

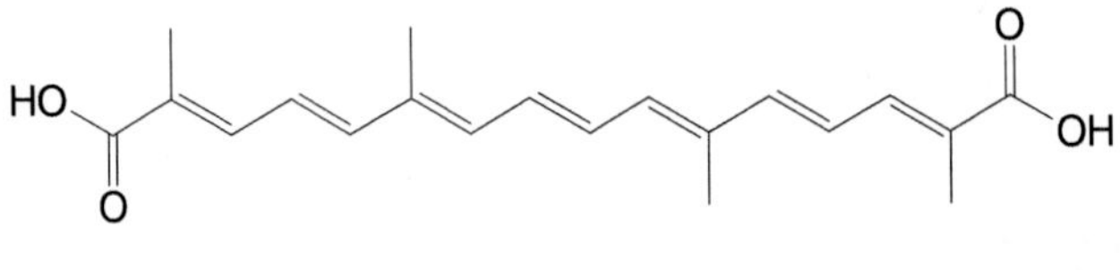

크로세틴

그림 12.20 **크로신과 크로세틴의 구조**

## 24. 치자황색소

치자황색소(gardenia yellow)는 치자나무(*Gardenia augusta* Merrill 또는 *Gardenia jasminoides* Ellis)의 과실을 물 또는 에탄올로 추출 또는 가수분해를 거쳐 얻어진 색소로서 크로신(crocin) 및 크로세틴(crocetin)을 주성분으로 하는 것이다(그림 12.20).

성상은 황~등황적색의 액체, 덩어리, 분말 또는 페이스트상의 물질로서 약간의 특이한 냄새가 있다. 사용기준은 카로틴과 동일하다.

## 25. 홍화황색소

홍화황색소(carthamus yellow)는 홍화(*Carthamus tinctorius* Linné)의 관상화를 물로 추출하여 얻어진 색소로서 주 색소는 플라보노이드인 샤플로민 A(safflomin A)와 샤플로민 B(safflomin B)이다(그림 12.21). 샤플라워옐로우(safflower yellow)라고도 한다. 성상은 황~암갈색의 액체, 덩어리, 분말 또는 페이스트상의 물질로서 약간 특이한 냄새가 있다. ADI는 설정되지 않았다(JECFA, 1985). 물에 아주 잘 녹고 에테르와 에탄올에는 녹지 않는다. 사용기준은 카로틴과 동일하다.

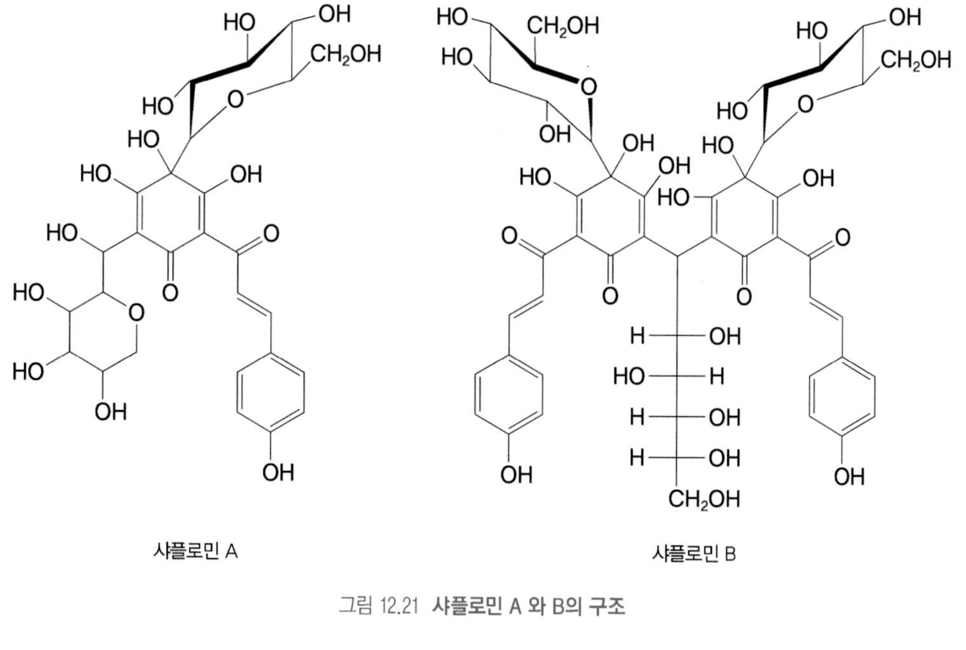

샤플로민 A                샤플로민 B

그림 12.21 **샤플로민 A 와 B의 구조**

## 26. 코치닐추출색소

코치닐추출색소(cochineal extract)는 선인장(*Nopalea coccinellifera*) 등에 기생하는 곤충인 연지벌레[*Dactylopius coccus Costa*(*Coccus cacti*. Linnaeus)] 암컷의 건조충체를 물·알코올성

용액으로 추출한 다음 그 알코올성분을 제거시켜 얻어진 농축물로서 카민산(carminic acid)을 주성분으로 하는 것이다. 성상은 적~암적갈색의 액체, 덩어리, 분말 또는 페이스트상 물질로서 약간의 특이한 냄새를 가지고 있다. 카민산($C_{22}H_{20}O_{13}$=492.39)으로서 1.8% 이상을 함유한다. 카민산은 안트라퀴논(anthraquinone)이 포도당과 결합해 있는 구조이다(그림 12.22).

코치닐추출색소는 15세기부터 식품에 사용해온 동물성 천연색소로서, 물에는 잘 녹지만 유지에는 녹지 않는다. 내열성, 내광성이 뛰어나며, pH에 따라 색이 변한다. 산성에서는 등~적등색, 중성에서 적~자적색, 알칼리성에서는 자적색~자색을 나타낸다. ADI는 설정되어 있지 않다. 일반적으로 천연색소는 안정성이 떨어지는데 코치닐추출색소는 열이나 빛에 안정한 수용성 천연색소이다.

세계보건기구(WHO)에서는 알레르기 반응을 유발할 가능성이 있다고 경고하고 있다. 미국에서는 2009년부터 코치닐추출색소를 사용하면 반드시 표시를 하여야 한다.

코치닐추출색소의 사용기준은 안나토색소와 동일하다.

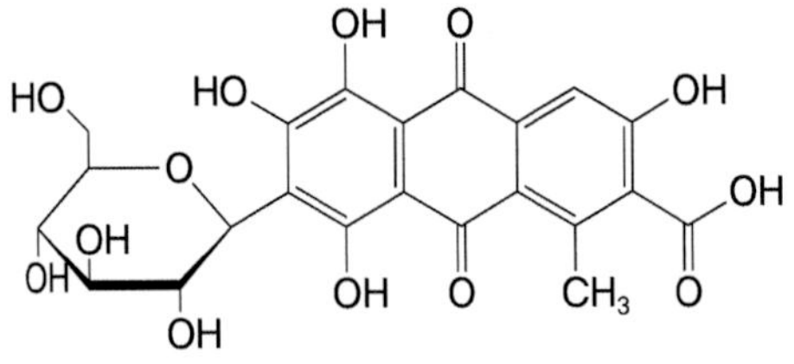
OH
O
HO
HO
OH
O
OH
OH
OH
OH
O
CH3
O
OH
OH

그림 12.22 **카민산의 구조**

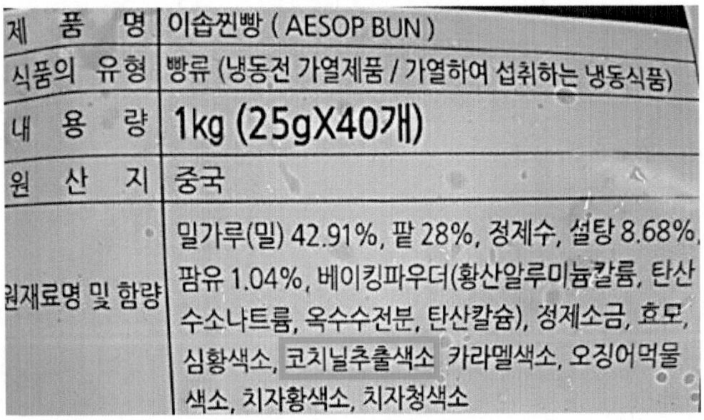
제 품 명
이솝찐빵 ( AESOP BUN )
식품의 유형
빵류 (냉동전 가열제품 / 가열하여 섭취하는 냉동식품)
내 용 량
1kg (25gX40개)
원 산 지
중국
원재료명 및 함량
밀가루(밀) 42.91%, 팥 28%, 정제수, 설탕 8.68%, 팜유 1.04%, 베이킹파우더(황산알루미늄칼륨, 탄산수소나트륨, 옥수수전분, 탄산칼슘), 정제소금, 효모, 심황색소, 코치닐추출색소 카라멜색소, 오징어먹물색소, 치자황색소, 치자청색소

**코치닐추출색소가 사용된 식품**

Tip

코치닐추출색소

코치닐추출색소는 동물성 색소로서 예전에 스타벅스의 딸기크림 음료인 프라푸치노에 함유되어 있어 논란이 된 적이 있다. 그러나 이는 안전성 문제가 아니라 동물성 색소인지 모르고 먹었던 채식주의자들에 의해 이슈화된 것이다. 세계보건기구(WHO)에서는 코치닐추출색소는 추출 과정에서 단백질이 추출될 수 있는데 이 단백질이 민감한 사람에게 알레르기 반응을 일으킬 가능성이 있다고 경고하고 있다. 스타벅스는 이후 코치닐추출색소를 토마토색소인 라이코펜(lycopene)으로 대체하였다.

## 27. 카민

카민(carmine)은 코치닐추출색소의 색소 성분인 카민산에 수산화알루미늄을 처리한 알루미늄 또는 칼슘-알루미늄레이크이다. 건조물로 환산한 것은 카민산으로서 50.0% 이상을 함유한다. 성상은 적~암적색의 분말, 덩어리, 액체 또는 페이스트상 물질로서 약간의 특이한 냄새를 가지고 있다. 카민의 용해도는 존재하는 양이온에 따라 다르다. 양이온이 암모늄인 경우에는 pH 3.0 수용액과 pH 8.5 수용액에서 잘 녹는다. 양이온이 칼슘인 경우에는 pH 3.0 수용액에서는 약간 녹고, pH 8.5 수용액에서는 잘 녹는다. ADI는 그룹 ADI로 0~5 mg/kg 체중이다(JECFA, 2000). 카민의 사용기준은 코치닐추출색소와 동일하다.

카민이 사용된 식품

## 28. 락색소

락색소(lac color)는 락패각충(*Laccifer lacca* KERR. Coccidae)의 분비액인 수지상 물질을 물로 추출하여 얻어진 색소로서 락카산(laccaic acid)류를 주성분으로 하는 것이다(그림 12.23). 성상은 적~암적갈색의 액체, 덩어리, 분말 또는 페이스트상의 물질로서 약간의 특이한 냄새가 있다. 락색소는 물에 아주 약간 녹으며, 에탄올이나 프로필렌글리콜에는 녹는 동물성 색소이다. 사용기준은 코치닐추출색소와 동일하다.

락색소가 사용된 식품

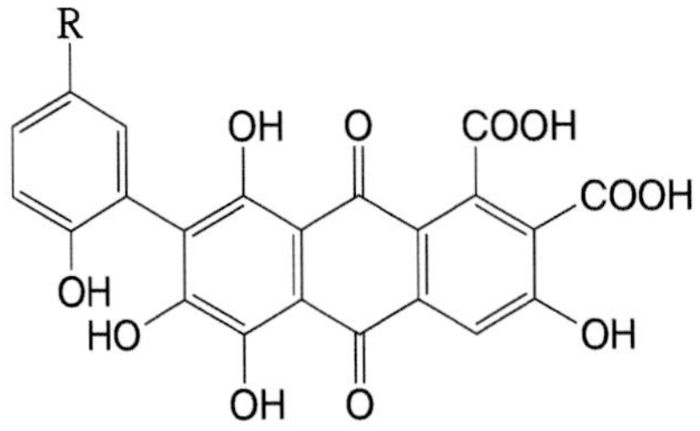

락카산 A : R = CH₂CH₂NHCOCH₃
락카산 B : R = CH₂CH₂OH
락카산 C : R = CH₂CH(NH₂)COOH

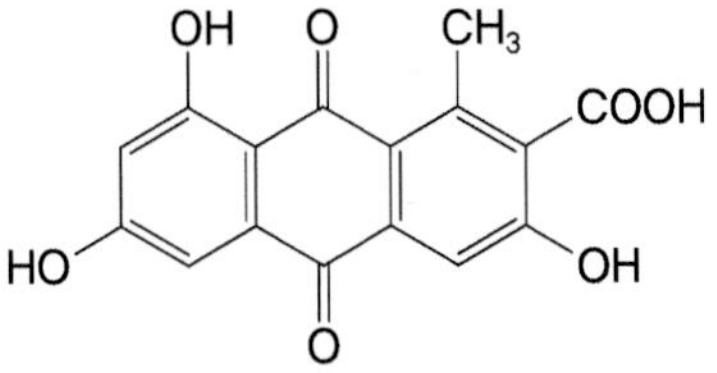

락카산 D

그림 12.23  락카산의 구조

## 29. 삼이산화철

삼이산화철(iron sesquioxide)은 분자식이 $Fe_2O_3$이고, 성상은 적~황갈색의 분말이다. 다른 명칭으로 iron oxide red라고도 한다. 물과 유기용매에 안 녹고 염산에 녹는다. ADI는 0~0.5 mg/kg 체중이다(JECFA, 1999). 삼이산화철은 바나나(꼭지의 절단면)와 곤약에만 사용할 수 있다.

## 30. 이산화티타늄

이산화티타늄(titanium dioxide)은 분자식이 $TiO_2$이며, 백색의 분말로서 냄새와 맛이 없다. 산에 강하고 열이나 빛에 안정하며, 자외선을 차단하는 효과가 있어 퇴색 또는 변색을 방지할 수 있다. 다른 착색료와 혼합하여 사용하면 부드러운 자연색을 나타내고 착색 전 코팅에 이용하면 제품의 색을 보다 선명하게 할 수 있다.

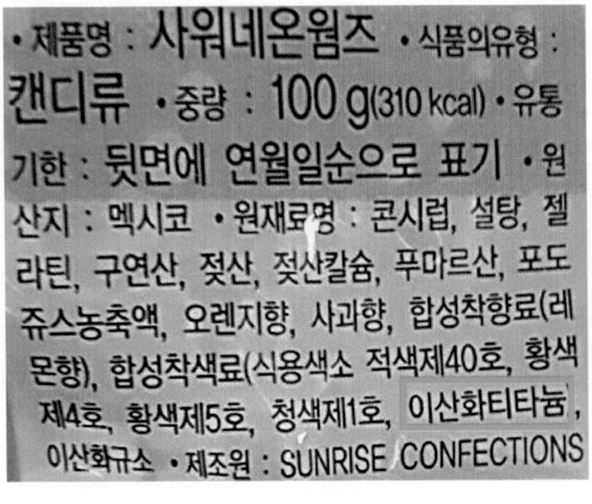

이산화티타늄이 사용된 식품

이산화티타늄은 착색의 목적 이외에 사용하여서는 아니 되며, 천연식품[식육류, 어패류(고래고기포함), 채소류, 과실류, 해조류, 콩류 등 및 그 단순가공품(탈피, 절단 등)], 식빵, 카스텔라, 코코아매스, 코코아버터, 코코아분말, 잼류, 유가공품(아이스크림류, 아이스크림

분말류, 아이스크림믹스류 제외), 식육가공품(소시지류, 식육추출가공품 제외), 알가공품, 어육가 공품(어육소시지 제외), 두부류, 묵류, 식용유지류, 면류, 다류, 커피, 과일·채소류음료(과·채음료 제외), 두유류, 발효음료류, 인삼·홍삼음료, 장류, 식초, 소스류, 토마토케첩, 카레, 고춧가루, 실고추, 천연향신료, 복합조미식품, 마요네즈, 김치류, 젓갈류, 절임식품(밀봉 및 가열살균 또는 멸균처리한 절임제품은 제외), 단무지, 조림식품, 땅콩 또는 견과류가공품류, 조미김, 벌꿀, 즉석조리식품, 레토르트식품, 특수용도식품, 건강기능식품(정제의 제피 또는 캡슐은 제외)에는 사용할 수 없다. ADI는 "not limited"이다(JECFA, 1969).

## 31. 기타

이상에서 언급한 착색료 외에도 감색소, 김색소, 마리골드색소, 무궁화색소, 스피룰리나색소, 시아너트색소, 알팔파추출색소, 양파색소, 오징어먹물색소, 자단향색소, 자주색고구마색소, 자주색옥수수색소, 자주색참마색소, 적무색소, 적양배추색소, 차즈기색소, 치자적색소, 치자청색소, 카카오색소, 티마린드색소, 토마토색소, 파피아색소, 피칸너트색소, 홍국색소, 홍국황색소 및 홍화적색소 등이 우리나라에서 사용이 허용되어 있다.

## 단원정리

착색료는 식품에 색을 부여하거나 복원시키는 식품첨가물이다. 착색료에는 천연소재(동식물)로부터 추출한 것, 동식물로부터 추출한 색소를 화학적으로 처리한 것, 그리고 인공적으로 합성한 것이 있다. 인공적으로 합성한 식용색소에는 타르색소가 있는데 우리나라에서 사용이 허용된 타르색소는 녹색3호, 적색2호, 적색3호, 적색40호, 적색102호, 청색1호, 청색2호, 황색4호 및 황색5호 등 9종이 있으며, 모두 수용성이다. 녹색3호, 적색2호, 적색40호, 청색1호, 청색2호, 황색4호 및 황색5호 등 7종은 알루미늄레이크로도 만들어져 총 16종의 타르색소가 사용이 허가되어 있다. 알루미늄레이크는 타르색소의 알루미늄착화합물로 수용성 타르색소로는 시간이 오래 걸리고, 균일하게 착색되기 어려운 분말식품, 유지식품, 알사탕 및 추잉껌 등에 사용한다. 카라멜색소는 제조 방법에 따라 카라멜색소 I, II, III 및 IV가 있으며, 암모늄화합물을 사용한 카라멜색소 III과 IV에서 4-MEI(4-methylimidazole)가 문제가 되기도 한다. 안나토색소는 안나토 종자에서 추출하여 얻어지는 색소로서 주 색소는 빅신과 노빅신이다. 수용성안나토는 빅신을 알칼리로 가수분해하여 얻은 노빅신의 칼륨염 또는 나트륨염이다.

코치닐추출색소는 선인장 등에 기생하는 곤충인 연지벌레 암컷의 건조충체에서 추출한 동물성 색소로서 카민산이 주성분이다. 카민은 카민산에 수산화알루미늄을 처리한 알루미늄 또는 칼슘-알루미늄레이크이다. 세계보건기구(WHO)에서는 코치닐추출색소가 알레르기 반응을 유발할 가능성이 있다고 경고하고 있다. 미국에서는 코치닐추출색소를 사용하면 반드시 표시를 하여야 한다. 락색소는 락패각충의 분비액인 수지상 물질을 물로 추출하여 얻어진 색소이다. 이산화티타늄은 백색의 분말로서 산에 강하고 열이나 빛에 안정하며, 자외선을 차단하는 효과가 있어 퇴색 또는 변색을 방지할 수 있다. 다른 착색료와 혼합하여 사용하면 부드러운 자연색을 나타내고 착색 전 코팅에 이용하면 제품의 색을 보다 선명하게 할 수 있다. 이외에도 $\beta$-카로틴, 카로틴, $\beta$-아포-8′-카로티날, 심황색소, 파프리카추출색소, 사프란색소, 치자황색소 및 홍화황색소 등이 착색료로 사용된다.

**1** 착색료와 영어명이 올바르게 연결되지 않은 것은?
① 적색 2호-amaranth
② 황색 4호-tartrazine
③ 적색 102호-allura red
④ 청색 2호-indigo carmine

**2** 카라멜색소와 4-MEI에 대해 설명하시오.

**3** 식용색소 알루미늄레이크란 무엇인가?

**4** 아조계 타르색소에는 어떤 것이 있는가?

**5** 안나토색소와 수용성안나토에 대해 설명하시오

**6** 어린이기호식품에 사용할 수 없는 타르색소는 무엇인가?

**7** 천연에서 추출한 착색료 중 동물성색소는 무엇인가?

**8** 코치닐추출색소와 카민에 대해 설명하시오.

1. ③

2. 카라멜색소는 식용 탄수화물인 전분가수분해물, 당밀 또는 당류를 열처리하여 얻어지는 것으로 제조 방법에 따라 I, II, III 및 IV의 4가지로 나눌 수 있다. I은 아황산화합물 및 암모늄화합물을 사용하지 않은 것이고, II는 아황산화합물은 사용하고 암모늄화합물은 사용하지 않은 것이며, III은 암모늄화합물을 사용하고 아황산화합물은 사용하지 않은 것, IV는 아황산화합물과 암모늄화합물을 사용한 것이다. 4-MEI(4-methylimidazole)는 암모니아와 당의 가열에 의해 생성되는 물질로, 국제암연구소(IARC)에서 발암물질 그룹 2B로 분류된 물질이다. 암모늄화합물을 사용한 카라멜색소 III과 IV에서 4-MEI가 문제가 되기도 한다.

3. 알루미늄레이크는 타르색소의 알루미늄착화합물로 수용성 타르색소로는 시간이 오래 걸리고, 균일하게 착색되기 어려운 분말식품, 유지식품, 알사탕 및 추잉껌 등에 사용한다.

4. 아조계 색소는 적색2호, 적색40호, 적색102호, 황색4호 및 황색5호이다.

5. 안나토색소는 유용성색소와 물분산성색소가 있는데, 유용성색소는 안나토 종자의 겉껍질을 유지 또는 유기용제(향신료올레오레진류의 추출용매)로 추출하여 얻어지는 색소로서 주 색소는 빅신이고, 물분산성색소는 안나토 종자 색소함유물을 물 또는 프로필렌글리콜을 사용하여 미립자로 분산시켜서 얻어지거나 빅신을 가압, 가열로 가수분해하여 얻어지는 색소로서 주 색소는 빅신 또는 노빅신이다. 수용성안나토는 빅신을 알칼리로 가수분해하여 얻은 노빅신의 칼륨염 또는 나트륨염이다.

6. 적색2호, 적색102호

7. 코치닐추출색소, 락색소

8. 코치닐추출색소는 선인장 등에 기생하는 곤충인 연지벌레 암컷에서 추출한 적색 색소로 카민산이 주성분이다. 카민은 코치닐추출색소의 색소 성분인 카민산에 수산화알루미늄을 처리한 알루미늄 또는 칼슘-알루미늄레이크이다.

# 유화제

유화제(emulsifier)는 물과 기름 등 섞이지 않는 두 가지 또는 그 이상의 상(phases)을 균질하게 섞어 주거나 유지시키는 식품첨가물이다. 또한 유화제는 녹말의 노화를 방지하며, 거품을 안정화시킬 뿐 아니라 빵류에서 글루텐과 상호작용하여 반죽의 부피를 유지시켜 준다. 유화제는 한 분자 내에 극성인 부분과 비극성인 부분으로 구성되어 있다. 우리나라에서 사용이 허가된 유화제는 글리세린지방산에스테르, 소르비탄지방산에스테르, 스테아릴젖산나트륨, 스테아릴젖산칼슘, 자당지방산에스테르, 염기성알루미늄인산나트륨, 레시틴, 유카추출물, 글루콘산나트륨, 라우릴황산나트륨, 스테아린산마그네슘, 스테아린산칼슘, 알긴산, 알긴산나트륨, 알긴산암모늄, 알긴산칼륨, 알긴산칼슘, 알긴산프로필렌글리콜, 암모늄포스파타이드, 젖산나트륨, 젤라틴, 카나우바왁스, 카라기난, 카제인, 카제인나트륨, 카제인칼슘, 칸델릴라왁스, 퀼라야추출물, 트리아세틴, 폴리소르베이트20, 폴리소르베이트60, 폴리소르베이트65, 폴리소르베이트80, 프로필렌글리콜, 프로필렌글리콜지방산에스테르 및 효소분해레시틴 등이 있다. 표 13.1은 국내 지정 유화제의 국가별 지정 현황을 나타낸 것이다.

대부분의 유화제는 식품첨가물의 일반사용기준에 따른다. 즉, 물리적, 영양적, 기타 기술적 효과를 달성하는 데 필요한 최소량으로 제한 사용하여야 한다. 사용기준이 명시된 유화제는 다음과 같다. 즉, 프로필렌글리콜은 만두류, 만두피에 1.2% 이하, 견과류가공품에 5% 이하, 아이스크림류에 2.5% 이하, 기타식품에 2% 이하를 사용한다. 암모늄포스파타이드는 기타코코아가공품, 초콜릿류에 10 g/kg 이하를 사용하도록 되어 있다. 알긴산프로필렌글리콜은 식품의 1% 이하를 사용하여야 한다. 스테아릴젖산칼슘은 빵류 및 이의 제조용 믹스, 식물성크림, 난백, 과자(한과류 제외)에만 사용할 수 있다. 스테아릴젖산나트륨은 빵류 및 이의 제조용 믹스, 면류, 식물성크림, 소스류에만 사용할 수 있다. 라우릴황산나트륨은 건강기능식품에만 사용할 수 있다.

유화제 염류는 가공치즈의 제조 가공에서 지방이 분리되는 것을 방지하기 위해 단백질을 안정화시킨다. 단백질, 검류 및 녹말 같은 고분자도 식품에서 유화능 및 유화안정성을 나타낸다. 에멀션(emulsion)은 연속상(continuous phase)이 액체이고 분산상(dispersed phase)도 액체인 것을 말한다.

에멀션은 매크로에멀션(macroemulsion)과 마이크로에멀션(microemulsion)으로 나눌 수 있다. 매크로에멀션은 액적(droplet, 액체 방울)이 0.1 $\mu$m 이상인 것으로 혼탁하고 우유 빛깔을 띠며, 열역학적으로 불안정하다. 마이크로에멀션은 투명하고 열역학적으로 안정한 분산으로 크기는 100~1,000 Å(1 Å = $10^{-10}$ m)이다.

표 13.1 국내 지정 유화제의 국가별 지정 현황

| 식품첨가물명 | INS No. | CAS No. | 미국 | EU | Codex | 일본 |
|---|---|---|---|---|---|---|
| 글리세린지방산에스테르 | | | | | | |
| 글리세린지방산에스테르 | 471 | – | ○ | ○ | ○ | ○ |
| 글리세린초산지방산에스테르 | 472a | – | ○ | ○ | ○ | ○ |
| 글리세린젖산지방산에스테르 | 472b | – | ○ | ○ | ○ | ○ |
| 글리세린구연산지방산에스테르 | 472c | – | ○ | ○ | ○ | ○ |
| 글리세린호박산지방산에스테르 | 472g | – | ○ | ○ | ○ | ○ |
| 글리세린디아세틸주석산지방산에스테르 | 472e | 308068-42-0, 100085-39-0 | ○ | ○ | ○ | ○ |
| 글리세린초산에스테르 | 1517 | 25395-31-7 | ○ | ○ | ○ | ○ |
| 폴리글리세린지방산에스테르 | 475 | – | ○ | ○ | ○ | ○ |
| 폴리글리세린축합리시놀레인산에스테르 | 476 | – | ○ | ○ | ○ | ○ |
| 소르비탄지방산에스테르 | | | | | | |
| sorbitan monostearate | 491 | 1338-41-6 | ○ | ○ | ○ | ○ |
| sorbitan tristearate | 492 | 26658-19-5 | ○ | ○ | ○ | ○ |
| sorbitan monolaurate | 493 | 1338-39-2 | ○ | ○ | ○ | ○ |
| sorbitan monooleate | 494 | 1338-43-8 | ○ | ○ | ○ | ○ |
| sorbitan monopalmitate | 495 | 26266-57-9 | ○ | ○ | ○ | ○ |
| sorbitan trioleate | 496 | – | ○ | ○ | ○ | ○ |
| 프로필렌글리콜지방산에스테르 | 477 | – | ○ | ○ | ○ | ○ |
| 자당지방산에스테르 | 473 | – | ○ | ○ | ○ | ○ |
| 폴리소르베이트20 | 432 | 9005-64-5 | ○ | ○ | ○ | ○ |
| 폴리소르베이트60 | 435 | 9005-67-8 | ○ | ○ | ○ | ○ |
| 폴리소르베이트65 | 436 | 9005-71-4 | ○ | ○ | ○ | ○ |
| 폴리소르베이트80 | 433 | 9005-65-6 | ○ | ○ | ○ | ○ |
| 스테아릴젖산나트륨 | 481(i) | 25383-99-7 | ○ | ○ | ○ | ○ |
| 스테아릴젖산칼슘 | 482(i) | 5793-94-2 | ○ | ○ | ○ | ○ |
| 트리아세틴 | 1518 | 102-76-1 | ○ | ○ | ○ | × |
| 레시틴 | 322(i) | 8002-43-5 | ○ | ○ | ○ | ○ |
| 효소분해레시틴 | 322(ii) | 85711-58-6 | ○ | ○ | ○ | ○ |
| 퀼라야추출물 | 999 | 68990-67-0 | ○ | ○ | ○ | ○ |
| 유카추출물 | – | – | ○ | × | × | ○ |
| 카제인 | – | 9000-71-9 | ○ | × | ○ | ○ |
| 카제인나트륨 | – | 9005-46-3 | ○ | × | ○ | ○ |
| 카제인칼슘 | – | 9005-43-0 | ○ | × | × | ○ |

HLB(hydrophilic-lipophilic balance)는 유화제의 친수성 및 친유성을 나타내는 지표로서 값은 0~20 사이의 값을 가진다. HLB값이 크다는 것은 유화제가 친수성이 크다는 것이고, 작다는 것은 유화제가 친유성이 크다는 것이다. 유화제의 HLB값이 0~3이면 거품제거제, 4~6이면 W/O형 유화, 7~9이면 습윤제, 8~18이면 O/W형 유화에 적합하다. 표 13.2는 유화제의 HLB값을 나타낸 것이다.

유화제로 사용되는 것은 주로 친유성 부분은 지방산으로 구성되어 있고, 친수성 부분은 글리세롤로 구성되어 있다. 탄소수 12개 이하인 지방산이 좋은 유화작용을 보여 주지만 쉽게 가수분해되어 비누취(soapy)를 나타내므로 잘 사용하지 않는다. 또한, 리놀레산 같은 불포화지방산도 산패가 되어 이취를 형성하므로 잘 사용하지 않는다. 유화제는 음이온유화제, 양이온유화제, 양성유화제 및 비이온유화제로 나눌 수 있다.

표 13.2 유화제의 HLB값

| 유화제 | HLB값 |
| --- | --- |
| sorbitan trioleate | 1.8 |
| sorbitan tristearate | 2.1 |
| 프로필렌글리콜지방산에스테르 | 3.4 |
| glycerol monostearate | 3.8 |
| 레시틴 | 4.0 |
| sorbitan monooleate | 4.3 |
| sorbitan monostearate | 4.7 |
| 글리세린호박산지방산에스테르 | 5.3 |
| diglycerol monostearate | 5.5 |
| sorbitan monopalmitate | 6.7 |
| sorbitan monolaurate | 8.6 |
| 스테아릴젖산나트륨 | 10~12 |
| 폴리소르베이트60 | 14.9 |
| 폴리소르베이트80 | 15 |
| 폴리소르베이트20 | 16.7 |

# 1. 글리세린지방산에스테르

글리세린지방산에스테르(glycerin esters of fatty acids)는 지방산과 글리세린 또는 폴리글리세린의 에스터 및 유도체이다. 글리세린지방산에스테르에는 글리세린지방산에스테르(mono- and diglycerides), 글리세린초산지방산에스테르(acetic and fatty acid esters of glycerol), 글리세린젖산지방산에스테르(lactic and fatty acid esters of glycerol), 글리세린구연산지방산에스테르(citric and fatty acid esters of glycerol), 글리세린호박산지방산에스테르(succinylated monoglycerides), 글리세린디아세틸주석산지방산에스테르(diacetyltartaric and fatty acid esters of glycerol), 글리세린초산에스테르(glycerol diacetate), 폴리글리세린지방산에스테르(polyglycerol esters of fatty acids) 및 폴리글리세린축합리시놀레인산에스테르(polyglycerol esters of interesterified ricinoleic acid)가 있다.

성상은 무~갈색의 분말, 얇은 조각, 입자, 덩어리, 반유동체 또는 액체로서, 냄새가 없거나 특이한 냄새가 있다. 각각의 글리세린지방산에스테르의 ADI값은 표 13.3에 나타냈다. 글리세린지방산에스테르의 사용기준은 일반사용기준에 준하여 사용한다.

글리세린지방산에스테르는 주로 모노글리세라이드나 다이글리세라이드(그림 13.1) 형태가 많이 사용된다. 지방산은 주로 로르산, 미리스트산, 팔미트 및 스테아르산이 사용된

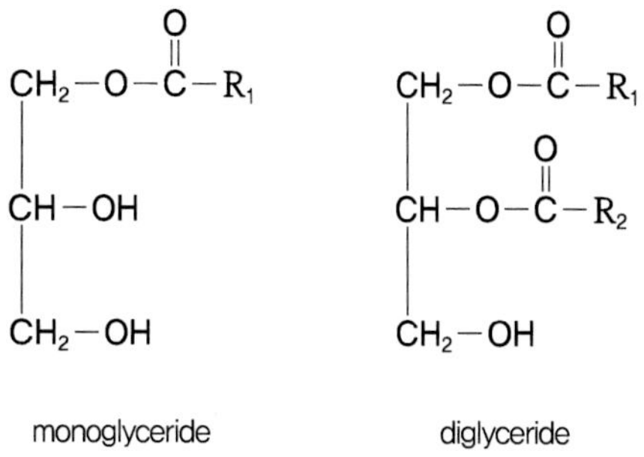

그림 13.1 **모노글리세라이드와 다이글리세라이드**

표 13.3 JECFA에서 설정한 글리세린지방산에스테르의 ADI값

| 식품첨가물명 | ADI(mg/kg 체중) | 설정 연도 |
| --- | --- | --- |
| 글리세린지방산에스테르 | not limited | 1973 |
| 글리세린초산지방산에스테르 | not limited | 1973 |
| 글리세린젖산지방산에스테르 | not limited | 1973 |
| 글리세린구연산지방산에스테르 | not limited | 1973 |
| 글리세린호박산지방산에스테르 | 설정되지 않음 | 1982 |
| 글리세린디아세틸주석산지방산에스테르 | 0~50 | 2003 |
| 글리세린초산에스테르 | not specified | 1976 |
| 폴리글리세린지방산에스테르 | 0~25 | 1989 |
| 폴리글리세린축합리시놀레인산에스테르 | 0~7.5 | 1973 |

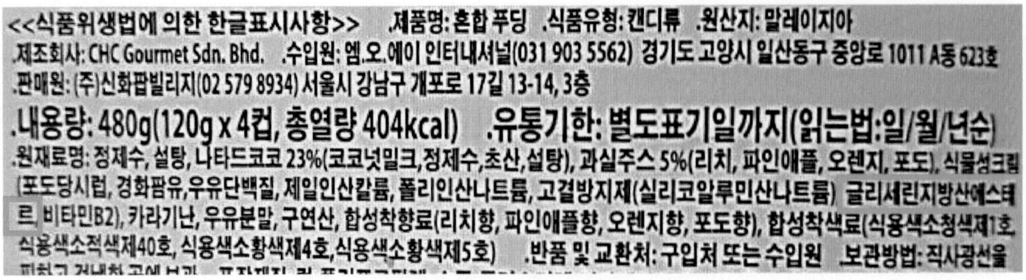

글리세린지방산에스테르가 사용된 식품

다. 친수성을 증가시키기 위해 모노글리세라이드에 유기산을 에스터 반응시키는데, 유기산으로 초산, 젖산, 구연산, 호박산 및 주석산을 사용한다.

## 2. 소르비탄지방산에스테르

소르비탄지방산에스테르(sorbitan esters of fatty acids)는 지방산과 소비탄의 에스터이다. 성상은 백~황갈색의 분말, 박편, 과립, 밀랍 모양의 덩어리 또는 액체이다. 소비탄은 소비톨의 분자 내 탈수로 얻어지는데, 1,4-소비탄의 구조는 그림 13.2와 같다. 우리나라에는 sorbitan monostearate(그림 13.3), sorbitan tristearate(그림 13.4), sorbitan monolaurate, sorbitan monooleate, sorbitan monopalmitate 및 sorbitan trioleate가 지정되어 있다.

소르비탄지방산에스테르는 스판(Span)이라는 이름으로 알려져 있다. 스판을 에틸렌옥사이드와 반응시키면 친수성의 트윈(Tween, 폴리소르베이트)이 얻어진다. 소르비탄지방산에스테르는 친유성이 큰 비이온유화제이며, HLB값은 1.8~8.6이다(표 13.2). O/W형이나 W/O형 유화에 적합하다. 소르비탄지방산에스테르의 ADI는 그룹 ADI로 0~25 mg/kg 체중이다(JECFA, 1982). 사용기준은 일반사용기준에 준하여 사용한다.

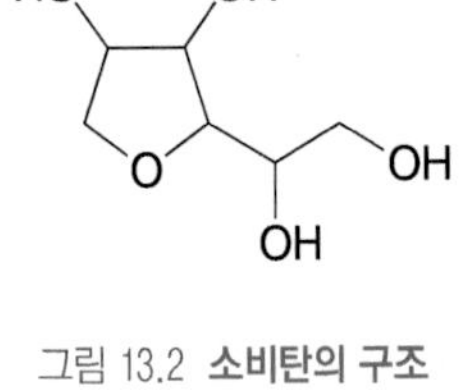

그림 13.2 **소비탄의 구조**

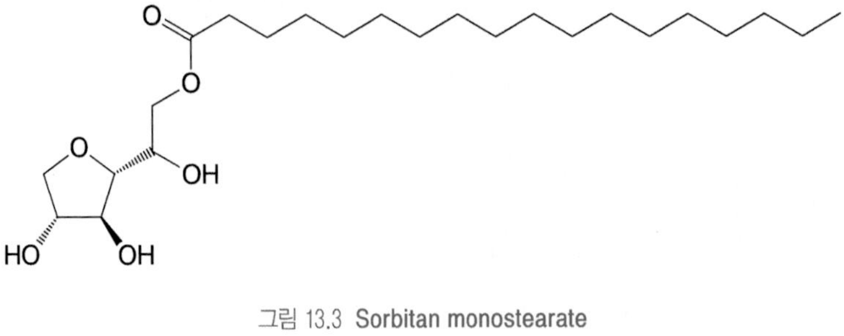

그림 13.3 Sorbitan monostearate

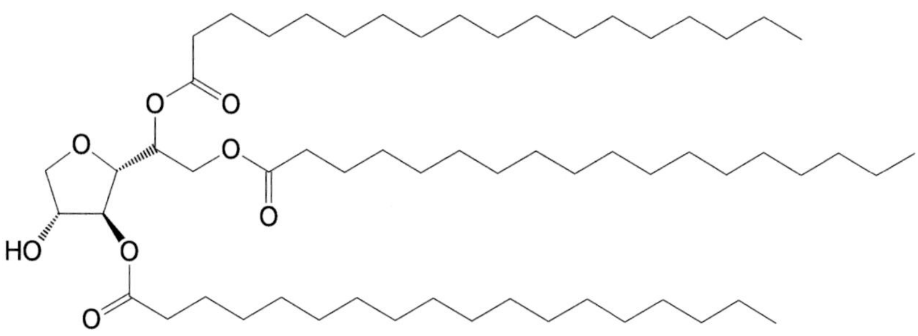

그림 13.4 Sorbitan tristearate

## 3. 프로필렌글리콜지방산에스테르

프로필렌글리콜지방산에스테르(propylene glycol esters of fatty acids)는 지방산과 프로필렌글리콜의 에스터로서 모노-와 다이에스터의 혼합물이다. 성상은 백~엷은 황갈색의 분말, 박편, 과립, 밀납 모양의 덩어리 또는 점조한 액체로서 냄새가 없거나 또는 약간 특이한 냄새를 가지고 있다. 물에는 안 녹고 에탄올과 초산에틸에는 녹는다.

HLB값은 3.4 정도로 비이온유화제 중 가장 친유성이 크다. W/O형 유화에 사용되지만 단독으로 사용하기보다는 다른 유화제와 배합하여 사용한다. ADI는 0~25 mg/kg 체중이다(JECFA, 1973). 사용기준은 일반사용기준에 준하여 사용한다.

## 4. 자당지방산에스테르

자당지방산에스테르(sucrose esters of fatty acids)는 지방산과 자당의 에스터 및 자당초산이소낙산에스테르가 있다. 성상은 백~황갈색의 분말 또는 덩어리, 무~엷은 황색의 점조한 수지상의 물질 또는 액상의 물질로서 냄새가 없거나 약간 특이한 냄새가 있다. 물에는 약간 녹으며, 에탄올에는 녹는다. 글리세린지방산에스테르나 소르비탄지방산에스테르에 비해서 친수성이 크다. 자당지방산에스테르는 자당에 있는 8개의 OH기에 지방산이 에스터 결합한 것이다.

Codex는 자당지방산에스테르, sucrose monoesters of lauric acid, palmitic acids, or stearic acids, sucroglyceride (INS 474), sucrose oligoesters type I (INS 473a) 및 sucrose oligoesters type II (INS 473a)가 별도의 규격을 가지고 있다. ADI는 그룹 ADI로 0~30

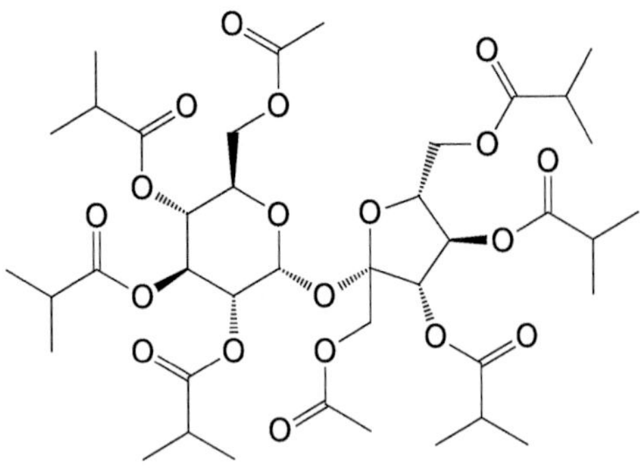

그림 13.5 자당초산이소낙산에스테르의 구조

mg/kg 체중으로 설정되어 있다(JECFA, 2010).

자당초산이소낙산에스테르(sucrose acetate isobutyrate)(INS 444)는 SAIB라고도 불리는데 미국에서는 GRAS로 분류된다. 이것은 자당의 OH에 2개의 초산과 6개의 아이소뷰티르산이 에스터 결합한 것이다(그림 13.5). ADI는 0~20 mg/kg 체중으로 설정되어 있다(JECFA, 1996).

자당지방산에스테르의 사용기준은 일반사용기준에 준하여 사용한다.

## 5. 폴리소르베이트20

폴리소르베이트20(polysorbate 20)은 소비톨 또는 소비톨의 1 또는 2 무수물 각 1몰에 대해 에틸렌옥사이드 약 20몰과 축합한 소비톨과 소비톨무수물의 로르산과의 부분에스터 혼합물이다. 성상은 무~등황색의 기름상의 액체로서 약간 특이한 냄새가 있다. 물, 에탄올, 메탄올 및 초산에틸에 녹고 광물유(mineral oil)과 석유에테르에 녹지 않는다. 비이온유화제이며, polyoxyethylene(20) sorbitan monolaurate라고도 한다. ADI는 0~25 mg/kg 체중이다(JECFA, 1973). Tween 20이라고도 불린다. 사용기준은 일반사용기준에 준하여 사용한다.

## 6. 폴리소르베이트60

폴리소르베이트60(polysorbate 60)은 소비톨 또는 소비톨의 1 또는 2 무수물 각 1몰에 대해 에틸렌옥사이드 약 20몰과 축합한 소비톨과 소비톨무수물의 스테아르산과 팔미트산과의 부분에스터 혼합물이다. 성상은 무~등황색의 기름상의 액체 또는 반겔상으로서 약간 특이한 냄새가 있다. 물, 초산에틸 및 톨루엔에 녹고 광물유와 식물성기름에 녹지 않는다. 비이온유화제이며, polyoxyethylene(20)

●제품명: 에그링
●식품의 유형: 빵류(케이크류)
●신고번호: 고령 제37호
●중량: 150 g
●원재료명 및 함량: 밀가루(밀:미국, 캐나다, 호주산),설탕,계란(난류-국내산),마아가린(대두(팜올레인,경화유,야자경화유),유화제(프로필렌 글리콜 폴리소르베이트60) 유청분말(우유),합성팽창제(탄산수소나트륨, 황산알루미늄 암모늄,옥수수전분, 제일인산 칼슘),정제염,식용유(대두),

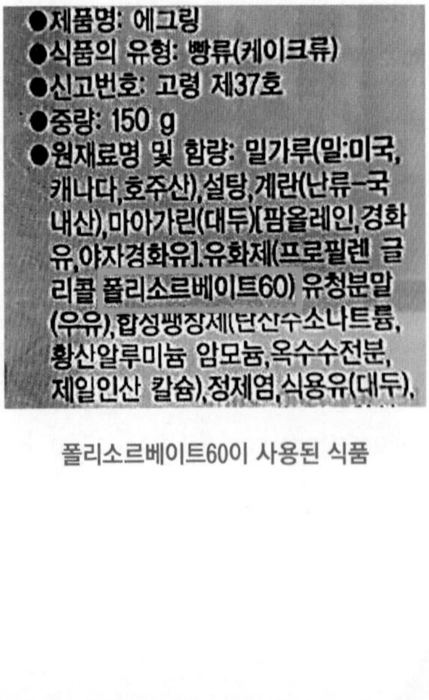

폴리소르베이트60이 사용된 식품

sorbitan monostearate라고도 한다. ADI는 0~25 mg/kg 체중이다(JECFA, 1973). Tween 60이라고도 불린다. 사용기준은 일반사용기준에 준하여 사용한다. Codex에서는 팔미트산과의 에스터 화합물[polyoxyethylene(20) sorbitan monopalmitate (INS 434)]은 폴리소르베이트40이라고 부른다.

## 7. 폴리소르베이트65

폴리소르베이트65(polysorbate 65)는 소비톨 또는 소비톨의 1 또는 2 무수물 각 1몰에 대해 에틸렌옥사이드 약 20몰과 축합한 소비톨과 소비톨무수물의 스테아르산과 팔미트산과의 부분에스터 혼합물이다. 성상은 백~황갈색의 고체로서 약간 특이한 냄새가 있다. 비이온유화제이며, polyoxyethylene(20) sorbitan tristearate라고도 한다. 물에 분산되고 광물유, 식물성기름, 석유에테르, 아세톤, 에테르, 에탄올 및 메탄올에 녹는다. Tween 65라고도 불린다. ADI는 0~25 mg/kg 체중이다(JECFA, 1973). 사용기준은 일반사용기준에 준하여 사용한다.

## 8. 폴리소르베이트80

폴리소르베이트80(polysorbate 80)은 소비톨 또는 소비톨의 1 또는 2 무수물 각 1몰에 대해 에틸렌옥사이드 약 20몰과 축합한 소비톨과 소비톨무수물의 올레산과의 부분에스터 혼합물이다. 성상은 백~등황색의 기름상의 액체로서 약간 특이한 냄새가 있다. 비이온유화제이며, polyoxyethylene(20) sorbitan monooleate라고도 한다. 물, 에탄올, 메탄올 및 초산에틸에 녹고 광물유와 석유에테르에 녹지 않는다. Tween 80이라고도 불린다. ADI는 0~25 mg/kg 체중이다(JECFA, 1973). 사용기준은 일반사용기준에 준하여 사용한다.

## 9. 스테아릴젖산나트륨

스테아릴젖산나트륨(sodium stearoyl lactylate)은 스테아릴젖산류의 나트륨염을 주성분으로 하여 이것과 그 관련 산류 및 그들의 나트륨염과의 혼합물이다. 성상은 백~황색을 띤 분말, 박편 또는 덩어리로서 특이한 냄새를 가지고 있다. 보통 분자당 2개의 젖산이 붙어

그림 13.6 스테아릴젖산나트륨의 구조

있다(그림 13.6). 스테아르산과 젖산을 에스터 반응(esterification)시킨 후 나트륨염으로 중화 시켜 제조한다. 물에는 안 녹고 에탄올에는 녹는다.

스테아릴젖산나트륨은 단백질과 강하게 결합하는 성질이 있는 음이온유화제로서, 글루 텐과 강한 복합체를 형성하므로 제빵에서 많이 이용된다. HLB값은 10~12 정도로 O/W형 유화제이다. ADI는 0~20 mg/kg 체중이다(JECFA, 1973). 스테아릴젖산나트륨은 빵류 및 이 의 제조용 믹스, 면류, 식물성크림, 소스류, 자연치즈, 가공치즈 및 과자(한과류 제외)에만 사 용하도록 되어 있다.

제품명: 베티크로커 슈퍼모이스트 케이크 믹스 다크 초콜릿
(Betty Crocker Super moist Cake Mix Dark Chocolate)
－코코아분말5%
식품유형: 곡류가공품　　　　원산지: 미국
제조사: GENERAL MILLS　　　내용량: 432g
수입원: (주)이마트　전화: 02)380-5678　서울특별시 성동구 뚝섬로 377 (성수동2가)
유통기한: 제품 별도 표기일까지(읽는방법: 일/월(영문)/년 순)
[영문월 읽는법: JAN-1월, FEB-2월, MAR-3월, APR-4월, MAY-5월, JUN-6월,
JUL-7월, AUG-8월, SEP-9월, OCT-10월, NOV-11월, DEC-12월]
원재료명 및 함량: 강화밀가루(밀가루,니코틴산,환원철,비타민B1질산염,비타민B2,엽산,과산화벤조일), 설탕, 옥수수시럽, 코코아분말5%, 팽창제(탄산수소나트륨,제일인산칼슘,산성알루미늄인산나트륨), 옥수수전분, 변성전분(히드록시프로필인산이전분), 식물성유지(부분경화대두유,부분경화면식응: 캐롭부낙 프로필렌 글리콜지방산에스테르, 글리세린지방산에스테르, 정제소금, 제이인산칼슘, 스테아릴젖산나트륨 잔탄검, 카르복시메틸셀룰로오스나트륨, 합성착향료(바닐라향)
밀, 대두 함유
보관방법: 직사광선을 피하고, 서늘한 곳에서 보관

스테아릴젖산나트륨이 사용된 식품

# 10. 스테아릴젖산칼슘

스테아릴젖산칼슘(calcium stearoyl lactylate)은 스테아릴젖산류의 칼슘염을 주성분으로 하여 이것과 그 관련 산류 및 그들의 칼슘염과의 혼합물이다. 성상은 백~황색을 띤 분말 또는 고체로서 냄새가 없거나 특이한 냄새를 가지고 있다. HLB값은 5.1이고, 뜨거운 물에 잘 녹지 않는다. 글루텐의 안정성과 탄력을 증가시키며, 녹말의 호화와 팽윤을 저해하여

잘 부푼 빵을 얻을 수 있으며, 노화 방지에도 효과가 있다. 밀가루에 대하여 0.5% 정도 첨가한다. ADI는 0~20 mg/kg 체중이다(JECFA, 1973). 스테아릴젖산칼슘은 빵류 및 이의 제조용 믹스, 식물성크림, 난백 및 과자(한과류 제외)에만 사용하도록 되어 있다.

## 11. 트리아세틴

트리아세틴(triacetin)은 glyceryl triacetate라고도 하며, 무색의 약간 유상인 액체로서 약간의 지방 냄새가 있으며, 쓴맛이 있다. 껌기초제의 용도로도 사용되며, 추잉껌에서 윤활제로 사용되는 소수성 액체이다. 사용기준은 일반사용기준에 준하여 사용한다.

## 12. 레시틴

레시틴(lecithin)은 유량종자 또는 난황에서 얻어진 것으로 주성분은 인지질로서 엷은 황~암갈색의 투명 또는 반투명의 점조한 액체, 반고형상, 덩어리, 분말 또는 입상으로 약간 특이한 냄새와 맛을 가지고 있다. 이명은 phosphatides와 phospholipids이다. 물에는 부분적으로 녹고, 쉽게 에멀션(emulsion)을 형성한다. ADI는 "not limited"이다(JECFA, 1973).

## 13. 효소분해레시틴

효소분해레시틴(enzymatically decomposed lecithin)은 레시틴을 효소(lipase)로 분해하여 얻어진 것으로 주성분은 리소레시틴(lysolecithin)과 포스파티드산(phosphatidic acid) 등이다. 성상은 백~갈색의 분말 또는 알맹이, 혹은 엷은 황~암갈색의 점조한 액체로서 특유의 냄새와 맛이 있다. 물에는 부분적으로 녹고, 쉽게 에멀션을 형성한다. ADI는 "not limited"이다(JECFA, 1973).

## 14. 퀼라야추출물

퀼라야추출물(quillaia extract)은 장미과 퀼라야(*Quillaia saponaria* MOLINA)의 수피를 물로 추출, 정제하여 얻어진 것으로 성분은 사포닌(saponin)이다. 성상은 엷은 황~갈색의 분말 또는 액상으로 특유한 맛이 있다. 물에는 잘 녹고, 에탄올, 아세톤, 메탄올 및 부탄올에는 녹지 않는다. ADI는 0~1 mg 퀼라야사포닌/kg 체중이다(JECFA, 2005). 거품형성제(foaming agent)로도 사용된다. 사용기준은 일반사용기준에 준한다. Codex에는 퀼라야추출물이 type 1[INS 999(i)]과 type 2[INS 999(ii)] 두 종류가 있다.

## 15. 유카추출물

유카추출물(yucca extract)은 용설란과 유카(*Yucca brevifolia* Engelm, *Yucca schidigera*)의 뿌리를 물로 추출하여 얻어지는 것으로 성상은 암갈색의 액체로서 특이한 냄새가 있다. 사용기준은 일반사용기준에 준하여 사용한다.

## 16. 카제인, 카제인나트륨 및 카제인칼슘

카제인(casein)은 카제인과 레닛카제인(rennet casein)이 있는데, 카제인은 우유 또는 탈지유의 단백질을 산으로 처리하여 얻어진 것이고, 레닛카제인은 우유 또는 탈지유의 단백질을 레닛으로 처리하여 얻어진 것이다. 카제인의 등전점은 pH 4.6이고, 물에는 녹지 않으나 알칼리에는 녹는다. EU는 카제인과 카제인염(caseinates)을 식품첨가물로 분류하지 않고 있다.

카제인나트륨(sodium caseinate)과 카제인칼슘(calcium caseinate)은 카제인을 수산화나트륨

**Tip**

**화학적합성품 카제인나트륨**

모 식품 회사에서 커피믹스에 화학적합성품 카제인나트륨 무첨가라고 광고를 한 적이 있었다. 카제인나트륨은 우유단백질인 카제인의 나트륨염이다. 카제인나트륨은 카제인이 물에 잘 녹지 않기 때문에 카제인에 수산화나트륨을 반응시켜 물에 잘 녹게 만든 것이다. 화학적합성품의 정의에 의해 분해반응 이외의 화학반응을 사용하였으므로 카제인나트륨이 화학적합성품으로 분류가 된 것이다. 소비자는 카제인나트륨이 화학적으로 합성했기 때문에 유해할 것이라는 잘못된 생각을 가지게 된다. 2018년 1월 1일부터 식품첨가물을 화학적합성품과 천연첨가물로 분류하는 체계를 없앴으므로 앞으로는 카제인나트륨에 화학적합성품이라는 표현을 사용할 수 없다.

또는 수산화칼슘으로 반응시켜 물에 잘 녹게 만든 것이다. 카제인나트륨은 끓는 물에는 잘 녹으나 에탄올에는 녹지 않는다. 카제인나트륨의 ADI는 "not limited"이다(JECFA, 1970).

## 17. 기타

이외에도 유화제의 용도로 사용하는 식품첨가물에는 염기성알루미늄인산나트륨, 글루콘산나트륨, 라우릴황산나트륨, 스테아린산마그네슘, 스테아린산칼슘, 알긴산, 알긴산나트륨, 알긴산암모늄, 알긴산칼륨, 알긴산칼슘, 알긴산프로필렌글리콜, 암모늄포스파타이드, 젖산나트륨, 젤라틴, 카나우바왁스, 카라기난, 칸델릴라왁스 및 프로필렌글리콜 등이 있다.

유화제는 물과 기름 등 섞이지 않는 두 가지 또는 그 이상의 상(phases)을 균질하게 섞어 주거나 유지시키는 식품첨가물이다. 유화제는 녹말의 노화를 방지하며, 거품을 안정화시키고, 빵류에서 글루텐과 상호작용하여 반죽의 부피를 유지시켜 준다. 유화제는 한 분자 내에 극성인 부분과 비극성인 부분으로 구성되어 있다. 유화제의 친수성 및 친유성을 나타내는 지표로 HLB(hydrophilic-lipophilic balance)값을 사용한다. HLB값은 0~20 사이의 값을 가지며, 이 값이 크다는 것은 유화제가 친수성이 크다는 것이고, 작다는 것은 유화제가 친유성이 크다는 것이다. 글리세린지방산에스테르는 지방산과 글리세린 또는 폴리글리세린의 에스터 및 유도체이다. 소르비탄지방산에스테르는 지방산과 소비탄의 에스터이다. 소비탄은 소비톨의 분자 내 탈수물이다. 프로필렌글리콜지방산에스테르는 지방산과 프로필렌글리콜의 에스터로서 모노-와 다이에스터의 혼합물이다. 자당지방산에스테르는 지방산과 자당의 에스터 및 자당초산이소낙산에스테르가 있다. 폴리소르베이트는 소르비탄지방산에스테르에 에틸렌옥사이드를 축합시킨 것이다. 스테아릴젖산나트륨과 스테아릴젖산칼슘은 글루텐과 강한 복합체를 형성하므로 제빵에서 많이 이용된다. 레시틴, 효소분해레시틴, 퀼라야추출물 및 유카추출물도 유화제의 용도로 사용되는 식품첨가물이다.

**1** 유화제의 HLB값에 대하여 설명하시오.

**2** 소비탄로르산에스테르에 에틸렌옥사이드를 축합시켜 만든 유화제를 쓰시오.

**3** 소비탄올레산에스테르에 에틸렌옥사이드를 축합시켜 만든 유화제를 쓰시오.

**4** 대두나 난황에서 얻어지는 인지질 유화제를 쓰시오.

**5** 친유성 부분이 지방산으로 구성된 유화제 종류를 쓰시오.

**6** 다음 중 비이온유화제가 아닌 것은?
① 소르비탄지방산에스테르
② 폴리소르베이트20
③ 스테아릴젖산나트륨
④ 자당지방산에스테르

---

**풀이와 정답**

1. HLB값이란 hydrophilic-lipophilic balance값으로 유화제의 친수성 및 친유성을 나타내는 지표이다. 0~20 사이의 값을 가지며, HLB값이 크다는 것은 유화제가 친수성이 크다는 것이고, 작다는 것은 유화제가 친유성이 크다는 것을 의미한다.
2. 폴리소르베이트20
3. 폴리소르베이트80
4. 레시틴
5. 글리세린지방산에스테르, 소르비탄지방산에스테르, 프로필렌글리콜지방산에스테르, 자당지방산에스테르, 폴리소르베이트
6. ③

# 영양강화제

영양강화제(Nutrient)는 식품의 영양학적 품질을 유지하기 위해 제조 공정 중 손실된 영양소를 복원하거나, 영양소를 강화시키는 식품첨가물을 말한다. 영양강화제의 용도로 사용되는 것에는 비타민, 아미노산 및 무기질이 있다. 비타민은 생체 내에서 보조효소, 보조효소의 전구체, 항산화 물질, 라디칼 제거 등 여러 가지 기능을 한다. 아미노산은 체조직의 구성에 없어서는 안 되는 물질이다. 무기질은 생물체를 구성하는 원소 중 유기물질을 구성하는 기본 원소인 C, H, O, N을 제외한 원소를 일컬으며, 생물체의 중요한 구성 성분이다. 무기질은 생체이용도(bioavailability)가 중요하다.

비타민, 아미노산 및 무기질 등은 보통 식품 중에 함유되어 있으나 제조, 가공, 조리 또는 보존 중에 파괴되기도 하고, 식품의 종류에 따라서는 함유되어 있지 않거나 부족한 것이 있으므로 영양소를 보충하거나 첨가하여 식품의 영양적 가치를 높여 줄 필요성이 있다.

영양강화제를 식품에 사용할 때 주의할 점은 물에 잘 녹는지 아닌지를 염두에 두고, 주스 같은 액상식품의 영양 강화에는 수용성인 것을 사용하거나 유화제로 미리 유화시킨 것을 첨가하도록 하며, 국수나 쌀 같이 물에 넣거나 씻는 것에 대해서는 물에 녹기 어려운 것을 사용하여 손실을 방지하도록 하여야 한다. 특히 비타민 $B_1$과 $B_2$는 물에 녹는 것과 안 녹는 것이 있으므로 선택에 주의해야 한다.

식품 중에 첨가되는 영양강화제는 식품의 영양학적 품질을 유지하거나 개선시키는 데 사용되어야 하며, 영양소의 과잉 섭취 또는 불균형한 섭취를 유발해서는 아니 된다는 일반 사용기준을 가지고 있다.

우리나라에 지정되어 있는 영양강화제를 비타민류, 아미노산류 및 무기염류로 구분해 보면 다음과 같다.

## 1. 비타민류

### 1) 분말비타민A, 유성비타민A지방산에스테르, β-카로틴 및 카로틴

분말비타민A(dry formed vitamin A), 유성비타민A지방산에스테르(vitamin A in oil), β-카로틴(β-carotene) 및 카로틴(carotene)은 비타민 A의 영양 강화를 목적으로 사용할 수 있다. 분말비타민A는 비타민A유를 분말화한 것이다. 유성비타민A지방산에스테르는 수산동물의 신선한 간장, 유문수(어류에 있는 소화관으로 위와 장 사이에 위치) 등으로부터 얻은 지방유, 그의 비타민A 농축물 또는 비타민A지방산에스테르 또는 이들을 식용식물유에 녹인 것이다.

비타민A유라고도 부른다. 분말비타민A와 유성비타민A지방산에스테르는 차광한 밀봉용기에 넣고 공기를 질소가스로 치환하여 보존하여야 한다는 보존기준이 있으며, 사용기준은 일반사용기준에 준하여 사용한다.

$\beta$-카로틴과 카로틴은 영양강화제의 용도 외에도 착색료 용도로도 사용한다(제12장 착색료 참조).

## 2) 비타민B$_1$나프탈린-1,5-디설폰산염, 비타민B$_1$라우릴황산염, 비타민B$_1$로단산염, 비타민B$_1$염산염, 비타민B$_1$질산염, 디벤조일티아민 및 디벤조일티아민염산염

비타민B$_1$나프탈린-1,5-디설폰산염(thiamine naphthalene-1,5-disulfonate), 비타민B$_1$라우릴황산염(thiamine dilaurylsulfate), 비타민B$_1$로단산염(thiamine thiocyanate), 비타민B$_1$염산염(thiamine hydrochloride), 비타민B$_1$질산염(thiamine mononitrate), 디벤조일티아민(dibenzoyl thiamine) 및 디벤조일티아민염산염(dibenzoyl thiamine hydrochloride)은 비타민 B$_1$의 영양강화제로 사용된다.

비타민B$_1$염산염은 수용성으로 알칼리성에서는 불안정하다. 물에 잘 녹고, 1% 수용액의 pH는 2.7~3.4이다. 비타민B$_1$질산염은 비타민B$_1$염산염보다 물에 안 녹지만 알칼리성에서

분말비타민A가 사용된 식품

비타민B$_1$라우릴황산염이 사용된 식품

안정성이 크고, 냄새의 발생도 적다. 디벤조일티아민은 체내에 흡수된 다음에 비타민 $B_1$으로 변하여 비타민 $B_1$의 활성을 나타낸다. 사용기준은 일반사용기준에 준하여 사용한다.

### 3) 비타민$B_2$와 비타민$B_2$인산에스테르나트륨

비타민$B_2$(riboflavin)(INS 101)는 황~등황색의 결정 또는 결정성 분말로서 약간 냄새가 있고 쓴맛이 있으며, 물에 매우 조금 녹고 에탄올에는 안 녹으나 묽은 알칼리용액에는 잘 녹는다. 비타민$B_2$인산에스테르나트륨(riboflavin phosphate sodium)[INS 101(ii)]은 황~등황색의 결정 또는 결정성 분말로서 약간 냄새가 있고 쓴맛이 있으며, 물에 잘 녹지만 에탄올에는 안 녹는다. 비타민$B_2$와 비타민$B_2$인산에스테르나트륨의 ADI는 그룹 ADI로 0~0.5 mg/kg 체중(JECFA, 1998)이다. 비타민$B_2$와 비타민$B_2$인산에스테르나트륨은 비타민 $B_2$의 영양강화제뿐만 아니라 착색료의 용도로도 사용된다. 라면의 면발을 노란색으로 착색하기 위해 비타민$B_2$를 사용하기도 한다. 비타민$B_2$인산에스테르나트륨은 물에 잘 녹으므로 액체식품의 비타민 $B_2$ 강화에 사용된다. 사용기준은 일반사용기준에 준하여 사용한다.

### 4) 비타민$B_6$염산염

식품 중 비타민 $B_6$는 저장 중 또는 가공 중 가열에 의해 손실될 수 있다. 수용성비타민이므로 가공 중에 물에 용출되어 보통 20~25% 정도 손실된다. 또한, 비타민 $B_6$는 광선에 의해 분해되어 식품 가공이나 저장 중에 손실이 생길 수 있다. 비타민$B_6$염산염(pyridoxine hydrochloride)은 백~엷은 황색의 결정 또는 결정성 분말로서 냄새가 없다. 물에 잘 녹으며 에탄올에도 조금 녹는다. 비타민 $B_6$의 영양강화제로 사용된다. 사용기준은 일반사용기준에 준하여 사용한다.

### 5) 비타민C

비타민C(L-ascorbic acid)(INS 300)는 백색 또는 엷은 황색의 결정, 결정성 분말 또는 분말로서 냄새가 없고, 신맛을 가지고 있다. 물에는 잘 녹고 에탄올에는 약간 녹는다. 비타민C는 영양강화제 용도 외에도 산화방지제 용도로도 사용된다. 사용기준은 일반사용기준에 준하여 사용한다. 산화방지제로 사용되는 L-아스코브산나트륨, L-아스코브산칼슘, L-아스코빌스테아레이트 및 L-아스코빌팔미테이트도 비타민 C의 영양강화제 용도로 사용된다.

ADI는 그룹 ADI로 "not specified"이다(JECFA, 1981).

### 6) 비타민D$_2$와 비타민D$_3$

비타민D$_2$(ergocalciferol)와 비타민D$_3$(cholecalciferol)는 비타민 D의 영양 강화 목적으로 사용되는 식품첨가물로 백색의 결정이며, 냄새가 없다. 비타민 D는 항구루병 작용이 있으며, 뼈의 석회화와 관련이 있으므로 칼시페롤(calciferol)이라고 부른다. 비타민D$_2$는 식물과 효모에 존재하는 에고스테롤(ergosterol)에 자외선을 조사하면 생성되며, 비타민D$_3$는 동물에 존재하는 7-디하이드로콜레스테롤(7-dehydrocholesterol)에 자외선을 조사하면 생성된다. 비타민 D는 뼈 성장에 필수적인 영양소로 부족하면 구루병이나 골다공증 등의 위험이 증가한다. 비타민 D는 체내에 흡수된 칼슘을 뼈와 치아에 축적시키며, 신장에서 칼슘과 인산염이 재흡수되는 것을 돕는다. 차광한 밀봉용기에 넣고 공기를 질소가스로 치환하여 보존하여야 한다는 보존기준이 있으며, 사용기준은 일반사용기준에 준하여 사용한다.

### 7) 비타민E, d-α-토코페롤, d-토코페롤(혼합형), d-α-토코페릴아세테이트, dl-α-토코페릴아세테이트 및 d-α-토코페릴호박산

비타민 E는 토코페롤(tocopherol)류와 토코트라이엔올(tocotrienol)류를 총칭한 것으로 자연계에는 비타민 E 활성을 가진 화합물이 8가지 존재하는데 4개는 토코페롤류이고, 4개는 토코트라이엔올류이다. α-, β-, γ- 및 δ-형이 존재하며, α-토코페롤의 활성이 가장 크다. 비타민 E는 세포막을 구성하는 불포화지방산의 산화를 방지하여 세포막을 산화적 손상으로부터 보호할 수 있다. 산화에 의해 세포가 손상되면 적혈구의 용혈 현상이나 근육 및 신경세포의 손상을 가져올 수 있다.

비타민E(dl-α-tocopherol, INS 307c)는 엷은 황~갈색의 점조한 액체로서 냄새가 없다. ADI는 그룹 ADI로 0.15~2 mg/kg 체중(JECFA, 1986)이다. 물에는 녹지 않고 에탄올에는 잘 녹는다. 비타민E는 산화방지제의 용도로 널리 사용한다. 자연계에 존재하는 것은 d-형이고, 합성하면 dl-형으로 존재한다.

d-α-토코페롤(d-α-tocopherol concentrate, INS 307a)은 식용 식물성기름에서 얻는 비타민 E의 한 형태로서 총 토코페롤은 40.0% 이상을 함유하며 그중 d-α-토코페롤은 95.0% 이상이어야 한다. 성상은 엷은 황~갈색의 점조한 액체로서 약간 특이한 냄새가 있다.

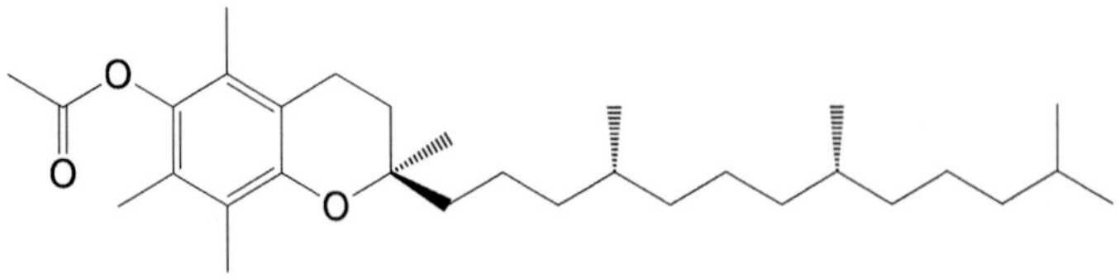

그림 14.1 *d-α-*토코페릴아세테이트의 구조

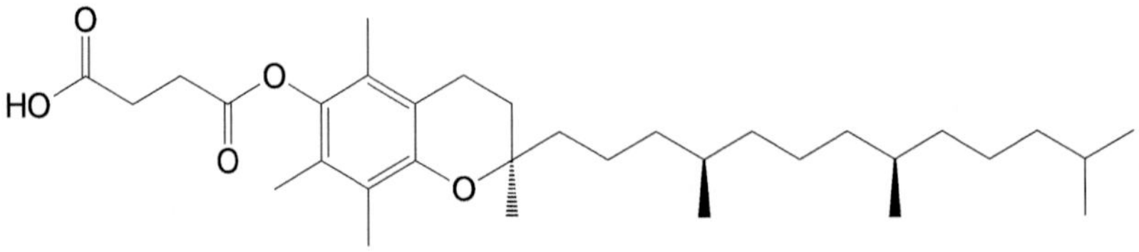

그림 14.2 *d-α-*토코페릴호박산의 구조

*d-*토코페롤(혼합형)(mixed *d-*tocopherol concentrate, INS 307b)은 식용 식물성기름에서 얻은 것으로 주성분은 *d-α-*토코페롤, *d-β-*토코페롤, *d-γ-*토코페롤, *d-δ-*토코페롤로서 총 토코페롤의 34.0% 이상을 함유한다.

*d-α-*토코페릴아세테이트(*d-α-*tcopheryl acetate)(그림 14.1)와 *dl-α-*토코페릴아세테이트(*dl-α-*tocopheryl acetate)는 초산(acetic acid)과 토코페롤의 에스터화합물이다. *d-α-*토코페릴호박산(*d-α-*tocopheryl acid succinate)은 호박산(succinic acid)과 토코페롤의 에스터화합물이다(그림 14.2). 이 화합물들은 OH기가 차단되어 있어 공기 중 산화되지 않아 안정성이 크지만 식품에서 산화방지제로서의 작용은 하지 않는다. 섭취하면 장에서 가수분해되어 토코페롤이 방출된다. 피부에 사용 시에는 산화되지 않고 피부로 들어와서 약 5% 정도가 토코페롤로 전환된다.

## 8) 비타민K₁

비타민K₁(phylloquinone)은 황~등황색의 투명한 점조성 액체이다. 비타민 K는 혈액응고와 관련이 있으며, 조제유류, 영아용 조제식, 성장기용 조제식, 영유아용 곡류조제식, 기타 영유아식, 특수의료용도 등 식품 및 건강기능식품에만 사용할 수 있다.

원유 또는 유가공품을 주원료로 하여 이에 영유아의 성장 발육에 필요한 무기질, 비타민 등 영양소를 첨가하여 모유의 성분과 유사하게 제조·가공한 것을 말한다. 우리나라는 조제유류를 「축산물위생관리법」으로 관리하고 있다.

### 9) 비타민B$_{12}$

비타민B$_{12}$(cyanocobalamin)는 스트렙토미세스(*Streptomyces*), 바실루스(*Bacillus*), 플라보박테륨(*Flavobacterium*), 프로피오니박테륨(*Propionibacterium*), 리조븀(*Rhizobium*)의 배양액을 분리하여 얻어지는 것으로 암적색의 결정 또는 분말이다. 사용기준은 일반사용기준에 준하여 사용한다.

### 10) 니코틴산 및 니코틴산아미드

니코틴산(nicotinic acid) 및 니코틴산아미드(nicotinamide)는 나이아신(niacin)의 영양강화제로 사용된다. 나이아신은 홍반병(pellagra) 예방인자로 알려져 있다. 니코틴산과 니코틴산아미드는 식육과 선어패류(고래 고기를 포함한 신선한 어패류를 말한다)에는 사용할 수 없다.

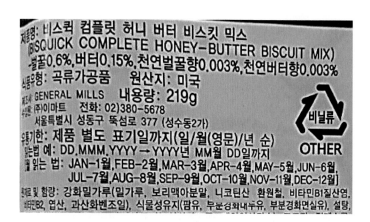

니코틴산이 사용된 식품

### 11) 엽산

엽산(folic acid)은 포유동물의 항빈혈인자이다. 엽산은 핵산대사 및 아미노산대사에 관여하는데 엽산이 부족하면 세포분열이 정상적으로 일어나기 어렵고, DNA 합성과 수선이 감소한다. 또한 임신 초기에 엽산이 부족하면 신경관 손상의 기형아를 출산할 확률이 높아지므로 가임기 여성에게 엽산 섭취는 매우 중요하다.

엽산은 황~등황색의 결정성 분말로 냄새가 없으며, 사용기준은 일반사용기준에 준하여 사용한다.

## 12) 비오틴

비오틴(biotin)은 백색의 결정 또는 결정성 분말로서 냄새와 맛은 없으며, 뜨거운 물에 잘 녹는다. 비오틴(또는 바이오틴)은 탄산 고정이나 카복실기 전이의 보조효소로 작용한다. 난백에 있는 아비딘(avidin)은 비오틴과 결합하여 비오틴의 체내흡수를 방해한다. 비타민 H라고도 부른다. 사용기준은 일반사용기준에 준하여 사용한다.

## 13) 판토텐산나트륨 및 판토텐산칼슘

판토텐산나트륨(sodium pantothenate)과 판토텐산칼슘(calcium pantothenate)은 판토텐산의 영양강화제로 사용된다. 판토텐산은 보조효소 A(Coenzyme A)와 아실기 운반단백질의 구성 성분으로 지방산과 탄수화물대사에서 아실기의 활성화와 운반을 돕는다. 판토텐산나트륨은 백색의 결정성 분말 또는 분말로서 냄새가 없고 약간 신맛이 있으며, 물에 잘 녹는다. 판토텐산칼슘은 백색의 분말로서 냄새가 없고 약간 쓴맛이 있으며, 물에 잘 녹는다. 판토텐산나트륨의 사용기준은 일반사용기준에 준하여 사용하며, 판토텐산칼슘의 사용량

---

Tip

**특수용도식품**

영유아, 병약자, 노약자, 비만자 또는 임산·수유부 등 특별한 영양 관리가 필요한 특정 대상을 위하여 식품과 영양소를 배합하는 등의 방법으로 제조·가공한 영아용 조제식, 성장기용 조제식, 영유아용 곡류조제식, 기타 영유아식, 특수의료용도 등 식품, 체중조절용 조제식품, 임산·수유부용 식품을 말한다. 몇몇 영양강화제의 사용기준에 있는 식품 유형 중 영유아용 특수조제식품은 특수의료용도 등 식품의 식품 유형 중 하나이다.

은 칼슘으로서 식품의 1% 이하이어야 한다. 다만, 특수용도식품 및 건강기능식품인 경우
는 해당 기준 및 규격에 따른다.

### 14) 용성비타민P

용성비타민P(methyl hesperidin)는 황~등황색의 분말로서 냄새가 없거나 조금 냄새
를 가지고 있으며, 물과 에탄올에 잘 녹는다. 용성비타민P는 물에 불용성인 헤스페리딘
(hesperidin)을 주성분으로 하고 있는 비타민 P를 메틸화하여 물에 잘 녹도록 한 것이다. 헤
스페리딘은 감귤류에 들어 있는 플라바논(flavanone) 배당체로 당은 루티노스(rutinose)이
고 아글리콘(aglycone)은 헤스페레틴(hesperetin)이다(그림 14.3). 비타민 P가 결핍되면 혈관
의 투과성이 증가하여 혈액이 누출되기 쉽다. 비타민 P는 비타민 C 결핍에 의한 괴혈병을
방지하는 인자로서 투과성의 항진을 방지한다. 용성비타민P의 사용기준은 일반사용기준에
준하여 사용한다.

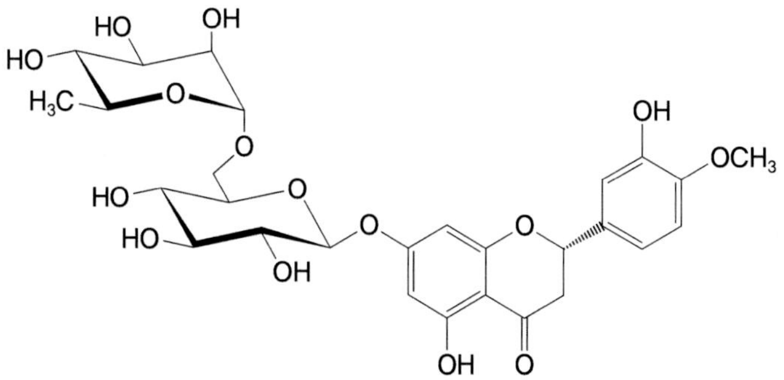

그림 14.3 **헤스페리딘의 구조**

## 2. 아미노산류

### 1) L-라이신 및 L-라이신염산염

L-라이신(L-lysine)은 백색의 결정 또는 결정성 분말로서 특이한 냄새와 맛을 가지고 있
다. 물에 잘 녹고 수용액은 알칼리성이다. L-라이신염산염(L-lysine monohydrochloride)은
백색의 분말로서 냄새가 없거나 조금 특이한 냄새가 있고, 약간 특이한 맛이 있으며, 물에
잘 녹는다. L-라이신은 필수아미노산으로 곡류제품에는 L-라이신이 부족하므로 빵이나 밀

가루 제품의 영양 강화에 사용된다. 사용기준은 일반사용기준에 준하여 사용한다.

### 2) L-발린

L-발린(L-valine)은 백색의 결정 또는 결정성 분말로서 냄새가 없고 조금 특이한 맛을 가지고 있으며, 물에 잘 녹는다. 수용액의 pH는 5.5~7.0이다. L-발린은 필수아미노산으로 밀가루, 빵 및 유아식 등에 영양 강화 목적으로 사용한다. 사용기준은 일반사용기준에 준하여 사용한다.

### 3) DL-메티오닌 및 L-메티오닌

DL-메티오닌(DL-methionine)은 백색의 박편상 결정 또는 결정성 분말로서 특이한 냄새가 있고 약간 단맛이 있으며, 물에 잘 녹으나 에탄올에는 안 녹는다. 수용액의 pH는 5.6~6.1이다. L-메티오닌(L-methionine)은 백색의 박편상 결정 또는 결정성 분말로서 특이한 냄새가 있고 약간 쓴맛이 있다. 물에 잘 녹으나 에탄올에는 안 녹으며, 수용액의 pH는 5.6~6.1이다. L-메티오닌(또는 L-메짜이오닌)은 필수아미노산으로 사용기준은 일반사용기준에 준하여 사용한다.

### 4) L-로이신

L-로이신(L-leucine)(INS 641)은 백색의 결정 또는 결정성 분말로서 냄새가 없거나 약간 특이한 냄새가 있으며, 맛은 약간 쓰다. 물에는 녹기 어렵고 에탄올에는 녹지 않는다. L-로이신(또는 L-루신)은 필수아미노산으로 사용기준은 일반사용기준에 준하여 사용한다.

### 5) DL-트레오닌 및 L-트레오닌

DL-트레오닌(DL-threonine)과 L-트레오닌(L-threonine)은 백색의 결정 또는 결정성 분말로서 냄새가 없거나 약간 특이한 냄새가 있으며, 조금 단맛을 가지고 있다. 물에 잘 녹으며 에탄올에는 안 녹는다. 수용액의 pH는 5.0~6.5이다. L-트레오닌은 필수아미노산으로 L-라이신과 함께 곡류에 첨가하면 보족효과가 있으므로 쌀, 밀가루, 과자 등에 영양 강화의 목적으로 사용한다.

## 6) L-이소로이신

L-이소로이신(L-isoleucine)은 백색의 결정 또는 결정성 분말로서 냄새가 없거나 약간 특이한 냄새가 있으며, 조금 쓴맛을 가지고 있다. 물에 잘 녹으며 에탄올에는 안 녹는다. 수용액의 pH는 5.5~7.0이다. L-이소로이신(또는 L-아이소루신)은 필수아미노산으로 사용기준은 일반사용기준에 준하여 사용한다.

## 7) DL-트립토판 및 L-트립토판

DL-트립토판(DL-tryptophan) 및 L-트립토판(L-tryptophan)은 백~황색을 띤 결정 또는 결정성 분말로서 냄새가 없거나 또는 조금 냄새가 있으며, 단맛을 조금 가지고 있다. 물에 잘 녹으며 에탄올에는 안 녹는다. 수용액의 pH는 5.5~7.0이다. L-트립토판(L-tryptophan)은 백~황색을 띤 백색의 결정 또는 결정성 분말로서 냄새가 없거나 또는 조금 냄새가 있으며, 조금 쓴맛을 가지고 있다. L-트립토판은 필수아미노산으로 트립토판이 결핍한 젤라틴이나 트립토판의 함량이 적은 옥수수 등에 첨가하여 영양 강화의 목적으로 사용한다. 사용기준은 일반사용기준에 준하여 사용한다.

## 8) DL-페닐알라닌 및 L-페닐알라닌

DL-페닐알라닌(DL-phenylalanine)은 백색의 결정성 판 모양의 입자로서 냄새가 없다. L-페닐알라닌(L-phenylalanine)은 백색의 결정 또는 결정성 분말로서 조금 쓴맛을 가지고 있다. 물에는 약간 녹으나 에탄올에는 녹지 않는다. 수용액의 pH는 5.4~6.0이다. L-페닐알라닌은 필수아미노산으로 식품의 영양 강화에 사용하며, 사용기준은 일반사용기준에 준하여 사용한다.

## 9) L-히스티딘 및 L-히스티딘염산염

L-히스티딘(L-histidine)은 백색의 결정 또는 결정성 분말로서 냄새가 없으며, 약간 쓴맛이 있다. L-히스티딘염산염(L-histidine monohydrochloride)은 백색의 결정 또는 결정성 분말로서 냄새가 없으며, 조금 신맛과 쓴맛을 가지고 있다. 물에는 녹으나 에탄올에는 잘 안 녹는다. 수용액의 pH는 3.5~4.5이다. 히스티딘은 인체 내에서 합성되므로 필수아미노산은 아니지만 합성속도가 느리기 때문에 필요량을 충족시킬 수 없으므로 준필수아미노산으로

취급한다. 영유아에게는 필수아미노산이다. 사용기준은 일반사용기준에 준하여 사용한다.

### 10) L-시스테인염산염

L-시스테인염산염(L-cysteine monohydrochloride)(INS 920)은 무~백색의 결정 또는 백색의 결정성 분말로서 특이한 냄새와 맛이 있다. 물과 에탄올에 잘 녹으며, 3% 수용액의 pH는 1.2이고 1% 수용액의 pH는 2.4이다. L-시스테인은 아주 불안정하여 산화되어 시스틴(cystine)이 되나 시스테인염산염은 비교적 안정하다. 영양강화제 외에도 밀가루개량제의 용도로 사용된다. 사용기준은 밀가루류, 과실주스, 빵류 및 이의 제조용 믹스에만 사용하도록 되어 있다.

### 11) L-시스틴

L-시스틴(L-cystine)(INS 921)은 백색의 결정 또는 결정성 분말로서 약간 특이한 냄새가 있고, 맛이 없거나 약간 특이한 맛이 있다. 물과 에탄올에는 잘 녹지 않지만 약산성과 약알칼리성에는 녹는다. 수용액의 pH는 5.0~6.5이다. 분유를 모유화하기 위하여 조제분유에 첨가한다. 사용기준은 일반사용기준에 준하여 사용한다.

### 12) L-아르지닌

L-아르지닌(L-arginine)은 백색의 결정 또는 결정성 분말로서, 특이한 냄새와 맛을 가지고 있다. 물에 잘 녹지만 에탄올에는 녹지 않는다. 수용액의 pH는 10.5~12.5이다. 사용기준은 일반사용기준에 준하여 사용한다.

### 13) 기타

이외에 아미노산류로 L-글루타민, L-글루탐산, L-아스파라진, L-아스파트산, L-티로신, 글리신, DL-알라닌, L-알라닌, L-세린 및 L-프롤린 등이 영양강화제로 사용된다. L-글루탐산과 글리신은 향미증진제의 용도로도 사용한다.

# 3. 무기염류

## 1) 철 영양강화제

철(Fe)은 고등동물의 산소 운반과 저장에 관여하는 헤모글로빈과 미오글로빈의 구성 요소로서 또는 ATP를 생산하는 전자전달계 효소의 보조인자로서 중요한 역할을 한다. 철은 지각 성분 중에 4번째로 많은 성분이지만 결핍증이 흔히 발생되어 가장 문제가 되는 무기물이다. 철은 전이원소로 이온 형태일 때 2가철($Fe^{2+}$, 제일철, ferrous) 또는 3가철($Fe^{3+}$, 제이철, ferric) 형태로 존재한다.

식품 중 철은 헴철(heme iron)과 비헴철(nonheme iron)로 나뉘는데 헴철은 철이 헴에 단단히 결합하여 생체에 흡수될 때까지 쉽게 해리되지 않는다. 헴철은 육류나 어류 등 동물성 식품에 존재한다. 비헴철은 식물성 식품에 존재하는데 단백질, 구연산, 피트산 및 수산 등과 결합되어 있다. 헴철의 생체이용률은 20% 정도지만 비헴철은 이보다 훨씬 낮아 반 이하이다.

표 14.1은 국내에 지정되어 있는 철 영양강화제의 국가별 지정 현황을 나타낸 것이다. 사용기준은 글루콘산철을 제외하고는 일반사용기준에 준하여 사용한다. 철 영양강화제의 PMTDI(provisional maximum tolerable daily intake)(제10장 발색제 참조)는 철로서 0.8 mg/kg 체중으로 설정되어 있다(JECFA, 1983, 1989).

표 14.1 국내 지정 철 영양강화제의 국가별 지정 현황

| 식품첨가물명 | INS No. | CAS No. | 미국 | EU | Codex | 일본 |
|---|---|---|---|---|---|---|
| 구연산철 | – | 3522-50-7 | ○ | ○ | ○ | ○ |
| 구연산철암모늄 | 381 | 1185-57-5 | ○ | ○ | ○ | ○ |
| 글루콘산철 | 579 | 299-29-6 | ○ | ○ | ○ | ○ |
| 인산철 | – | 10045-86-0 | ○ | × | × | × |
| 전해철 | – | 7439-89-6 | ○ | ○ | ○ | × |
| 젖산철 | 585 | 5905-52-2 | ○ | ○ | ○ | ○ |
| 푸마르산제일철 | – | 141-01-5 | ○ | ○ | ○ | × |
| 피로인산제이철 | – | 10058-44-3 | ○ | ○ | ○ | ○ |
| 피로인산철나트륨 | – | 10045-87-1 | ○ | ○ | ○ | × |
| 헴철 | – | – | × | × | × | ○ |
| 환원철 | – | 7439-89-6 | ○ | ○ | ○ | ○ |
| 황산제일철 | – | 7720-78-7 | ○ | ○ | ○ | ○ |

## (1) 구연산철

구연산철(ferric citrate)은 철을 16.5~18.5% 함유하며, 성상은 적갈색의 투명한 작은 엽편 또는 갈색의 분말이다.

## (2) 구연산철암모늄

구연산철암모늄(ferric ammonium citrate)은 철을 14.5~21.0% 함유하며, 성상은 녹색, 적 갈색, 진한 적색, 갈색 또는 황갈색을 띠는 투명한 편상 결정, 분말, 입상 또는 덩어리로서 냄새가 없거나 약간의 암모니아 냄새가 있고, 약한 쇠맛이 있다.

## (3) 글루콘산철

글루콘산철(ferrous gluconate)은 황회~녹황색의 분말 또는 입자로서 약간 특이한 냄새 가 있다. 글루콘산철은 올리브가공품(철로서 0.15 g/kg 이하), 조제유류, 영아용 조제식, 성장 기용 조제식, 영유아용 곡류조제식, 기타 영유아식, 영유아용 특수조제식품 및 건강기능 식품에만 사용한다.

## (4) 인산철

인산철(ferric phosphate)은 철을 26.0~32.0% 함유하고, 성상은 엷은 황색의 분말이며 냄 새가 없다.

## (5) 전해철

전해철(electrolytic iron)은 철을 97.0% 이상 함유하고, 성상은 회흑색의 분말이며 광택은 없다.

## (6) 젖산철

젖산철(ferrous lactate)은 철을 15.5~20.0% 함유하고, 성상은 녹색을 띤 백~황갈색의 분 말 또는 덩어리로서 약간 특이한 냄새가 있다. 물에는 잘 녹고 에탄올에는 녹지 않는다. 수용액의 pH는 5.0~6.0이다.

## (7) 푸마르산제일철

푸마르산제일철(ferrous fumarate)은 등적~적갈색의 분말로서 냄새가 없다.

### (8) 피로인산제이철

피로인산제이철(ferric pyrophosphate)은 철을 24.0~26.0% 함유하고, 성상은 엷은 황~황갈색의 분말로서 냄새가 없다.

### (9) 피로인산철나트륨

피로인산철나트륨(sodium ferric pyrophosphate)은 철을 14.5~16.0% 함유하고, 성상은 백~황갈색의 분말로서 냄새가 없다. 분자식은 $Na_8Fe_4(P_2O_7)_5 \cdot nH_2O$이다.

### (10) 헴철

헴철(heme iron)은 헤모글로빈을 효소처리하여 분리해서 얻어지는 것으로 건조한 다음 정량할 때, 프로토헴($C_{34}H_{32}FeN_4O_4 = 616.48$) 9.0~27.0% 및 철 1.0~2.6%를 함유한다. 성상은 흑갈색의 분말 또는 과립으로 냄새가 없거나 또는 약간 특유한 냄새가 있다.

### (11) 환원철

환원철(reduced iron)은 철 96.0% 이상을 함유하고, 성상은 검은 회색의 냄새가 없는 분말이며 광택이 거의 없다.

### (12) 황산제일철

황산제일철(ferrous sulfate)은 결정물(7수염, $FeSO_4 \cdot 7H_2O$) 및 건조물(1~1.5수염, $FeSO_4$)이 있고, 각각을 황산제일철(결정) 및 황산제일철(건조)이라고 부른다. 성상은 결정물은 흰색을 띤 연녹색의 결정 또는 결정성 분말이고, 건조물은 회백색의 분말이다.

식품의 유형 : 시리얼류
유통기한 : 윗면에 표기
· 내용량 : 320 g
· 제조업소명 : 농심켈로그 주식회사 / 경기도 안성시 공단2로 29(신소현동) (켈로그사로부터 기술도입에 의해 제조)
· 원재료명 및 함량 : 설탕, 옥수수가루 33%(호주산), 밀가루 20%(호주산, 미국산), 보리가루, 식물성유지(부분경화유), 가공소금, 홍국적색소, 치자청색소, 홍화황색소, 파프리카색소, 심황색소, 합성착향료(혼합과일향), 혼합제제1[분말 비타민 A, 비타민 B₁ 염산염, 비타민 B₂, 나이아신 아미드, 비타민 B₆ 염산염, 비타민 C, L-아스코르빈산나트륨, 비타민 D₃, 비타민 E, 엽산, 산화아연 환원철], 혼합제제2[d-토코페롤(혼합형), 글리세린, 글리세린지방산에스테르]

환원철이 사용된 식품

## 2) 칼슘 영양강화제

칼슘(Ca)은 인체 내에 가장 많은 무기물로 체중의 약 2%를 차지한다. 칼슘의 대부분(99%)은 골격과 치아의 구성 성분이고, 나머지 1%는 세포 내 외액에 존재한다. 칼슘은 인체에서 골격의 형성과 유지, 혈액응고, 신경전달, 근육의 수축과 이완, 세포분열, 효소활성 등에 작용한다.

피트산이나 수산을 많이 함유한 식품은 칼슘의 흡수 저해인자이다. 칼슘은 무기물 중 결핍되기 쉬운 것 중 하나로 임산부, 수유부나 노인층에서 결핍되면 골다공증을 일으킨다.

표 14.2는 국내에 지정되어 있는 칼슘 영양강화제의 국가별 지정 현황을 나타낸 것이다. 사용기준은 글루콘산칼슘, 글로세로인산칼슘, 제일인산칼슘, 제이인산칼슘, 제삼인산칼슘 및 판토텐산칼슘을 제외하고는 일반사용기준에 준하여 사용한다.

### (1) 구연산칼슘

구연산칼슘(calcium citrate)은 tricalcium citrate라고도 불리며, 성상은 백색의 분말로서 냄새가 없다. 물에는 비교적 녹기 어렵고 에탄올에도 녹기 어렵다. ADI는 "not limited"이다(JECFA, 1973).

### (2) 글루콘산칼슘

글루콘산칼슘(calcium gluconate)은 백색의 결정성 또는 입상의 분말로서 냄새가 없고, 맛이 없다. 물에는 잘 녹고 에탄올에는 녹지 않는다. 글루콘산칼슘의 사용기준은 칼슘으로서 빵류에 1.75% 이하, 기타식품에 1% 이하(다만, 특수용도식품 및 건강기능식품의 경우는 해당 기준 및 규격에 따른다) 사용한다. 글루코노델타락톤과 글루콘산염에 대한 그룹 ADI는

**표 14.2 국내 지정 칼슘 영양강화제의 국가별 지정 현황**

| 식품첨가물명 | INS No. | CAS No. | 미국 | EU | Codex | 일본 |
|---|---|---|---|---|---|---|
| 구연산칼슘 | 333(iii) | 무수: 813-94-5 | ○ | ○ | ○ | ○ |
| 글루콘산칼슘 | 578 | 299-28-5 | ○ | ○ | ○ | ○ |
| 글리세로인산칼슘 | 383 | 27214-00-2 | ○ | ○ | ○ | ○ |
| 산화칼슘 | 529 | 1305-78-8 | ○ | ○ | ○ | × |
| 수산화칼슘 | 526 | 1305-62-0 | ○ | ○ | ○ | ○ |
| 염화칼슘 | 509 | 무수:10043-52-4<br>2수: 10035-04-8 | ○ | ○ | ○ | ○ |
| 젖산칼슘 | 327 | 5743-48-6 | ○ | ○ | ○ | ○ |
| 제일인산칼슘 | 341(i) | 무수:7758-23-8<br>1수: 10031-30-8 | ○ | ○ | ○ | ○ |
| 제이인산칼슘 | 341(ii) | 무수:7757-93-9<br>1수: 7789-77-7 | ○ | ○ | ○ | ○ |
| 제삼인산칼슘 | 341(iii) | 7758-87-4 | ○ | ○ | ○ | ○ |
| 탄산칼슘 | 170(i) | 471-34-1 | ○ | ○ | ○ | ○ |
| 판토텐산칼슘 | – | 137-08-6 | ○ | ○ | ○ | ○ |
| 황산칼슘 | 516 | 7778-18-9 | ○ | ○ | ○ | ○ |

"not specified"로 설정되었다(JECFA, 1998).

### (3) 글리세로인산칼슘

글리세로인산칼슘(calcium glycerophosphate)은 백색의 분말로서 냄새가 없고, 약간 쓴맛을 가지고 있다. 사용량은 칼슘으로서 식품의 1% 이하이어야 한다(다만, 특수용도식품 및 건강기능식품의 경우는 해당 기준 및 규격에 따른다).

### (4) 산화칼슘

산화칼슘(calcium oxide)은 분자식이 CaO이고, 성상은 백~회백색의 단단한 덩어리, 입자 또는 분말이다. 다른 명칭은 석회(lime)이며, 생석회라고도 부른다. 물에는 약간 녹고 에탄올에는 녹지 않지만 글리세롤에는 잘 녹는다. ADI는 "not limited"이다(JECFA, 1965).

### (5) 수산화칼슘

수산화칼슘(calcium hydroxide)은 분자식이 $Ca(OH)_2$인 백색의 분말로서 소석회라고도 부른다. 산화칼슘에 물을 가하여 얻는다. 물에는 약간 녹고 에탄올에는 녹지 않지만 글리세롤에는 잘 녹는다. ADI는 "not limited"이다(JECFA, 1965).

### (6) 염화칼슘

염화칼슘(calcium chloride)은 분자식이 $CaCl_2 \cdot nH_2O$(n=0 또는 2)인 백색의 결정, 덩어리, 조각, 알맹이 또는 분말로서 냄새가 없다. 물에는 잘 녹고 에탄올에도 녹는다. 두부응고제로서도 사용하며, 갈변방지를 위해서, 또한 토마토 통조림 제조 시 조직의 경도를 강화시키기 위해서도 사용된다. ADI는 "not limited"이다(JECFA, 1973).

### (7) 젖산칼슘

젖산칼슘(calcium lactate)은 백색의 분말 또는 입상으로서 냄새가 없거나 약간 특이한 냄새가 있다. 물에는 녹으나 에탄올에는 거의 녹지 않는다. 수용액의 pH는 6.0~8.0이다. 칼슘 영양강화제 중 체내 흡수율이 가장 좋다. ADI는 "not limited"이다(JECFA, 1973).

### (8) 황산칼슘

황산칼슘(calcium sulfate)은 분자식이 $CaSO_4 \cdot 2H_2O$인 백~엷은 황백색의 분말 또는 결정성 분말이다. 칼슘 영양강화제이지만 주로 두부응고제의 용도로 사용된다. 물에는 약간 녹으며, 에탄올에는 녹지 않는다. ADI는 "not limited"이다(JECFA, 1973).

### (9) 기타

이외에도 제일인산칼슘, 제이인산칼슘, 제삼인산칼슘, 탄산칼슘, 판토텐산칼슘 등이 칼슘 영양강화제로 사용된다. 판토텐산칼슘은 비타민류인 판토텐산과 칼슘의 영양강화제로 사용된다. 제일인산칼슘, 제이인산칼슘, 제삼인산칼슘 및 판토텐산칼슘의 사용량은 칼슘으로서 식품의 1% 이하이어야 한다. 다만, 특수용도식품 및 건강기능식품인 경우는 해당 기준 및 규격에 따른다.

## 3) 마그네슘 영양강화제

마그네슘(Mg)은 신경자극 전달과 근육의 긴장 및 이완작용 조절을 한다. 마그네슘은 엽록체의 구성원소이므로 채소를 많이 섭취하면 마그네슘 섭취량이 충분하여 거의 결핍증이 없다.

표 14.3은 국내에 지정되어 있는 마그네슘 영양강화제의 국가별 지정 현황을 나타낸 것이다. 표 14.3에 나와 있는 모든 마그네슘 영양강화제는 일반사용기준에 준하여 사용한다.

### (1) 산화마그네슘

산화마그네슘(magnesium oxide)은 분자식이 MgO이고, 성상은 백~유백색의 분말 또는 알맹이다. 물과 에탄올에 녹지 않는다. ADI는 "not limited"이다(JECFA, 1965).

### (2) 수산화마그네슘

수산화마그네슘(magnesium hydroxide)은 분자식이 $Mg(OH)_2$이고, 성상은 백색의 분말로

**표 14.3** 국내 지정 마그네슘 영양강화제의 국가별 지정 현황

| 식품첨가물명 | INS No. | CAS No. | 미국 | EU | Codex | 일본 |
|---|---|---|---|---|---|---|
| 산화마그네슘 | 530 | 1309-48-4 | ○ | ○ | ○ | ○ |
| 수산화마그네슘 | 528 | 1309-42-8 | ○ | ○ | ○ | ○ |
| 염화마그네슘 | 511 | 7786-30-3 | ○ | ○ | ○ | ○ |
| 제이인산마그네슘 | 343(ii) | 7782-75-4 (3수) | ○ | ○ | ○ | × |
| 제삼인산마그네슘 | 343(iii) | 7757-87-1(무수물) | ○ | × | ○ | ○ |
| 탄산마그네슘 | 504(i) | 546-93-0 | ○ | ○ | ○ | ○ |
| 황산마그네슘 | 518 | 7487-88-9 | ○ | ○ | ○ | ○ |

서 냄새가 없다. 물과 에탄올에 녹지 않는다. ADI는 "not limited"이다(JECFA, 1965).

### (3) 염화마그네슘

염화마그네슘(magnesium chloride)은 분자식이 $MgCl_2 \cdot 6H_2O$이고, 성상은 무~백색의 분말, 결정성 덩어리, 알맹이 또는 조각으로 두부응고제로도 사용된다. 물과 에탄올에 잘 녹는다. ADI는 "not limited"이다(JECFA, 1979).

### (4) 탄산마그네슘

탄산마그네슘(magnesium carbonate)은 분자식이 $MgCO_3$이고, 성상은 백색의 부서지기 쉬운 덩어리 또는 부피가 큰 분말이다. 팽창제의 용도로도 사용되는데 합성팽창제 성분이 보존 중에 서로 반응하지 않게 보호한다. 물과 에탄올에 녹지 않는다. ADI는 "not limited"이다(JECFA, 1965).

### (5) 황산마그네슘

황산마그네슘(magnesium sulfate)은 분자식이 $MgSO_4 \cdot nH_2O$(n=7 또는 3)이고, 결정물(7수염) 및 건조물(3수염)이 있는데, 각각을 황산마그네슘(결정) 및 황산마그네슘(건조)이라고 한다. 성상은 결정물은 무색의 기둥 모양 또는 바늘 모양의 결정이고, 짠맛 및 쓴맛을 가지고 있으며, 건조물은 백색의 분말로 짠맛 및 쓴맛을 가지고 있다. 물에 잘 녹고, 특히 끓는 물에는 아주 잘 녹지만 에탄올에는 잘 녹지 않는다. 두부응고제로도 사용된다. ADI는 "not specified"이다(JECFA, 2007).

### (6) 기타

이외에도 제이인산마그네슘(magnesium phosphate, dibasic; magnesium hydrogen phosphate, $MgHPO_4 \cdot 3H_2O$)과 제삼인산마그네슘[magnesium phosphate, tribasic; trimagnesium phosphate, $Mg_3(PO_4)_2 \cdot nH_2O$(n=0,4,5 또는 8)]이 마그네슘 영양강화제로 사용된다.

## 4) 기타 무기염류 영양강화제

표 14.4는 국내 지정 기타 무기염류 영양강화제의 국가별 지정 현황을 나타낸 것이다. 미량원소인 아연(Zn)의 영양강화제로 사용되는 식품첨가물은 글루콘산아연(zinc gluconate), 산화아연(zinc oxide) 및 황산아연(zinc sulfate)이다. 글루콘산아연은 음료류, 시리얼류, 조제

**표 14.4** 국내 지정 기타 무기염류 영양강화제의 국가별 지정 현황

| 식품첨가물명 | INS No. | CAS No. | 미국 | EU | Codex | 일본 |
|---|---|---|---|---|---|---|
| 글루콘산아연 | – | 4468-02-4 | ○ | ○ | ○ | ○ |
| 산화아연 | – | 1314-13-2 | ○ | ○ | ○ | × |
| 황산아연 | – | 7446-20-0 | ○ | ○ | ○ | ○ |
| 요오드칼륨 | – | 7681-11-0 | ○ | ○ | ○ | × |
| 요오드산칼륨 | 917 | 7758-05-6 | ○ | ○ | ○ | × |
| 글루콘산동 | – | 527-09-3 | ○ | ○ | ○ | ○ |
| 황산동 | 519 | 7758-99-8 | ○ | ○ | ○ | ○ |
| 구연산망간 | – | – | ○ | ○ | ○ | × |
| 글루콘산망간 | – | 6485-39-8 | ○ | ○ | ○ | × |
| 염화망간 | – | 7773-01-5 | ○ | ○ | ○ | × |
| 황산망간 | – | 7785-87-7 | ○ | ○ | ○ | × |
| 셀렌산나트륨 | – | 13410-01-0 | × | ○ | ○ | × |
| 아셀렌산나트륨 | – | 10102-18-8 | ○ | ○ | ○ | × |
| 염화크롬 | – | 10025-73-7 | × | ○ | ○ | × |
| 몰리브덴산나트륨 | – | 7631-95-0 | × | ○ | ○ | × |
| 몰리브덴산암모늄 | – | 12054-85-2 | × | ○ | ○ | × |

유류, 영아용 조제식, 성장기용 조제식, 영유아용 곡류조제식, 기타 영유아식, 특수의료용
도 등 식품, 체중조절용 조제식품 및 건강기능식품에 사용할 수 있으며, 황산아연은 시리
얼류, 맥주, 조제유류, 영아용 조제식, 성장기용 조제식, 영유아용 곡류조제식, 기타 영유아
식, 특수의료용도 등 식품, 체중조절용 조제식품 및 건강기능식품에만 사용할 수 있다. 산
화아연은 일반사용기준에 준하여 사용한다.

요오드(I) 영양강화제로 사용되는 식품첨가물은 요오드칼륨(potassium iodide)과 요오드
산칼륨(potassium iodate)이다. 사용기준은 일반사용기준에 준하여 사용한다.

구리(Cu) 영양강화제로 사용되는 식품첨가물은 글루콘산동(copper gluconate)과 황산동
(cupric sulfate)이 있다. 글루콘산동은 시리얼류, 조제유류, 영아용 조제식, 성장기용 조제
식, 영유아용 곡류조제식, 기타 영유아식, 특수의료용도 등 식품, 체중조절용 조제식품 및
건강기능식품에만 사용할 수 있다. 황산동은 포도주(동으로서 1 mg/kg 이하), 시리얼류, 조
제유류, 영아용 조제식, 성장기용 조제식, 영유아용 곡류조제식, 기타 영유아식, 특수의료
용도 등 식품, 체중조절용 조제식품 및 건강기능식품에만 사용할 수 있다.

망간(Mn) 영양강화제로 사용되는 식품첨가물은 구연산망간(manganese citrate), 글루콘산

망간(manganese gluconate), 염화망간(manganese chloride) 및 황산망간(manganese sulfate)이 있다. 글루콘산망간은 빵류, 탄산음료류, 기타 음료, 유가공품(아이스크림류, 아이스크림분말류, 아이스크림믹스류 제외), 식육가공품(식육추출가공품, 식용우지, 식용돈지 제외), 알가공품, 어육가공품, 모조치즈, 식물성크림, 조제유류, 영아용 조제식, 성장기용 조제식, 영유아용 곡류조제식, 기타 영유아식, 영유아용 특수조제식품 및 건강기능식품에만 사용할 수 있다. 구연산망간, 염화망간 및 황산망간은 일반사용기준에 준하여 사용한다.

셀레늄(Se) 영양강화제로 사용되는 식품첨가물은 셀렌산나트륨(sodium selenate)과 아셀렌산나트륨(sodium selenite)이 있다. 셀렌산나트륨과 아셀렌산나트륨은 조제유류, 영아용 조제식, 성장기용 조제식, 특수의료용도 등 식품 및 건강기능식품에만 사용해야 한다.

크롬(Cr) 영양강화제로 사용되는 식품첨가물은 염화크롬(chromic chloride)이 있다. 염화크롬은 특수의료용도 등 식품과 건강기능식품에만 사용할 수 있다.

몰리브덴(Mo) 영양강화제로 사용되는 식품첨가물은 몰리브덴산나트륨(sodium molybdate)과 몰리브덴산암모늄(ammonium molybdate)이 있다. 몰리브덴산나트륨과 몰리브덴산암모늄은 특수의료용도 등 식품과 건강기능식품에만 사용할 수 있다.


## 4. 기타

5′-시티딜산(5′-cytidylic acid), 5′-시티딜산이나트륨(disodium 5′-cytidylate), 5′-아데닐산(5′-adenylic acid) 및 5′-우리딜산이나트륨(disodium 5′-uridylate)은 조제유류, 영아용 조제식, 성장기용 조제식, 영유아용 곡류조제식, 기타 영유아식 및 영유아용 특수조제식품에 영양강화제로 사용하는 뉴클레오타이드이다. 우유의 모유화를 목적으로 사용한다.

5′-구아닐산이나트륨(disodium 5′-guanylate), 5′-이노신산이나트륨(disodium 5′-inosinate), 5′-리보뉴클레오티드이나트륨(disodium 5′-ribonucleotide) 및 5′-리보뉴클레오티드칼슘(calcium 5′-ribonucleotide)은 향미증진제로 사용되지만 영양강화제로도 사용된다. L-카르니틴(L-carnitine), 이노시톨(inositol), 주석산수소콜린(choline bitartrate), 염화콜린(choline chloride) 및 타우린(taurine)도 영양강화제로 사용되는 식품첨가물이다.

영양강화제는 식품의 영양학적 품질을 유지하기 위해 제조 공정 중 손실된 영양소를 복원하거나 영양소를 강화시키는 식품첨가물을 말한다. 영양강화제의 용도로 사용되는 것은 비타민, 아미노산 및 무기질이 있다. 비타민, 아미노산 및 무기질은 보통 식품 중에 함유되어 있으나 제조·가공 중에 파괴되기도 하고, 식품의 종류에 따라서는 함유되어 있지 않거나 부족한 것이 있으므로 영양소를 첨가하여 식품의 영양적 가치를 높여 줄 필요성이 있다. 식품 중에 첨가되는 영양강화제는 영양소의 과잉 섭취 또는 불균형한 섭취를 유발해서는 아니 된다.

**1** 다음 중 비타민 B₁의 영양 강화를 목적으로 사용하는 식품첨가물이 아닌 것은?
　① 비타민B₁나프탈린-1,5-디설폰산염　　② 비타민B₁인산염
　③ 비타민B₁염산염　　　　　　　　　　④ 디벤조일티아민

**2** 다음 중 비타민 A의 영양 강화를 목적으로 사용하는 식품첨가물이 아닌 것은?
　① 분말비타민A　　　　　　　　　　　　② 유성비타민A지방산에스테르
　③ $\beta$-카로틴　　　　　　　　　　　　④ 라이코펜

**3** 다음 중 산화방지제의 용도로도 사용되는 영양강화제는?
　① 비타민B₁염산염　　　　　　　　　　② $d$-$\alpha$-토코페롤
　③ 비타민K₁　　　　　　　　　　　　　④ 비타민B₁₂

**4** 다음 중 착색료의 용도로도 사용되는 영양강화제는?
　① $\beta$-카로틴　　　　　　　　　　　　② 비타민C
　③ 비타민E　　　　　　　　　　　　　　④ 비오틴

**5** 다음 중 밀가루개량제의 용도로도 사용되는 영양강화제는?
　① L-히스티딘　　　　　　　　　　　　② L-트립토판
　③ L-시스테인염산염　　　　　　　　　④ L-페닐알라닌

**6** 다음 중 두부응고제의 용도로 사용되지 않는 영양강화제 식품첨가물은?
　① 황산칼슘　　　　　　　　　　　　　② 황산마그네슘
　③ 수산화칼슘　　　　　　　　　　　　④ 염화마그네슘

풀이와 정답

1. ②,　2. ④,　3. ②,　4. ①,　5. ③,　6. ③

# 산도조절제

산도조절제(acidity regulator)는 식품의 산도 또는 알칼리도를 조절하는 식품첨가물로서 구연산, 구연산삼나트륨, 구연산칼륨, 구연산칼슘, 글루코노-$\delta$-락톤, 글루콘산, 글루콘산나트륨, 글루콘산마그네슘, 글루콘산칼륨, 글루콘산칼슘, 메타인산나트륨, 메타인산칼륨, 빙초산, DL-사과산, DL-사과산나트륨, 산성알루미늄인산나트륨, 산성피로인산나트륨, 산화칼슘, 세스퀴탄산나트륨, 수산화나트륨, 수산화나트륨액, 수산화마그네슘, 수산화암모늄, 수산화칼륨, 수산화칼슘, 아디프산, 염기성알루미늄인산나트륨, 이초산나트륨, 이타콘산, 인산, 젖산, 젖산나트륨, L-젖산마그네슘, 젖산철, 젖산칼륨, 젖산칼슘, 제삼인산나트륨, 제삼인산마그네슘, 제삼인산칼륨, 제삼인산칼슘, 제이인산나트륨, 제이인산마그네슘, 제이인산암모늄, 제이인산칼륨, 제이인산칼슘, 제일인산나트륨, 제일인산암모늄, 제일인산칼륨, 제일인산칼슘, DL-주석산, L-주석산, DL-주석산나트륨, L-주석산나트륨, DL-주석산수소칼륨, L-주석산수소칼륨, 주석산칼륨나트륨, 초산나트륨, 초산칼슘, 탄산나트륨, 탄산마그네슘, 탄산수소나트륨, 탄산수소암모늄, 탄산수소칼륨, 탄산암모늄, 탄산칼륨(무수), 탄산칼슘, 폴리인산나트륨, 폴리인산칼륨, 푸마르산, 푸마르산일나트륨, 피로인산나트륨, 피로인산칼륨, 호박산, 호박산이나트륨, 황산나트륨, 황산알루미늄암모늄, 황산알루미늄칼륨 및 황산칼륨 등이 있다.

산도조절제 중에는 산미료(acidulant)의 기능을 하는 것도 있다. 산미료는 식품을 조리, 가공할 때 신맛을 주어 청량감과 상쾌한 자극을 주는 것이다. 산미료 중 구연산, 글루콘산 및 탄산은 부드럽고 상쾌한 신맛을, 사과산은 쓴맛이 있는 신맛을, 인산, 젖산, 주석산 및 푸마르산은 떫은맛이 있는 신맛을 나타낸다. 초산은 자극적인 냄새를 띠는 신맛을, 호박산은 감칠맛이 있는 신맛을 나타낸다. 산미료는 신맛을 주는 것 외에도 미생물의 생육을 억제하기도 하고 산화를 방지하는 작용도 한다.

신맛과 단맛은 높은 농도에서 서로 억제하며, 중간 농도에서는 단맛이 신맛을 억제한다. 신맛과 짠맛은 높은 농도에서 서로 억제시키지만 중간 농도와 낮은 농도에서는 서로 증진시킨다. 감칠맛은 중간 농도에서 신맛을 억제한다(그림 15.1). 또한, 감칠맛과 짠맛은 높은 농도에서 서로 증진시킨다. 감칠맛은 쓴맛, 신맛, 단맛을 억제한다.

염산, 황산 및 수산은 산(acid)으로서 제조용제의 목적으로 많이 사용되며, 최종 식품 완성 전에 중화 또는 제거하도록 되어 있다. 수산화나트륨은 염기(base)로서 산도조절제 용도 외에 제조용제로 많이 사용되며, 최종 식품 완성 전에 중화 또는 제거하여야 한다.

표 15.1은 국내 지정 산도조절제의 국가별 지정 현황을 나타낸 것이다.

**표 15.1** 국내 지정 산도조절제의 국가별 지정 현황

| 식품첨가물명 | INS No. | CAS No. | 미국 | EU | Codex | 일본 |
|---|---|---|---|---|---|---|
| 구연산 | 330 | 77-92-9(무수물)<br>5949-29-1(일수염) | ○ | ○ | ○ | ○ |
| 구연산삼나트륨 | 331(iii) | 무수: 68-04-2<br>이수: 6132-04-3 | ○ | ○ | ○ | ○ |
| 글루코노-$\delta$-락톤 | 575 | 90-80-2 | ○ | ○ | ○ | ○ |
| 글루콘산 | 574 | 526-95-4 | × | ○ | ○ | ○ |
| L-주석산 | 334 | 87-69-4 | ○ | ○ | ○ | ○ |
| DL-주석산 | – | 133-37-9 | × | × | ○ | ○ |
| L-주석산나트륨 | 335(ii) | 868-18-8 | ○ | ○ | ○ | ○ |
| DL-주석산나트륨 | – | 51307-92-7 | × | × | × | ○ |
| L-주석산수소칼륨 | 336(i) | 868-14-4 | ○ | ○ | ○ | ○ |
| DL-주석산수소칼륨 | – | – | × | × | × | ○ |
| 주석산칼륨나트륨 | 337 | 304-59-6 | ○ | ○ | ○ | × |
| DL-사과산 | 296 | 6915-15-7 | ○ | ○ | ○ | ○ |
| DL-사과산나트륨 | 350(ii) | 676-46-0 | × | ○ | ○ | ○ |
| 빙초산 | 260 | 64-19-7 | ○ | ○ | ○ | ○ |
| 푸마르산 | 297 | 110-17-8 | ○ | ○ | ○ | ○ |
| 푸마르산일나트륨 | 365 | 7704-73-6 | ○ | × | ○ | ○ |
| 아디프산 | 355 | 124-04-9 | ○ | ○ | ○ | ○ |
| 젖산 | 270 | 50-21-5 | ○ | ○ | ○ | ○ |
| 젖산나트륨 | 325 | 72-17-3 | ○ | ○ | ○ | ○ |
| 젖산마그네슘 | 329 | 18917-93-6 | × | ○ | ○ | × |
| 젖산철 | 585 | 5905-52-2 | ○ | ○ | ○ | ○ |
| 젖산칼륨 | 326 | 996-31-6 | ○ | ○ | ○ | ○ |
| 젖산칼슘 | 327 | 5743-48-6 | ○ | ○ | ○ | ○ |
| 인산 | 338 | 7664-38-20 | ○ | ○ | ○ | ○ |
| 이타콘산 | – | 97-65-4 | × | × | × | ○ |
| 호박산 | 363 | 110-15-6 | ○ | ○ | ○ | ○ |
| 호박산이나트륨 | 364(ii) | 150-90-3 | × | × | ○ | ○ |
| 이산화탄소 | 290 | 124-38-9 | ○ | ○ | ○ | ○ |
| 세스퀴탄산나트륨 | 500(iii) | 533-96-0 | ○ | ○ | ○ | × |

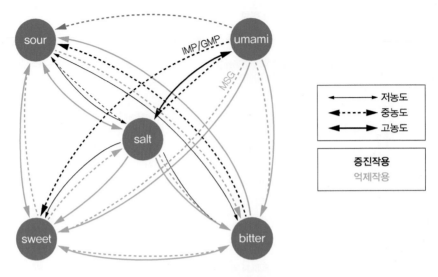

그림 15.1 **맛의 상호 작용**
자료: *Food Quality and Preference*. 14, 111-124(2002) 참조

# 1. 구연산, 구연산삼나트륨, 구연산칼륨 및 구연산칼슘

구연산(citric acid)은 결정물(일수염) 및 무수물이 있고, 각각을 구연산(결정) 및 구연산(무수)이라고 한다(그림 15.2). 구연산은 무색투명한 결정, 입상, 덩어리 또는 결정성 분말, 분말로서 냄새가 없으며 강한 신맛을 가진다. 구연산은 레몬과 라임 같은 귤속 과일에 많이 들어있다. 물에 아주 잘 녹고 에탄올에도 잘 녹는다. 구연산은 산화방지제 기능도 가지고 있다.

구연산삼나트륨(trisodium citrate)은 결정물(2수염, 5수염) 및 무수물이 있고, 각각을 구연산삼나트륨(결정) 및 구연산삼나트륨(무수)이라고 한다. 구연산삼나트륨은 무색의 결정 또는 백색의 결정성 분말로서 냄새가 없고, 청량한 염미를 가지고 있으며, 수용액의 pH는 7.6~9.0이다. 구연산삼나트륨은 구연산나트륨(sodium citrate)이라고도 부른다.

이외에도 구연산칼륨(potassium citrate) 및 구연산칼슘(calcium citrate)은 산도조절제와 영양강화제의 용도로 사용된다. 구연산칼슘 수용액의 pH는 6.0~8.0이다.

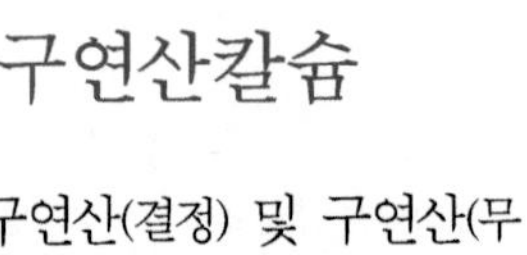

구연산과 그 염류의 ADI는 그룹 ADI로 "not limited"이다(JECFA, 1973). 사용기준은 일반사용기준에 준하여 사용한다.

그림 15.2 **구연산**

## 2. 글루코노-δ-락톤

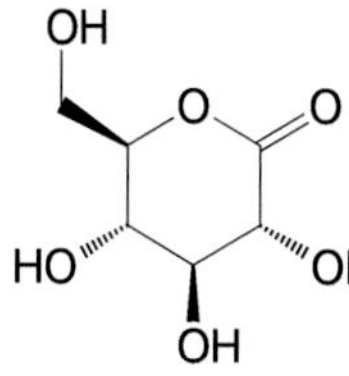

글루코노-δ-락톤(glucono-δ-lactone)은 백색의 결정 또는 결정성 분말로서 냄새가 없거나 약간 냄새가 있으며, 맛은 처음에는 달고 이어 약간 신맛을 나타낸다. 글루코노-δ-락톤은 포도당의 1번 탄소가 산화된 D-글루콘산(D-gluconic acid)이 분자 내 에스터 결합을 하여 고리 형태를 이룬 것이다. 구조는 그림 15.3과 같다. 물에 잘 녹아서 물 100 mL에 59 g 녹지만, 에탄올에는 잘 녹지 않는다. 글루코노-δ-락톤 자체는 중성이나 물에 녹으면 글루콘산으로 가수분해되어 산성을 나타낸다. 온도를 높이거나 pH를 높이면 가수분해가 빨리 일어난다. 수용액은 글루콘산과 글루코노-δ-락톤이 평형을 이루고 있다. 1~2%의 수용액은 pH를 3 이하로 내릴 수 있다.

그림 15.3 **글루코노델타락톤**

글루코노-δ-락톤은 과일, 와인, 꿀 등 천연에서도 발견된다. 수용액에서 가수분해되어 D-글루콘산(55~66%)과 δ-와 γ-락톤이 평형혼합물을 이룬다. 글루코노-δ-락톤은 D-글루콘산으로 인해 신맛을 나타내게 된다.

ADI는 글루코노-δ-락톤, 글루콘산 및 글루콘산염의 그룹 ADI로 "not specified"이다(JECFA, 1998). 사용기준은 일반사용기준에 준하여 사용한다. 글루코노-δ-락톤은 두부응고제와 팽창제로도 사용되는데, 글루코노-δ-락톤은 냄새가 강하지 않아 pH를 산성으로 내리면서도 냄새가 나지 않도록 할 때 사용한다.

## 3. 글루콘산, 글루콘산나트륨, 글루콘산마그네슘, 글루콘산칼륨 및 글루콘산칼슘

글루콘산(gluconic acid)은 글루콘산 및 글루코노-δ-락톤의 수용액이다. 무~엷은 황색의 징명한 시럽상 액체로서 냄새가 없거나 약간 냄새가 있고 산미가 있다. 글루콘산은 과일, 와인, 꿀 등 천연에 존재하는 산으로, 상업적으로는 포도당을 발효시켜 제조한다. 건조시키면 락톤이 생성되므로 50% 수용액으로 제공된다. 구조는 그림 15.4와 같다.

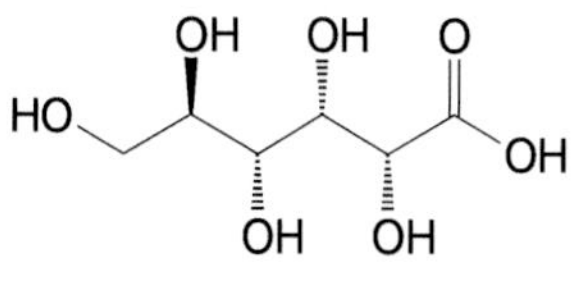

글루콘산은 약산 또는 킬레이트제(chelating agent)로 사용된다. 글루콘산은 구연산, 사과산 및 젖산에 의한 산미가 바람직하지 않을 때 사용

그림 15.4 **글루콘산**

한다.

글루콘산나트륨(sodium gluconate), 글루콘산마그네슘(magnesium gluconate), 글루콘산칼륨(potassium gluconate) 및 글루콘산칼슘(calcium gluconate)은 산도조절제와 영양강화제의 용도로 사용된다. 글루콘산칼륨 수용액의 pH는 7.3~8.5이다.

## 4. DL-주석산, L-주석산, DL-주석산나트륨, L-주석산나트륨, DL-주석산수소칼륨, L-주석산수소칼륨 및 주석산칼륨나트륨

DL-주석산(DL-tartaric acid)은 무색의 결정 또는 백색의 결정성 분말로서, 냄새가 없고 신맛이 있다. L-주석산(L-tartaric acid)은 무색투명한 결정 또는 백색의 미세한 결정성 분말로 냄새가 없고 신맛이 있다. L-주석산은 *d*-주석산이라고도 하며, DL-주석산은 *dl*-주석산이라고도 한다. DL-주석산의 ADI는 설정되어 있지 않고(JECFA, 1983), L-주석산의 ADI는 0~30 mg/kg 체중이다(JECFA, 1973). 주석산은 주로 포도에 많이 들어 있으며, 포도주에서는 주석산수소칼륨 형태로 침전물이 형성된다.

DL-주석산나트륨(disodium DL-tartrate, *dl*-주석산나트륨), L-주석산나트륨(disodium L-tartrate, *d*-주석산나트륨), DL-주석산수소칼륨(potassium DL-bitartrate, *dl*-주석산수소칼륨, DL-중주석산칼륨), L-주석산수소칼륨(potassium L-bitartrate, *d*-주석산수소칼륨, L-중주석산칼륨) 및 주석산칼륨나트륨(potassium sodium L-tartrate)이

그림 15.5 **주석산**

산도조절제로 사용된다. L-주석산나트륨과 주석산칼륨나트륨의 ADI는 0~30 mg/kg 체중이다(JECFA, 1973). 주석산수소칼륨은 팽창제로도 널리 사용된다. 구조는 그림 15.5와 같다.

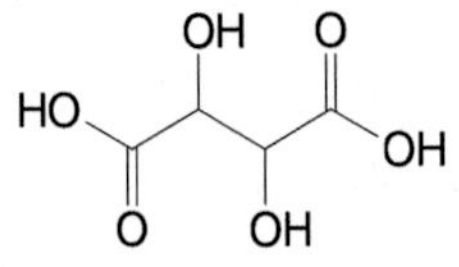

## 5. 빙초산

빙초산(glacial acetic acid)은 초산(acetic acid, $C_2H_4O_2$)을 99.0% 이상을 함유하며, 일반적으로 초산이라고 부르는 것은 빙초산을 희석하여 초산을 29.0~31.0% 함유하는 것을 말한다. 빙초산은 무색투명한 액체 또는 결정성 덩어리로서 특이한 자극적인 냄새를 가지고 있다. 빙초산은 물과 잘 희석하면(약 1:100) 식초 냄새와 맛을 나타낸다. 합성식초는 초산을

물로 4~5%로 희석하여 제조한다. 초산의 $pK_a = 4.75$이며, 보존료의 효과도 나타내는데 곰 팡이보다는 세균이나 효모의 생육을 억제하는 데 효과적이다. ADI는 "not limited"이다 (JECFA, 1973).

## 6. DL-사과산 및 DL-사과산나트륨

DL-사과산(DL-malic acid)은 백색의 결정 또는 결정성 분말로서 냄새가 없 거나 약간 특이한 냄새가 있으며, 특이한 신맛을 가지고 있다(그림 15.6). ADI는 "not specified"이다(JECFA, 1969). DL-사과산나트륨(sodium DL-malate, dl-사 과산나트륨)은 3수염 및 1/2수염이 있다. 백색의 결정성 분말 또는 덩어리로서 냄새가 없으며, 염미를 가지고 있다. ADI는 "not specified"이다(JECFA, 1979).

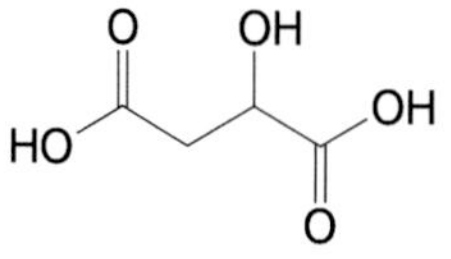

그림 15.6 **사과산**

## 7. 푸마르산 및 푸마르산일나트륨

푸마르산(fumaric acid)은 백색의 결정성 분말로서 냄새가 없으며, 특이한 신맛을 가지고 있다. 산도조절제 중 유일하게 승화성이 있어서 가열하면 승화한다. 물에는 잘 녹지 않아 서 용해도는 0.65%(25℃), 2.4%(60℃)이다. 수용액의 pH는 2.0~2.5이다. 식물성기름에는 거 의 녹지 않고 에탄올에는 5.76%(30℃) 녹는다. 흡습성이 낮아서 분말제품의 저장기간을 늘 릴 수 있다. 신맛이 강하고 물에 잘 녹지 않으므로 단독으로는 거의 사용하지 않고 구연산 이나 주석산과 병용하여 사용한다. 미량의 푸마르산은 산화방지제와 혼합하여 사용하면 유지식품의 산화방지 효과가 상승한다. 불포화 다이카복실산(dicarboxylic acid)으로서 이명 은 (E)-butenedioic acid이고(그림 15.7), 말레산(maleic acid)은 (Z)-butenedioic acid이다. 식물(*Fumaria officinalis*), 곰팡이류, 지의류 및 아이슬란드이끼 등에 서 발견된다. ADI는 "not specified"이다(JECFA, 1989).

푸마르산일나트륨(monosodium fumarate)은 백색의 결정성 분말로서 냄새가 없으며, 특이한 신맛을 가지고 있다. 물에 잘 녹고 수용액의 pH는 3.0~4.0이다.

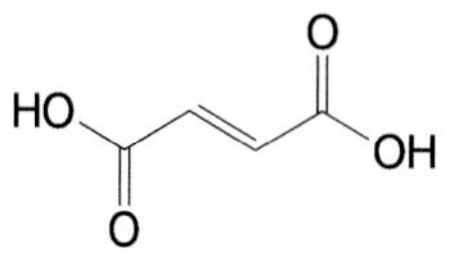

그림 15.7 **푸마르산**

## 8. 아디프산

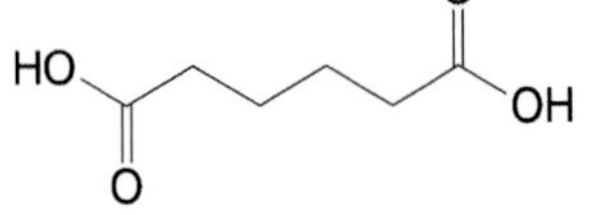

아디프산(adipic acid)은 백색의 결정 또는 결정성 분말로서 냄새가 없고 신맛이 있는데, 그 신맛은 부드럽다. 이명은 hexanedioic acid이다(그림 15.8). 아디프산의 산도는 산도조절제 중에서 가장 약하다. 아디프산은 흡수성(hygroscopic)이 없기 때문에 합성팽창제에서 주석산 대신

그림 15.8 **아디프산**

사용하기도 한다. ADI는 0~5 mg/kg 체중이다(JECFA, 1977). 물에는 약간 녹고 에탄올에는 잘 녹는다. 아디프산은 상온에서 푸마르산보다 4~5배 물에 더 잘 녹는다. 사용기준은 일반사용기준에 준하여 사용한다.

## 9. 젖산, 젖산나트륨, L-젖산마그네슘, 젖산철, 젖산칼륨 및 젖산칼슘

젖산(lactic acid)은 백색 또는 엷은 황색의 고체 또는 무색 또는 엷은 황색의 맑고 투명한 액체로서 냄새가 없거나 약간 불쾌하지 않은 냄새가 있으며, 신맛이 있다. 액체는 물과 에탄올에 녹고, 고체는 물에 조금 녹고 아세톤에 녹는다. 흡습성이 있다. 젖산과 젖산염의 ADI는 "not limited"이다(JECFA, 1979). 사용기준은 일반사용기준에 준하여 사용한다.

젖산나트륨(sodium lactate)은 무색 징명의 시럽상 액체로서 냄새가 없거나 약간 특이한 냄새가 있으며, 수용액의 pH는 5.0~9.0이다. L-젖산마그네슘(magnesium L-lactate), 젖산철(ferrous lactate), 젖산칼륨(potassium lactate) 및 젖산칼슘(calcium lactate)도 산도조절제로 사용된다. 젖산철과 젖산칼슘은 영양강화제의 용도로도 사용된다.

## 10. 인산

인산(phosphoric acid, $H_3PO_4$)은 무색투명한 시럽상의 액체로서 냄새가 없다. 이명은 오쏘인산(orthophosphoric acid)이다. 물과 에탄올에 잘 녹는다. 인산은 그룹 MTDI가 설정되어 있는데 70 mg/kg 체중이다(인으로서)(JECFA, 1982). 청량음료, 특히 콜라에 0.02~0.06% 사용된다. 양조용첨가제로 사용하면 발효력을 강화하고 잡균의 오염을 방지하는 효과가 있

다. 사용기준은 일반사용기준에 준하여 사용한다.

## 11. 이타콘산

이타콘산(itaconic acid)은 무색투명한 결정, 입자 혹은 덩어리, 또는 백색의 결정성 분말 혹은 분말로서 냄새가 없고 산미가 있다. 자연계에 존재하는 산이다. 사용기준은 일반사용기준에 준하여 사용한다. 미국, EU 및 Codex에는 지정되어 있지 않고 일본에는 기존첨가물로 분류되어 있다.

## 12. 호박산 및 호박산이나트륨

호박산 및 호박산이나트륨은 조개 국물의 맛을 나타내는 향미증진제의 역할도 하는데, 제19장 향미증진제에서 설명하기로 한다.

## 13. 이산화탄소

이산화탄소(carbon dioxide)는 무색, 무미, 무취의 가스로 탄산가스라고도 한다. 물에 용해되어 탄산($H_2CO_3$)이 되며, ADI는 "not specified"이다(JECFA, 1985). 사용기준은 일반사용기준에 준하여 사용한다.

## 14. 인산염

대부분의 인산염은 팽창제의 용도로도 사용된다. 인산염은 또한 결착제(binding agent)라고도 불리는데 고기의 보수성을 높이고 결착성을 좋게 하며, 풍미의 향상을 가져오며, 변질 및 변색을 방지하는 작용이 있어 텍스처화제(texturizer)라고도 한다. 표 15.2는 국내 지정 인산염의 국가별 지정 현황을 나타낸 것이다.

가장 간단한 인산염은 인산 한 개가 있는 오쏘인산염(orthophosphate)이고, 인산 2개가 붙은 것은 이인산염(diphosphate) 또는 파이로인산염(pyrophosphate)이라고 한다. 인산 3개가 있는 삼인산염(triphosphate) 또는 트라이폴리인산염(tripolyphosphate)은 상업적으로 언

**표 15.2** 국내 지정 인산염의 국가별 지정 현황

| 식품첨가물명 | INS No. | CAS No. | 미국 | EU | Codex | 일본 |
|---|---|---|---|---|---|---|
| 피로인산나트륨 | 450(iii) | 7722-88-5 | ○ | ○ | ○ | ○ |
| 산성피로인산나트륨 | 450(i) | 7758-16-9 | ○ | ○ | ○ | ○ |
| 피로인산칼륨 | 450(v) | 7320-34-5 | ○ | ○ | ○ | ○ |
| 폴리인산나트륨 | 451(i), 452(i) | 50813-16-6<br>68915-31-1 | ○ | ○ | ○ | ○ |
| 폴리인산칼륨 | 451(ii), 452(ii) | 68956-75-2<br>7790-53-6 | ○ | ○ | ○ | ○ |
| 메타인산나트륨 | 452(i) | 10361-03-2 | ○ | ○ | ○ | ○ |
| 메타인산칼륨 | 452(ii) | 7790-53-6 | ○ | ○ | ○ | ○ |
| 제일인산나트륨 | 339(i) | 7758-80-7 | ○ | ○ | ○ | ○ |
| 제일인산암모늄 | 342(i) | 7722-76-1 | ○ | × | ○ | ○ |
| 제일인산칼륨 | 340(i) | 7778-77-0 | ○ | ○ | ○ | ○ |
| 제일인산칼슘 | 341(i) | 7758-23-8(무수물)<br>10031-30-8(1수염) | ○ | ○ | ○ | ○ |
| 제이인산나트륨 | 339(ii) | 7758-79-4 | ○ | ○ | ○ | ○ |
| 제이인산암모늄 | 342(ii) | 7783-28-0 | ○ | × | ○ | × |
| 제이인산칼륨 | 340(ii) | 7758-11-4 | ○ | ○ | ○ | ○ |
| 제이인산칼슘 | 341(ii) | 7757-93-9(무수물)<br>7789-77-7(2수염) | ○ | ○ | ○ | ○ |
| 제이인산마그네슘 | 343(ii) | 7782-75-4 | ○ | ○ | ○ | × |
| 제삼인산나트륨 | 339(iii) | 7601-54-9 | ○ | ○ | ○ | ○ |
| 제삼인산칼륨 | 340(iii) | 7778-53-2 | ○ | ○ | ○ | ○ |
| 제삼인산칼슘 | 341(iii) | 7758-87-4 | ○ | ○ | ○ | ○ |
| 제삼인산마그네슘 | 343(iii) | 7757-87-1(무수물) | ○ | × | ○ | ○ |

을 수 있는 가장 긴 순수 인산염이다. 그 이상의 인산이 있는 인산염은 일반적으로 혼합물의 형태로 상업적으로 판매된다. 예를 들면, 헥사메타인산염(hexametaphosphate)은 13~35개의 인산이 직선구조로 포함되어 있다. 폴리인산염이 고리구조를 만들면 메타인산으로 간주한다. 헥사메타인산염은 역사적인 이유로 그 이름이 아직도 사용되고 있다. 인산염의 명칭은 역사적인 이유로 같은 화합물에 다른 명칭이 부여되곤 하는데, 명명법을 개선하고자 노력하고 있으나 아직도 통일된 명칭을 사용하고 있지 않는 것이 있다.

인산염에는 축합인산염과 인산염이 있다. 축합인산염(condensed phosphate)은 인산기가

2개 이상 중합한 것이다. 축합인산염에는 피로인산나트륨, 피로인산칼륨, 산성피로인산나트륨, 폴리인산나트륨, 폴리인산칼륨, 메타인산나트륨 및 메타인산칼륨이 있다. 인산염에는 제일인산나트륨, 제일인산암모늄, 제일인산칼륨, 제일인산칼슘, 제이인산나트륨, 제이인산암모늄, 제이인산칼륨, 제이인산칼슘, 제이인산마그네슘, 제삼인산나트륨, 제삼인산칼륨, 제삼인산칼슘 및 제삼인산마그네슘 등이 있다.

인은 천연에서도 식품으로부터 섭취할 수 있으므로 인산염의 일일섭취허용량은 ADI가 아니라 MTDI(maximum tolerable daily intake)로 나타낸다. 모든 인산염의 MTDI는 70 mg/kg 체중(인으로서)(JECFA, 1982)이다.

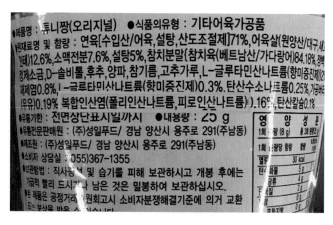

축합인산염이 사용된 식품      제삼인산칼슘이 사용된 식품

인산염

모 회사에서 커피믹스에 인산염을 첨가하지 않았다고 광고한 적이 있었다. 체내에서 칼슘과 인이 균형을 이루어야 하는데 인(P)의 농도가 높으면 뼈에 있는 칼슘을 배출시켜 뼈 건강에 부정적인 영향을 미친다는 논리였다. 칼슘과 인의 이상적인 섭취 비율은 1:1인데 한국인은 인을 칼슘에 비해 2.2배 많이 섭취한다고 한다. 우리나라 국민은 주로 백미 및 우유 등을 통해 하루 평균 1,193 mg/day의 인을 섭취하고 있는데, 이는 1일 최대섭취한계량(MTDI) 70 mg/kg·체중/day(체중 60 kg 성인 기준 4,200 mg)의 약 28%로 안전한 수준이다. 인은 인체를 구성하는 필수 무기질이며, 인산염은 전 세계적으로 사용되고 있는 안전한 식품첨가물이다. 또한, 식품첨가물인 인산염보다는 일반 농·축산물을 통해 인을 많이 섭취하고 있다. 칼슘과 인의 균형잡힌 섭취를 위해서는 식품을 통해 칼슘의 섭취를 늘릴 필요성이 있다.

### 1) 피로인산나트륨

피로인산나트륨(sodium pyrophosphate)은 피로인산사나트륨이라고도 하며, 결정물(10수염) 및 무수물이 있고, 각각을 피로인산나트륨(결정) 및 피로인산나트륨(무수)이라고 한다. 성상은 결정물은 무~백색의 결정 또는 백색의 결정 또는 백색의 결정성 분말이고, 무수물은 백색의 분말, 입상 또는 덩어리이다. 분자식은 $Na_4P_2O_7 \cdot nH_2O$(n=0 또는 10)이다. 팽창제의 용도로도 사용한다. 금속이온을 붙잡아 금속이온봉쇄제(sequestrant)로 작용하여 지방질 산화를 방지한다. 단백질의 보수성을 높여서 결착성을 좋게 한다.

이명은 tetrasodium pyrophosphate(TSPP); tetrasodium diphosphate; tetrasodium phosphate이다. 물에는 잘 녹고 에탄올에는 녹지 않으며, 수용액의 pH는 9.9~10.7이다. 사용기준은 일반사용기준에 준하여 사용한다.

### 2) 산성피로인산나트륨

산성피로인산나트륨(disodium dihydrogen pyrophosphate)은 제18장 팽창제에서 설명하기로 한다.

### 3) 피로인산칼륨

피로인산칼륨(potassium pyrophosphate)의 분자식은 $K_4P_2O_7$이고, 이명은 tetrapotassium pyrophosphate; tetrapotassium diphosphate이다. 성상은 무~백색의 결정성 분말, 덩어리 또는 백색의 분말이다. 물에 잘 녹으나 에탄올에는 녹지 않으며, 수용액의 pH는 10.0~10.7이다.

### 4) 폴리인산나트륨

폴리인산나트륨(sodium polyphosphate)은 건조한 다음 정량할 때 오산화인($P_2O_5$)으로서 53.0~80.0%를 함유한다. 성상은 무~백색의 유리 모양의 덩어리, 조각 또는 백색의 분말이고, 물에 잘 녹는다. 이명은 sodium hexametaphosphate; sodium tetrapolyphosphate; Graham's salt이다.

## 5) 폴리인산칼륨

폴리인산칼륨(potassium polyphosphate)은 무~백색의 유리 모양의 덩어리, 조각 또는 백색의 섬유 모양의 결정 또는 분말이고, 이명은 potassium metaphosphate; potassium polymetaphosphate; Kurrol salt이다. 분자식은 $(KPO_3)_n$이다.

## 6) 메타인산나트륨

메타인산나트륨(sodium metaphosphate)은 건조한 다음 정량할 때 오산화인($P_2O_5$)으로서 60.0~83.0%를 함유한다. 무~백색의 유리 모양의 덩어리, 편 또는 백색의 섬유상의 결정 또는 분말이고, 이명은 Graham's salt; sodium hexametaphosphate; sodium tetra-polyphosphate이다. Codex에는 sodium metaphosphate, insoluble로 규격이 설정되어 있으며, insoluble sodium polyphosphate라고도 한다.

## 7) 메타인산칼륨

메타인산칼륨(potassium metaphosphate)은 무~백색의 유리 모양의 덩어리, 편 또는 백색의 섬유상의 결정 또는 분말이고, 이명은 potassium polyphosphates; potassium poly-metaphosphate이다.

## 8) 기타

제일인산나트륨(sodium phosphate, monobasic), 제일인산암모늄(ammonium phosphate, monobasic), 제일인산칼륨(potassium phosphate, monobasic), 제일인산칼슘(calcium phosphate, monobasic), 제이인산나트륨(sodium phosphate, dibasic), 제이인산암모늄(ammonium phosphate, dibasic), 제이인산칼륨(potassium phosphate, dibasic), 제이인산칼슘(calcium phosphate, dibasic), 제이인산마그네슘(magnesium phosphate, dibasic), 제삼인산나트륨(sodium phosphate, tribasic), 제삼인산칼륨(potassium phosphate, tribasic), 제삼인산칼슘(calcium phosphate, tribasic) 및 제삼인산마그네슘(magnesium phosphate, tribasic)이 산도조절제, 팽창제 및 영양강화제로 사용된다.

## 15. 세스퀴탄산나트륨

세스퀴탄산나트륨(sodium sesquicarbonate)은 탄산수소나트륨(NaHCO₃) 35.0~38.6%, 탄산나트륨(Na₂CO₃) 46.4~50.0%를 함유하며, 백색의 결정, 조각 또는 결정성 분말이다. 분자식은 $Na_2CO_3 \cdot NaHCO_3 \cdot 2H_2O$이다. 세스퀴탄산나트륨은 자연계에 존재하는 물질이며, 수용액의 pH는 9.8이다. ADI는 "not specified"이다(JECFA, 1981).

## 16. 기타

이외에 초산나트륨(sodium acetate), 초산칼슘(calcium acetate), 황산나트륨(sodium sulfate) 및 황산칼륨(potassium sulfate)도 산도조절제의 용도로 사용된다. 탄산나트륨(sodium carbonate), 탄산마그네슘(magnesium carbonate), 탄산수소나트륨(sodium bicarbonate), 탄산수소암모늄(ammonium bicarbonate), 탄산수소칼륨(potassium bicarbonate), 탄산암모늄(ammonium carbonate), 탄산칼륨(무수)(potassium carbonate, anhydrous), 탄산칼슘(calcium carbonate), 황산알루미늄암모늄(aluminium ammonium sulfate) 및 황산알루미늄칼륨(aluminium potassium sulfate)은 산도조절제뿐 아니라 팽창제의 용도로 사용된다.

　산도조절제는 식품의 산도 또는 알칼리도를 조절하는 식품첨가물이다. 산도조절제 중에는 식품을 조리, 가공할 때 신맛을 주어 청량감과 상쾌한 자극을 주는 산미료의 기능을 하는 것도 있다. 구연산, 글루콘산 및 탄산은 부드럽고 상쾌한 신맛을, 사과산은 쓴맛이 있는 신맛을, 인산, 젖산, 주석산 및 푸마르산은 떫은맛이 있는 신맛을 나타낸다. 초산은 자극적인 냄새를 띠는 신맛을, 호박산은 감칠맛이 있는 신맛을 나타낸다. 인산염에는 축합인산염과 인산염이 있는데, 축합인산염은 인산기가 2개 이상 중합한 것이다. 인산염은 결착제라고도 불리는데, 고기의 보수성을 높이고 결착성을 좋게 하며, 풍미의 향상을 가져오며, 변질 및 변색을 방지하는 작용이 있어 텍스처화제라고도 한다. 대부분의 인산염은 팽창제의 용도로도 사용된다.

**1** 산도조절제 중 감칠맛을 나타내는 것은?

① 주석산                      ② 호박산

③ 푸마르산                ④ 아디프산

**2** 두부응고제와 팽창제로도 사용하는 산도조절제는?

① 글루코노-δ-락톤         ② 염기성알루미늄인산나트륨

③ 산성피로인산나트륨      ④ 젖산칼슘

**3** 레몬이나 라임 같은 귤속 과일에 많이 들어 있는 유기산은?

**4** 포도에 많이 들어 있는 유기산은?

**5** 다음 중 팽창제의 용도로 사용되지 않는 산도조절제는?

① 주석산수소칼륨          ② 호박산이나트륨

③ 산성피로인산나트륨      ④ 황산알루미늄칼륨

**6** 다음 중 용액의 pH를 산성으로 만드는 산도조절제는?

① 탄산나트륨              ② 탄산수소나트륨

③ 피로인산나트륨          ④ 황산알루미늄칼륨

풀이와 정답

1. ②, 2. ①, 3. 구연산, 4. 주석산, 5. ②, 6. ④

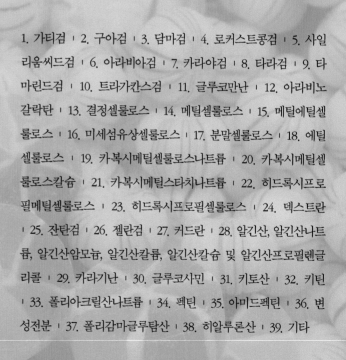

# CHAPTER 16
# 증점제

증점제(thickening agent)는 식품의 점도를 증가시키는 식품첨가물을 말한다. 증점제는 식품의 점착성 및 유화안정성을 증가시키며, 식품의 촉감을 좋게 하기 위하여 사용한다. 증점제로 사용되는 식품첨가물 중 검(gum)류는 식물로부터 분비되는 가티검, 구아검, 아라비아검 등 점성이 높은 고분자 다당류를 말하지만 넓은 의미로는 식물에서 얻어지는 글루코만난, 해조류에서 얻어지는 카라기난 및 미생물로부터 얻는 덱스트란, 잔탄검, 젤란검 및 커드란 등의 고분자 다당류도 포함한다. 이들 검류는 물에 잘 녹아서 점성을 띠며, 팽윤하여 젤을 형성하기도 한다.

증점제 중에는 셀룰로스나 전분으로부터 얻은 것이 있고, 카제인이나 키틴 같은 동물성인 것도 있으며, 그 외에 펙틴, 카라기난 및 알긴산과 같이 천연에서 추출한 것도 있다. 국내에서 사용이 허용된 증점제의 국가별 지정 현황은 표 16.1과 같다. 증점제의 사용기준은 메틸셀룰로스, 카복시메틸셀룰로스나트륨, 카복시메틸셀룰로스칼슘, 카복시메틸스타치나트륨, 알긴산프로필렌글리콜 및 폴리아크릴산나트륨을 제외하고는 일반사용기준에 준하여 사용한다. 대부분의 증점제는 안정제로서의 기술적 효과도 나타낸다.

**표 16.1** 국내 지정 증점제의 국가별 지정 현황

| 식품첨가물명 | INS No. | CAS No. | 미국 | EU | Codex | 일본 |
|---|---|---|---|---|---|---|
| 가티검 | 419 | 9000-28-6 | ○ | × | ○ | ○ |
| 구아검 | 412 | 9000-30-0 | ○ | ○ | ○ | ○ |
| 담마검 | – | 9000-16-2 | ○ | × | ○ | × |
| 로커스트콩검 | 410 | 9000-40-2 | ○ | ○ | ○ | ○ |
| 사일리움씨드검 | – | – | ○ | × | × | ○ |
| 아라비아검 | 414 | 9000-01-5 | ○ | ○ | ○ | ○ |
| 카라야검 | 416 | 9000-36-6 | ○ | ○ | ○ | ○ |
| 타라검 | 417 | 39300-88-4 | × | ○ | ○ | ○ |
| 타마린드검 | – | 39386-78-2 | × | × | × | ○ |
| 트라가칸스검 | 413 | 9000-65-1 | ○ | ○ | ○ | ○ |
| 글루코만난 | 425 | 37220-17-0 | ○ | ○ | ○ | ○ |
| 아라비노갈락탄 | 409 | 9036-66-2 | ○ | ○ | ○ | ○ |
| 결정셀룰로스 | 460(i) | 9004-34-6 | ○ | ○ | ○ | ○ |
| 메틸셀룰로스 | 461 | 9004-67-5 | ○ | ○ | ○ | ○ |
| 메틸에틸셀룰로스 | 465 | 9004-69-7 | ○ | ○ | ○ | × |
| 미세섬유상셀룰로스 | – | 9004-34-6 | × | × | × | ○ |

(계속)

| 식품첨가물명 | INS No. | CAS No. | 미국 | EU | Codex | 일본 |
|---|---|---|---|---|---|---|
| 분말셀룰로스 | 460(ii) | 9004-34-6 | ○ | ○ | ○ | ○ |
| 에틸셀룰로스 | 462 | 9004-57-3 | ○ | ○ | ○ | × |
| 카복시메틸셀룰로스나트륨 | 466 | 9004-32-4 | ○ | ○ | ○ | ○ |
| 카복시메틸셀룰로스칼슘 | – | 9050-04-8 | × | × | × | ○ |
| 카복시메틸스타치나트륨 | – | 9063-38-1 | × | × | × | ○ |
| 히드록시프로필메틸셀룰로스 | 464 | 9004-65-3 | ○ | ○ | ○ | ○ |
| 히드록시프로필셀룰로스 | 463 | 9004-64-2 | ○ | ○ | ○ | ○ |
| 덱스트란 | – | 9004-54-0 | ○ | × | × | ○ |
| 잔탄검 | 415 | 11138-66-2 | ○ | ○ | ○ | ○ |
| 젤란검 | 418 | 71010-52-1 | ○ | ○ | ○ | ○ |
| 커드란 | 424 | 54724-00-4 | ○ | × | ○ | ○ |
| 알긴산 | 400 | 9005-32-7 | ○ | ○ | ○ | ○ |
| 알긴산나트륨 | 401 | 9005-38-3 | ○ | ○ | ○ | ○ |
| 알긴산암모늄 | 403 | 9005-34-9 | ○ | ○ | ○ | ○ |
| 알긴산칼륨 | 402 | 9005-36-1 | ○ | ○ | ○ | ○ |
| 알긴산칼슘 | 404 | 9005-35-0 | ○ | ○ | ○ | ○ |
| 알긴산프로필렌글리콜 | 405 | 9005-37-2 | ○ | ○ | ○ | ○ |
| 카라기난 | 407, 407a | 9000-07-1 | ○ | ○ | ○ | ○ |
| 글루코사민 | – | 3416-24-8 | × | × | × | ○ |
| 키토산 | – | 9012-76-4 | × | × | ○ | ○ |
| 키틴 | – | 1398-61-4 | × | × | ○ | ○ |
| 폴리아크릴산나트륨 | – | 9003-04-7 | ○ | × | ○ | ○ |
| 펙틴 | 440 | 9000-69-5 | ○ | ○ | ○ | ○ |
| 아미드펙틴 | 440 | 56645-02-4 | ○ | ○ | ○ | × |
| 변성전분 | 1404<br>1410<br>1412<br>1413<br>1414<br>1420<br>1422<br>1440<br>1442<br>1450 | –<br>–<br>–<br>–<br>–<br>9045-28-7<br>68130-14-3<br>9049-76-7<br>53124-00-8<br>66829-29-6 | ○ | ○ | ○ | ○ |
| 폴리감마글루탐산 | – | – | × | × | × | ○ |
| 히알루론산 | – | 9004-61-9 | × | × | × | ○ |

# 1. 가티검

가티검(gum ghatti)은 인도에서 생육하는 *Anogeissus latifolia* Wall. 또는 동족식물의 줄기에서 침출한 수액을 건조하여 얻어지는 다당류이다. 성상은 회~적색을 띤 회색의 분말 또는 알맹이 혹은 엷은 갈~암갈색의 부정형 덩어리로 거의 냄새가 없다. ghatti gum 또는 Indian gum이라고도 한다.

가수분해되면 아라비노스(arabinose), 갈락토스(galactose), 만노스(mannose), 자일로스(xylose)와 글루쿠론산(glucuronic acid)을 내놓는다. 가티검의 90%는 물에 잘 녹는데 이 부분의 분자량은 약 12,000이다. 가티검 1 g을 물 5 mL에 분산시키면 용해되어 점조한 액이 된다. 에탄올에는 안 녹는다. 수용액은 좌선성을 나타낸다. ADI는 아직 정해지지 않았다. 안정제의 용도로도 사용된다.

# 2. 구아검

구아검(guar gum)은 콩과 구아(*Cyamopsis tetragonolobus* Taub.)의 종자 배유 부분을 분쇄하여 얻어지는 것이거나 또는 이를 온수나 열수 또는 이소프로필알코올로 추출하여 얻어지는 것으로서 주성분은 다당류이다. 다당류는 주로 갈락토만난(galactomannan)으로 구성된 분자량(50,000~8,000,000)을 가지고 있으며, 만노스와 갈락토스의 비율은 2:1이다. 성상은 백~엷은 황갈색의 분말 또는 입자로서 거의 냄새가 없거나 약간 냄새가 있다. 에탄올에는 녹지 않는다.

ADI는 "not specified"이며(JECFA, 1975), 안정제 및 유화제의 용도로도 사용된다.

# 3. 담마검

담마검(dammar gum)은 *Agathis*, *Hopea* 또는 *Shorea*속 식물의 분비물로부터 얻어지는 것으로서 주성분은 수지와 다당류이다. 담마검은 피막제 및 안정제의 용도로도 사용되며, 자세한 것은 제22장 피막제에서 설명하기로 한다.

## 4. 로커스트콩검

로커스트콩검(locust bean gum)은 콩과 메뚜기콩(*Ceratonia*)를 분쇄하여 얻어지거나 또는 이를 열수로 용해시킨 다음 여과하여 이소프로필알코올로 침전하여 얻어지는 것으로서 주성분은 다당류이다. 다당류는 분자량이 50,000~3,000,000 정도이며, 주성분은 갈락토만난(galactomannan)으로 만노스와 갈락토스의 비율은 4:1이다(그림 16.1). 성상은 백~약한 황갈색의 분말 또는 입자로서, 냄새가 없거나 약간 특이한 냄새가 있다. 이명은 캐롭콩검(carob bean gum)으로 Codex에서는 이 명칭으로 규격이 설정되어 있다. 찬물에는 대부분 분산하고 일부만 녹지만 80°C로 가열하면 완전히 녹아서 점조액이 된다. 에탄올에는 녹지 않는다. ADI는 "not specified"이다 (JECFA, 1981). 안정제, 유화제 및 겔형성제의 용도로도 사용된다.

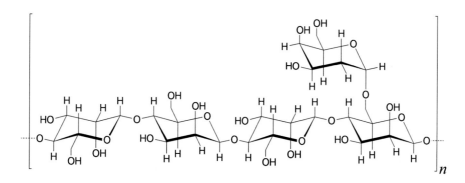

그림 16.1 **로커스트콩검의 구조**

## 5. 사일리움씨드검

사일리움씨드검(Psyllium seed gum)은 질경이과 식물 사일리움(*Plantago ovata* Forsk.) 또는 동종식물의 종자외피를 분쇄하여 얻어지는 다당류이다. 성상은 엷은 회백색~황갈색의 분말로서 냄새가 없거나 약간 특유의 냄새가 있다. 안정제의 용도로도 사용한다.

## 6. 아라비아검

아라비아검(arabic gum)은 콩과 아라비아 고무나무(*Acacia senegal* Willdenow) 또는 그

아라비아검이 사용된 식품

밖의 동속식물의 분비액을 건조시키거나 또는 이를 탈염하여 얻어지는 것으로서 주성분은 다당류이다. 성상은 백~엷은 황색의 분말, 과립 또는 엷은 황~갈색의 덩어리로서 냄새가 없다. 이명은 아카시아검(acacia gum)이라고도 하며, Codex에서는 gum arabic이라는 명칭으로 규격이 설정되어 있다. 아라비아검은 다른 검류보다 훨씬 쉽게 물에 용해되는데 최고 55%까지 용해된다. 최근에는 *Acacia seyal*에서 추출하기도 한다. 안정제 또는 유화제의 용도로 사용되기도 한다. 물에 잘 녹고 에탄올에는 녹지 않는다. *Acacia senegal*에서 추출한 검 수용액은 좌선성이고, *Acacia seyal*에서 추출한 검 수용액은 우선성이다. ADI는 "not specified"이다(JECFA, 1989).

## 7. 카라야검

카라야검(karaya gum)은 인도의 건조한 고원지대나 아프리카 서부(세네갈과 말리)에 분포하는 *Sterculia urens* Roxburgh 또는 *Sterculia*(Fam. *Sterculiaceae*)의 변종과 *Cochlospermum gossypium* A.P. De Candolle 또는 *Cochlosperum kunth*(Fam. *Bixaceae*)의 검상 분비물을 건조한 것으로서 갈락토스, 람노스 및 갈락투론산(galacturonic acid)을 주성분으로 하는 다당류이다. 성상은 담황~엷은 적갈색의 덩어리 또는 회~엷은 적갈회색의 분말로서 약간 초산 냄새가 있다. 이명은 Sterculia gum이다. 물을 매우 빨리 흡수하여 낮은 농도(3% w/w)에서도 점성이 큰 콜로이드를 형성하며, 약산성이다. 에탄올에는 녹지 않는다. 카라야검은 산에 대한 안정성이 좋고, 식품에 들어 있는 효소나 인체 소화효소에 의해 가수분해되지도 않는다. ADI는 "not specified"이다(JECFA, 1988). 안정제의 용도로도 사용한다.

## 8. 타라검

타라검(tara gum)은 페루가 원산지인 콩과 타라(*Caesalpinia spinosa* Kuntze)의 종자에서 얻어지는 것으로서 주성분은 다당류이다. 성상은 백~엷은 황색의 분말로 거의 냄새가 없다. 이명은 Peruvian carob이다. 다당류는 갈락토만난으로 만노스와 갈락토스의 비율은

3:1이다. 로커스트콩검은 만노스와 갈락토스의 비율은 4:1이고, 구아검은 2:1이다. 물에는 녹고 에탄올에는 녹지 않는다. ADI는 "not specified"이다(JECFA, 1986). 안정제의 용도로도 사용한다.

## 9. 타마린드검

타마린드검(tamarind gum)은 콩과 타마린드(*Tamarindus indica* Linne)의 종자 배유 부분에서 얻어지는 것으로 다당류를 주성분으로 한다. 성상은 갈색을 띤 회백색의 분말로서 약간의 냄새가 있다. 다당류는 포도당, 자일로스, 갈락토스 등으로 이루어져 있으며, 1%의 농도로 가열 용해하여 안정한 젤을 형성한다. 안정제의 용도로도 사용한다.

## 10. 트라가칸스검

트라가칸스검(tragacanth gum)은 콩과 *Astragalus gummifer* Labill. 또는 동종식물의 줄기에서 침출한 분비물을 건조하여 얻어지는 다당류이다. 성상은 백색 또는 백색을 띠는 분말 또는 백~엷은 황백색의 반투명의 구부러지기 쉬운 각질 같은 평판 또는 얇은 조각이다. 다당류는 갈락토아라반(galactoaraban)과 산성다당류로서 갈락투론산, 갈락토스, 아라비노스, 푸코스(fucose), 자일로스를 함유한 복잡한 구조의 다당류이다. ADI는 "not specified"이다(JECFA, 1985). 안정제의 용도로도 사용한다.

## 11. 글루코만난

글루코만난(glucomannan)은 천남성과 곤약(*Amorphophallus konjac*)의 뿌리줄기에 함유된 다당류이다. 이소프로필알코올로 정제하고 분쇄한 것으로 포도당 및 만노스로 구성된 혼합물이다. 성상은 백~엷은 황색의 분말이고, 이명은 곤약글루코만난(konjac glucomannan), 곤약(konjac) 또는 곤약만난(konjac mannan)이라고도 한다. 주성분인 글루코만난은 평균분자량이 200,000에서 2,000,000이다. Codex에서는 konjac flour라는 이름으로 규격이 설정되어 있다. ADI는 "not specified"이다(JECFA, 1996). 안정제, 유화제 및 겔형성제의 용도로도 사용된다.

## 12. 아라비노갈락탄

아라비노갈락탄(arabinogalactan)은 소나무과 서양잎갈나무(*Larix occidentails* Nutt.)의 뿌리 또는 줄기를 물로 추출하여 얻어지는 다당류이다. 백~엷은 황갈색의 분말로서 냄새가 없거나 약간의 냄새가 있다. 아라비노갈락탄은 아라비노스와 갈락토스로 구성된 다당류이며, 아라비아검이나 가티검의 주성분이다. 이명은 larch gum이다. 안정제의 용도로도 사용한다.


## 13. 결정셀룰로스

결정셀룰로스(microcrystalline cellulose)는 펄프에서 얻어진 것으로 백~회백색의 유동성이 있는 결정성 분말로서 냄새가 없다. 이명은 셀룰로스젤(cellulose gel)이다. 물, 에탄올, 에테르 및 묽은 산에 녹지 않으나, 수산화나트륨에는 약간 녹는다. 보통 중합도가 400 이하이고, 입자의 10% 이하가 직경 5 $\mu$m 이하이다. 분말식품이 흡습에 의해 녹거나 굳는 현상을 방지하며, 유동성을 개선하는 고결방지제의 용도로도 이용된다. 유제품에서 열에 안정한 유화제로 이용된다. 또한, 페이스트상 식품의 안정제 용도로도 사용된다. ADI는 "not specified"이다(JECFA, 1998).


## 14. 메틸셀룰로스

메틸셀룰로스(methyl cellulose)는 목재 펄프를 알칼리 처리한 알칼리 셀룰로스를 염화메틸(methyl chloride)로 메틸화(methylation)시켜서 얻는다. 백~유백색의 분말 또는 섬유상의 물질로서 냄새가 없다. 수용액은 중성이어서 산성과 알칼리성에서 안정하므로 어떠한 식품에도 사용할 수 있다. 물속에서 팽윤하여 점성이 있는 콜로이드 용액을 생성한다. 에탄올과 에테르에는 녹지 않고 빙초산에는 녹는다. 찬물에는 녹아서 증점제 특성을 보이나 더운물에서는 녹지 않고 젤을 형성한다. 아이스크림에 유화안정제로 사용하며 햄, 소시지 등에 축합인산염과 병용하면 보수성, 결착성을 나타낸다.

ADI는 "not specified"이다(JECFA, 1989). 메틸셀룰로스의 사용량은 식품의 2% 이하(카복시메틸셀룰로스나트륨, 카복시메틸셀룰로스칼슘 또는 카복시메틸스타치나트륨과 병용할 때에는 각각의 사용량의 합계가 식품의 2% 이하)이어야 한다. 다만, 건강기능식품의 경우 제한받지 아니한다.

## 15. 메틸에틸셀룰로스

메틸에틸셀룰로스(methyl ethyl cellulose)는 백~미황색을 띠는 흡수성이 있는 섬유상 고체 또는 분말로서 냄새가 없다. 물속에서 팽윤하여 점성이 있는 콜로이드 용액을 생성한다. 에탄올에는 녹지 않는다. ADI는 "not specified"이다(JECFA, 1989). 사용기준은 일반사용기준에 준하여 사용한다.

## 16. 미세섬유상셀룰로스

미세섬유상셀룰로스(microfibrillated cellulose)는 펄프 등 섬유를 균질화 처리하여 미세섬유상으로 얻어지는 셀룰로스이다. 성상은 백색의 젖어 있는 솜 모양이다. 사용기준은 일반사용기준에 준하여 사용한다.

## 17. 분말셀룰로스

분말셀룰로스(powdered cellulose)는 펄프를 분해하여 얻어지는 것으로서 주성분은 셀룰로스이다. 성상은 백색의 분말로서 냄새가 없으며, 분말섬유소라고도 부른다. 물, 에탄올, 에테르 및 묽은 산에 녹지 않으나, 수산화나트륨에는 약간 녹는다. ADI는 "not specified"이다(JECFA, 1976). 사용기준은 일반사용기준에 준하여 사용한다. 안정제 및 고결방지제의 용도로도 사용된다.

## 18. 에틸셀룰로스

에틸셀룰로스(ethyl cellulose)는 목재 펄프를 알칼리 처리한 알칼리 셀룰로스를 염화에틸 (ethyl chloride)로 에틸화(ethylation)시켜서 얻으며, 성상은 백~갈색의 분말이다. 물에는 녹지 않는다. ADI는 "not specified"이다(JECFA, 1989). 사용기준은 일반사용기준에 준하여 사용한다.

## 19. 카복시메틸셀룰로스나트륨

카복시메틸셀룰로스나트륨(sodium carboxymethyl cellulose)은 백~엷은 황색의 분말 또는 알맹이 혹은 섬유 모양의 물질로서 냄새가 없다. 섬유소글리콜산나트륨이라고도 부르며, 이명은 셀룰로스검(cellulose gum); 카복시메틸셀룰로스(carboxymethyl cellulose); CMC; sodium CMC이다. 카복시메틸셀룰로스의 구조는 셀룰로스를 구성하는 포도당의 OH기에 카복시메틸기가 에테르 결합한 것이다(그림 16.2). 찬물과 뜨거운 물에 모두 잘 녹아 점성의 콜로이드 용액을 만들며, 에탄올에는 녹지 않는다. 수용액의 pH는 6.0~8.5이다. ADI는 "not specified"이다(JECFA, 1989). 사용기준은 메틸셀룰로스와 동일하다.

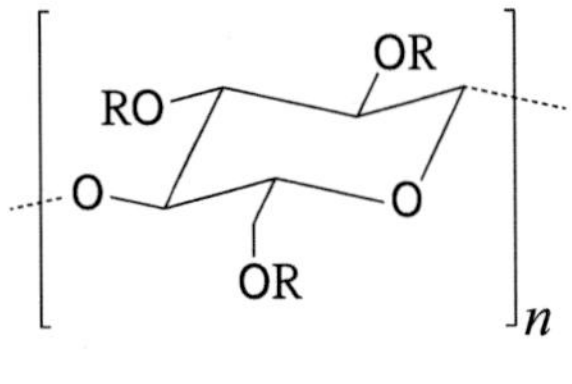

R = OH 또는 CH$_2$CO$_2$H

그림 16.2 **카복시메틸셀룰로스의 구조**

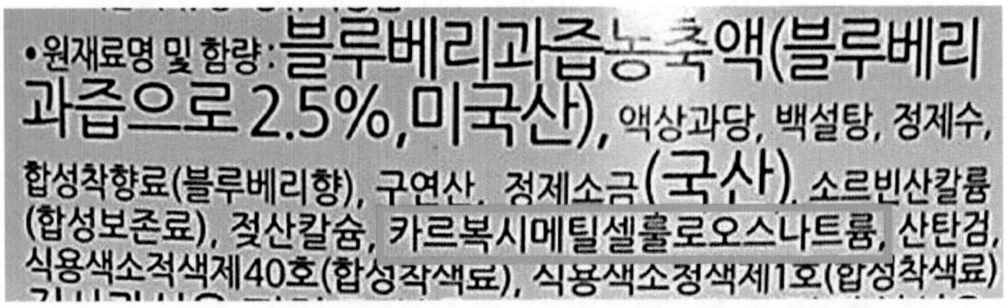

**카복시메틸셀룰로스나트륨이 사용된 식품**

## 20. 카복시메틸셀룰로스칼슘

카복시메틸셀룰로스칼슘(calcium carboxymethyl cellulose)은 백~엷은 황색의 분말 또는 섬유상 물질로서 냄새가 없다. 섬유소글리콜산칼슘이라고도 부른다. 사용기준은 메틸셀룰로스와 동일하다.

## 21. 카복시메틸스타치나트륨

카복시메틸스타치나트륨(sodium carboxymethyl starch)은 녹말을 구성하는 포도당의 OH기에 카복시메틸기가 에테르 결합한 것이다. 백색의 분말로 냄새가 없다. 수용액의 pH는 6.0~8.5이다. 사용기준은 메틸셀룰로스와 동일하다.

## 22. 히드록시프로필메틸셀룰로스

히드록시프로필메틸셀룰로스(hydroxypropylmethyl cellulose)는 백~황색을 띤 백색의 분말 또는 알갱이로서 냄새가 없거나 또는 약간 특이한 냄새가 있다. 물속에서 팽윤하여 점성이 있는 콜로이드 용액을 생성한다. 에탄올에는 녹지 않는다. 찬물에는 녹아서 증점제 특성을 보이나 더운물에서는 녹지 않고 젤을 형성한다. ADI는 "not specified"이다(JECFA, 1989). 사용기준은 일반사용기준에 준하여 사용한다.

## 23. 히드록시프로필셀룰로스

히드록시프로필셀룰로스(hydroxypropylcellulose)는 백~황백색을 띤 섬유상의 분말 또는 과립으로 냄새가 없다. 물속에서 팽윤하여 점성이 있는 콜로이드 용액을 생성하며, 에탄올과 에테르에는 녹지 않는다. 수용액의 pH는 5.0~8.0이다. ADI는 "not specified"이다(JECFA, 1989). 사용기준은 일반사용기준에 준하여 사용한다.

## 24. 덱스트란

덱스트란(dextran)은 그람양성세균(*Leuconostoc mesenteroides*, *Streptococcus bovis* Orla-Jensen)의 배양액에서 분리하여 얻어진 것이다. 성상은 백~담황색의 분말 또는 덩어리로 냄새가 없다. 덱스트란은 분지글루칸(branched glucan, 포도당으로만 구성된 다당류)이다. 직선 사슬은 포도당의 $\alpha$-1,6 글리코사이드 결합을 가지고 있고, $\alpha$-1,3- 또는 $\alpha$-1,4-글리코사이드의 가지를 가지고 있다(그림 16.3).

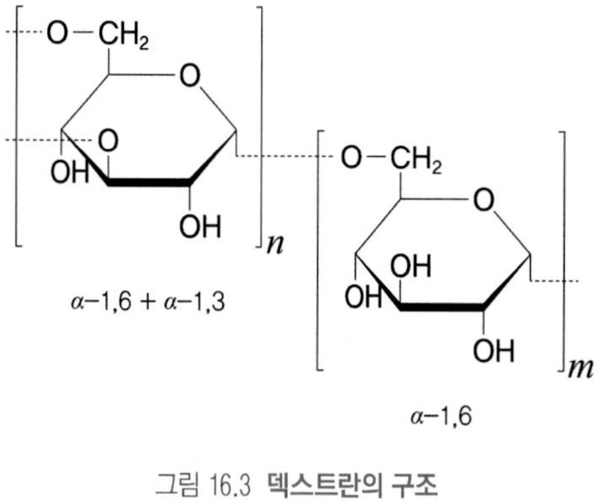

그림 16.3 **덱스트란의 구조**

## 25. 잔탄검

잔탄검(xanthan gum)은 잔토모나스 캄페스트리스(*Xanthomonas campestris*)균을 사용하여 탄수화물을 순수배양 발효시켜서 얻은 고분자 다당류 검 물질을 이소프로필알코올에

정제하고 건조하여 분쇄한 것이다. 포도당, 만노스 및 글루쿠론산의 나트륨, 칼륨 및 칼슘 염 등으로 구성된 혼합물이다. 성상은 백~유갈색의 분말로서 약간의 냄새가 있다. 물에는 녹고 에탄올에는 녹지 않으며, 수용액은 중성이다.

ADI는 "not specified"이다(JECFA, 1986). 안정제, 유화제 및 기포제(foaming agent)의 용 도로도 사용된다. 로커스트콩검과 함께 교반하면서 용해하면 고무상 젤이 형성되고, 로커 스트콩검을 섞지 않은 경우에는 고무상 젤이 형성되지 않는다.

## 26. 젤란검

젤란검(gellan gum)은 슈도모나스 엘로데아(*Pseudomonas elodea*)를 사용하여 탄수화 물을 순수배양 발효시켜서 얻은 고분자 다당류 검 물질을 이소프로필알코올로 정제하 고 건조, 분쇄하여 얻어지는 것으로서, 람노스, 글루쿠론산 및 포도당이 1:1:2로 구성된 헤테로다당류(heteropolysaccharide)이다. 또한, O-글리코사이드 결합으로 연결된 에스터 (O-glycosidically linked ester)로서 아실(글리세릴과 아세틸) 그룹들을 함유할 수 있으며, 성상 은 회백색의 분말이다. 글루쿠론산은 칼슘, 마그네슘, 칼륨 및 나트륨으로 중화되어 혼합염 형태로 존재한다. 물에 녹아 점성을 띠는 용액을 형성하며, 에탄올에는 녹지 않는다. ADI 는 "not specified"이다(JECFA, 1990).

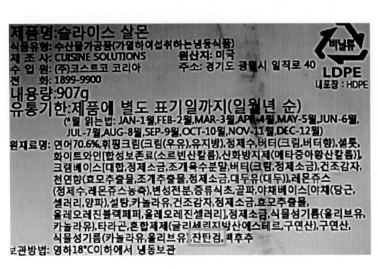

잔탄검이 사용된 식품                젤란검이 사용된 식품

## 27. 커드란

커드란(curdlan)은 알칼리게네스 파에칼리스(*Alcaligenes faecalis*) 또는 아그로박테륨 (*Agrobacterium*)속에서 생산된 다당류를 분리·정제하여 얻어지는 것으로, 성상은 백~담 황갈색의 분말로서 냄새가 없다. 커드란은 포도당이 $\beta$-1,3 결합으로 연결된 구조이며, 이명 은 베타-1,3-글루칸(beta-1,3-glucan)이다. 물과 에탄올에 녹지 않으며, 80℃ 이상의 온도로 가열하면 비가역적 젤을 형성한다. ADI는 "not specified"이다(JECFA, 2001).

## 28. 알긴산, 알긴산나트륨, 알긴산암모늄, 알긴산칼륨,
## 알긴산칼슘 및 알긴산프로필렌글리콜

알긴산(alginic acid)은 갈조류(*Phaeophyceae*)에서 얻어지는 탄수화물로, 화학적으로는 주 로 $\beta$-(1→4) 결합한 D-만누론산과 L-구루론산의 피라노스 고리형을 한 선상의 글리쿠로 노글리칸(glycuronoglycan)이다. 성상은 백색, 엷은 황갈색의 입자 또는 섬유상의 분말로서 약간의 특이한 냄새와 맛을 가진다. 알긴산, 알긴산나트륨, 알긴산암모늄, 알긴산칼륨 및 알 긴산칼슘은 일반사용기준에 준하여 사용하지만 알긴산프로필렌글리콜은 식품의 1% 이하 를 사용하여야 한다. 유화제 및 안정제의 용도로도 사용한다.

## 29. 카라기난

카라기난(carrageenan)은 홍조류인 *Chondrus*속, *Eucheuma*속, *Gigartina*속, *Hypnea*속, *Iridaea*속의 해초를 뜨거운 물 또는 뜨거운 알칼리성 수용액으로 추출한 다음 정제하여 얻어지는 것으로서 그 주성분은 $\iota$ (iota)-카라기난, $\kappa$ (kappa)-카라기난, $\lambda$ (lambda)-카라 기난이다. 카라기난은 황산기가 당류 단위에 결합되어 있는 몇 가지 갈락탄(galactan)의 혼 합물이다(그림 16.4). 성상은 백~엷은 갈색의 분말 또 는 입자로서 냄새가 없거나 또는 약간 특이한 냄새가 있다. 물에서는 80℃ 이상의 온도에서 녹고 에탄올에 는 녹지 않는다. 이명은 purified carrageenan; refined carrageenan; semi-refined carrageenan; processed

카라기난이 사용된 식품

eucheuma seaweed(PES)이고, 우리나라는 processed eucheuma seaweed를 카라기난 규격에 포함시키고 있으나 Codex는 processed eucheuma seaweed(PES)의 별도 규격이 마련되어 있다(INS 407a). ADI는 "not specified"이다(JECFA, 2001). 유화제 및 안정제의 용도로도 사용한다.

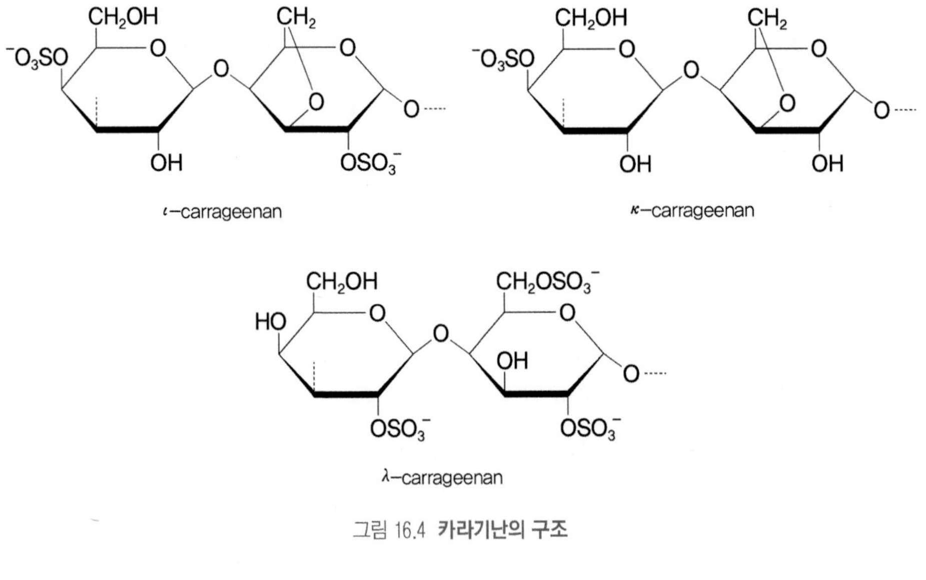

ι–carrageenan    κ–carrageenan

λ–carrageenan

그림 16.4 **카라기난의 구조**

## 30. 글루코사민

글루코사민(glucosamine)은 갑각류(게, 새우 등)의 껍질 및 연체류(오징어, 갑오징어 등)의 뼈에서 추출한 키틴 또는 키토산을 염산으로 가수분해하거나 또는 키토산을 염산에 용해시켜 키토산가수분해효소(chitosanase)로 가수분해한 다음 이를 분리, 정제하여 얻어지는 물질이다. 성상은 백~유백색의 결정성 분말 또는 분말로서 냄새가 없다. 수용액의 pH는 3.0~5.0이다.

## 31. 키토산

키토산(chitosan)은 키틴을 알칼리 처리하여 얻어지는 것으로서 그 성분은 폴리글루코사민(polyglucosamine)이다. 성상은 백~엷은 황색 또는 적색을 띠는 분말 혹은 인편상으로 약간 특유의 냄새가 있다.

## 32. 키틴

키틴(chitin)은 게, 새우 등의 갑각류 껍질 또는 오징어의 뼈를 산성 수용액에서 탄산칼슘을 제거한 후 약알칼리성 수용액으로 단백질을 제거한 것으로서 주성분은 *N*-아세틸글루코사민(*N*-acetylglucosamine) 다량체이다. 성상은 백~엷은 황색 또는 적색을 띠는 분말 혹은 비늘 모양 고체로서 약간 특유의 냄새가 있다.

## 33. 폴리아크릴산나트륨

폴리아크릴산나트륨(sodium polyacrylate)은 아크릴산나트륨(sodim acrylate)의 중합체로서 백색의 분말로서 냄새가 없다(그림 16.5). 수용액은 점성이 커서 첨가량이 적어도 되고 내열성이 커서 가열 처리하는 식품에 사용할 수 있다. 그러나 산이나 금속이온에 의해서 영향을 받기 쉬워서 pH 4 부근에서 침전이 생기고, 2가 이상의 금속염에 의해서도 침전이 생기며, 점도가 떨어진다. 폴리아크릴산나트륨의 사용량은 식품의 0.2% 이하이어야 한다.

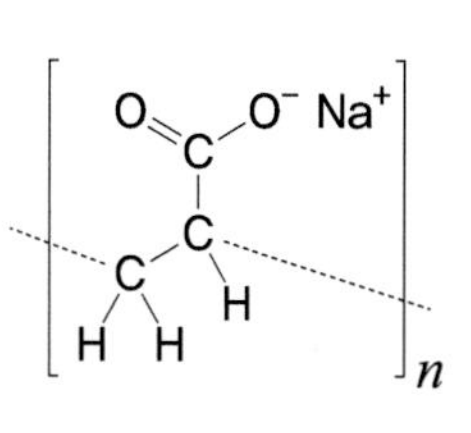

그림 16.5 **폴리아크릴산나트륨의 구조**

## 34. 펙틴

펙틴(pectin)은 감귤류 또는 사과 등을 열수 또는 산성수용액 등으로 추출하여 얻은 정제된 탄수화물의 중합체로서 펙틴사슬의 주요 부분은 D-갈락투론산 단위의 $\alpha$-1,4 결합으로 구성되어 있다. 카복실기의 일부는 메틸에스터화되어 있으며, 나머지는 유리산 또는 암모늄, 칼륨, 나트륨염으로 존재한다. 성상은 백~엷은 갈색의 분말 또는 입자로서 냄새가 없거나 약간 특이한 냄새가 있다.

## 35. 아미드펙틴

아미드펙틴(amidated pectin)은 감귤류 또는 사과 등을 열수 또는 산성수용액 등으로 추출하여 얻은 펙틴을 알칼리 조건에서 암모니아로 처리하여 얻어지는 정제된 탄수화물의 중합체로서 펙틴사슬의 주요 부분은 D-갈락투론산 단위의 $\alpha$-1,4 결합으로 구성되어 있다. 카복실기의 일부는 메틸에스터화 및 아마이드(amide)화되어 있으며, 나머지는 유리산 또는 암모늄, 칼륨, 나트륨염으로 존재한다. 성상은 백~엷은 갈색의 분말 또는 과립으로 냄새가 없거나 약간의 특유의 냄새가 있다.

우리나라는 펙틴 규격과 아미드펙틴 규격이 분리되어 있으나 Codex는 펙틴 규격에 아미드펙틴도 포함하고 있다.

## 36. 변성전분

변성전분(food starch modified)은 여러 가지 곡물이나 근경에서 유래한 녹말을 소량의 화학물질로 처리하여 녹말의 하이드록시기와 반응물질 사이의 반응에 의해 화학적으로 변형시킨 것 또는 이를 호화한 것으로 녹말 본래의 물리적 특성을 변형시킨 것이다. 이 품목에는 산화전분(oxidized starch, INS 1404), 아세틸아디프산이전분(acetylated distarch adipate, INS 1422), 아세틸인산이전분(acetylated distarch phosphate, INS 1414), 옥테닐호박산나트륨전분(starch sodium octenyl succinate, INS 1450), 인산이전분(distarch phosphate, INS 1412), 인산일전분(monostarch phosphate, INS 1410), 인산화인산이전분(phosphated distarch phosphate, INS 1413), 초산전분(starch acetate, INS 1420), 히드록시프로필인산이전분(hydroxypropyl distarch phosphate, INS 1442) 및 히드록시프로필전분(hydroxypropyl starch, INS 1440)이 있다. 성상은 백색 또는 거의 백의 분말, 입자로서 냄새와 맛이 없으며, 호화시킨 것은 조각, 무정형의 분말 또는 거친 입자로서 냄새와 맛이 없다. 찬물에 녹지 않고 뜨거운 물에서는 점성의 콜로이드 용액을 생성하며, 에탄올에는 녹지 않는다. ADI는 "not specified"이다 (JECFA, 1982).

## 37. 폴리감마글루탐산

폴리감마글루탐산(poly-γ-glutamic acid)은 고초균(*Bacillus subtilis*) 및 고초균의 일종인 *Bacillus subtilis* chungkookjang을 배양한 다음 배양여액을 막 분리 및 정제하여 얻어지는 물질이다. 성상은 흡습성이 강한 백색의 분말로서 냄새와 맛이 없다.

## 38. 히알루론산

히알루론산(hyaluronic acid)은 계관(닭 벼슬) 또는 유산구균(*Streptococcus zooepidemicus*)을 배양한 다음 정제하여 얻어지는 것으로 그 성분은 N-아세틸글루코사민과 D-글루쿠론산의 결합 구조를 가진 히알루론산이다. 성상은 백~엷은 황색의 분말 또는 알갱이로 흡습성이 있으며, 약간의 특유한 냄새가 있다.

## 39. 기타

이외에도 카나우바왁스, 카제인, 카제인나트륨 및 카제인칼슘 등이 중점제 용도로 사용된다.

　증점제는 식품의 점도를 증가시키는 식품첨가물을 말한다. 증점제 중 검류는 식물에서 분비되는 가티검, 구아검, 아라비아검 등 점성이 높은 고분자 다당류를 말하지만, 식물에서 얻어지는 글루코만난, 해조류에서 얻어지는 카라기난 및 미생물에서 얻는 덱스트란, 잔탄검, 젤란검 및 커드란 등의 고분자 다당류도 포함한다. 증점제 중에는 셀룰로스나 전분에서 얻은 것이 있고, 카제인이나 키틴 같은 동물성인 것도 있으며, 이외에 펙틴, 카라기난 및 알긴산과 같이 천연에서 추출한 것도 있다.

**1** 미생물에서 얻어지는 증점제에는 어떠한 것이 있는지 쓰시오.

**2** 구아검의 다당류 성분은 무엇인지 쓰시오.

**3** carob bean gum이라고도 불리는 증점제를 쓰시오.

**4** 구아검과 로커스트콩검의 공통점과 차이점을 쓰시오.

**5** gum arabic이라고도 불리는 증점제를 쓰시오.

---

**풀이와 정답**

1. 덱스트란, 잔탄검, 젤란검, 커드란
2. 갈락토만난(galactomannan)
3. 로커스트콩검
4. 두 증점제의 다당류는 갈락토만난이다. 구아검은 만노스와 갈락토스의 비율이 2:1이고, 로커스트콩검은 만노스와 갈락토스의 비율이 4:1이다.
5. 아라비아검

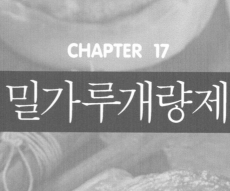

# CHAPTER 17

# 밀가루개량제

1. 아조디카르본아미드 ᛁ 2. 과산화벤조일(희석) ᛁ 3. 과황산암모늄 ᛁ 4. L-시스테인염산염 ᛁ 5. 염소 ᛁ 6. 이산화염소(수)

밀가루개량제(flour treatment agent)는 밀가루나 반죽에 첨가되어 제빵 품질이나 색을 증진시키는 식품첨가물을 말한다. 밀가루는 카로티노이드 색소를 함유하고 있어서 제분 후 일정기간(2~3개월) 숙성을 시키는데 숙성을 시키지 않으면 좋은 품질의 밀가루를 얻을 수 없다. 밀가루를 저장하면 공기 중 산소의 산화작용에 의해 밀가루 단백질 분해 효소의 활성이 저하되고, 카로티노이드 색소의 분해가 일어나 숙성과 표백이 이루어지나 시간이 오래 걸리므로 밀가루개량제를 사용한다. 또한, 제빵 저해물질을 파괴시켜 분질을 개량하는 용도로도 사용한다. 현재 우리나라에서 사용이 허가된 밀가루개량제는 아조디카르본아미드, 과산화벤조일(희석), 과황산암모늄, L-시스테인염산염, 염소 및 이산화염소(수) 등이 있다. 밀가루개량제의 효과는 산화에 의한 표백작용과 숙성에 의한 것이다. 스테아릴젖산나트륨과 스테아릴젖산칼슘은 표백작용은 없으나 글루텐의 탄력성과 안정성을 증대시키므로 빵류 및 이의 제조용 믹스에 사용한다. 표 17.1은 국내 지정 밀가루개량제의 국가별 지정 현황을 나타낸 것이다.

**표 17.1 국내 지정 밀가루개량제의 국가별 지정 현황**

| 식품첨가물명 | INS No. | CAS No. | 미국 | EU | Codex | 일본 |
|---|---|---|---|---|---|---|
| 아조디카르본아미드 | 927a | 123-77-3 | ○ | × | ○ | × |
| 과산화벤조일(희석) | 928 | 94-36-0 | ○ | × | ○ | ○ |
| 과황산암모늄 | 923 | 7727-54-0 | ○ | × | ○ | |
| L-시스테인염산염 | 920 | 7048-04-6 | ○ | ○ | ○ | ○ |
| 염소 | 925 | 7782-50-5 | ○ | × | ○ | × |
| 이산화염소(수) | 926 | 10049-04-4 | ○ | × | ○ | ○ |

# 1. 아조디카르본아미드

아조디카르본아미드(azodicarbonamide)는 황~등적색의 결정성 분말로서 냄새가 없으며, 표백작용이 있다. 물과 에탄올에는 녹지 않고, 다이메틸설폭사이드(dimethyl sulfoxide)에는 조금 녹는다. 180℃ 이상에서 분해되면서 녹는다. 구조는 그림 17.1과 같다.

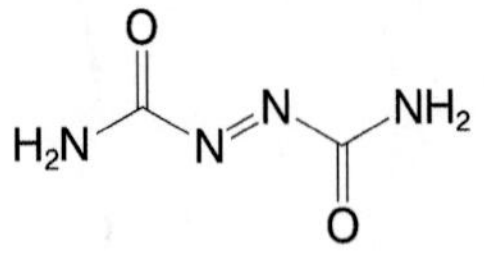

밀가루 글루텐의 -SH기를 산화시켜 -S-S-를 형성하고, 아조디카르본아미드는 바이유레아(biurea, 그림 17.2)

그림 17.1 **아조디카르본아미드의 구조**

아조디카르본아미드

아조디카르본아미드는 PVC와 스티로폼발포제로 사용되는 물질이다. EU에서는 식품첨가물로 사용을 금지하고 있다. 아조기를 함유하고 있는데 아조기에 민감한 개인에게는 알레르기를 유발한다고 알려져 있으며, 가열에 의해 발암성의 세미카바자이드(semicarbazide)를 생성하는 것으로도 알려져 있다. 하지만 유럽식품안전청(European Food Safety Authority, EFSA)은 현재 사용하는 수준에서는 안전하다고 결론을 내린 바 있다. 미국에서는 밀가루 가공 시 사용한 아조디카르본아미드가 논란이 되기도 했는데 우리나라 제분업계는 국내산 밀가루에 아조디카르본아미드를 전혀 사용하지 않고 있다고 밝혔다.

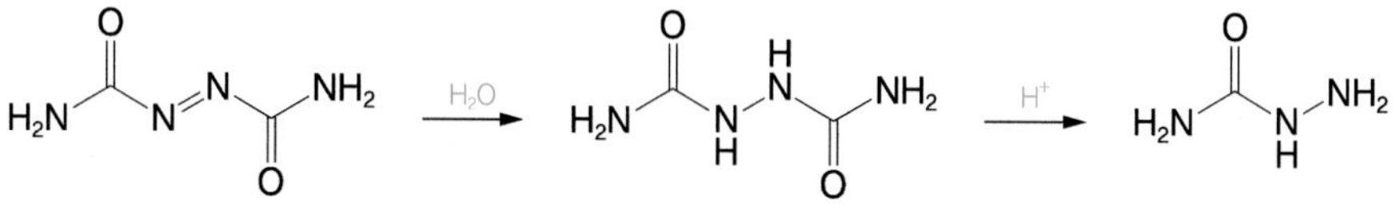

| 아조디카르본아미드 | 바이유레아 | 세미카바자이드 |

그림 17.2 **바이유레아 및 세미카바자이드 생성 메커니즘**

로 환원된다. 이 반응에 의해 밀가루 반죽의 리올로지(rheology) 특성이 크게 개선된다. 아조디카르본아미드는 0~45 mg/kg의 사용 수준에서는 안전하다고 평가된 바 있다(JECFA, 1965). 사용기준은 밀가루류 kg당 0.045 g 이하를 사용하도록 되어 있다.

## 2. 과산화벤조일(희석)

과산화벤조일(희석)(diluted benzoyl peroxide)은 과산화벤조일($C_{14}H_{10}O_4$)을 명반, 인산의 칼슘염류, 황산칼슘, 탄산칼슘, 탄산마그네슘 및 녹말 중 1종 또는 2종 이상을 희석한 것으로, 과산화벤조일 19.0~22.0%를 함유한다(그림 17.3). 성상은 백색의 분말이며, 물에 녹지 않고 에탄올에 약간 녹으며, 에테르에 녹는다. 유청을 과산화벤조일로 최대 100 mg/kg 농도로 처리해도 안전에 문제가 되지 않는다(JECFA, 2004).

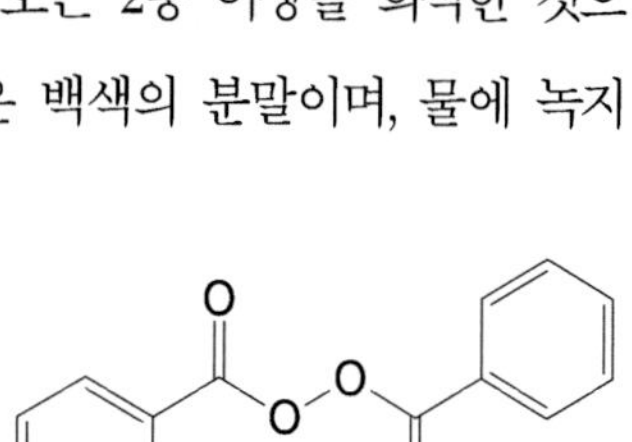

과산화벤조일(희석)은 강력한 산화제로 밀가루 카로티노이드계 색소를 표백하고 효소와 미생물을 불활성화시

그림 17.3 **과산화벤조일의 구조**

GMP

Good Manufacturing Practice의 약자로, 우수제조기준을 말한다. 식품첨가물사용을 GMP 기준에 따른다고 하는 것은 기술적으로 필요한 최소량을 사용한다는 뜻이다. EU에서 사용하는 quantum satis라는 용어도 기술적으로 필요한 최소량을 사용한다는 의미이다. 우리나라는 『식품첨가물공전』 일반사용기준에 명시되어 있다.

커 밀가루 품질을 향상시킨다. 밀가루류 이외의 식품에 사용하면 안 되며, 사용량은 밀가루류 1 kg에 대하여 0.3 g 이하를 사용하여야 한다. 밀가루를 표백하기 위해 사용하는 데는 보통 50~100 ppm 범위로 사용하며, 빵 반죽의 물성에는 영향을 미치지 않는다. 미국에서는 사용이 허용되어 있으며, GMP 기준에 따라 사용한다. 일본과 Codex에는 사용이 허가되어 있으나 EU에서는 사용이 허가되어 있지 않다.

제품명: 베티크로커 슈퍼모이스트 케이크 믹스 화이트
(Betty Crocker Supermoist Cake Mix White)
식품유형: 곡류가공품   원산지: 미국   제조사: GENERAL MILLS   내용량: 461g
수입원: (주)이마트   전화: 02)380-5678   서울특별시 성동구 뚝섬로 377 (성수동2가)
유통기한: 제품 별도 표기일까지(읽는방법: 일/월(영문)/년 순)
[영문월 읽는법: JAN-1월, FEB-2월, MAR-3월, APR-4월, MAY-5월, JUN-6월, JUL-7월, AUG-8월, SEP-9월, OCT-10월, NOV-11월, DEC-12월]
원재료명 및 함량: 강화밀가루(밀가루,니코틴산,환원철,비타민B1질산염,비타민B2,엽산,과산화벤조일) 설탕,옥수수시럽,팽창제(탄산수소나트륨,산성알루미늄인산나트륨,제일인산칼슘),식물성유지(팜유,부분경화내두유,부분경화면실유) 옥수수전분,변성전분(히드록시프로필인산이전분),정제소금,프로필렌글리콜지방산에스테르,탈지우유,포도당,글리세린지방산에스테르,제이인산칼슘,스테아릴젖산나트륨,대두레시틴,잔탄검, 카르복시메틸셀룰로오스나트륨,착향료(인공바닐라향,천연바닐라향)
밀, 우유, 대두 함유

과산화벤조일이 사용된 식품

## 3. 과황산암모늄

과황산암모늄(ammonium persulfate)은 무색의 결정 또는 백색의 결정성 분말이며, 물에 잘 녹는다. 분자식은 $(NH_4)_2S_2O_8$이다(그림 17.4). 강력한 산화제로 표백제로 사용된다. 밀가루의 색소를 산화, 탈색하고 제빵 효과를 좋게 한다. 과황

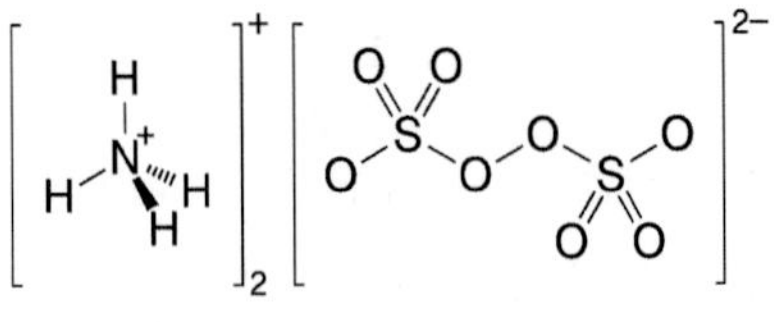

그림 17.4 과황산암모늄의 구조

산암모늄은 밀가루류에 0.3 g/kg 사용한다.

## 4. L-시스테인염산염

L-시스테인염산염(L-cysteine monohydrochloride)은 무~백색의 결정 또는 백색의 결정성 분말로서 특이한 냄새와 맛이 있다. HCl은 물에 불용성인 시스테인을 수용성으로 만들어 준다. L-시스테인염산염은 밀가루류, 과실주스 및 빵류 및 이의 제조용 믹스에 사용한다. 과일주스에는 갈변 방지를 위해 사용한다. 외국에서는 L-시스테인염산염과 당을 반응시켜 (마이야르 반응) 고기 향을 생성하는 데 사용하기도 한다.

• 제품명: 인디 밀 또띠아 (INDI FLOUR TORTILLAS) • 식품의 유형: 빵류 • 원산지: 미국(USA) • 내용량: 272g, 6인치(628 kcal) • 원재료명 및 함량: 영양강화밀가루[(밀가루(밀), 과산화벤조일(회석), 니코틴산, 환원철, 비타민B1, 질산염, 비타민B2, 엽산)], 정제수, 카놀라유, 식물성쇼트닝[부분경화대두유, 부분경화목 화씨유(글리세린지방산에스테르)], 정제염, 글리세린지방산에스테르(유화제), 프로피온산칼슘 (합성보존료),산도조 절제(탄산수소나트륨, 산성피로인산나트륨), 푸마르산, 황산칼슘, L-시스테인염산염, 비타민C • 수입원: 대한푸드텍㈜ / 경기도 광주시 도척면 방도길 43 (TEL. 031-762-4357) • 제조원: La

L-시스테인염산염이 사용된 식품

## 5. 염소

염소(chlorine, $Cl_2$)는 물에 잘 녹으며, 성상은 엷은 녹황색의 매우 자극적인 기체이나 일정한 압력 하에서는 액체로 된다. 염소는 음료수의 소독 등에도 이용되고 있다. 밀가루개량제로서 특히, 케이크제조용 박력분의 표백 숙성에 사용된다. 염소는 밀가루류 이외의 식품에 사용하면 아니 되며, 사용량은 밀가루류 1 kg에 대하여 2.5 g 이하를 사용하여야 한다.

## 6. 이산화염소(수)

이산화염소(수)(chlorine dioxide, $ClO_2$)는 상온에서 염소와 비슷한 자극취를 가진 녹황색 기체로 물에 잘 녹는다. 열에 불안정하여 분해되면 염소와 산소를 생성한다. 빵류 제조용 밀가루 1 kg에 대하여 0.03 g 이하를 사용한다. 또한, 이산화염소(수)는 과실류, 채소류 등 식품의 살균 목적으로 사용하며, 최종 식품 완성 전에 제거하여야 한다.

밀가루개량제는 밀가루나 반죽에 첨가되어 제빵 품질이나 색을 증진시키는 식품첨가물을 말한다. 밀가루는 제분 후 숙성을 시키는데 공기 중 산소의 산화작용에 의해 밀가루 단백질 분해 효소의 활성이 저하되고, 카로티노이드 색소의 분해가 일어나 숙성과 표백이 이루어지나 시간이 오래 걸리므로 밀가루개량제를 사용한다. 현재 우리나라에서 사용이 허가된 밀가루개량제는 아조디카르본아미드, 과산화벤조일(희석), 과황산암모늄, L-시스테인염산염, 염소 및 이산화염소(수) 등이 있다.

**1**  다음 중 밀가루개량제의 용도로 사용하는 식품첨가물은?
  ① 디벤조일티아민                    ② 카라기난
  ③ 아조디카르본아미드              ④ 이산화규소

**2**  밀가루개량제를 사용하는 이유를 설명하시오.

**3**  밀가루개량제뿐만 아니라 과일주스의 갈변을 방지하기 위해서도 사용되는 식품첨가물을 쓰시오.

풀이와 정답

1. ③

2. 밀가루는 카로티노이드 색소를 함유하고 있어 제분 후 일정기간 동안 숙성을 시키지 않으면 색이 누렇게 되어 밀가루의 품질을 나쁘게 한다. 제분 후 숙성을 시키게 되면 공기 중 산소의 산화작용에 의해 밀가루 단백질 분해 효소의 활성이 저하되고, 카로티노이드 색소의 분해가 일어나 숙성과 표백이 이루어지나 시간이 오래 걸린다. 따라서 식품첨가물 밀가루개량제를 사용하면 표백시키는 시간을 단축시킬 수 있다. 또한, 제빵 저해물질을 파괴시켜 분질을 개량하는 용도로 사용한다.

3. L-시스테인염산염

# 팽창제

팽창제(leavening agent, raising agent)는 가스를 방출하여 반죽의 부피를 증가시키는 식품 첨가물을 말한다. 팽창제 용도로 사용되는 식품첨가물과 국가별 지정 현황은 표 18.1에 나타나 있다.

팽창제는 탄산나트륨, 탄산수소나트륨, 탄산암모늄 및 탄산수소암모늄 등이 사용되는데 이들은 가열에 의해 분해되어 탄산가스나 암모니아 가스를 발생시켜 팽창제로 작용을 한다. 하지만 이들 팽창제는 가스가 발생한 다음에 식품을 알칼리성으로 만들어 갈변이 되거나 향미에 부정적인 영향을 끼친다. 따라서 이와 같은 결점을 개선하기 위하여 이들 팽창제에 산성물질을 혼합한 것이 혼합제제류인 합성팽창제(baking powder)이다.

합성팽창제는 1제식합성팽창제, 2제식합성팽창제 및 암모니아계합성팽창제가 있다. 1제식합성팽창제는 탄산염류 또는 중탄산염류(탄산수소염류)를 함유한 팽창제로서 1제식인 것을 말하며, 암모니아계합성팽창제는 제외한다. 1제식이란 팽창제를 한 봉지에 모두 넣은 것을 말한다. 즉, 1제식합성팽창제는 암모니아계합성팽창제를 제외한 알칼리성인 탄산염류나 중탄산염류에 산성물질을 혼합한 것을 주원료로 하고, 여기에 희석제로서 녹말 등을 혼합하여 한 봉지로 한 것을 말한다.

2제식합성팽창제는 탄산염류 또는 중탄산염류를 함유한 팽창제로서 2제식인 것을 말하는데 2제식이란 팽창제를 두 봉지에 구분하여 넣은 것을 말한다. 즉, 탄산염류 또는 중탄산염류에 녹말 등의 희석제를 혼합하여 한 봉지로 하고, 산성물질을 따로 한 봉지로 하여 사용할 때 밀가루에 혼합하는 것이다. 1제식합성팽창제보다 오래 보존할 수 있다.

암모니아계합성팽창제는 암모니아염류를 주요 성분으로 하는 팽창제를 말한다.

표 18.1 국내 지정 팽창제의 국가별 지정 현황

| 식품첨가물명 | INS No. | CAS No. | 미국 | EU | Codex | 일본 |
|---|---|---|---|---|---|---|
| 탄산나트륨 | 500(i) | 497-19-8 (무수물) 15968-11-6 (1수염) | ○ | ○ | ○ | ○ |
| 탄산수소나트륨 | 500(ii) | 144-55-8 | ○ | ○ | ○ | ○ |
| 탄산칼륨(무수) | 501(i) | 584-08-7 | ○ | ○ | ○ | ○ |
| 탄산수소칼륨 | 501(ii) | 298-14-6 | ○ | ○ | ○ | × |
| 탄산암모늄 | 503(i) | 10361-29-2 | ○ | ○ | ○ | ○ |
| 탄산수소암모늄 | 503(ii) | 1066-33-7 | ○ | ○ | ○ | ○ |
| 염화암모늄 | 510 | 12125-02-9 | ○ | × | ○ | ○ |
| 효모 | | 68876-77-7 | ○ | × | × | × |

단독으로 사용되거나 합성팽창제의 원료로 사용되어 가스를 발생시키는 팽창제는 다음과 같은 식품첨가물이 사용된다.

## 1. 탄산나트륨

탄산나트륨(sodium carbonate)은 결정물(1수염, 10수염) 및 무수물이 있고, 각각을 탄산나트륨(결정) 및 탄산나트륨(무수)이라고 한다. 결정물은 탄산소다, 무수물은 소다회(soda ash)라고도 부른다. 분자식은 $Na_2CO_3 \cdot nH_2O$(n=10, 1 또는 0)이다. 결정물은 백색의 결정성 분말 또는 무~백색의 결정성 덩어리이며, 무수물은 백색의 분말 또는 입상이다. 물에는 잘 녹고 에탄올에는 잘 녹지 않는다. ADI는 "not limited"이다(JECFA, 1965). 사용기준은 일반사용기준에 준하여 사용한다.

## 2. 탄산수소나트륨

탄산수소나트륨(sodium bicarbonate, $NaHCO_3$)은 중탄산나트륨이라고도 불리며, 이명은 sodium hydrogen carbonate이다. 성상은 백색의 결정성 덩어리 또는 결정성 분말이다. 물에는 잘 녹고 에탄올에는 잘 녹지 않으며, 수용액의 pH는 8.0~8.6이다. 가열하거나 산에 의해 탄산가스를 발생한다. 베이킹소다(baking soda) 또는 중조라고도 불린다. ADI는 "not limited"이다(1965).

탄산수소나트륨은 산성과 염기성의 성질을 둘 다 갖는 양쪽성(amphoteric) 물질이다. $HCO_3^-$이온이 염기로 작용하면 물에 녹아 다음과 같이 $H_2CO_3$와 $OH^-$를 생성하여 약알칼리성을 띠게 되고, 산으로 작용하면 $CO_3^{2-}$와 $H_3O^+$를 생성하여 약산을 띠게 된다.

염기: $HCO_3^- + H_2O \rightleftharpoons H_2CO_3 + OH^-$

산: $HCO_3^- + H_2O \rightleftharpoons CO_3^{2-} + H_3O^+$

탄산수소나트륨은 산 존재 하에 다음과 같이 탄산을 생성하고, 탄산은 다시 분해하여 $CO_2$를 생성한다.

$NaHCO_3 + CH_3COOH \rightarrow CH_3COONa + H_2CO_3$

$H_2CO_3 \rightarrow H_2O + CO_2$

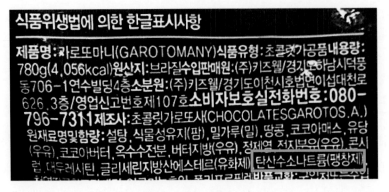

탄산수소나트륨이 사용된 식품

가열하면 다음 반응에 의해 $CO_2$를 생성한다.

$$2NaHCO_3 \rightarrow Na_2CO_3 + H_2O + CO_2$$

사용기준은 일반사용기준에 준하여 사용한다.


## 3. 탄산칼륨(무수)

탄산칼륨(무수)(potassium carbonate, anhydrous)은 분자식이 $K_2CO_3$이고, 성상은 백색의 알맹이 또는 분말이다. 물에는 잘 녹고, 에탄올에는 잘 녹지 않는다. ADI는 0~6 mg/kg 체중이다(JECFA, 1965).

탄산칼륨(무수)은 또한 산도조절제로도 사용되는데, 수용액의 pH는 11.6이다. 탄산나트륨보다 물에 더 잘 녹고, 코코아분말의 알칼리화(alkalization)에 사용하면 코코아분말의 색과 향의 강도를 증진시킨다.


## 4. 탄산수소칼륨

탄산수소칼륨(potassium bicarbonate, $KHCO_3$)은 무색투명한 결정 또는 백색의 입상 분말로서, 이명은 potassium hydrogen carbonate이다. 물에는 잘 녹고, 에탄올에는 잘 녹지 않는다. ADI는 "not limited"이다(JECFA, 1965).

## 5. 탄산암모늄

탄산암모늄(ammonium carbonate)은 백색 또는 반투명의 덩어리, 결정 또는 결정성 분말로서 강한 암모니아 냄새가 있다. 탄산암모늄은 불안정하여 카밤산암모늄(ammonium carbamate, $NH_2CO_2NH_4$), 탄산암모늄[$(NH_4)_2CO_3$] 및 탄산수소암모늄의 혼합물로 존재한다. 탄산암모늄은 불안정하므로 안정한 탄산수소암모늄이 더 많이 사용된다. 물에 잘 녹고, pH는 8.6 정도이다. ADI는 "not specified"이다(JECFA, 1982).

## 6. 탄산수소암모늄

탄산수소암모늄(ammonium bicarbonate, $NH_4HCO_3$)은 백색 또는 반투명의 덩어리, 결정 또는 백색의 결정성 분말로서 강한 암모니아 냄새가 있다. 중탄산암모늄이라고도 부르며, 이명은 ammonium hydrogen carbonate이다. 물에는 잘 녹고, 에탄올에는 잘 녹지 않는다. 수용액의 pH는 약 8.0이다. ADI는 "not specified"이다(JECFA, 1982).

탄산수소암모늄은 36℃ 이상에서 분해되어 $NH_4HCO_3 \rightarrow NH_3 + H_2O + CO_2$의 반응에 의해 암모니아 가스와 $CO_2$ 가스를 발생한다.

산과 반응하면 $NH_4HCO_3 + HCl \rightarrow NH_4Cl + CO_2 + H_2O$의 반응에 의해 $CO_2$ 가스를 발생한다.

## 7. 염화암모늄

염화암모늄(ammonium chloride, $NH_4Cl$)은 백색의 결정성 분말 또는 결정성 덩어리로서 염미 및 청량미를 가지고 있다. 물에는 잘 녹고 에탄올에도 약간 녹으며, 수용액의 pH는 4.5~6.0이다. ADI는 "not limited"이다(JECFA, 1979).

탄산수소나트륨과 혼합하여 사용하는데 탄산수소나트륨과 반응하면 다음과 같이 $CO_2$ 가스와 암모니아 가스를 발생한다.

$$NH_4Cl + NaHCO_3 \rightarrow NaCl + CO_2 + NH_3 + H_2O$$

## 8. 효모

효모(yeast)는 사카로미세스(*Saccharomyces* sp.)에 속하는 식용 효모를 식용 탄수화물 사용 배지에 배양하여 분리 세척한 액상효모, 이것을 탈수하여 성형한 생효모와 수분을 제거한 건조효모(활성) 및 살균처리한 건조효모(비활성)를 말한다. 액상효모는 유백~황갈색의 액체로서 특이한 냄새를 가지고 있고, 생효모는 유백~황갈색의 덩어리로서 특이한 냄새를 가지고 있으며, 건조효모는 황~갈색의 과립, 분말 또는 덩어리로서 특이한 냄새를 가지고 있다. 효모는 설탕을 분해하여 $CO_2$를 발생하므로 팽창제로서 작용하는 것이다.

건조효모는 차광한 밀봉용기에 넣어 보존하여야 한다는 보존기준이 있다.


## 9. 글루코노-$\delta$-락톤

글루코노-$\delta$-락톤은 제15장 산도조절제에서 설명했지만 물에 녹으면 글루콘산으로 가수분해되어 산성을 나타내는 성질이 있어 합성팽창제의 산성물질로 사용된다.

합성팽창제의 산성물질로 사용되는 식품첨가물과 국가별 지정 현황은 표 18.2와 같다.

글루코노-$\delta$-락톤이 사용된 식품

표 18.2 국내 지정 합성팽창제의 산성물질과 국가별 지정 현황

| 식품첨가물명 | INS No. | CAS No. | 미국 | EU | Codex | 일본 |
|---|---|---|---|---|---|---|
| 글루코노-$\delta$-락톤 | 575 | 90-80-2 | ○ | ○ | ○ | ○ |
| 황산알루미늄암모늄 | 523 | 7784-25-0(무수물)<br>7784-26-1(12수염) | ○ | | ○ | ○ |
| 황산알루미늄칼륨 | 522 | 10043-67-1(무수물)<br>7784-24-9(12수염) | ○ | ○ | ○ | ○ |
| DL-주석산수소칼륨 | - | - | × | × | × | ○ |
| L-주석산수소칼륨 | 336(i) | 868-14-4 | ○ | ○ | ○ | ○ |
| 산성피로인산나트륨 | 450(i) | 7758-16-9 | ○ | ○ | ○ | ○ |
| 산성알루미늄인산나트륨 | 541(i) | 7785-88-8 | ○ | ○ | ○ | × |

# 10. 황산알루미늄암모늄

황산알루미늄암모늄(aluminium ammonium sulfate)은 결정물(12수염) 및 건조물이 있고, 각각을 황산알루미늄암모늄 및 황산알루미늄암모늄(건조)이라고 한다. 결정물은 암모늄명반, 건조물은 소암모늄명반이라고도 한다. 분자식은 $AlNH_4(SO_4)_2 \cdot nH_2O$(n=0 또는 12)이고, 이명은 ammonium alum이다. 성상은 무~백색의 결정, 분말, 조각, 과립 또는 덩어리로서 냄새가 없고 약간 떫은맛이 있으며, 수렴성이 있다. 물에 잘 녹고 에탄올에 녹지 않으며, 수용액은 산성을 나타낸다(pH 4.2). 알루미늄에 대해 PTWI로 2 mg/kg 체중이 설정되어 있다(JECFA, 2011).

황산알루미늄암모늄은 한식된장, 된장, 조미된장에 사용하면 아니 된다는 사용기준이 있는데, 이는 황산알루미늄암모늄이 된장의 색을 선명하게 하는 효과가 있어서 위화(adulteration)의 우려가 있기 때문이다.

# 11. 황산알루미늄칼륨

황산알루미늄칼륨(aluminium potassium sulfate)은 결정물(12수염) 및 건조물이 있고, 각각을 황산알루미늄칼륨 및 황산알루미늄칼륨(건조)이라고 한다. 결정물은 명반, 건조물은 소명반이라고 부른다. 분자식은 $AlK(SO_4)_2 \cdot nH_2O$(n=0 또는 12)이고, 이명은 potassium alum이다. 성상은 무~백색의 결정, 분말, 조각, 과립 또는 덩어리로서 냄새가 없고 약간 떫은맛이 있으며, 수렴성이 있다. 물에는 잘 녹고 에탄올에는 녹지 않으며, 10% 수용액의 pH는 3.0~4.0이다. 산성물질로의 작용은 지효성을 나타내어 온도가 상승하여야 가스를 발생하므로 과자류의 팽창제로 좋다. PTWI는 알루미늄에 대해 2 mg/kg으로 설정되어 있다(JECFA, 2011).

명반은 피클을 만들 때 채소나 과일의 연화를 방지하는 역할을 하며, 빵을 희게 하기 위해 오래전부터 사용하기도 하였다. 당면 제조 시에도 명반을 사용하는데 표백작용과 함께 당면의 텍스처를 좋게 하는 역할을 한다. 명반은 녹말의 팽윤과 호화 특성을 개선하여 당면의 텍스처를 좋게 한다. 당면 제조 시 면을 형성하기 위해서는 고구마 녹말의 반죽이 끊어지지 않고 흘러내릴 수 있도록 하는 점성을 가진 보조제가 필요한데 명반과 녹말을 혼합한 뒤 가열하여 점성을 지닌 풀물이 그 역할을 한다. 당면 제조에는 보통 0.3~0.5%의 명반을 사용한다.

명반은 한식된장, 된장, 조미된장에 사용하면 아니 된다는 사용기준이 있다. 명반은 팽창제의 용도 외에도 산도조절제의 용도로도 사용된다.

제품명 : 오코믹스 소프트(OKOMIX SOFT)
제품유형 : 기준규격외일반가공식품(곡류가공품)
수입원 : (주)모노링크(www.monolink.kr)
　　-소재지:서울시 송파구 삼전로 2길 51
　　-TEL:02)425-6747, FAX:02)425-6839
원재료명 : 소맥분,합성팽창제(탄산수소나트륨,황산알루미늄칼륨,L-주석산수소칼륨,글루코노델타락톤),다시마분말,설탕,정제소금,L-글루타민산나트륨(향미증진제),고등어분말,대두유,유채유,가다랑어추출물,건조가다랑어분말
밀,고등어,대두 함유
중량 : 1kg

황산알루미늄칼륨이 사용된 식품

## 12. DL-주석산수소칼륨, L-주석산수소칼륨

DL-주석산수소칼륨(potassium DL-bitartrate)은 *dl*-주석산수소칼륨 또는 DL-중주석산칼륨이라고도 하며, L-주석산수소칼륨(potassium D-bitartrate)은 *d*-주석산수소칼륨 또는 L-중주석산칼륨이라고도 한다. 성상은 무색의 결정 또는 백색의 결정성 분말로서 청량한 신맛이 있다. 흡습성이 적고, 산으로의 성질이 온화하므로 팽창제의 산성물질로 아주 뛰어나다. 탄산수소나트륨과 반응하여 탄산가스를 발생하며, 그 작용은 속효성이다. 사용기준은 일반사용기준에 준하여 사용한다.

## 13. 산성피로인산나트륨

산성피로인산나트륨(disodium dihydrogen pyrophosphate)은 백색의 결정성 분말 또는 입상으로 분자식은 $Na_2H_2P_2O_7$이다(그림 18.1). Disodium dihydrogen diphosphate; disodium diphosphate; sodium acid pyrophosphate (SAPP)라고도 하며, 물에 잘 녹는 물질로 수용액의 pH는 3.7~5.0이다. 탄산수소나트륨과 반응하여 다음과 같이 $CO_2$를 발생시킨다.

$$Na_2H_2P_2O_7 + NaHCO_3 \rightarrow Na_3HP_2O_7 + CO_2 + H_2O$$

산성피로인산나트륨은 그룹 MTDI가 70 mg/kg 체중(인으로서)으로 설정되어 있으며 (JECFA, 1982), 이미를 가지므로 단맛이 있는 케이크에 사용된다. GRAS물질이며, 염지육 (cured meat)에서는 보수성을 증가시키고, 고기통조림이나 감자에서 색이 어두워지는 것 (darkening)을 방지하기 위해 사용한다. 완충작용이 있으며, 킬레이트제(chelating agent)로도 사용한다. 사용기준은 일반사용기준에 준하여 사용한다.

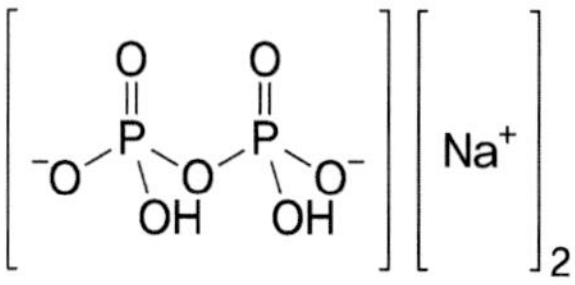

그림 18.1 산성피로인산나트륨의 구조

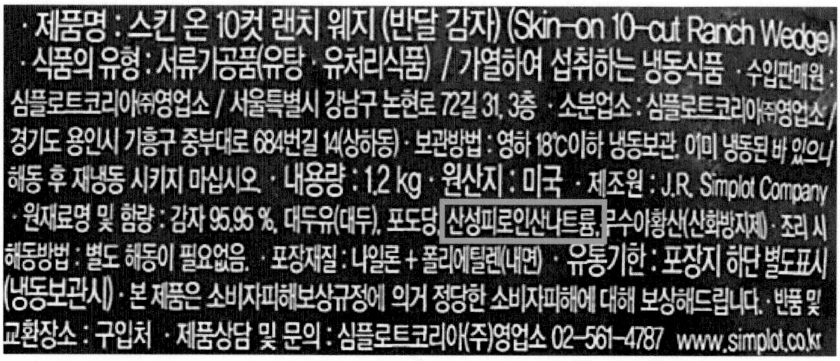

산성피로인산나트륨이 사용된 식품

## 14. 산성알루미늄인산나트륨

산성알루미늄인산나트륨(sodium aluminium phosphate, acidic)은 백색의 분말로서 냄새가 없다. 물에는 용해되지 않으며, 염산에는 녹는다. 분자식은 $NaAl_3H_{14}(PO_4)_8 \cdot 4H_2O$ 또는 $Na_3Al_2H_{15}(PO_4)_8$이고, 이명은 SALP이다. 산화알루미늄(aluminium oxide), 인산과 수산화나트륨을 반응시켜 제조한다. $CO_2$를 서서히 방출하므로 반죽을 냉장고에 보관할 수 있다. 20%의 $CO_2$는 혼합 과정에서 방출되고 나머지는 조리 과정 중에 방출된다. 특히 냄새가 없고, 제빵 시 균일한 텍스처를 부여하며, 냉장 보관 중에도 $CO_2$가 적게 방출된다는 점이 장점이다.

PTWI는 알루미늄에 대해 2 mg/kg 체중으로 설정되어 있다(JECFA, 2011). 사용기준은 일반사용기준에 준하여 사용한다.

염기성알루미늄인산나트륨(sodium aluminium phosphate, basic)은 치즈 가공 시 유화제로 사용된다.


## 15. 기타

그 외에도 DL-사과산, DL-사과산나트륨, 세스퀴탄산나트륨, 아디프산, 제일인산나트륨, 제이인산나트륨, 제삼인산나트륨, 제이인산마그네슘, 제삼인산마그네슘, 제일인산칼륨, 제이인산칼륨, 제삼인산칼륨, 제일인산칼슘, 제이인산칼슘, 제삼인산칼슘, 제일인산암모늄, 제이인산암모늄, 탄산마그네슘, 탄산칼슘, 메타인산나트륨, 메타인산칼륨, 폴리인산나트륨, 폴리인산칼륨, 피로인산나트륨, 피로인산칼륨 및 황산암모늄 등이 팽창제의 용도로 사용된다.

팽창제는 가스를 방출하여 반죽의 부피를 증가시키는 식품첨가물을 말한다. 팽창제는 가열에 의해 분해되어 탄산가스나 암모니아 가스를 발생시키는 물질인데 이들 팽창제는 가스가 발생한 다음에 식품을 알칼리성으로 만들어 갈변이 되거나 향미에 부정적인 영향을 끼친다. 따라서 이와 같은 결점을 개선하기 위하여 팽창제에 산성물질을 혼합한 것이 혼합제제류인 합성팽창제이다. 합성팽창제의 원료로 사용되는 팽창제는 탄산나트륨, 탄산수소나트륨, 탄산칼륨(무수), 탄산수소칼륨, 탄산암모늄, 탄산수소암모늄 및 염화암모늄 등이 있다. 효모는 설탕을 분해하여 $CO_2$를 발생하므로 팽창제로서 작용을 한다.

합성팽창제의 산성물질로 사용되는 식품첨가물은 글루코노-$\delta$-락톤, 황산알루미늄암모늄, 황산알루미늄칼륨, DL-주석산수소칼륨, L-주석산수소칼륨, 산성피로인산나트륨 및 산성알루미늄인산나트륨 등이 있다. 황산알루미늄암모늄은 암모늄명반이라고 부르며, 황산알루미늄칼륨은 명반이라고 부르는데 이들 수용액은 산성을 나타내어 팽창제의 산성물질로 작용한다.

1  합성팽창제 베이킹파우더에 대해 설명하시오.

2  명반에 대해 설명하시오.

3  베이킹소다라고 불리는 팽창제를 쓰시오.

4  탄산수소나트륨이 팽창제로 작용하는 기작을 설명하시오.

5  다음 중 합성팽창제의 산성물질이 아닌 것은?
　① 글루코노-δ-락톤　　　　　　　　　② 황산알루미늄칼륨
　③ 산성알루미늄인산나트륨　　　　　　④ 실리코알루민산나트륨

---

풀이와 정답

1. 팽창제는 가스를 방출하여 반죽의 부피를 증가시키는 식품첨가물인데, 팽창제는 가스가 발생한 다음에 식품을 알칼리성으로 만들어 갈변이 되거나 향미에 부정적인 영향을 끼친다. 따라서 이와 같은 결점을 개선하기 위하여 이들 팽창제에 산성물질을 혼합한 것이 합성팽창제 베이킹파우더이다. 합성팽창제는 식품첨가물 1종 이상을 혼합한 것이므로 혼합제제류에 속한다.

2. 명반은 황산알루미늄칼륨을 말하며, 10% 수용액의 pH는 3.0~4.0으로 합성팽창제의 산성물질로 사용된다. 당면 제조 시에도 명반을 사용하는데 표백작용과 함께 당면의 텍스처를 좋게 하는 역할을 한다.

3. 탄산수소나트륨

4. 탄산수소나트륨은 산 존재 하에 탄산을 생성하고 탄산은 다시 분해하여 $CO_2$를 생성한다.

　$NaHCO_3 + CH_3COOH \rightarrow CH_3COONa + H_2CO_3$

　$H_2CO_3 \rightarrow H_2O + CO_2$

5. ④

# 향미증진제

향미증진제(flavor enhancer)는 식품의 맛 또는 향미를 증진시키는 식품첨가물을 말한다. 향미증진제의 용도로 사용하는 식품첨가물은 5′-구아닐산이나트륨, L-글루탐산, L-글루탐산나트륨, L-글루탐산암모늄, L-글루탐산칼륨, 글리신, 나린진, 5′-리보뉴클레오티드이나트륨, 5′-리보뉴클레오티드칼슘, 베타인, 변성호프추출물, 5′-이노신산이나트륨, 카페인, 탄닌산, 향신료올레오레진류, 호박산, 호박산이나트륨 및 효모추출물 등이 있다.

향미증진제 중 식품의 감칠맛(umami)을 증진시키는 것은 핵산계, 아미노산계와 유기산계가 있다. 핵산계 향미증진제에는 5′-구아닐산이나트륨, 5′-이노신산이나트륨, 5′-리보뉴클레오티드이나트륨 및 5′-리보뉴클레오티드칼슘이 있고, 아미노산계 향미증진제에는 L-글루탐산, L-글루탐산나트륨, L-글루탐산암모늄, L-글루탐산칼륨, 글리신 및 베타인이 있다. 유기산계 향미증진제는 호박산 및 호박산이나트륨이다. 효모추출물은 천연에서 얻은 향미증진제이다.

나린진과 카페인은 쓴맛을 주는 향미증진제이다. L-글루탐산나트륨과 카페인은 사용 시 명칭과 용도를 함께 표시해야 한다[예: L-글루탐산나트륨(향미증진제)].

표 19.1은 국내 지정 향미증진제의 국가별 지정 현황을 나타낸 것이다.

**표 19.1** 국내 지정 향미증진제의 국가별 지정 현황

| 식품첨가물명 | INS No. | CAS No. | 미국 | EU | Codex | 일본 |
|---|---|---|---|---|---|---|
| 5′-구아닐산이나트륨 | 627 | 5550-12-9 | ○ | ○ | ○ | ○ |
| 5′-이노신산이나트륨 | 631 | 4691-65-0 | ○ | ○ | ○ | ○ |
| 5′-리보뉴클레오티드이나트륨 | 635 | – | × | ○ | ○ | ○ |
| 5′-리보뉴클레오티드칼슘 | 634 | – | × | ○ | ○ | ○ |
| L-글루탐산 | 620 | 56-86-0 | ○ | ○ | ○ | ○ |
| L-글루탐산나트륨 | 621 | 142-47-2 | ○ | ○ | ○ | ○ |
| L-글루탐산암모늄 | 624 | 7558-63-6 | ○ | ○ | ○ | ○ |
| L-글루탐산칼륨 | 622 | 19473-49-5 | ○ | ○ | ○ | ○ |
| 나린진 | – | 10236-47-2 | ○ | × | × | ○ |
| 카페인 | – | 58-08-02 | ○ | × | × | ○ |
| 베타인 | – | 107-43-7 | × | × | × | ○ |
| 호박산 | 363 | 110-15-6 | ○ | ○ | ○ | ○ |
| 호박산이나트륨 | 364(ii) | 150-90-3 | × | ○ | ○ | ○ |
| 탄닌산 | 181 | 1401-55-4 | ○ | × | ○ | ○ |

# 1. 5′-구아닐산이나트륨

5′-구아닐산이나트륨(disodium 5′-guanylate)은 무~백색의 결정, 백색의 결정성 분말 또는 분말로서 특이한 맛을 가지고 있다. 5′-구아닐산나트륨이라고도 부른다(그림 19.1). 이명은 sodium 5′-guanylate 또는 sodium guanylate이다. 물에는 잘 녹고 에탄올에는 조금 녹으며, 에테르에는 녹지 않는다. 수용액의 pH는 7.0~8.5이다. 표고버섯의 정미 성분으로 알려져 있고 맛의 한계값은 0.0035%이다. L-글루탐산나트륨과 병용 시 강한 상승효과를 나타내서, 보통 L-글루탐산나트륨에 대하여 2~12%를 사용한다.

5′-구아닐산이나트륨은 보통 식품에 5′-이노신산이나트륨과 1:1 혼합물을 사용한다. 5′-구아닐산이나트륨의 향미는 5′-이노신산이나트륨보다 2.4~3배 더 강하다. 5′-구아닐산이나트륨은 향미를 증진시키는 외에도 신맛과 짠맛을 부드럽게 하고, 쓴맛과 금속성 맛을 억제하기도 하며, 단백질가수분해물과 효모추출물의 이취를 마스킹하기도 한다.

5′-구아닐산이나트륨은 효모 RNA를 효소로 가수분해한 다음 다른 핵산을 제거한 후 NaOH로 중화시키거나, 구아노신(guanosine)을 발효에 의해 생산한 다음 인산화시킨 후 중화시키거나 또는 구아닐산(guanylic acid)을 발효로 생산한 다음 중화시켜 제조한다.

ADI는 "not specified"이고(JECFA, 1974), 사용기준은 일반사용기준에 준하여 사용한다.

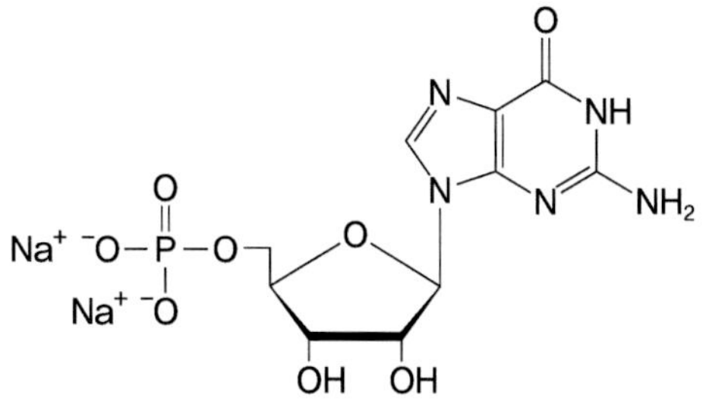

그림 19.1 5′-구아닐산이나트륨의 구조

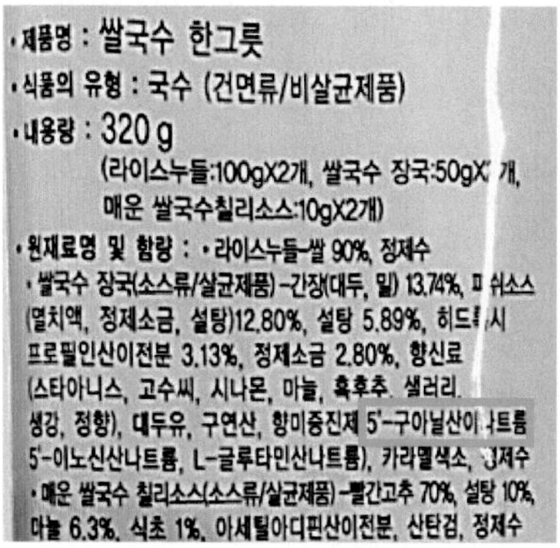

5′-구아닐산이나트륨이 사용된 식품

# 2. 5′-이노신산이나트륨

5′-이노신산이나트륨(disodium 5′-inosinate)은 무~백색의 결정 또는 백색의 결정성 분말

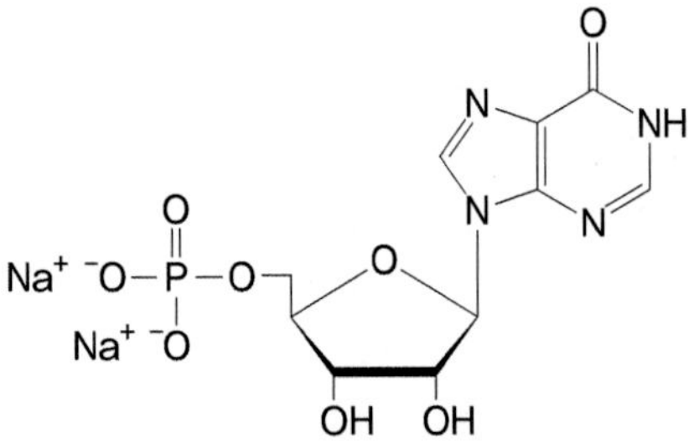

로서 특이한 맛을 가지고 있다. 5′-이노신산나트륨이라고도 부른다(그림 19.2). 이명은 sodium 5′-inosinate 또는 sodium inosinate이며, 건조가다랑어와 고기추출물의 정미 성분으로 알려져 있다. 물에는 잘 녹고 에탄올에는 조금 녹으나, 에테르에는 녹지 않으며, 수용액의 pH는 7.0~8.5이다. 이노신산염(inosinate)은 단백질식품에 자연적으로 존재한다. 5′-이노신산나트륨은 적색육, 가금육 및 수산물의 향미를 증진시키는 데 사용되며, 맛의 한계값은 0.012%이다.

그림 19.2 **5′-이노신산이나트륨의 구조**

ADI는 "not specified"이고(JECFA, 1985), 사용기준은 일반사용기준에 준하여 사용한다.

## 3. 5′-리보뉴클레오티드이나트륨

5′-리보뉴클레오티드이나트륨(disodium 5′-ribonucleotide)은 5′-이노신산이나트륨, 5′-구아닐산이나트륨, 5′-시티딜산이나트륨 및 5′-우리딜산이나트륨의 혼합물 또는 5′-이노신산이나트륨 및 5′-구아닐산이나트륨의 혼합물이다. 5′-리보뉴클레오티드이나트륨의 95.0% 이상은 5′-이노신산이나트륨 및 5′-구아닐산이나트륨이다. 성상은 백~유백색의 결정 또는 분말로서 냄새가 없고, 특이한 맛을 가지고 있으며, sodium ribonucleotides라고도 한다. 5′-이노신산이나트륨과 5′-구아닐산이나트륨이 1:1로 혼합되어 있다. 가장 일반적으로 사용되는 핵산계 향미증진제로서 물에는 잘 녹고 에탄올에는 조금 녹으며, 에테르에는 녹지 않는다. 수용액의 pH는 7.0~8.5이다. 통상적으로 L-글루탐산나트륨과 2:98~10:90의 비율 사이에서 혼합하여 사용한다.

향미 강도는 5′-이노신산이나트륨의 1.65~2배이다. ADI는 "not specified"이고(JECFA, 1974), 사용기준은 일반사용기준에 준하여 사용한다.

## 4. 5′-리보뉴클레오티드칼슘

5′-리보뉴클레오티드칼슘(calcium 5′-ribonucleotide)은 5′-이노신산칼슘, 5′-구아닐산칼슘, 5′-시티딜산칼슘과 5′-우리딜산칼슘의 혼합물 또는 5′-이노신산칼슘과 5′-구아닐산칼슘의 혼합물로서, 5′-리보뉴클레오티드칼슘의 95.0% 이상은 5′-이노신산칼슘 및 5′-구아

닐산칼슘이다. 이명은 calcium ribonucleotides이다. 성상은 백~유백색의 결정 또는 분말로서 냄새가 없고, 약간 특이한 맛을 가지고 있다. 물에는 조금 녹으며, 수용액의 pH는 7.0~8.0이다. 5′-리보뉴클레오티드이나트륨과 염화칼슘을 반응시켜 얻는다. 5′-이노신산칼슘과 5′-구아닐산칼슘이 1:1로 혼합되어 있다. 5′-리보뉴클레오티드이나트륨보다 물에 잘 녹지 않으므로 인산가수분해효소(phosphatase)에 의해서 분해되지 않는다. 따라서 어육 연제품처럼 인산가수분해효소가 들어 있는 식품에 첨가한다. ADI는 "not specified"이고 (JECFA, 1974), 사용기준은 일반사용기준에 준하여 사용한다.

## 5. L-글루탐산, L-글루탐산나트륨, L-글루탐산암모늄 및 L-글루탐산칼륨

L-글루탐산(L-glutamic acid)은 무~백색의 결정 또는 백색의 결정성 분말로서 약간 특이한 맛과 산미가 있다. 물에는 조금 녹고, 에탄올이나 에테르에는 녹지 않는다. 수용액의 pH는 3.0~3.5(포화용액)이다. ADI는 그룹 ADI로 "not specified"이다(JECFA, 1987).

L-글루탐산나트륨(monosodium L-glutamate)은 sodium glutamate라고도 하며, 약어로 MSG라고도 하지만 우리나라에서는 더 이상 MSG라는 이명을 사용할 수 없다(2015년 식품 등의 표시기준 개정). 성상은 무~백색의 기둥 모양 결정 또는 백색의 결정성 분말로서 특이한 맛을 가지고 있다(그림 19.3). 물에는 잘 녹고 에탄올에는 조금 녹으며, 에테르에는 녹지 않는다. 수용액의 pH는 6.7~7.2이다.

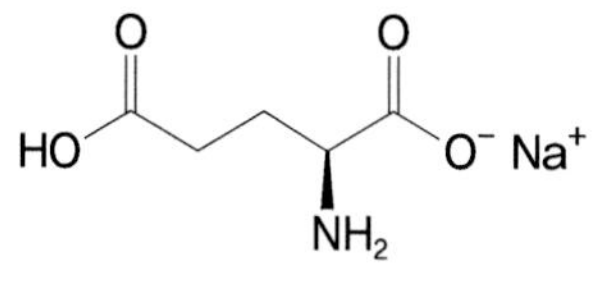

그림 19.3 L-글루탐산나트륨의 구조

L-글루탐산나트륨은 L-글루탐산이 해리된 형태(-COO⁻)일 때 감칠맛이 나며, 비해리형인 L-글루탐산(-COOH)은 감칠맛이 없다. L-글루탐산은 산해리상수($pK_a$)가 2.19($\alpha$-카복실기), 4.25($\gamma$-카복실기)와 9.67($\alpha$-아미노기) 3개가 있는데, pH가 중성일 때는 $\alpha$-카복실기와 $\gamma$-카복실기가 해리되어 나트륨과 결합한 L-글루탐산나트륨으로 존재한다. 낮은 pH에서는 카복실산이 비해리형으로 존재한다. 즉, L-글루탐산은 pH에 따라 유리산과 염의 형태로 상호 전환된다. L-글루탐산이 감칠맛을 갖게 되는 것은 염의 형태일 때이다.

다시마의 향미증진 효과가 L-글루탐산 때문이라는 사실이 1908년 처음으로 밝혀졌는데, 이후 특허를 받고, 1909년부터 일본에서 상업적으로 생산하기 시작하였다. 1960년대 전까지는 밀 글루텐이나 탈지대두를 염산으로 산 가수분해해서 제조하였는데, L-글루탐산-염산 결정을 뜨거운 물에 녹여 여과한 후, pH를 3.2(등전점)로 조절하여 L-글루탐산 결정을 침전시켜 얻는다. 이를 물에 분산한 후 NaOH로 중화시켜 L-글루탐산나트륨을 얻는다. 중화된 용액은 활성탄으로 탈색하고, L-글루탐산나트륨을 결정화하기 위해 농축하여 원심분리한다. L-글루탐산나트륨 형태로 존재하는 것은 건조된 결정형일 때뿐이다.

1957년 미생물이 L-글루탐산을 축적한다는 사실이 발견된 이후 현재는 발효법에 의해 L-글루탐산나트륨이 생산되고 있다. L-글루탐산나트륨은 코리네박테륨 글루타미쿰 (*Corynebacterium glutamicum*)을 사용하여 30%의 수율(L-글루탐산 무게/당의 무게)로 생산된다. 발효기술의 발전으로 100g/L, 60%의 수율로 생산이 가능하다.

L-글루탐산나트륨은 0.03% 이상의 농도에서 감칠맛을 나타내며, 통상적으로 0.2~0.8%

| 제품명 | 어포에 빠진날 |
|---|---|
| 식품의 유형 | 조미건어포류 |
| 원산지 | 베트남산 |
| 원재료명 및 함량 | 양태(베트남산)88 %, 설탕9 %, 정제염1 %, L-글루타민산나트륨(향미증진제)1 %, D-솔비톨1 % |
| 내용량 | 18 g이상 |
| 유통기한 | 별도표기일까지 |

L-글루탐산나트륨이 사용된 식품

사용하면 향미증진 효과가 가장 좋다. 5′-구아닐산이나트륨이나 5′-이노신산이나트륨 같은 핵산과 병용하면 상승작용을 나타내 감칠맛이 증가한다. L-글루탐산나트륨은 일반사용기준에 따라 사용한다.

다량 섭취 시 나타나는 증상으로 중국음식 점증후군(Chinese Restaurant Syndrome)이 보고되기도 하였으나 이후 실시한 연구에서 관련이 없는 것으로 나타났다. 또한, Codex, EU, 미국 및 일본 등 대부분의 국가에서 사용이 허용되어 있다. L-글루탐산나트륨은 아미노산인 L-글루탐산의 나트륨염이다. L-글루탐산은 단백질의 구성 성분으로 존재하거나 유리 상태로 생체나 식품 중에 존재한다.

L-글루탐산은 뇌에서 신경전달물질로 사용된다. 실험동물에게 L-글루탐산을 주입하면 뇌에 있는 신경세포를 손상시킨다고 알려져 있다. 하지만 식품으로 L-글루탐산을 섭취하면 이러한 일은 일어나지 않는다. 1995년 FASEB(미국 실험생물학회연합) 보고서는 L-글루탐산나트륨이 안전하다고 결론지었다. L-글루탐산은 많은 생명체 내에 존재한다. L-글루탐산은 인체 내에서 또는 치즈, 우유, 고기, 콩 및 버섯 같은 단백질 함유-식품에서 자연적으로 발견된다. 유리 L-글루탐산이 식품의 향미를 증진시키는데, 토마토, 치즈 및 간장의 향미증진 효과는 유리 L-글루탐산에 기인한다.

L-글루탐산나트륨에 대한 안전성은 오랫동안 논쟁이 되어 왔다. L-글루탐산나트륨의 유해성은 미국 올리(Olney) 박사가 마우스에 L-글루탐산나트륨을 과량으로 주사하면 뇌 조직

에 손상이 일어난다고 보고하면서 야기되었다. 올리 박사는 마우스에 체중 kg당 2 g의 L-글루탐산나트륨을 피하주사한 결과 뇌 조직에서 손상이 일어났으며, 4~8 g을 주사했을 때는 시신경 장애가 일어났다고 보고하였다. 하지만 이러한 실험에 대해 불합리하다는 주장이 제기되었는데, 인체 내에는 약 10 g의 유리 L-글루탐산이 존재하는데 주로 근육과 뇌에 존재한다. 식품으로 섭취하는 유리 L-글루탐산은 1~2 g이다. 인체에는 보호작용이 있어서 (blood-brain barrier) 식품으로부터 섭취한 L-글루탐산이 뇌 조직으로 이행되는 양은 매우 제한적이다. 마우스에 과량의 L-글루탐산나트륨을 피하주사하면 신경독성이 일어나지만 사료와 함께 경구투여하면 체중 kg당 45 g을 먹여도 신경독성을 나타내지 않는다. 과량의 L-글루탐산나트륨을 주사했을 때 사람과 원숭이 같은 영장류에서는 혈액 내 L-글루탐산나트륨이 정상치를 유지하여 신경독성을 일으키지 않았다.

또한, L-글루탐산나트륨과 중국음식점증후군과의 관련성에 대하여 커(Kerr) 등이 행한 실험에서 중국음식점증후군을 모르는 사람들에게 L-글루탐산나트륨이 들어 있는 것을 알리지 않고 L-글루탐산나트륨을 넣은 식품을 먹였을 때 1~2%만이 그 증상을 느꼈고, 0.19%만이 중국음식과 관련이 있다고 믿었다. 중국음식점증후군을 알고 있는 사람은 12%가 그 증상을 느꼈다고 한다. 이러한 결과는 중국음식점증후군과 L-글루탐산나트륨과의 관계가 사람들의 편견에 좌우한다는 것을 말해주는 것이며, 중국음식점증후군은 커피나 토마토주스를 마신 후에도 느껴진다고 하였다.

미국 식품과학회(Institute of Food Technologists, IFT)도 수년간 과학적인 연구 결과를 토대로 L-글루탐산나트륨은 안전하다고 결론지었다. 다만, L-글루탐산나트륨에 민감한 개인

---

Tip

L-글루탐산나트륨

우리나라 식품의약품안전처는 대부분의 소비자가 L-글루탐산나트륨의 약자인 MSG를 화학조미료의 총칭으로 알고 있어 '무 MSG' 표시제품은 어떤 화학조미료도 사용하지 않은 제품으로 오인하므로 MSG 용어의 사용을 금지하였다. L-글루탐산나트륨을 화학조미료나 인공조미료라고 부르는데 이것은 잘못된 것이다. L-글루탐산나트륨이 중화반응에 의해 제조되므로 화학적합성품으로 분류되기 때문에 화학조미료라고 한 것인데 실제로 오늘날 생산되는 L-글루탐산나트륨은 100% 발효에 의해 생산되는 발효조미료이다. 인공이란 자연계에 존재하지 않는 물질을 의미하는데 L-글루탐산은 자연계에 존재하는 물질이고, L-글루탐산나트륨은 L-글루탐산의 염이므로 인공조미료라는 표현은 맞지 않다.

이 있으므로 표시(labeling)를 의무화하기로 하였다. L-글루탐산나트륨은 GRAS에 속하는 물질이다.

## 6. 나린진

나린진(naringin)은 운향과 귤(*Citrus paradisi* Macf.) 등의 과피, 과즙 또는 종자를 물 또는 상온의 에탄올 또는 메탄올로 추출하고 분리 정제하여 얻어진다. 성상은 무~엷은 황색의 결정이며, 강한 쓴맛을 가진다(그림 19.4). 잔류 용매는 메탄올이 50 ppm 이하이어야 한다. 나린진은 아글리콘(aglycone)인 나린제닌(naringenin)이 람노스(rhamnose)와 포도당의 이당류와 결합한 플라바논-7-*O*-글리코사이드(flavanone-7-*O*-glycoside)로서 나린진가수분해효소(naringinase)에 가수분해되면 나린제닌과 당으로 분해되어 쓴맛을 내지 않는다. 먼저 나린진이 가수분해되면 람노스와 프루닌(prunin)이 되고 프루닌은 포도당과 나린제닌으로 가수분해된다. 쓴맛을 내는 용도로 사용하며, 사용기준은 일반사용기준에 준하여 사용한다.

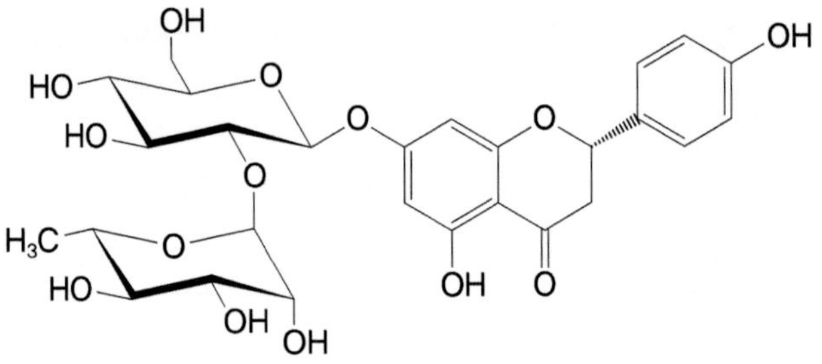

그림 19.4  **나린진의 구조**

## 7. 카페인

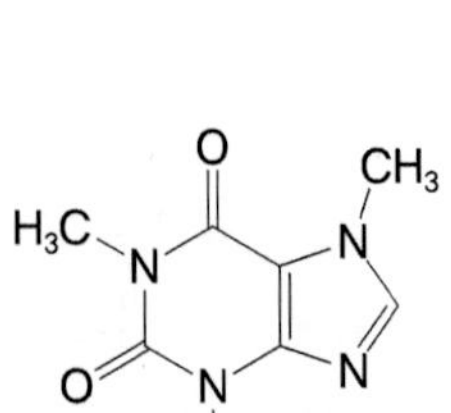

카페인(caffeine)은 꼭두서니과 커피(*Coffea arabica* Linne)의 종자 또는 동백나무과 차(*Camellia sinensis* O. kze)의 잎을 물 또는 이산화탄소로 추출한 다음 분리 정제하여 얻어진 것이다. 성상은 백색의 결정성 분말이며, 냄새는 없고, 맛은 약간 쓰다(그림 19.5).

그림 19.5  **카페인의 구조**

카페인

카페인의 과다 섭취가 문제가 되고 있다. 일반적으로 캔커피 1캔에는 74 mg, 커피믹스 1봉지에는 69 mg, 콜라 1캔에는 23 mg, 녹차 티백 1개에는 15 mg의 카페인이 함유되어 있다. 과라나추출물을 첨가한 에너지 음료의 경우 과량의 카페인을 함유하기도 하여 청소년이 다량 섭취하면 문제가 될 수도 있다. 우리나라 식품의약품안전처가 정한 카페인 최대일일섭취권고량은 성인 400 mg 이하, 임신부 300 mg 이하, 19세 이하 어린이 및 청소년은 2.5 mg/kg 체중 이하이다. 현재 카페인이 액체 1 mL당 0.15 mg(150 ppm) 이상 함유된 음료는 고카페인 함유 제품임을 표시하여야 한다.

카페인의 사용기준은 다음과 같다. 카페인은 탄산음료에 한하여 사용하여야 한다. 카페인의 사용량은 탄산음료의 0.015% 이하(다만, 최종적으로 탄산음료에 해당되는 제품으로서 5배 이상 희석하여 음용하거나 사용하는 음료베이스는 0.075% 이하)이어야 한다.

## 8. 효모추출물

효모추출물(yeast extract)은 효모세포의 성분인 아미노산, 펩타이드, 탄수화물 및 염류인 수용성 성분들로 이루어져 있고, 식용효모 내에 원래 존재하는 효소 또는 식품용 효소류의 첨가에 의해 폴리펩타이드결합이 가수분해되어 만들어지며, 제조 공정 중에 염류를 첨가할 수 있다. 건조물로서 단백질 42% 이상을 함유한다. 성상은 액체, 분말, 과립 또는 페이스트상의 물질이다.

효모추출물은 식물단백질가수분해물(hydrolyzed vegetable protein, HVP)과 함께 식품업계에서 가공식품의 향미를 증진시키는 데 널리 사용하는 물질이다. HVP는 식품첨가물이 아니고 식품 원료로서 관리되고 있다.

## 9. 베타인

베타인(betaine)은 명아주과 사탕무(*Beta vulgaris* L. var. rapa)의 당밀을 분리 정제하여 얻어지는 물질이다. 성상은 백색의 결정이며, 약간의 냄새와 감미가 있다(그림 19.6). 수용액의 pH는 5.0~7.0

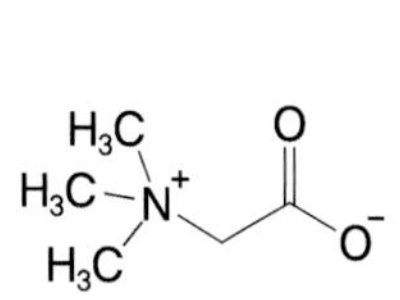

그림 19.6 베타인의 구조

이다. 트라이메틸글리신(*N,N,N*-trimethylglycine)이라고도 부르며, 문어나 오징어의 감칠맛 성분으로 수산가공품에 이용한다.


## 10. 호박산 및 호박산이나트륨

호박산(succinic acid)은 무~백색의 결정성 분말로서 냄새가 없고, 특이한 신맛이 있다. 조개 국물의 맛을 내며, 자연계에 널리 분포하는 물질이다(그림 19.7). 물에 잘 녹고 흡습성이 없어 분말 제품에 사용된다. 이명은 butanedioic acid이다. 호박산은 L-글루탐산나트륨과 병용할 수도 있으나 L-글루탐산나트륨과 반응하여 글루탐산과 호박산일나트륨을 생성하여 감칠맛의 균형이 파괴될 수도 있다. 호박산의 사용량은 L-글루탐산나트륨의 1/10 이하로 사용하는 것이 좋다. ADI는 "not specified"이고(JECFA, 1985), 사용기준은 일반사용기준에 준하여 사용한다.

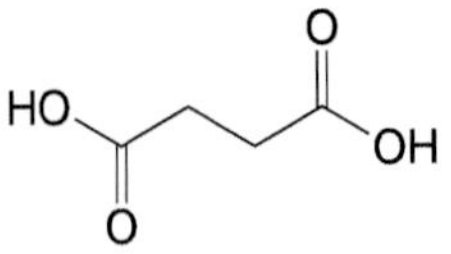

그림 19.7 **호박산의 구조**

호박산이나트륨(disodium succinate)은 무~백색의 결정 또는 백색의 결정성 분말로서 냄새가 없고, 특이한 맛이 있다. 신맛이 전혀 없고, 특유의 조개 국물 맛을 낸다. 수용액의 pH는 7.0~9.0이다.

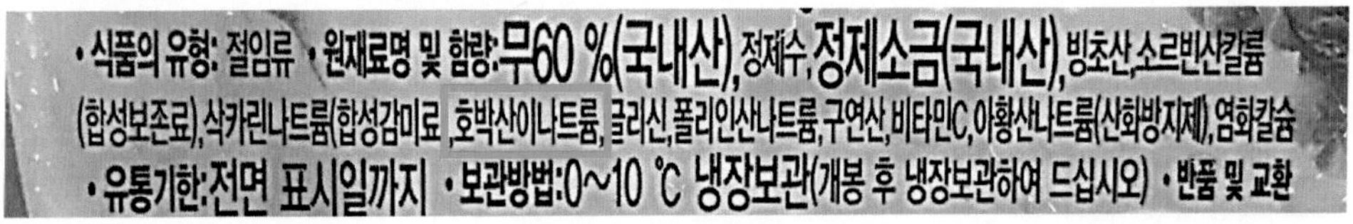

• 식품의 유형: 절임류 • 원재료명 및 함량: 무60 %(국내산), 정제수, 정제소금(국내산), 빙초산, 소르빈산칼륨(합성보존료), 삭카린나트륨(합성감미료, 호박산이나트륨, 글리신, 폴리인산나트륨, 구연산, 비타민C, 이황산나트륨(산화방지제), 염화칼슘 • 유통기한: 전면 표시일까지 • 보관방법: 0~10 ℃ 냉장보관(개봉 후 냉장보관하여 드십시오) • 반품 및 교환

**호박산이나트륨이 사용된 식품**


## 11. 탄닌산

탄닌산(tannic acid)은 보통 오배자 또는 몰식자 등에서 얻어지는 물질이다. 성상은 황백~엷은 갈색의 무정형의 분말, 광택이 있는 비늘 모양 또는 해면상 물질로 냄새가 없거나 약간 특이한 냄새를 가지며, 떫은맛이 있다. 주로 갈로타닌(gallotannin)으로 구성되어 있다. 탄닌산은 가수분해형 탄닌(또는 타닌)과 축합형 탄닌(condensed tannin)이 있는데 가수분해형 탄닌을 탄닌산이라고 한다. 가수분해되면 갈산(gallic acid, 몰식자산)을 낸다. 화학적 의

미의 산은 아니고, 다른 탄닌물질과 구분하기 위하여 탄닌산이라는 명칭을 붙였다.

물, 아세톤 및 에탄올에 잘 녹고, 에테르에는 녹지 않는다. ADI는 "not specified"이다 (JECFA, 1989). 청징제의 용도로도 사용되며, 사용기준은 일반사용기준에 준하여 사용한다.

## 12. 기타

글리신(glycine)은 단맛을 가지고 있어 향미증진제로 작용을 한다. 변성호프추출물 (modified hop extract)은 맥주에 한하여 사용하여야 한다. 이외에 향신료올레오레진류(spice oleoresins)가 향미증진제로 사용된다.

　향미증진제는 식품의 맛 또는 향미를 증진시키는 식품첨가물을 말한다. 향미증진제 중 식품의 감칠맛을 증진시키는 것은 핵산계, 아미노산계와 유기산계가 있다. 핵산계 향미증진제에는 5′-구아닐산이나트륨, 5′-이노신산이나트륨, 5′-리보뉴클레오티드이나트륨 및 5′-리보뉴클레오티드칼슘이 있고, 아미노산계 향미증진제에는 L-글루탐산, L-글루탐산나트륨, L-글루탐산암모늄, L-글루탐산칼륨, 글리신 및 베타인이 있다. 유기산계 향미증진제는 호박산 및 호박산이나트륨이 있다. L-글루탐산나트륨은 L-글루탐산이 해리된 형태일 때 감칠맛이 나며, 비해리형인 L-글루탐산은 감칠맛이 없다. 현재는 발효법에 의해 L-글루탐산나트륨이 생산되고 있다. L-글루탐산나트륨은 5′-구아닐산이나트륨이나 5′-이노신산이나트륨 같은 핵산과 병용하면 상승작용을 나타내 감칠맛이 증가한다. L-글루탐산나트륨은 단백질의 구성 성분인 아미노산 L-글루탐산의 나트륨염으로 안전한 물질이다. 카페인은 쓴맛을 나타내는 향미증진제로 탄산음료에 한하여 사용하여야 한다. 호박산 및 호박산이나트륨은 조개 국물 맛을 나타내는 향미증진제이다.

**1** 조개 국물 맛을 나타내는 향미증진제를 쓰시오.

**2** 감칠맛을 나타내는 핵산계 향미증진제를 쓰시오.

**3** L-글루탐산나트륨의 안전성에 대해 서술하시오.

**4** 문어나 오징어의 감칠맛 성분으로 사탕무의 당밀에서 얻는 향미증진제를 쓰시오.

**5** 쓴맛을 주기 위해 사용하는 향미증진제를 쓰시오.

**6** 사용 시 명칭과 용도를 함께 표시해야 하는 향미증진제를 쓰시오.

---

풀이와 정답

1. 호박산 및 호박산이나트륨
2. 5′-구아닐산이나트륨, 5′-이노신산이나트륨, 5′-리보뉴클레오티드이나트륨 및 5′-리보뉴클레오티드칼슘
3. L-글루탐산나트륨은 L-글루탐산이 물에 잘 녹지 않으므로 물에 잘 녹게 만들기 위해 나트륨염으로 만든 것이며, 물에 녹으면 L-글루탐산과 나트륨염으로 해리된다. L-글루탐산은 단백질을 구성하는 아미노산으로 자연계의 모든 생물에 존재한다. 한때 중국음식점증후군을 일으키는 물질로 안전성에 의문을 가지기도 하였으나 이후 연구에서 중국음식점증후군이라는 실체도 모호하다는 것이 밝혀졌다. ADI는 "not specified"로 매일 평생 섭취하더라도 유해한 작용을 나타내지 않는 안전한 물질이다. 또한 L-글루탐산나트륨은 미국에서 GRAS에 속한다.
4. 베타인
5. 나린진, 카페인
6. L-글루탐산나트륨과 카페인

# 추출용제

추출용제(extraction solvent)는 유용한 성분 등을 추출하거나 용해시키는 식품첨가물을 말한다. 즉, 식품에서 유용 성분을 추출할 때 또는 건강기능식품의 기능성원료를 추출할 때 사용되는 식품첨가물이다. 이처럼 추출용제의 용도로 사용하는 식품첨가물로는 메틸알코올, 부탄, 아세톤, 이소프로필알코올, 초산에틸 및 헥산 등이 있다.

식품첨가물 제조 시에 사용하는 추출용매에 대해서는 『식품첨가물공전』 제조기준에 다음과 같이 명시되어 있다. 즉, 동물, 식물, 광물 등을 원료로 하여 제조되는 식품첨가물에 사용되는 추출용매는 물, 주정을 사용하거나 『식품첨가물공전』에 수재된 것으로서 개별규격에 적합한 것이나, 삼염화에틸렌(trichloroethylene) 및 염화메틸렌(methylene chloride)을 사용할 수 있다. 다만, 사용된 용매(물, 주정 제외)는 최종 제품 완성 전에 제거하여야 한다.

삼염화에틸렌 및 염화메틸렌은 식품첨가물 제조에만 사용되는 추출용매일 뿐 식품첨가물은 아니다.

표 20.1은 국내 지정 추출용제의 국가별 지정 현황을 나타낸 것이다.

표 20.1 국내 지정 추출용제의 국가별 지정 현황

| 식품첨가물명 | INS No. | CAS No. | 미국 | EU | Codex | 일본 |
|---|---|---|---|---|---|---|
| 메틸알코올 | - | 67-56-1 | ○ | ○ | ○ | × |
| 부탄 | 943a | 106-97-8 | ○ | ○ | ○ | ○ |
| 아세톤 | - | 67-64-1 | ○ | ○ | ○ | ○ |
| 이소프로필알코올 | - | 67-63-0 | ○ | ○ | ○ | ○ |
| 초산에틸 | - | 141-78-6 | ○ | ○ | ○ | ○ |
| 헥산 | - | 110-54-3 | ○ | ○ | ○ | ○ |

## 1. 메틸알코올

메틸알코올(methyl alcohol)의 분자식은 $CH_3OH$이며, 메탄올(methanol) 또는 카비놀(carbinol)이라고도 부른다. 무색투명한 가연성의 액체로서 특이한 냄새가 있다. 사용기준은 건강기능식품의 기능성원료 추출 또는 분리 등의 목적 이외에 사용하면 아니 되며, 사용한 메틸알코올의 잔류량은 0.05 g/kg 이하이어야 한다.

## 2. 부탄

부탄(butane)의 분자식은 $C_4H_{10}$이며, 무색의 가연성 가스로 특유의 냄새가 있다. 부탄은 식용유지 제조 시 유지 성분의 추출 목적이나 건강기능식품의 기능성원료 추출 또는 분리 등의 목적에만 사용하며, 최종 식품 완성 전에 제거하여야 한다.

## 3. 아세톤

아세톤(acetone)의 분자식은 $CH_3COCH_3$이며, 무색투명한 휘발성의 액체로서 특이한 냄새가 있다. 아세톤은 식용유지 제조 시 유지 성분을 분별하는 목적(다만, 사용한 아세톤은 최종 식품의 완성 전에 제거해야 함)과 건강기능식품의 기능성원료 추출 또는 분리 등의 목적(아세톤의 잔류량은 0.03 g/kg 이하)에만 사용할 수 있다.

## 4. 이소프로필알코올

이소프로필알코올(isopropyl alcohol)의 분자식은 $CH_3CHOHCH_3$이며, 2-프로판올(2-propanol) 또는 이소프로판올(isopropanol)이라고도 한다. 무색투명한 액체로서 특이한 냄새가 있다. 이소프로필알코올은 착향의 목적으로 사용하거나, 설탕에 0.01 g/kg 이하(이소프로필알코올로서 잔류량) 또는 건강기능식품의 기능성원료 추출 또는 분리 등의 목적에 0.05 g/kg 이하(이소프로필알코올로서 잔류량)로 사용할 수 있다.

## 5. 초산에틸

초산에틸(ethyl acetate)의 분자식은 $CH_3COOC_2H_5$이며, 무색투명한 액체로서 과실과 같은 향기가 있다. 초산에틸은 착향의 목적 또는 초산비닐수지의 용제로 사용하거나 건강기능식품의 기능성원료 추출 또는 분리 목적에 0.05 g/kg 이하(초산에틸로서 잔류량)로 사용할 수 있다.

## 6. 헥산

헥산(hexane)은 석유 성분 중에서 $n$-헥산의 비점 부근에서 증류하여 얻어진 것이다. 무색투명한 휘발성의 액체로서 특이한 냄새가 있다. 헥산은 식용유지 제조 시 유지 성분의 추출 목적으로 0.005 g/kg 이하(헥산으로서 잔류량) 또는 건강기능식품의 기능성원료 추출 또는 분리 등의 목적으로 0.005 g/kg 이하(헥산으로서 잔류량)를 사용할 수 있다.

Tip

**식품 가공에 사용하는 용매**

식품을 제조·가공할 때는 용매로 물, 주정 또는 물과 주정의 혼합액, 이산화탄소만을 사용할 수 있다. 다만, 『식품첨가물공전』에서 개별기준이 정해진 경우에는 그 사용기준을 따른다. 즉, 식용유를 추출할 때는 헥산을 용매로 사용할 수 있다.

추출용제는 유용한 성분 등을 추출하거나 용해시키는 식품첨가물을 말한다. 즉, 식품에서 유용 성분을 추출할 때 또는 건강기능식품의 기능성원료를 추출할 때 사용되는 식품첨가물이다. 추출용 제의 용도로 사용하는 식품첨가물은 메틸알코올, 부탄, 아세톤, 이소프로필알코올, 초산에틸 및 헥 산 등이 있다. 식품첨가물을 제조할 때는 이들 추출용매 외에도 삼염화에틸렌 및 염화메틸렌을 사 용할 수 있다. 사용된 용매(물, 주정 제외)는 최종 제품 완성 전에 제거하여야 한다. 완전 제거가 불 가능한 경우에는 잔류용매 기준에 적합하여야 한다.

**1** 다음 식품첨가물 중 착향의 목적 또는 초산비닐수지의 용제로 사용하는 식품첨가물은?

① 메틸알코올　　　　　　　　　　　② 이소프로필알코올

③ 초산에틸　　　　　　　　　　　　④ 헥산

**2** 식품에서 유용 성분을 추출할 때 또는 건강기능식품의 기능성원료를 추출할 때 사용할 수 있는 식품첨가물 6가지를 쓰시오.

**3** 파프리카추출색소를 추출할 때는 어떤 추출용매를 사용하는지 설명하시오.

---

풀이와 정답

1. ③

2. 메틸알코올, 부탄, 아세톤, 이소프로필알코올, 초산에틸, 헥산

3. 식품첨가물공전에 수재된 파프리카추출색소의 개별규격에 적합한 용매를 사용한다. 파프리카추출색소는 적합한 용매로 에탄올, 메탄올, 삼염화에틸렌, 아세톤, 이소프로필알코올, 염화메틸렌, 헥산을 사용할 수 있도록 명시되어 있다. 또한, 사용된 용매들은 잔류용매의 규격에 적합하도록 제거시켜야 한다. 잔류용매 기준은 염화메틸렌, 삼염화에틸렌은 30 ppm 이하(단독 또는 병용 시 합계), 아세톤은 30 ppm 이하, 이소프로필알코올은 30 ppm 이하, 메탄올은 50 ppm 이하, 헥산은 25 ppm 이하이다.

**CHAPTER 21**

# 향료

향료(flavoring agent)는 식품에 특유한 향을 부여하거나 제조 공정 중 손실된 식품 본래의 향을 보강시키는 식품첨가물을 말한다. 우리나라는 합성향료와 천연향료로 관리하고 있다. 합성향료의 경우는 18개 유별품목(방향족알데히드류, 방향족알코올류 등), 72개 개별품목(개미산게라닐, 개미산시트로넬릴 등)으로 관리하여 왔으나 2007년 12월 14일부터 합성향료 허용물질목록에 포함된 2,400여 개의 품목만 사용할 수 있도록 향료 관리체계를 개선하였다. 허용물질목록에 있는 모든 합성향료의 성분규격을 법으로 규정하기는 매우 어려운 실정이므로 『식품첨가물공전』에는 허용된 합성향료 목록만 있다. 기존의 18개 유별 합성향료는 『식품첨가물공전』에서 삭제되었으나, 72개 개별품목의 성분규격은 아직도 남아 있다.

향료는 "착향의 목적에 한하여 사용하여야 한다."라는 사용기준을 가지고 있다. 이소프로필알코올은 제조용제 및 추출용제의 용도로도 사용되며, 초산에틸은 추출용제의 용도로, 그리고 프로피온산은 보존료의 용도로도 사용된다.

## 1. 합성향료

합성향료(synthetic flavoring substances)는 약 2,400여 개의 허용물질목록으로 관리하고 있으며, 목록에 있는 단일 향료를 화학적 변화를 주지 않는 방법으로 2종 이상 단순 혼합한 것도 포함된다고 정의하고 있다.

합성향료 중 허용물질목록에 수재된 품목 이외에도 Codex, FEMA(Flavor and Extract Manufacturer's Associations) 및 IOFI(International Organization of the Flavor Industry) 등 국제적으로 식품향료로서 통용되는 것은 사용할 수 있다. 다만, 안전성에 문제가 있거나, 단맛, 신맛, 또는 짠맛만을 내는 물질은 예외로 할 수 있다.

식품의 유형: 과자　내용량: 235g(728kcal)
수입원: 티디에프코리아(주) ☎(02)409-5852 서울시 송파구 중대로 109 대동빌딩 17층
원재료명: 쯔비안모나카-설탕,팥,환원물엿,찹쌀분말,물엿,옥수수전분,유채유,계란
쿠리안모나카-팥페이스트,설탕,환원물엿,물엿,찹쌀분말,밤(5.04%),
유채유,계란,합성착향료(밤향,우유향),치자황색소
유통기한: 제품에 별도 표기된 날짜까지(읽는법:년/월/일 순)

합성향료가 사용된 식품

향료는 다른 식품첨가물과 달리 소량만 사용하므로 안전성에는 문제가 없는 것으로 인정되고 있다. 하지만 간혹 안전성 우려가 제기된 향료는 목록에서 삭제되는데 2015년 3-아세틸-2,5-다이메틸싸이오펜(3-acetyl-2,5-dimethylthiophene)이 합성향료목록에서 삭제되었다.

## 2. 천연향료

천연향료(natural flavoring substances)는 향료기원물질에서 추출, 증류 등의 제법으로 얻어지는 것으로서 향을 부여 또는 증강하기 위하여 사용되는 물질로 정유, 추출물, 올레오레진(다만, 따로 규격이 정하여진 향신료올레오레진류는 제외) 등을 말한다. 천연향료는 적합한 용매(에탄올, 이소프로필알코올, 헥산)를 사용하여 추출하며, 사용된 용매들은 잔류용매의 규격(이소프로필알코올 50 ppm 이하, 헥산 25 ppm 이하)에 적합하도록 제거하여야 한다. 우리나라 『식품첨가물공전』에는 향료기원물질 273개가 명시되어 있으며, 이외에도 식품원료 기준에 적합한 식품원료를 향료기원물질로 사용할 수 있다. 또한, 천연향료를 화학적 변화를 주지 않는 방법으로 2종 이상 단순 혼합한 것도 포함되며, 품질 보존 등을 위하여 물, 주정, 식물성기름을 첨가할 수 있다.

## 3. 스모크향

스모크향(smoke flavor)은 가공하지 않은 나무의 경질 부분을 공기량이 제한되거나 조절된 상태에서 열분해하거나, 200~800°C에서 건식증류한 것 또는 300~500°C에서 강열증기로 처리하여 얻어지는 혼합물이며, 주성분은 카복실산, 카보닐기를 가진 화합물 및 페놀성 화합물이다. 이명은 wood smoke flavors, pyroligneous acid 및 smoke condensates이다.

사용기준은 착향의 목적에 한하여 사용하여야 하며, 음료류에는 사용하면 아니 된다. 한때 목초액이 식품첨가물로 판매되면서 건강기능성이 있는 음료인 것처럼 오인된 적이 있었다. 목초액은 스모크향과 다르다.

스모크향은 메탄올 함량이 50 ppm 이하이어야 하고, 벤조피렌은 0.002 ppm 이하이어야 한다.

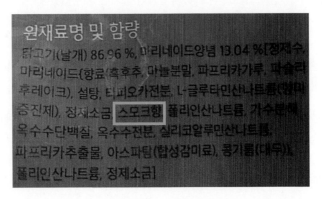

스모크향이 사용된 식품

## 4. 성분 규격이 있는 합성향료

자주 사용되는 개미산(formic acid), 개미산게라닐(geranyl formate), 개미산시트로넬릴(citronellyl formate), 개미산이소아밀(isoamyl formate), 게라니올(geraniol), 계피산(cinnamic acid), 계피산메틸(methyl cinnamate), 계피산에틸(ethyl cinnamate), 계피알데히드(cinnamaldehyde), 계피알코올(cinnamyl alcohol), 낙산(butyric acid), 낙산부틸(butyl butylate), 낙산에틸(ethyl butylate), 낙산이소아밀(isoamyl butyrate), $\gamma$-노나락톤($\gamma$-nonalactone), 데칸산에틸(ethyl decanoate), 데칸알(decanal), 데칸올(decanol), 리나롤(linalool), 말톨(maltol), 메틸$\beta$-나프틸케톤(methyl $\beta$-naphthyl ketone), $N$-메틸안트라닐산메틸(methyl $N$-methylanthranilate), $dl$-멘톨($dl$-menthol), $l$-멘톨($l$-menthol), 바닐린(vanillin), 벤즈알데히드(benzaldehyde), 벤질알코올(benzyl alcohol), 살리실산메틸(methyl salicylate), 시클로헥산프로피온산알릴(allyl cyclohexanepropionate), 시트랄(citral), 시트로넬랄(citronellal), 시트로넬롤(citronellol), 아니스알데히드(anisaldehyde), $\alpha$-아밀신남알데히드($\alpha$-amylcinnamaldehyde), 아세토초산에틸(ethyl acetoacetate), 아세토페논(acetophenone), 안트라닐산메틸(methyl anthranilate), 에틸

바닐린(ethyl vanillin), 옥탄산에틸(ethyl octanoate), 옥틸알데히드(octyl aldehyde), γ-운데카락톤(γ-undecalactone), 유게놀(eugenol), 유칼리프톨(eucalyptol), 이소길초산에틸(ethyl isovalerate), 이소길초산이소아밀(isoamyl isovalerate), 이소유게놀(isoeugenol), 이소티오시안산알릴(allyl isothiocyanate), 이소프로필알코올(isoproyl alcohol), α-이오논(α-ionone), β-이오논(β-ionone), 초산게라닐(geranyl acetate), 초산리나릴(linalyl acetate), 초산벤질(benzyl acatate), 초산부틸(butyl acetate), 초산시트로넬릴(citronellyl acetate), 초산신나밀(cinnamyl acetate), 초산에틸(ethyl acetate), 초산이소아밀(isoamyl acetate), 초산페닐에틸(phenylethyl acetate), 카프론산알릴(allyl caproate), 파라메틸아세토페논(p-methyl acetophenone), 페닐초산에틸(ethyl phenylacetate), 페닐초산이소부틸(isobutyl phenylacetate), 프로피온산(propionic acid), 프로피온산벤질(benzyl propionate), 프로피온산에틸(ethyl propionate), 프로피온산이소아밀(isoamyl propionate), 피페로날(piperinal), 헥사논산에틸(ethyl hexanoate), 헵타논산에틸(ethyl heptanoate), 히드록시시트로넬랄(hydroxycitronellal), 히드록시시트로넬랄디메틸아세탈(hydroxycitronellal dimethylacetal) 등 72개 합성향료는 성분 규격이 있다.

# 5. 제 외국의 향료 관리 체계

## 1) 미국의 향료 관리 체계

미국은 향료를 천연(natural flavoring substances and natural substances used in conjunction with flavors, 21CFR 172.510)과 합성(synthetic flavoring substances and adjuvants, 21CFR 172.515)으로 나누어 관리하고 있다. 미국의 천연향료는 우리나라의 천연향료에 해당되며, 21CFR 172.510에는 천연향료 원료물질목록이 있다. 합성향료는 우리나라처럼 허용물질목록으로

Tip

**CFR**

Code of Federal Regulations의 약자로, 미국의 연방규정집을 말한다. 미국 관보에 공표된 관련 규정을 기록한 것으로 책으로 발표되고 있으며, 온라인으로도 검색이 가능하다. CFR은 총 50개의 타이틀(title)로 구성되어 있으며, 각 타이틀은 여러 개의 장(chapter)으로, 각 장은 여러 개의 파트(part)로 이루어져 있다. 이 중 식품은 타이틀 21에 수록되어 있으며, 식품첨가물은 1장의 파트 170-199에 수록되어 있다.

관리하고 있다.

## 2) EU의 향료 관리 체계

EU는 향료를 식품첨가물과 별도로 관리하고 있으며, EC no. 1334/2008는 향료에 관한 규정이다. EU는 향료(flavoring)를 향료(flavoring substance), 향료제제(flavor preparation), 반응향(thermal process flavoring), 스모크향(smoke flavoring), 향 전구물질(flavor precursor), 기타 향료(other flavoring) 및 향 특성이 있는 식품원재료(food ingredient with flavoring properties)로 구분하고 있다.

향료는 단일 화학물질(a defined chemical substance)을 말하는 것으로, 합성향료와 천연향료(natural flavoring substance)를 포함한다. 천연향료는 물리적, 효소적 또는 미생물학적 공정에 의해 얻어진 단일 화학물질을 말한다.

향료제제는 단일 향료물질이 아닌 제품(a product)으로서, 식품(원료 상태이거나 또는 가공 후에) 또는 식물성, 동물성 또는 미생물기원물질로부터 물리적, 효소적 또는 미생물학적 공정에 의해 얻어진다.

반응향이란 향 특성이 없는 원재료 혼합물을 가열처리해서 얻어진 제품으로서 원재료 혼합물은 질소원(아미노 그룹)과 환원당을 포함하고 있다. 반응향 제조 시 온도는 180℃를 넘으면 아니 되며, 180℃에서 반응시간이 15분을 넘지 않도록 한다. 온도를 10℃ 내리면 반응시간을 2배로 늘릴 수 있으며, 최대반응시간은 12시간으로 한다. pH는 8.0을 넘지 않도록 한다.

향 전구물질은 그 자체는 향 특성을 가지고 있지 않으나 식품 가공 중 식품의 구성 성분과 반응하여 향을 내게 하는 목적으로 식품에 첨가하는 제품을 말한다.

EC no. 1334/2008 제16조에 의하면 향료에 "천연(natural)"이라는 표시는 향료의 구성 성분이 향료제제와 천연향료로 이루어진 경우에만 사용할 수 있다. "천연향료"라는 용어는 향료의 구성 성분이 오직 천연향료로만 이루어진 경우에 사용할 수 있다. "천연사과향"처럼 식품명에 천연이란 용어를 붙이려면 언급된 식품(사과)으로만 향을 추출하거나 사과향의 95%(w/w) 이상을 사과로부터 얻어야만 한다. 나머지 5%도 표준화를 위해 사용되거나 향료에 신선한(fresh), 자극하는(pungent), 익은(ripe) 또는 덜익은(green) 특성(note)을 주는 데 사용되어야 한다. 만일 향의 일부(95% 이하)가 언급된 식품에서 추출되고 그 식품의 향이 여전히 인지되는 경우는 "with other natural flavorings(WONF)"를 붙여 주어야 한다. 예를 들면 "천연사과향 WONF(natural apple flavorings with other natural flavorings)"라고 표시한다. 만일 향료의 구성 성분이 다른 원료로부터 온 것이라면 단지 "천연향(natural flavorings)"이라고 표시해야 한다. 즉, 사과를 사용하지 않고 다른 과일에서 추출한 천연향을 사용하여 사과향을 제조하였다면 "천연사과향"이라고 표시하지 못하고 그냥 "천연향"이라고 표시한다.

### 3) Codex의 향료 관리 체계

Codex는 향료를 식품첨가물과 별도로 관리하고 있으며, 향료목록은 JECFA 규격서에 수록되어 있다.

### 4) 일본의 향료 관리 체계

일본은 합성향료를 지정첨가물목록에 18개 유별품목, 72개 개별품목으로 관리하고 있으며, 천연향료에 대해서는 천연향료기원물질목록으로 관리하고 있다.

## 단원정리

    향료는 식품에 특유한 향을 부여하거나 제조 공정 중 손실된 식품 본래의 향을 보강시키는 식품 첨가물을 말한다. 우리나라에서 향료는 합성향료와 천연향료로 구분하여 관리하고 있다. 합성향료는 약 2,400여 개의 허용물질목록에 수록되어 있다. 천연향료는 273개의 향료기원물질과 식품원료에서 추출, 증류 등의 제법으로 얻어지는 것으로서 정유, 추출물, 올레오레진(다만, 따로 규격이 정하여진 향신료올레오레진류는 제외) 등을 말한다. 천연향료는 적합한 용매(에탄올, 이소프로필알코올, 헥산)를 사용하여 추출하며, 사용된 용매들은 잔류용매의 규격에 적합하도록 제거하여야 한다. 미국은 합성향료와 천연향료로 구분하고 있으며, EU는 향료, 향료제제, 반응향, 스모크향, 향 전구물질, 기타 향료 및 향 특성이 있는 식품원재료 등으로 구분하고 있다. 일본은 합성향료는 지정첨가물목록에 18개 유별품목, 72개 개별품목으로 관리하고 있으며, 천연향료는 천연향료기원물질목록으로 관리하고 있다.

**1** 우리나라의 향료 관리 방안으로 옳은 것은?

① 합성향료를 사용금지목록(negative list)으로 관리하고 있다.

② 합성향료 중 허용물질목록에 수재되지 않은 것은 비록 국제적으로 식품향료로 통용된다고 하더라도 사용할 수 없다.

③ 향료를 합성향료와 천연향료로 구분하여 관리하고 있다.

④ 합성향료의 사용기준에는 사용량이 설정되어 있다.

**2** WONF가 무엇인지 설명하시오.

**3** EU와 Codex의 향료 관리 체계에 대해 설명하시오.

---

풀이와 정답

1. ③

2. With Other Natural Flavorings의 약어이다. 만일, 천연사과향이라고 식품명을 붙여 표시를 하려면 향을 100% 사과(또는 95% 이상)로부터 추출해야 한다. 하지만 향의 일부만 사과로부터 추출하고 나머지는 사과 이외의 다른 천연향을 사용해서 사과향을 제조했다면 천연사과향 WONF라고 표시해야 한다.

3. EU와 Codex는 향료를 식품첨가물과 별도로 관리하고 있다.

# 거품제거제, 피막제, 이형제

# 1. 거품제거제

거품제거제(antifoaming agent)는 식품의 거품 생성을 방지하거나 감소시키는 식품첨가물로서 규소수지, 이산화규소, 라우린산, 미리스트산, 올레인산, 팔미트산 및 옥시스테아린 등이 있다. 거품제거제는 계면활성제로서 거품을 불안정하게 하고 거품 생성을 억제하는 역할을 한다. 두부 제조 시 거품 생성을 억제하기 위해 사용하나 최근에는 거품제거제를 사용하지 않는 두부 제조 공정이 개발되기도 하였다.

표 22.1은 국내 지정 거품제거제의 국가별 지정 현황을 나타낸 것이다.

**표 22.1** 국내 지정 거품제거제의 국가별 지정 현황

| 식품첨가물명 | INS No. | CAS No. | 미국 | EU | Codex | 일본 |
|---|---|---|---|---|---|---|
| 규조수지 | 900a | 9006-65-9 | ○ | ○ | | ○ |
| 이산화규소 | 551 | 7631-86-9 | ○ | ○ | ○ | ○ |
| 라우린산 | 570 | 143-07-7 | ○ | ○ | ○ | ○ |
| 미리스트산 | 570 | 544-63-8 | ○ | ○ | ○ | ○ |
| 올레인산 | 570 | 112-80-1 | ○ | ○ | ○ | ○ |
| 팔미트산 | 570 | 57-10-3 | ○ | ○ | ○ | ○ |

## 1) 규소수지

규소수지(silicone resin)는 다이메틸폴리실록세인[dimethylpolysiloxane(polydimethylsiloxane, PDMS)] 또는 실리콘오일(silicone oil)이라고도 부른다. 성상은 무~엷은 회색의 투명

---

Tip

거품제거제를 사용하지 않는 두부

최근에는 두부 제조 시 거품제거제와 유화제를 사용하지 않는 공정을 사용한다. 보통 두부를 만들 때는 두유를 끓이는 공정에서 거품을 없애기 위해 거품제거제를 사용하고, 응고 공정에서 두유가 급속히 응고되는 것을 방지하기 위해 유화제를 사용한다. 냉두유를 사용하면 거품이 생성되지 않아 거품제거제를 사용하지 않아도 된다. 또는 거품의 생성을 방지하기 위해 거품제거제 대신 기름을 사용하기도 한다. 두부 응고 시에는 보통 염화마그네슘, 염화칼슘, 황산칼슘 또는 글루코노델타락톤 등을 사용하는데 최근에는 천연 간수나 해양 심층수를 사용하여 두부를 응고시킨다.

또는 반투명의 점조한 액체 또는 페이스트상의 물질로서, 냄새가 거의 없다. 물과 에탄올에는 녹지 않고 탄화수소계 용매에는 녹는다. 구조는 그림 22.1에서와 같이 직선상의 $(CH_3)_2SiO-$ 구조가 반복되는 실록세인(siloxane) 중합체이고, 평균 분자량은 6,800~30,000이다. 실록세인 기반 중합체를 실리콘(silicone)이라고 부르며, 원소 규소(Si)의 영어명은 실리콘(silicon)이다. 실리카(silica)는 이산화규소($SiO_2$)를 말한다.

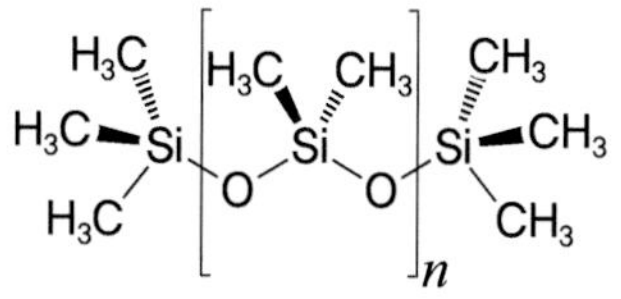

그림 22.1 Polydimethylsiloxane의 구조

ADI는 0~1.5 mg/kg 체중이다(JECFA, 2011). 규소수지는 거품을 없애는 목적에만 사용하고, 사용량은 식품 1 kg에 대하여 0.05 g 이하이어야 한다.

## 2) 이산화규소

이산화규소(silicon dioxide)는 X-ray 회절법으로 관찰할 때 비결정성 양상을 띠는 무정형 물질로서 증기상 가수분해 공정에 의해 제조되는 연소(콜로이달)실리카와 습식 방법에 의한 침강실리카, 실리카겔 또는 수화실리카 등이 있다. 실리카(silica)라고도 부르며, 성상은 백색의 분말, 입자 또는 콜로이드상 액체로서 냄새가 없다. 분자식은 $SiO_2$이고, 물과 에탄올에는 녹지 않는다.

ADI는 "not specified"로 설정되어 있다(JECFA, 1985). 사용량은 분말유크림(자동판매기용에 한함)에 1% 이하(규산마그네슘 또는 규산칼슘과 병용할 때에는 각각의 사용량의 합계가 1% 이하), 분유류(자동판매기용에 한함)에 1% 이하(규산마그네슘 또는 규산칼슘과 병용할 때에는 각각의 사용량의 합계가 1% 이하), 식염에 2% 이하(규산마그네슘 또는 규산칼슘과 병용할 때에는 각각의 사용량의 합계가 2% 이하), 기타식품에 2% 이하를 사용한다.

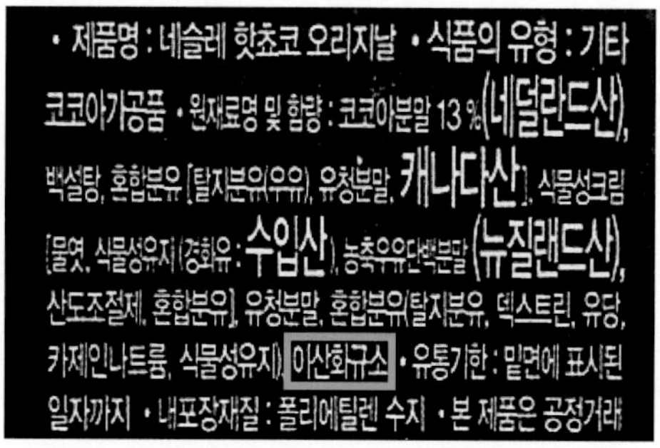

이산화규소가 사용된 식품

이산화규소는 거품제거제 외에도 고결방지제 및 여과보조제 용도로도 사용된다. 다만, 여과보조제로 사용하는 경우에는 최종 식품 완성 전에 제거하여야 한다.

## 3) 라우린산

라우린산(lauric acid)은 코코넛오일 및 기타 식물성지방에서 얻어지는 고형지방산으로서 그 주성분은 로르산($C_{12}H_{24}O_2$, dodecanoic acid)이다. 성상은 백~엷은 황색의 결정성 덩어리 또는 분말이다.

사용기준은 일반사용기준에 준하여 사용하며, 제조용제의 용도로도 사용된다.

### 4) 미리스트산

미리스트산(myristic acid)은 코코넛오일 및 기타 지방에서 얻어지는 고형지방산으로서 그 주성분은 미리스트산($C_{14}H_{28}O_2$, tetradecanoic acid)이다. 성상은 백~엷은 황색의 결정성 덩어리 또는 분말이다.

사용기준은 일반사용기준에 준하여 사용하며, 제조용제의 용도로도 사용된다.

### 5) 올레인산

올레인산(oleic acid)은 지방에서 얻어지는 불포화지방산으로서 그 주성분은 올레산 ($C_{18}H_{34}O_2$, (Z)-9-octadecenoic acid)이다. 성상은 무~엷은 황색의 기름 상태 액체이다.

사용기준은 일반사용기준에 준하여 사용하며, 제조용제의 용도로도 사용된다.

### 6) 팔미트산

팔미트산(palmitic acid)은 지방에서 얻어지는 고형지방산으로서 팔미트산($C_{16}H_{32}O_2$, hexadecanoic acid) 및 스테아르산($C_{18}H_{36}O_2$)의 혼합물로 이루어져 있으며, 그 주성분은 팔미트산($C_{16}H_{32}O_2$)이다. 성상은 백~엷은 황색의 결정성 덩어리 또는 분말이다.

사용기준은 일반사용기준에 준하여 사용하며, 제조용제의 용도로도 사용된다.

### 7) 기타

옥시스테아린(oxystearin)은 거품제거제 외에도 제조용제의 용도로도 사용된다.

## 2. 피막제

피막제(coating agent)는 식품의 표면에 광택을 내거나 보호막을 형성하는 식품첨가물로, 광택제(glazing agent)라고도 부른다. 담마검, 몰포린지방산염, 밀납, 석유왁스, 쉘락, 쌀겨와스, 올레인산나트륨, 칸델릴라왁스, 폴리비닐알코올, 폴리비닐피로리돈, 폴리에틸렌글리콜, 풀루란, 피마자유, 유동파라핀 및 초산비닐수지 등이 있다.

과실류 또는 과채류의 표피에 사용하면 피막을 형성하여 호흡을 감소시키며, 수분증발을 방지하여 표피의 위축을 막고 신선도를 유지시킨다. 유동파라핀과 피마자유는 이형제의 용도로도 사용된다.

표 22.2는 국내 지정 피막제의 국가별 지정 현황을 나타낸 것이다.

표 22.2 국내 지정 피막제의 국가별 지정 현황

| 식품첨가물명 | INS No. | CAS No. | 미국 | EU | Codex | 일본 |
|---|---|---|---|---|---|---|
| 담마검 | - | 9000-16-2 | ○ | × | ○ | × |
| 몰포린지방산염 | - | - | ○ | × | × | ○ |
| 밀납 | 901 | 8012-89-3(백납)<br>8006-40-4(황납) | ○ | ○ | ○ | ○ |
| 석유왁스 | 905c(i), 905c(ii) | 63231-60-7 | ○ | ○ | ○ | ○ |
| 쉘락 | 904 | 9000-59-3 | ○ | ○ | ○ | ○ |
| 쌀겨왁스 | 908 | 8016-60-2 | ○ | × | ○ | ○ |
| 올레인산나트륨 | 470(ii) | 143-19-1 | ○ | ○ | ○ | ○ |
| 칸델릴라왁스 | 902 | 8006-44-8 | ○ | ○ | ○ | ○ |
| 카나우바왁스 | 903 | 8015-86-9 | ○ | ○ | ○ | ○ |
| 폴리비닐알코올 | 1203 | 9002-89-5 | ○ | ○ | ○ | × |
| 폴리비닐피로리돈 | 1201 | 9003-39-8 | ○ | ○ | ○ | × |
| 폴리에틸렌글리콜 | 1521 | 25322-68-3 | ○ | ○ | ○ | × |
| 풀루란 | 1204 | 9057-02-7 | ○ | ○ | ○ | ○ |

## 1) 담마검

담마검(dammar gum)은 *Agathis*, *Hopea* 또는 *Shorea*속 식물의 분비물로부터 얻어지는 것으로서 주성분은 수지와 다당류이다. 산성과 중성 터페노이드(terpenoid)와 다당류의 혼합물이다. 성상은 백색, 엷은 황~암갈색의 투명 또는 반투명의 입상 또는 덩어리 모양의 수지이다. 융점은 90~95℃, 연화점은 86~90℃이며, 물에는 안 녹고 톨루엔에는 잘 녹는다.

ADI는 아직 정해지지 않았으며, 사용기준은 일반사용기준에 준하여 사용한다. 증점제,

혼탁제(clouding agent) 및 안정제의 용도로도 사용된다.

## 2) 몰포린지방산염

몰포린지방산염(morpholine salts of fatty acids)은 엷은 황~황갈색의 기름 모양 또는 밀납 모양의 물질이다 (그림 22.2). 과실류 또는 과채류의 표피에 피막제 용도로만 사용하여야 한다.

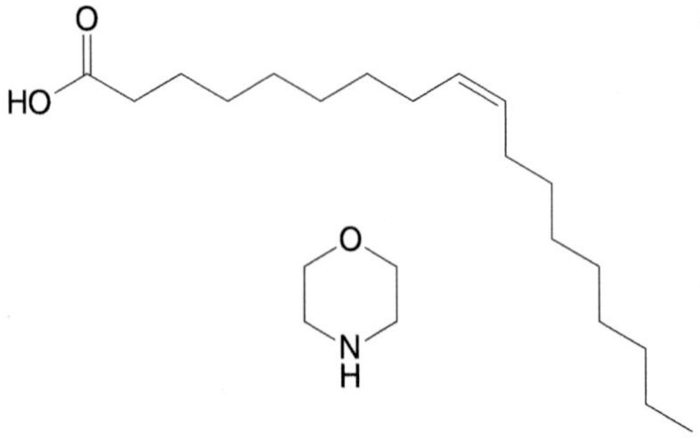

그림 22.2 **몰포린지방산염**(morpholine oleate)

## 3) 밀납

밀납(beeswax)은 꿀벌과 꿀벌(*Apis mellifera* L., *Apis indica* Radoszkowski)의 벌집을 가열, 압착, 여과, 정제하여 얻은 것을 황납(yellow beeswax)이라고 하며, 정제한 왁스를 표백하여 얻은 것은 백납(white beeswax)이라고 한다. 밀납은 지방산과 지방족 알코올의 에스터 혼합물, 탄화수소 및 유리지방산으로 구성되어 있으며, 소량의 지방족 알코올도 존재한다. 백납은 황백색의 고체로 약간 고유한 냄새가 있으며, 황납은 황갈~회갈색의 고체로 꿀과 비슷한 냄새가 있다. 물에는 녹지 않고 알코올에는 조금 녹으며, 에테르에는 아주 잘 녹는다. 녹는점은 62~65°C이다. 아피스 멜리페라(*Apis mellifera*)는 서양꿀벌이고 아피스 인디카 (*Apis indica*)는 동양꿀벌이다.

사용기준은 일반사용기준에 준하여 사용한다.

## 4) 석유왁스

석유왁스(petroleum wax)는 원유의 감압증류 잔사유를 차가울 때 프로판으로 탈레이크, 탈납, 탈유한 다음 분리하여 얻어지는 것 또는 뜨거울 때 푸르푸랄(furfural)로 처리한 다음 푸르푸랄을 제거하여 얻어지는 것으로서 그 성분은 $C_{30}$~$C_{60}$의 분지탄화수소를 함유한다. 성상은 반투명의 무미, 무취의 왁스이다. 이명은 refined paraffin wax, microcrystalline wax이다. 물에는 녹지 않고 에탄올에는 약간 녹으며, 에테르나 헥산에는 조금 녹는다.

ADI는 0~20 mg/kg 체중이다(JECFA, 1995). 사용기준은 일반사용기준에 준하여 사용하며, 껌기초제의 용도로도 사용된다.

## 5) 쉘락

쉘락(shellac)은 개각충(깍지벌레) *Laccifer (Tachardia) lacca* Kerr [*Coccidae*(깍지벌레과)]의 수지성 분비물인 락(lac)을 탄산나트륨용액에 녹이고 차아염소산나트륨으로 표백한 후 묽은 황산으로 침전시켜 건조한 것을 백쉘락(white shellac, bleached shellac, regular bleached shellac)이라고 하며, 여과하여 왁스를 제거한 것을 정제 백쉘락(refined bleached shellac, wax-free bleached shellac)이라고 한다. 성상은 백~엷은 황색의 과립상 또는 소립상의 세편으로서 냄새가 없거나 약간 특이한 냄새가 있다. 물에는 안 녹고 에탄올에는 매우 느리게 녹으며, 아세톤과 에테르에는 약간 녹는다.

ADI는 "acceptable"이고(JECFA, 1992), 사용기준은 일반사용기준에 준하여 사용한다.

## 6) 쌀겨왁스

쌀겨왁스(rice bran wax)는 벼과 벼(*Oryza sativa* L.)의 미강유를 분리, 정제하여 얻어지는 것으로 주성분은 리그노세르산미리실(myricyl lignocerate)이다. 성상은 엷은 황~엷은 갈색의 박편 또는 덩어리로 특유의 냄새가 있다. 녹는점은 70~83℃이다.

사용기준은 일반사용기준에 준하여 사용한다.

## 7) 올레인산나트륨

올레인산나트륨(sodium oleate)은 백~황색을 띤 분말 또는 엷은 황갈색의 입자 또는 덩어리로서 특이한 냄새와 맛을 가지고 있다(그림 22.3). 이명은 sodium salts of oleic acid이며, Codex에는 salts of fatty acids라는 명칭으로 규격이 정해져 있다. 물과 에탄올에 잘 녹는다.

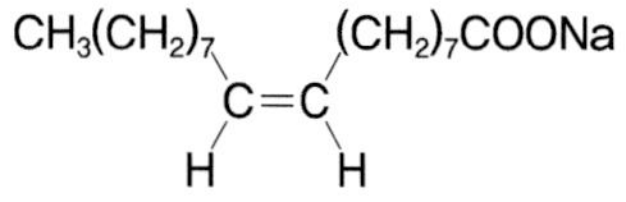

$$CH_3(CH_2)_7 \quad (CH_2)_7COONa$$
$$C=C$$
$$H \qquad H$$

그림 22.3 **올레인산나트륨**

ADI는 "not specified"이고(JECFA, 1988), 사용기준은 일반사용기준에 준하여 사용한다.

## 8) 칸델릴라왁스

칸델릴라왁스(candelilla wax)는 대극과 대극(*Euphorbia antisyphilitica* Zucc.)의 줄기를 채취 정제하여 얻어지는 것으로 성상은 엷은 황~갈색의 고체이고, 광택이 있으며, 가열하면 향을 방출한다. 칸델릴라왁스는 주로 홀수의 $n$-알케인[$n$-alkane($C_{29}$-$C_{33}$)]과 짝수의 탄소수를 갖는 산과 알코올의 에스터($C_{28}$-$C_{34}$)로 구성되어 있다. 물에는 녹지 않고 톨루엔에는 녹으며, 녹는점은 68~73℃이다.

사용기준은 일반사용기준에 준하여 사용한다. 카나우바왁스보다 부드러우므로 제품에 적용하기가 쉽다. 추잉껌의 가소제로서 껌기초제의 용도로도 사용하고, 유화제 용도로도 사용한다.

## 9) 카나우바왁스

카나우바왁스(carnauba wax)는 야자과 브라질왁스 야자수(*Copernicia cerifera* Mart.)의 잎과 싹에서 얻어지는 정제된 왁스이다. 성상은 엷은 황~엷은 갈색의 분말, 박편 또는 단단하고 부스러지기 쉬운 덩어리이다. 물에는 안 녹고 끓는 에탄올에 부분적으로 녹으며, 에테르에는 녹는다. 녹는점은 80~86℃이다. 가장 단단하다고 알려진 왁스로서 단단한 왁스는 저장 기간 동안 제품에 오랫동안 광택을 유지하는 데 유리하다.

ADI는 0~7 mg/kg 체중이고(JECFA, 1992), 사용기준은 일반사용기준에 준하여 사용한다.

## 10) 폴리비닐알코올

폴리비닐알코올(polyvinyl alcohol)은 초산비닐의 에스터가 부분 가수분해된 중합물이다(그림 22.4). 성상은 백~미황색의 분말 또는 과립으로서 냄새가 없다. 물에 녹으며, 에탄올에는 거의 녹지 않는다. 수용액의 pH는 5.0~6.5이다.

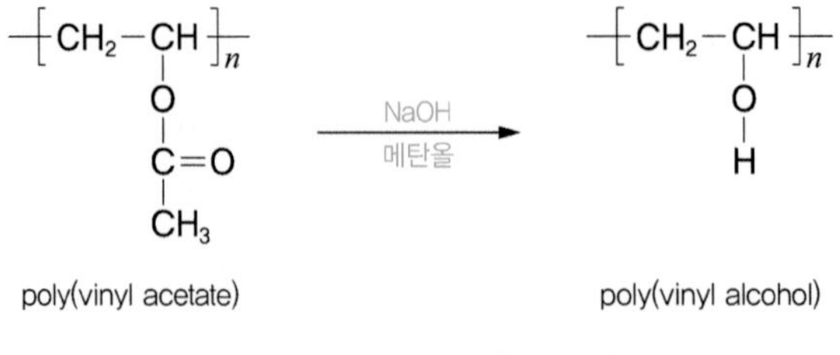

poly(vinyl acetate) → poly(vinyl alcohol)

그림 22.4 **폴리비닐알코올의 구조 및 생성**

ADI는 0~50 mg/kg 체중이고(JECFA, 2003), 건강기능식품의 정제 또는 이의 제피, 캡슐 제조 시 피막제 이외의 목적으로 사용하여서는 아니 된다.

## 11) 폴리비닐피로리돈

폴리비닐피로리돈(polyvinyl pyrrolidone)은 백~황갈색의 분말이다(그림 22.5). 이명은 가용성 폴리비닐피로리돈(soluble polyvinylpyrrolidone), 포비돈(povidone) 또는 PVP이다. 물, 에탄올, 클로로폼에 잘 녹으나 에테르에는 잘 녹지 않으며, 5% 수용액의 pH는 3.0~7.0이다. ADI는 0~50 mg/kg 체중이다(JECFA, 1986).

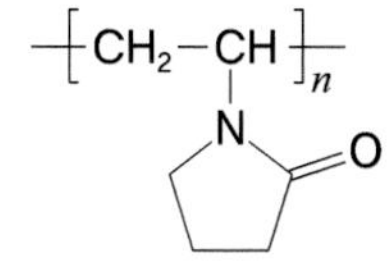

그림 22.5 폴리비닐피로리돈의 구조

폴리비닐피로리돈은 물이 정제에 잘 투과되도록 돕는다. 맥주 등에 청징제로도 사용되는데 맥주에는 0.01 g/kg 이하, 식초에 0.04 g/kg 이하, 과실주, 리큐르에는 0.06 g/kg 이하 사용한다. 건강기능식품에 사용할 때는 정제 또는 이의 제피, 캡슐 제조 시 피막제 이외의 목적으로 사용하여서는 아니 된다.

## 12) 폴리에틸렌글리콜

폴리에틸렌글리콜(polyethylene glycol)은 분자량이 200~9,500으로 산화에틸렌(ethylene oxide)과 물의 중합물이다(그림 22.6). 성상은 분자량이 700 미만인 경우 약간 흡습성이 있는 무색의 투명 또는 반투명의 액체로 특유의 냄새가 있고, 분자량이 700~900인 것은 반고체이며, 분자량이 1,000 이상이면 미백색의 덩어리, 얇은 조각 또는 분말이다. 물에는 녹으나 에테르에는 녹지 않으며, 수용액의 pH는 4.5~7.5이다.

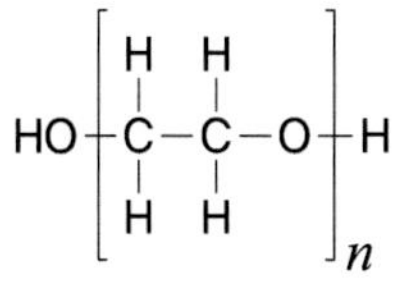

그림 22.6 폴리에틸렌글리콜

ADI는 0~10 mg/kg 체중이고(JECFA, 1979), 건강기능식품의 정제 또는 이의 제피 및 캡슐에 10 g/kg 이하 사용한다.

## 13) 풀루란

풀루란(pullulan)은 흑효모(*Aureobasidium pullulans* (De Bary) Arn.)의 배양액에서 분리하여 얻어지는 다당류이다. 성상은 백~엷은 황백색의 분말로서 냄새가 없거나 또는 약간 특유한 냄새가 있다. 풀루란은 말토트라이오스(maltotriose) 단위가 $\alpha$-1,6-글리코사이드 결합

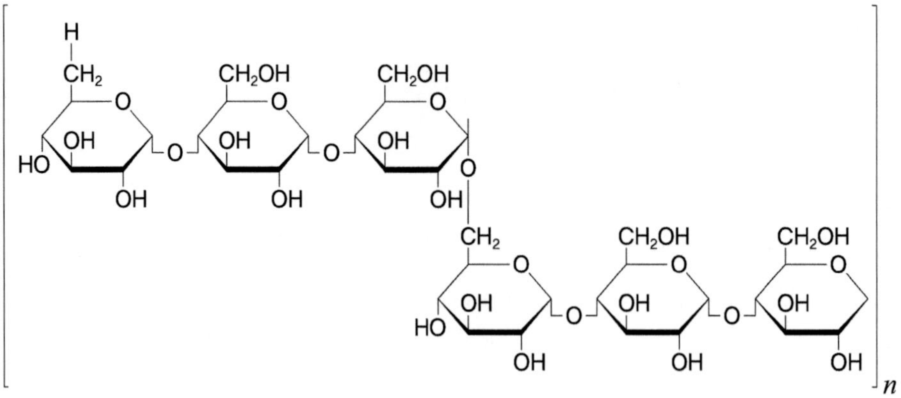

그림 22.7 **풀루란**

에 의해 연결된 중성 글루칸이다(그림 22.7). 물에 잘 녹고 에탄올에는 녹지 않으며, 수용액의 pH는 5.0~7.0이다.

ADI는 "not specified"이고(JECFA, 2011), 사용기준은 일반사용기준에 준하여 사용한다.

### 14) 기타

유동파라핀, 피마자유 및 초산비닐수지(제24장 기타 _껌기초제 참조)도 피막제의 용도로 사용된다.

## 3. 이형제

이형제(release agent)란 식품의 형태를 유지하기 위해 원료가 용기에 붙는 것을 방지하여 분리하기 쉽도록 하는 식품첨가물을 말한다. 이형제로는 유동파라핀과 피마자유가 있다. 유동파라핀과 피마자유는 피막제 용도로도 사용된다.

표 22.3은 국내 지정 이형제의 국가별 지정 현황을 나타낸 것이다.

표 22.3 국내 지정 이형제의 국가별 지정 현황

| 식품첨가물명 | INS No. | CAS No. | 미국 | EU | Codex | 일본 |
|---|---|---|---|---|---|---|
| 유동파라핀 | 905a | 8012-95-1 | ○ | × | ○ | ○ |
| 피마자유 | 1503 | 8001-79-4 | ○ | × | ○ | × |

## 1) 유동파라핀

유동파라핀(liquid paraffin)은 석유에서 얻은 탄화수소류의 혼합물로서 성상은 무색의 거의 형광을 발하지 않는 징명하고 점조한 액체이며, 냄새와 맛이 없다. 이명은 food grade mineral oil, white mineral oil이다. 빵 제조 공정에서 빵 반죽을 분할기에서 분할할 때나 구울 때 달라붙지 않게 해준다.

이형제의 용도로 빵류에 0.15% 이하, 캡슐류에 0.6% 이하, 그리고 건조과실류 및 건조채소류에 0.02% 이하를 사용할 수 있다. 피막제 용도로 사용할 때는 과실류나 채소류 표피에만 사용할 수 있다.

## 2) 피마자유

피마자유(caster oil)는 대극과 아주까리(또는 피마자)(*Ricinus communis* L.)의 종자에서 얻어지는 비휘발성 오일로서 리시놀레인산(ricinoleic acid)을 주성분으로 하는 트라이글리세라이드이다. 성상은 거의 무색이거나 또는 엷은 황색의 점성이 있는 액체이다. 95% 에탄올에 녹고, 무수알코올에는 섞이며, 석유에테르에는 약간 녹는다. 이명은 ricinus oil이다.

ADI는 0~0.7 mg/kg 체중이다(JECFA, 1979). 이형제 용도로 캔디류에만 사용할 수 있으며, 사용량은 캔디류 1 kg에 대하여 0.5 g 이하를 사용하여야 한다. 피막제 용도로는 정제류에만 사용할 수 있다.

---

### Tip

**리신**

피마자유에 들어 있는 리시놀레산(ricinoleic acid)은 올레산(oleic acid)의 12번 탄소에 −OH기를 가진 불포화지방산이다. 또한, 아주까리 종자는 리신(ricin)이라는 수용성 독성 단백질을 함유하고 있다. 아주까리 종자를 날로 많이 먹거나 주사를 하면 내장 기관에 출혈을 일으켜 사망에 이르게 할 수 있다. 기름 추출 시 리신은 유지 속에는 남아 있지 않고 단백질박 부산물에 남게 된다. 또 열처리를 하면 리신은 불활성화된다. 리신은 청산가리의 1,000배가 넘는 독성을 지녀 테러 무기로 사용되기도 한다. 2013년 미국 오바마 대통령에게 리신 독극물 편지가 배달된 적이 있다.

## 단원정리

거품제거제는 식품의 거품 생성을 방지하거나 감소시키는 식품첨가물이다. 거품제거제 용도로 사용되는 식품첨가물은 실리콘오일(silicone oil)이라고 불리는 규소수지와 이산화규소가 있다. 피막제는 식품의 표면에 광택을 내거나 보호막을 형성하는 식품첨가물을 말하는데, 광택제라고도 부른다. 피막제는 과실류 또는 과채류 표면에 피막을 형성하여 호흡을 감소시키며, 수분 증발을 방지하여 신선도를 유지시킨다. 피막제 용도로는 담마검, 몰포린지방산염, 밀납, 쉘락, 쌀겨왁스, 석유왁스, 올레인산나트륨, 초산비닐수지, 칸델릴라왁스, 폴리비닐알코올 및 폴리비닐피로리돈 등이 사용된다. 이형제란 식품의 형태를 유지하기 위해 원료가 용기에 붙는 것을 방지하여 분리하기 쉽도록 하는 식품첨가물을 말한다. 유동파라핀과 피마자유가 이형제 용도로 사용된다.

**1** 다음 식품첨가물 중 용도가 다른 것은?
　　① 밀납　　　　　　　　　　　② 규소수지
　　③ 몰포린지방산염　　　　　　　④ 폴리비닐알코올

**2** 거품제거제의 용도로 사용되는 식품첨가물 2개를 쓰시오.

**3** 두부 제조 시 거품제거제를 사용하는 이유를 설명하시오.

**4** 피막제가 무엇인지 설명하고, 이 용도로 사용되는 식품첨가물 5개를 쓰시오.

**5** 이형제가 무엇인지 설명하고, 이 용도로 사용되는 식품첨가물 2개를 쓰시오.

---

풀이와 정답

1. ②. 밀납, 몰포린지방산염 및 폴리비닐알코올은 피막제 용도로 사용되며, 규소수지는 거품제거제의 용도로 사용된다.

2. 규소수지와 이산화규소

3. 두부 제조 시 두유를 끓이는 공정에서 거품이 생성되는데 이를 방지하기 위해 거품제거제를 사용한다.

4. 피막제는 식품의 표면에 광택을 내거나 보호막을 형성하는 식품첨가물로 광택제라고도 한다. 담마검, 몰포린지방산염, 밀납, 석유왁스 및 쉘락 등이 피막제의 용도로 사용된다.

5. 이형제는 식품의 형태를 유지하기 위해 원료가 용기에 붙는 것을 방지하여 분리하기 쉽도록 하는 데 사용되는 식품첨가물을 말한다. 유동파라핀과 피마자유가 이형제 용도로 사용된다.

# CHAPTER 23

# 고결방지제,
# 여과보조제,
# 표면처리제

1. 고결방지제 ㅣ 2. 여과보조제 ㅣ 3. 표면처리제

# 1. 고결방지제

고결방지제(anticaking agent)는 식품의 입자 등이 서로 부착되어 고형화되는 것을 감소시키는 식품첨가물이다. 흡습성이 있는 분말이나 입자 형태의 식품은 주위의 수분을 흡수하여 덩어리를 형성하게 되는데, 흡습성 식품이 저장 중에 단단한 고체 덩어리를 형성하여 품질 저하를 일으키는 것을 방지하기 위하여 사용한다. 분말식품의 품질을 평가하는 지표에는 고형화도(degree of caking), 흡습성(hygroscopicity), 유동성(flowability) 및 분산성(dispersability) 등이 있는데, 분말이나 입자 형태의 식품은 주위의 수분을 흡수하여 덩어리를 형성하고 고형화되면 분말이 유동성 및 분산성을 잃게 되어 품질이 떨어지게 된다.

고결방지제는 여분의 수분을 흡수하거나 분말 입자를 코팅하여 입자들이 수분을 기피하는 특성을 갖게 만든다.

표 23.1은 국내에 지정된 고결방지제의 국가별 지정 현황을 나타낸 것이다.

**표 23.1** 국내 지정 고결방지제의 국가별 지정 현황

| 식품첨가물명 | INS No. | CAS No. | 미국 | EU | Codex | 일본 |
|---|---|---|---|---|---|---|
| 규산마그네슘 | 553(i) | 1343-88-0 | ○ | ○ | ○ | ○ |
| 규산칼슘 | 552 | 1344-95-2 | ○ | ○ | ○ | ○ |
| 실리코알루민산나트륨 | 554 | 1344-00-9 | ○ | ○ | ○ | × |
| 페로시안화나트륨 | 535 | 13601-19-9 | ○ | ○ | ○ | ○ |
| 페로시안화칼륨 | 536 | 13943-58-3 | × | ○ | ○ | ○ |
| 페로시안화칼슘 | 538 | 13821-08-4 (무수물) | × | ○ | ○ | ○ |

## 1) 규산마그네슘

규산마그네슘(magnesium silicate)은 산화마그네슘(MgO) : 이산화규소($SiO_2$)가 약 2:5 몰 비율로 함유된 합성 규산마그네슘이다. 성상은 백색의 미세한 분말로서 냄새와 맛이 없다. 물에는 녹지 않으며, 수용액의 pH는 7.0~10.8이다.

ADI는 "not specified"이다(JECFA, 1981). 규산마그네슘은 고결방지제와 여과보조제의 용도로만 사용하여야 한다. 고결방지제로 사용하는 경우 사용기준은 분말유크림(자동판매기용에 한함)에 1% 이하(이산화규소 또는 규산칼슘과 병용할 때에는 각각의 사용량의 합계가 1% 이하), 분유류(자동판매기용에 한함)에 1% 이하(이산화규소 또는 규산칼슘과 병용할 때에는 각각의

사용량의 합계가 1% 이하), 식염에 2% 이하(이산화규소 또는 규산칼슘과 병용할 때에는 각각의 사용량의 합계가 2% 이하)이다. 여과보조제의 용도로 사용하는 경우에는 최종 식품 완성 전에 제거하여야 한다.

## 2) 규산칼슘

규산칼슘(calcium silicate)은 산화칼슘($CaO$)과 이산화규소($SiO_2$)로 구성된 함수 또는 무수규산염으로 흡습성이 강한 백~회백색의 분말이다. 물과 에탄올에 녹지 않으며, pH는 8.4~12.5(5% slurry)이다.

ADI는 "not specified"이다(JECFA, 1985). 규산칼슘은 고결방지제와 여과보조제의 용도로만 사용하여야 한다. 고결방지제로 사용하는 경우 사용기준은 규산마그네슘과 동일하다. 여과보조제의 용도로 사용하는 경우에는 최종 식품 완성 전에 제거하여야 한다.

## 3) 이산화규소

이산화규소는 거품제거제, 고결방지제 및 여과보조제의 용도로만 사용하여야 한다. 이산화규소에 대해서는 제22장 거품제거제에서 설명하였다.

## 4) 실리코알루민산나트륨

실리코알루민산나트륨(sodium silicoaluminate)은 $Na_2O$ : $Al_2O_3$ : $SiO_2$가 각각 1:1:13 몰 비율로 함유된 산화실리코알루민산나트륨의 일종으로, 성상은 백색의 미세한 무정형 분말 또는 알맹이이다. 이명은 sodium aluminium silicate이며, sodium aluminosilicate라고도 부른다.

PTWI는 알루미늄에 대해 2 mg/kg으로 설정되어 있다(JECFA, 2011). 실리코알루민산나트륨의 사용량은 식품의 2% 이하이어야 한다.

실리코알루민산나트륨이 사용된 식품

<<식품위생법에 의한 한글표시사항>>    .제품명:혼합 푸딩   식품유형:캔디류   .원산지: 말레이지아
.제조회사: CHC Gourmet Sdn. Bhd.    .수입원:엠.오.에이 인터내셔널(031 903 5562) 경기도 고양시 일산동구 중앙로 1011 A동 623호
.판매원: (주)신화팝빌리지(02 579 8934) 서울시 강남구 개포로 17길 13-14, 3층
.내용량: 480g(120g x 4컵, 총열량 404kcal)   .유통기한: 별도표기일까지(읽는법:일/월/년순)
.원재료명: 정제수, 설탕, 나타드코코 23%(코코넛밀크,정제수,초산,설탕), 과실주스 5%(리치, 파인애플, 오렌지, 포도), 식물성크림
[포도당시럽, 경화팜유,우유단백질, 제일인산칼륨, 폴리인산나트륨, 고결방지제 실리코알루민산나트륨], 글리세린지방산에스테르, 비타민B2), 카라기난, 우유분말, 구연산, 합성착향료(리치향, 파인애플향, 오렌지향, 포도향), 합성착색료(식용색소청색제1호,
식용색소적색제40호,식용색소황색제4호,식용색소황색제5호)    .반품 및 교환처: 구입처 또는 수입원   .보관방법:직사광선을

실리코알루민산나트륨이 사용된 식품

### 5) 페로시안화나트륨, 페로시안화칼륨 및 페로시안화칼슘

페로시안화나트륨(sodium ferrocyanide)의 분자식은 $Na_4Fe(CN)_6 \cdot 10H_2O$, 페로시안화칼륨(potassium ferrocyanide)의 분자식은 $K_4Fe(CN)_6 \cdot 3H_2O$, 페로시안화칼슘(calcium ferrocyanide)의 분자식은 $Ca_2Fe(CN)_6 \cdot 12H_2O$이고, 성상은 황색의 결정 또는 결정성의 분말이다. 모두 물에 잘 녹고, 페로시안화나트륨과 페로시안화칼륨은 에탄올에 녹지 않는다.

ADI는 0~0.025 mg/kg이다(JECFA, 1974). 페로시안화나트륨, 페로시안화칼륨 및 페로시안화칼슘은 식염에만 사용하며, 사용량은 페로시안이온으로서 식염 1 kg에 대하여 0.010 g 이하(병용할 때에는 각각의 사용량의 합계가 페로시안이온으로서 식염 1 kg에 대하여 0.010 g 이하)이어야 한다.

### 6) 기타

결정셀룰로스 및 분말셀룰로스도 고결방지제의 용도로 사용된다.

## 2. 여과보조제

여과보조제(filtering aid)는 불순물 또는 미세한 입자를 흡착하여 제거하기 위해 사용되는 식품첨가물을 말한다. 여과보조제는 가공보조제(processing aid)로서 가공보조제는 어떤 특정한 목적에 사용되는 것이 아니라, 식품의 제조, 가공 과정이나 기타의 목적으로 널리 사용되는 것으로 식품의 본질적인 특성에는 영향을 주지 않는다. 또한, 그 자체로는 식품으로 섭취하지 않으나, 식품 원료나 식품을 가공할 때 기술적 효과를 얻기 위해 의도적

으로 사용하는 물질로서 최종 제품에 잔류할 수도 있으며, 잔류물은 건강에 위해가 되거나 최종 제품에 어떠한 기술적인 효과를 주어서는 안 된다.

여과보조제 외에도 제조용제가 가공보조제에 속하는데, 사용기준이 최종 식품 완성 전에 제거하여야 하는 것(예: 이온교환수지, 수산, 수산화나트륨, 염산 및 황산 등)과 식품 중에 잔존량이 0.5% 이하이어야 하는 것(규조토, 벤토나이트, 산성백토, 탤크, 백도토, 퍼라이트 및 활성탄 등)이 있다.

우리나라, 일본 및 미국은 가공보조제를 식품첨가물로 관리하고 있지만 Codex와 EU는 가공보조제를 식품첨가물과 별도로 관리하고 있으며, 별도의 가공보조제 목록이 있다.

표 23.2는 국내 지정 여과보조제의 국가별 지정 현황을 나타낸 것이다.

**표 23.2 국내 지정 여과보조제의 국가별 지정 현황**

| 식품첨가물명 | INS No. | CAS No. | 미국 | EU | Codex | 일본 |
|---|---|---|---|---|---|---|
| 규조토 | – | 61790-53-2 | ○ | × | ○ | ○ |
| 메타규산나트륨 | 550(ii) | 6834-92-0 | ○ | × | ○ | × |
| 백도토 | 559 | 1332-58-7 | ○ | ○ | ○ | ○ |
| 벤토나이트 | 558 | 1302-78-9 | ○ | × | ○ | ○ |
| 산성백토 | – | – | × | × | × | ○ |
| 탤크 | 553(iii) | 14807-96-6 | ○ | ○ | ○ | ○ |
| 퍼라이트 | – | 130885-09-5 | ○ | × | ○ | ○ |
| 폴리비닐폴리피로리돈 | 1202 | 25249-54-1 | ○ | ○ | ○ | ○ |
| 활성탄 | – | 7440-44-0 | ○ | × | ○ | ○ |

## 1) 규조토

규조토(diatomaceous earth)는 규조(조류의 일종으로 규조과에 속하는 식물의 총칭이며, 규소를 많이 함유한 단세포)에서 유래하는 이산화규소로서 건조품, 소성품 및 융제소성품이 있고, 이들 각각을 규조토(건조품), 규조토(소성품) 및 규조토(융제소성품)라고 한다. 소성품은 800~1,200℃에서 소성(광물류를 굽는 것)한 것이고, 융제소성품은 소량의 탄산알칼리염을 첨가하여 800~1,200℃에서 소성한 것이다. 융제소성품 중 산세척품에 대해서는 소성품의 규격(성상은 제외)을 준용한다. 성상은 건조품은 유백~엷은 회색의 분말이고, 소성품은 엷은 황~엷은 등색 또는 홍~엷은 갈색의 분말이며, 융제소성품은 백~엷은 적갈색의 분말이다.

규조(diatom)는 부유성 식물성 단세포 플랑크톤의 일종으로 규조토는 규조의 사후 잔류물인 피각과 그 파편들로 구성된 매우 가볍고 다공성인 퇴적암이다. 피각의 주성분은 이산화규소(실리카)인데 약간의 수분이 함유되어 $SiO_2 \cdot nH_2O$의 화학식을 갖는다. 피각은 크기가 대체로 1 mm 이하이고, 규조의 종에 따라 매우 다양한 형태를 가지며, 특히 규칙적으로 배열된 많은 미세 구멍들이 발달되어 있어, 규조토는 다공성, 높은 투수성, 표면적, 화학적 안정성, 내열성 및 흡수성을 갖는다.

결정질 이산화규소인 석영(quartz)이나 크리스토발라이트(cristobalite)는 독성을 가질 수 있으나, 비정질 이산화규소는 인체 독성이 매우 낮다고 알려져 있다. 규조토의 주성분인 규조 피각은 비정질 이산화규소이다. 규조토는 식용유나 주류 등의 액상 식품의 여과보조제로 많이 사용된다. 물, 무기산 및 묽은 알칼리에는 녹지 않고, 불화수소산(HF)에는 녹는다.

ADI는 정해지지 않았다(JECFA, 1977). 규조토는 식품을 제조 또는 가공할 때 여과보조제(여과, 탈색, 탈취, 정제 등)의 목적으로만 사용한다. 다만, 사용할 때는 최종 식품 완성 전에 제거하여야 하며, 식품 중의 잔존량은 0.5%(백도토, 벤토나이트, 산성백토, 텔크, 퍼라이트, 활성탄 등 다른 불용성 광물성물질과 병용할 때에는 전 잔존량의 합계가 0.5%) 이하이어야 한다.


## 2) 메타규산나트륨

메타규산나트륨(sodium metasilicate)은 산화나트륨($Na_2O$)과 이산화규소($SiO_2$)가 약 1:1 몰 비율로 함유된 무수 또는 함수(5수염)규산염이다. 분자식은 $Na_2O \cdot SiO_2 \cdot nH_2O$(n=5 or 0)이고 성상은 백색의 알갱이이다. 메타규산나트륨의 구조는 그림 23.1에 나타나 있다.

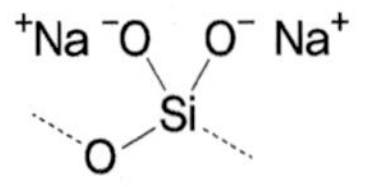

그림 23.1 **메타규산나트륨의 구조**

메타규산나트륨은 식용유지류에 여과보조제의 목적으로만 사용하며, 최종 식품 완성 전에 제거하여야 한다.


## 3) 백도토

백도토(kaolin)는 백도토에서 얻어지는 것으로서 주성분은 함수규산알루미늄(hydrated aluminium silicate)이다. 성상은 백색 또는 유백색의 분말로서, 물, 에탄올 및 무기산에 녹지 않는다. 규산알루미늄(aluminium silicate, $Al_2SiO_5$) 또는 china clay라고도 한다. 점토를 고령토라고도 하고, 광물은 고령석(kaolinite)이라고 하는데, 중국 장수성 고령(kaoling) 지역에서 많이 생산되어 붙여진 이름이다.

PTWI는 알루미늄에 대해 2 mg/kg으로 설정되어 있다(JECFA 2011). 백도토는 여과보조제 용도로만 사용되며, 최종 식품 완성 전에 제거하여야 한다. 식품 중의 잔존량은 규조토와 동일하다.

## 4) 벤토나이트

벤토나이트(bentonite)는 천연에서 산출되는 콜로이드성 함수규산알루미늄이다. 성상은 백~엷은 황갈색의 분말 또는 조각으로서, 물에 적실 경우 흙 또는 점토 냄새가 난다. 광물명은 몬모릴로나이트(montmorillonite)이며, 미국 몬태나주의 포트벤턴(Fort Benton)에서 광맥이 발견되어 이 지방 이름을 따서 벤토나이트라고 하였다.

벤토나이트는 여과보조제 용도로만 사용되며, 최종 식품 완성 전에 제거하여야 한다. 식품 중의 잔존량은 규조토와 동일하다.

## 5) 산성백토

산성백토(acid clay)는 몬모릴로나이트계 점토광물을 정제하여 얻어지는 것으로 주성분은 함수규산알루미늄이다. 성상은 회~엷은 황색의 미세한 분말이다. 산성화한 벤토나이트로서 벤토나이트보다 $SiO_2$가 많고, $Al_2O_3$ 성분이 적다. 물에 현탁하면 산성(pH 4~6)을 나타낸다.

산성백토는 여과보조제 용도로만 사용되며, 사용할 때는 최종 식품 완성 전에 제거하여야 한다. 식품 중의 잔존량은 규조토와 동일하다.

## 6) 탤크

탤크(talc)는 천연의 함수규산마그네슘(hydrated magnesium silicate)을 정선한 것이며, 때로는 소량의 규산알루미늄을 함유한다. 성상은 백~회백색의 미세한 결정성 분말로서, 미끄러운 촉감을 가지며 냄새는 없다. 물과 에탄올에 녹지 않는다.

ADI는 "not specified"이다(JECFA, 1986). 탤크는 식품의 제조 또는 가공에 추잉껌, 여과보조제(여과, 탈색, 탈취, 정제 등) 및 정제류 표면처리제의 목적으로만 사용한다. 다만, 여과

석면이 함유된 탤크

화장품에서 석면이 함유된 탤크가 문제가 된 적이 있었다. 베이비파우더에서 석면이 검출된 사건이 있었는데, 석면은 폐암, 폐기종 등 호흡기질환을 일으키는 국제암연구소(IARC) 발암물질 1군이고, 탤크는 3군에 속해 있다. 석면은 섭취에 의해 소화기로 들어가면 위나 대장에서 흡수되지 않고 대부분 배설되므로 안전성에 문제가 되지 않는다. 식품에 사용하는 탤크에서는 석면이 검출되면 안 된다.

보조제로 사용하는 경우 최종 식품 완성 전에 제거하여야 하며, 식품 중의 잔존량은 규조토와 동일하다. 추잉껌에 사용 시 사용량은 5.0% 이하이어야 한다.

## 7) 퍼라이트

퍼라이트(perlite)는 광물성이산화규소를 800~1,200°C로 소성시킨 것이다. 성상은 백색 또는 엷은 회색의 분말이다. 가열에 의해 다공성 구조로 팽창시킨 것으로 비중이 2.2~2.3으로 가볍다. 화학적 조성은 $SiO_2$ 73~78%, $Al_2O_3$ 12~17%, $K_2O$ 4~5%, $Na_2O$ 3~5% 및 $Fe_2O_3$ 0.5~1.5%이다.

퍼라이트는 여과보조제 용도로만 사용하며, 최종 식품 완성 전에 제거하여야 한다. 식품 중의 잔존량은 규조토와 동일하다.

## 8) 폴리비닐폴리피로리돈

폴리비닐폴리피로리돈(polyvinyl polypyrrolidone, PVPP)은 백~엷은 황백색의 분말로서 냄새가 없다. 이명은 insoluble polyvinylpolypyrrolidone이다.

ADI는 "not specified"이다(JECFA, 1983). 물, 에탄올 및 에테르에 불용성으로 PVP를 다리결합(cross-linking)시켜서 불용성으로 만든 것이다. PVPP의 성분 규격에서 $N$-비닐피로리돈의 잔류량은 0.1% 이하이어야 한다.

폴리비닐폴리피로리돈은 여과보조제 용도로만 사용되며, 최종 식품 완성 전에 제거하여야 한다. 또한, 맥주나 와인 제조 시 청징의 목적으로 타닌(tannin)을 제거하는 데 사용한다. 폴리비닐폴리피로리돈의 구조는

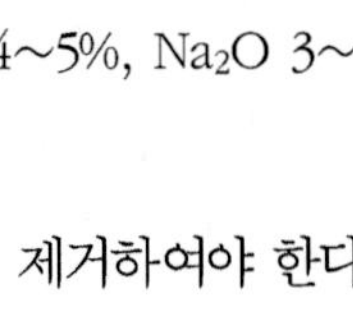

그림 23.2 폴리비닐폴리피로리돈의 구조

그림 23.2와 같다.

### 9) 활성탄

활성탄(active carbon 또는 activated carbon)은 톱밥, 목편, 야자나무껍질의 식물성섬유질이나 아탄 또는 석유 등의 함탄소물질을 탄화시킨 다음 활성화시킨 것이다. 성상은 흑색의 분말 또는 알맹이로 냄새와 맛이 없다. 여과, 정제, 흡착, 탈취와 탈색의 용도로 사용된다. 물과 유기용매에 녹지 않는다. ADI는 설정되지 않았다(JECFA, 1987).

### 10) 기타

규산마그네슘, 규산칼슘 및 이산화규소도 여과보조제의 용도로 사용된다.

## 3. 표면처리제

표면처리제(surface finishing agent)란 식품의 표면을 매끄럽게 하거나 정돈하기 위해 사용되는 식품첨가물을 말한다. 표면처리제의 용도로 사용되는 식품첨가물은 탤크이다. 이외에도 칸델릴라왁스, 석유왁스, 쉘락 및 폴리비닐알코올도 표면처리제 용도로 사용할 수 있다.

　　고결방지제는 식품의 입자 등이 서로 부착되어 고형화되는 것을 방지하는 식품첨가물이다. 흡습성이 있는 분말이나 입자 형태의 식품은 주위의 수분을 흡수하여 덩어리를 형성하게 되는데, 흡습성 식품이 저장 중에 단단한 고체 덩어리를 형성하여 품질 저하를 일으키는 것을 방지하기 위하여 사용한다. 고결방지제로 사용되는 것은 규산마그네슘, 규산칼슘, 이산화규소, 실리코알루민산나트륨, 페로시안화나트륨, 페로시안화칼륨 및 페로시안화칼슘 등이 있다. 페로시안화나트륨, 페로시안화칼륨 및 페로시안화칼슘은 식염에만 사용한다.

　　여과보조제는 불순물 또는 미세한 입자를 흡착하여 제거하기 위해 사용되는 식품첨가물을 말한다. 여과보조제는 가공보조제로서 가공보조제는 어떤 특정한 목적에 사용되는 것이 아니라, 식품의 제조, 가공 과정이나 기타의 목적으로 널리 사용되는 것을 말한다. 가공보조제는 식품의 본질적인 특성에는 영향을 주지 않으며, 최종 제품에 어떠한 기술적인 효과를 주어서는 안 된다. 우리나라, 일본 및 미국은 가공보조제를 식품첨가물로 관리하고 있지만 Codex와 EU는 가공보조제를 식품첨가물과 별도로 관리하고 있다.

　　여과보조제로 사용되는 것은 규조토, 메타규산나트륨, 백도토, 벤토나이트, 산성백토, 탤크, 퍼라이트, 폴리비닐폴리피로리돈 및 활성탄 등이 있다. 표면처리제는 식품의 표면을 매끄럽게 하거나 정돈하기 위해 사용되는 식품첨가물이다. 탤크는 표면처리제의 용도로 사용되는 식품첨가물이다.

1  고결방지제가 무엇인지 설명하고 이 용도로 사용되는 식품첨가물을 쓰시오.

2  표면처리제가 무엇인지 설명하고 이 용도로 사용되는 식품첨가물을 쓰시오.

3  여과보조제로 사용되는 식품첨가물 5개를 쓰시오.

4  가공보조제에 대해 설명하시오.

5  알루미늄이 함유되어 있는 고결방지제를 설명하시오.

풀이와 정답

1. 고결방지제는 식품의 입자 등이 서로 부착되어 고형화되는 것을 감소시키는 식품첨가물이다. 규산마그네슘, 규산칼슘, 이산화규소, 실리코알루민산나트륨, 페로시안화나트륨, 페로시안화칼륨 및 페로시안화칼슘이 고결방지제의 용도로 사용된다.

2. 표면처리제는 식품의 표면을 매끄럽게 하거나 정돈하기 위해 사용되는 식품첨가물이다. 탤크는 표면처리제의 용도로 사용된다.

3. 규조토, 메타규산나트륨, 백도토, 벤토나이트, 산성백토

4. 가공보조제는 어떤 특정한 목적에 사용되는 것이 아니라 식품의 제조, 가공 과정이나 기타의 목적으로 널리 사용되는 것으로, 식품의 본질적인 특성에는 영향을 주지 않으며, 최종 제품에 어떠한 기술적인 효과를 주어서는 안 된다. 우리나라, 일본 및 미국은 가공보조제가 식품첨가물이지만, Codex와 EU는 가공보조제를 식품첨가물과 별도로 관리하고 있다.

5. 실리코알루민산나트륨

# 기타

# 1. 껌기초제

껌기초제(chewing gum base component)는 적당한 점성과 탄력성을 갖는 비영양성의 씹는 물질로서 껌 제조의 기초 원료가 되는 식품첨가물을 말한다. 원래는 껌기초제로 천연수지인 치클이 사용되었으나 현재는 합성수지가 많이 사용되고 있다. 껌기초제로 사용하는 식품첨가물에는 초산비닐수지, 폴리부텐, 폴리이소부틸렌, 에스테르검, 검레진 및 로진 등이 있다.

표 24.1은 국내에 지정된 껌기초제의 국가별 지정 현황을 나타낸 것이다.

표 24.1 국내 지정 껌기초제의 국가별 지정 현황

| 식품첨가물명 | INS No. | CAS No. | 미국 | EU | Codex | 일본 |
|---|---|---|---|---|---|---|
| 초산비닐수지 | – | 9003-20-7 | ○ | × | × | ○ |
| 폴리부텐 | – | 9003-28-5 | × | × | × | ○ |
| 폴리이소부틸렌 | 509 | 9003-27-4 | ○ | × | × | ○ |
| 에스테르검 | 445 | 8050-30-4 | ○ | ○ | ○ | ○ |
| 검레진 | – | – | ○ | × | × | ○ |
| 로진 | – | 8050-09-7 | ○ | × | × | ○ |

## 1) 초산비닐수지

초산비닐수지(polyvinyl acetate)는 초산비닐의 중합물로서, 무~엷은 황색의 알맹이 또는 유리 모양의 덩어리이다. 껌기초제뿐 아니라 과실류 또는 과채류 표피의 피막제 용도로도 사용할 수 있다.

그림 24.1은 초산비닐수지의 구조 및 생성 과정을 나타낸 것이다.

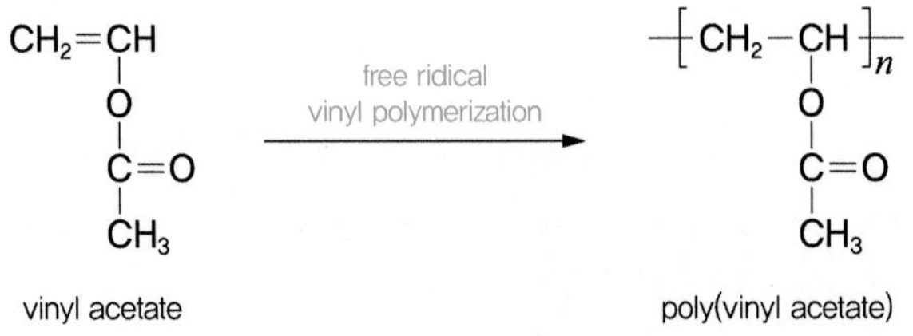

그림 24.1 초산비닐수지의 구조 및 생성

## 2) 폴리부텐

폴리부텐(polybutene)은 무~엷은 황색의 점조성액체로서 맛이 없고, 냄새가 없거나 또는 약간의 특이한 냄새가 있다(그림 24.2). 물, 에탄올, 아세톤에는 거의 녹지 않는다. 고분자중합체의 가소제로 널리 이용되는데, 초산비닐수지를 껌기초제로 사용할 경우 한랭할 때 굳어지고 타액에 의해 연화되는 결점을 보완하기 위하여 5% 이하를 첨가한다. 폴리부텐은 껌기초제의 용도로만 사용할 수 있다.

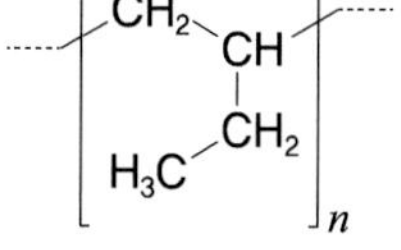

그림 24.2 **폴리부텐의 구조**

## 3) 폴리이소부틸렌

폴리이소부틸렌(polyisobutylene)은 아이소뷰틸렌의 중합물이다(그림 24.3). 다만, 중합성분으로 아이소프렌을 2%까지 함유한 것도 이에 포함한다. 성상은 무~엷은 황색의 점조한 또는 탄력성 있는 고무 모양의 반고체로서 맛이 없고, 냄새는 없거나 또는 약간의 특이한 냄새를 가지고 있다. 초산비닐수지의 결점을 보완하기 위하여 사용한다. 폴리이소부텐이라고도 하며, 이명은 butyl rubber이다. 폴리이소부틸렌은 껌기초제의 용도로만 사용할 수 있다.

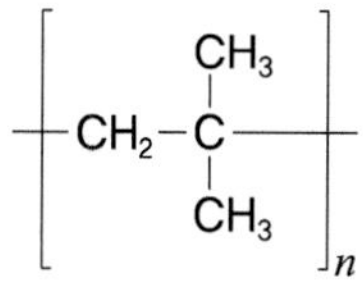

그림 24.3 **폴리이소부틸렌의 구조**

## 4) 에스테르검

에스테르검(ester gum)은 로진 또는 그 중합물 등의 유도체의 에스터화합물이며, 사용하는 알코올에 따라 글리세린계에스테르검, 펜타에리스리톨계에스테르검, 메탄올계에스테르검 등이 있다. 성상은 백~황백색의 분말, 엷은 황~엷은 갈색의 투명한 유리 모양의 덩어리 또는 점조한 액체로서 냄새가 없거나 또는 약간 특이한 냄새가 있다. 물에는 녹지 않고 아세톤에는 녹는다. 이명은 glycerol ester of wood rosin이다.

ADI는 0~25 mg/kg 체중이며(JECFA, 2013), 껌기초제 외에도 안정제의 용도로 사용한다. 사용기준은 추잉껌과 탄산음료 및 기타음료에만 사용할 수 있으며, 탄산음료 및 기타음료에 사용할 때는 0.10 g/kg 이하로 사용한다.

## 5) 검레진

검레진(masticatory substances)은 소르바(Sorva: *Couma macrocarpa* Barb. Rodr.), 소르빈하(Sorvinha: *Couma utilis* Muell.), 젤루통(Jelutong: *Dyera costulata* Hook. F. and *Dyera lowiil* Hook. F.), 치클(Chicle: *Manikara zapotilla* Gilly 및 *Manikara chicle* Gilly) 및 천연고무(Natural rubber: *Hevea brasiliensis*)에서 얻어지는 검류 및 레진이다. 성상은 백~회색, 엷은 갈~암갈색의 덩어리 또는 점탄성이 있는 고체로서 약간 특이한 냄새가 있다. 검레진은 껌기초제의 용도로만 사용할 수 있다.

## 6) 로진

로진(rosin)은 소나무과 소나무(*Pinus* sp.)의 수피에서 분비물을 채취하여 여과, 정제하여 얻어지는 것이다. 성상은 담황색의 분말 또는 덩어리이다.

로진의 사용기준은 일반사용기준에 준하여 사용한다.

## 7) 탤크

탤크(talc)는 여과보조제(여과, 탈색, 탈취, 정제 등)(제23장 참조) 및 정제류 표면처리제의 목적으로 사용하는데 껌기초제의 용도로도 사용할 수 있다.

추잉껌에 있어서의 사용량은 5.0% 이하이어야 한다.

## 8) 기타

글리세린지방산에스테르, 소르비탄지방산에스테르, 자당지방산에스테르 및 트리아세틴은 유화제의 용도로 사용되지만 껌기초제 용도로도 사용될 수 있다. 석유왁스는 피막제의 용도로 사용되지만 껌기초제 용도로도 사용될 수 있다. 탄산칼슘과 결정셀룰로스도 껌기초제의 용도로도 사용된다. 이러한 식품첨가물의 사용기준은 모두 일반사용기준에 준하여 사용한다.

# 2. 충전제

충전제(packaging gas)는 산화나 부패로부터 식품을 보호하기 위해 식품의 제조 시 포장용기에 의도적으로 주입시키는 가스 식품첨가물을 말한다. 충전제 용도로 사용하는 식품첨가물에는 산소, 수소, 아산화질소, 이산화탄소 및 질소가 있다.

표 24.2는 국내에 지정된 충전제의 국가별 지정 현황을 나타낸 것이다.

표 24.2 국내 지정 충전제의 국가별 지정 현황

| 식품첨가물명 | INS No. | CAS No. | 미국 | EU | Codex | 일본 |
|---|---|---|---|---|---|---|
| 산소 | 948 | 7782-44-7 | × | ○ | ○ | ○ |
| 수소 | 949 | 1333-74-0 | × | ○ | ○ | ○ |
| 아산화질소 | 942 | 10024-97-2 | ○ | ○ | ○ | ○ |
| 이산화탄소 | 290 | 124-38-9 | ○ | ○ | ○ | ○ |
| 질소 | 941 | 7727-37-9 | ○ | ○ | ○ | ○ |

## 1) 산소

산소(oxygen)는 무색, 무취의 가스이다. 분사제 및 제조용제의 용도로도 사용한다. 사용기준은 일반사용기준에 준하여 사용한다.

## 2) 수소

수소(hydrogen)는 무색, 무미, 무취의 기체이다. 제조용제의 용도로도 사용되며, 사용기준은 식용유지류 제조 시 경화처리 목적과 음료수에만 사용하도록 되어 있다. 음료수에는 활성산소 제거의 목적으로 사용한다.

## 3) 아산화질소

아산화질소(nitrous oxide)는 분자식이 $N_2O$이며, 무색, 무미, 무취의 가스이다. 질소산화물(nitrogen oxide) 또는 산화이질소(dinitrogen monooxide)라고도 부른다.

ADI는 "acceptable"이다(JECFA, 1985). 분사제의 용도로도 사용되며, 사용기준은 일반사용기준에 준하여 사용한다.

### 4) 이산화탄소

이산화탄소(carbon dioxide)는 무색, 무미, 무취의 가스로, 탄산가스라고도 부른다.

ADI는 "not specified"이다(JECFA, 1985). 분사제 및 추출용매의 용도로도 사용되며, 사용기준은 일반사용기준에 준하여 사용한다.


### 5) 질소

질소(nitrogen)는 무색, 무취의 가스 또는 액체이다. 성분 규격에서 산소의 함량은 1% 이하이어야 한다.

ADI는 "No ADI necessary"로 설정되었다(JECFA, 1980). 분사제의 용도로도 사용되며, 사용기준은 일반사용기준에 준하여 사용한다.


## 3. 분사제

분사제(propellant)는 용기에서 식품을 방출시키는 가스 식품첨가물을 말한다. 분사제로는 산소, 아산화질소, 이산화탄소 및 질소가 사용된다.


## 4. 살균제

살균제(germicide)는 식품 표면의 미생물을 단시간 내에 사멸시키는 작용을 하는 식품첨가물을 말한다. 보존료는 미생물에 대하여 정균작용을 나타내지만 살균제는 미생물을 단시간 내에 사멸시키는 작용을 한다. 미생물을 사멸시키는 화학물질은 많지만 독성이 강한 것이 많으므로 식품첨가물로는 독성이 적고 식품에 나쁜 영향을 주지 않으면서 살균력이 강한 것이 바람직하다. 살균제 용도로 사용하는 식품첨가물은 오존수, 이산화염소(수), 차아염소산나트륨, 차아염소산칼슘, 차아염소산수 및 과산화수소가 있다.

표 24.3은 국내 지정 살균제의 국가별 지정 현황을 나타낸 것이다.


### 1) 오존수

오존수(ozone water)는 오존발생기에서 생성된 오존기체를 용존시켜 얻어지는 것으로 오

표 24.3 국내 지정 살균제의 국가별 지정 현황

| 식품첨가물명 | INS No. | CAS No. | 미국 | EU | Codex | 일본 |
|---|---|---|---|---|---|---|
| 오존수 | – | 10028-15-6 | ○ | × | × | × |
| 이산화염소(수) | 926 | 10049-04-4 | ○ | × | ○ | ○ |
| 차아염소산나트륨 | – | 7681-52-9 | ○ | × | ○ | ○ |
| 차아염소산칼슘 | – | 7778-54-3 | ○ | × | × | ○ |
| 차아염소산수 | – | 7790-92-3 | × | × | × | ○ |
| 과산화수소 | – | 7722-84-1 | ○ | × | ○ | ○ |

존을 주성분으로 하는 수용액이다. 성상은 무색의 액상으로서 특유한 냄새가 있다.

오존수는 과실류, 채소류 등 식품의 살균 목적에만 사용하여야 하며, 최종 식품의 완성 전에 제거하여야 한다.

## 2) 이산화염소(수)

이산화염소(수)(chlorine dioxide, $ClO_2$)는 상온에서는 염소나 오존과 비슷한 자극취를 가진 녹황색의 기체로서 물에 잘 녹는다. 열에 불안정하여 분해하면 염소와 산소를 생성한다.

이산화염소(수)는 강력한 산화제로서, 살균제 용도 외에도 밀가루개량제의 용도로도 사용된다. 사용기준으로 이산화염소는 빵류 제조용 밀가루 이외의 식품에 사용하여서는 아니 되며, 사용량은 빵류 제조용 밀가루에 있어서는 1 kg에 대하여 0.03 g 이하이어야 한다. 이산화염소(수)는 과실류, 채소류 등 식품의 살균 목적으로 사용하여야 하며, 최종 식품의 완성 전에 제거하여야 한다.

## 3) 차아염소산나트륨

차아염소산나트륨(sodium hypochlorite, NaClO)은 차아염소산나트륨을 주성분으로 하는 것을 말하며, 식염수를 전기분해하여 얻은 것도 포함한다. 차아염소산나트륨은 유효염소 4.0% 이상을 함유하며, 식염수를 전기분해하여 얻은 것은 100 ppm 이상을 함유한다. 차아염소산소다라고도 한다. 성상은 무~엷은 녹황색의 액체로서 염소의 냄새를 가지고 있다. 유효염소는 산을 가할 때 발생하는 염소를 말한다.

$$NaClO + 2HCl \rightarrow Cl_2 + H_2O + NaCl$$

차아염소산나트륨의 살균력은 비해리형 차아염소산(HClO)에 의한 것으로, pH는 살균력에 영향을 미치는데, pH가 낮을수록 비해리형 HClO의 농도가 높아지므로 살균력이 커진다.

차아염소산나트륨은 과실류, 채소류 등 식품의 살균 목적 이외에 사용하여서는 아니 되며, 최종 식품의 완성 전에 제거하여야 한다. 다만, 차아염소산나트륨은 참깨에 사용하여서는 아니 된다.

### 4) 차아염소산칼슘

차아염소산칼슘[calcium hypochlorite, $Ca(ClO)_2$]은 유효염소 60.0% 이상을 함유하며, 성상은 백~유백색의 과립 또는 분말로서 염소의 냄새를 가지고 있다. 고도표백분이라고도 한다. 차아염소산칼슘용액은 염기성인데, 차아염소산 이온이 가수분해되면 $ClO^- + H_2O \rightarrow HClO + OH^-$에서 차아염소산은 약산이고, $OH^-$는 강염기이기 때문이다.

차아염소산칼슘은 과실류, 채소류 등 식품의 살균 목적 이외에 사용하여서는 아니 되며, 최종 식품의 완성 전에 제거하여야 한다.

### 5) 차아염소산수

차아염소산수(hypochlorous acid water)는 염산 또는 식염수를 전기분해하여 얻는 물질이다. 차아염소산(HClO)을 주성분으로 하는 수용액에는 강산성 차아염소산수, 약산성 차아염소산수 및 미산성 차아염소산수가 있다.

강산성 차아염소산수는 유효염소 20~60 ppm, 약산성 차아염소산수는 유효염소 10~60 ppm 및 미산성 차아염소산수는 유효염소 10~80 ppm을 함유하여야 한다. 성상은 무색의 액체로, 무취 또는 옅은 염소의 냄새가 있다.

차아염소산수는 과실류, 채소류 등 식품의 살균 목적 이외에 사용하여서는 아니 되며, 최종 식품의 완성 전에 제거하여야 한다.

### 6) 과산화수소

과산화수소(hydrogen peroxide, $H_2O_2$)는 과산화수소를 30.0~50.0%를 함유하며, 성상은

무색투명한 액체로서 냄새가 없거나 약간 냄새가 있다. 수용액은 산성이며, 제조용제의 용도로도 사용된다. 최종 식품의 완성 전에 분해하거나 또는 제거하여야 한다.

## 5. 습윤제

습윤제(humectant)는 식품이 건조되는 것을 방지하는 식품첨가물을 말한다. 습윤제 용도로 사용되는 식품첨가물은 글리세린, 프로필렌글리콜 및 폴리덱스트로스가 있으며, 감미료인 락티톨, 만니톨, L-말티톨 및 말티톨시럽, D-소비톨 및 D-소비톨액, 에리스리톨, 자일리톨 및 폴리글리시톨시럽 등도 습윤제의 용도로도 사용된다.

표 24.4는 국내 지정 습윤제의 국가별 지정 현황을 나타낸 것이다.

**표 24.4** 국내 지정 습윤제의 국가별 지정 현황

| 식품첨가물명 | INS No. | CAS No. | 미국 | EU | Codex | 일본 |
|---|---|---|---|---|---|---|
| 글리세린 | 422 | 56-81-5 | ○ | ○ | ○ | ○ |
| 프로필렌글리콜 | 1520 | 57-55-6 | ○ | ○ | ○ | ○ |
| 폴리덱스트로스 | 1200 | 68424-04-4 | ○ | ○ | ○ | × |

## 1) 글리세린

글리세린(glycerin)은 무색의 액체로서 냄새가 없고 단맛이 있다(감미도는 설탕의 50%). 글리세롤(glycerol)이라고도 한다. 물과 에탄올에는 잘 섞이나 에테르와는 섞이지 않는다. 안정제의 용도로도 사용한다. 글리세린은 향료 및 착색료의 용제(solvent)로도 사용되는데 향

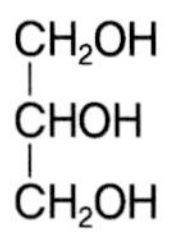

CH₂OH
|
CHOH
|
CH₂OH

그림 24.4 글리세린

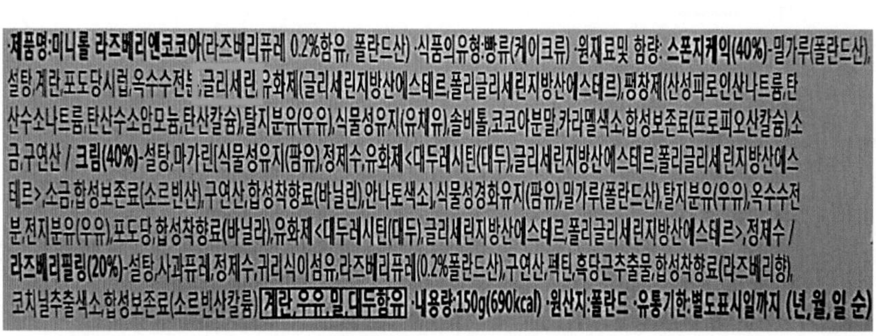

글리세린이 사용된 식품

미에 영향을 주지 않는다(그림 24.4).

ADI는 "not specified"이고(JECFA, 1976), 사용기준은 일반사용기준에 준하여 사용한다.

## 2) 프로필렌글리콜

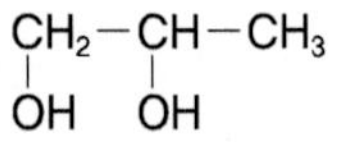

프로필렌글리콜(propylene glycol)은 무색의 맑고 투명한 점조한 액체로서 냄새가 없고 약간의 쓴맛 및 단맛이 있다(그림 24.5). 물, 에탄올 및 아세톤에 잘 녹으나 유지류와는 잘 섞이지 않는다.

$$CH_2-CH-CH_3$$
$$\quad OH \quad OH$$

그림 24.5 **프로필렌글리콜**

프로필렌글리콜은 유화제 및 안정제 용도로도 사용된다. 용제로도 사용되는데 물에 잘 녹지 않는 물질을 프로필렌글리콜로 용해하여 식품에 첨가하면 균일하게 혼합할 수 있다. 특히 향료를 잘 녹이므로 조합향료나 유화향료 제조 시에 많이 사용된다.

ADI는 0~25 mg/kg 체중이고(JECFA, 1973), 사용기준은 만두류, 만두피에 1.2% 이하, 견과류가공품에 5% 이하, 아이스크림류에 2.5% 이하, 기타식품에 2% 이하 사용한다.

## 3) 폴리덱스트로스

폴리덱스트로스(polydextrose)는 소비톨과 구연산 또는 인산을 가지는 D-포도당의 무작

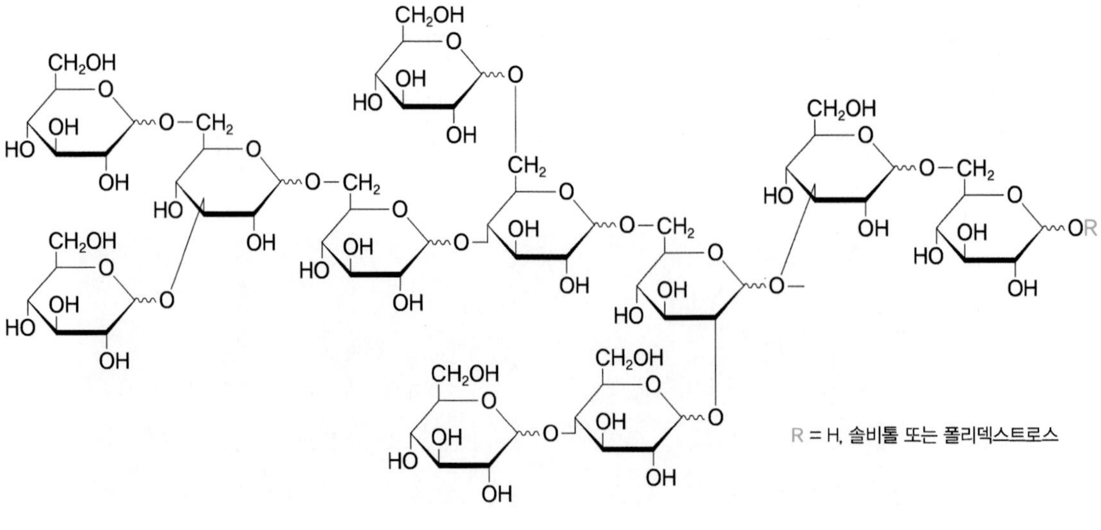

R = H, 솔비톨 또는 폴리덱스트로스

그림 24.6 **폴리덱스트로스의 구조**

위 축중합체이다(그림 24.6). 알칼리를 이용하여 중화하거나 추가로 탈색 및 탈이온화한 것이 있으며, 부분적으로 수소환원한 것도 있다. 다만, 액체의 경우 70~80%의 폴리덱스트로스를 함유하고 있다. 포도당 90, 소비톨 10, 구연산 1 또는 인산 0.1 비율로 혼합하여 중합시킨 것으로 주로 $\alpha$-1,6-글루코사이드 결합으로 구성되어 있다. 성상은 백~엷은 갈색의 분말 또는 액체이며, 물에 아주 잘 녹는다.

ADI는 "not specified"이고(JECFA, 1987), 사용기준은 일반사용기준에 준하여 사용한다. 안정제 및 증량제(bulking agent)의 용도로도 사용된다.

폴리덱스트로스는 1 g당 1 kcal의 열량을 내므로 저칼로리 식품제조에도 이용할 수 있으며, 건강기능식품 기능성 원료일 경우 식이섬유로 사용된다.


# 6. 안정제

안정제(stabilizer)는 두 가지 또는 그 이상의 성분을 일정한 분산 형태로 유지시키는 식품첨가물을 말한다. 증점제 용도로 사용되는 식품첨가물은 모두 안정제로서의 용도도 함께 가지고 있다(제16장 참조).

표 24.5는 국내 지정 안정제의 국가별 지정 현황을 나타낸 것이다.

**표 24.5** 국내 지정 안정제의 국가별 지정 현황

| 식품첨가물명 | INS No. | CAS No. | 미국 | EU | Codex | 일본 |
|---|---|---|---|---|---|---|
| 시클로덱스트린 | 457, 459, 458 | $\alpha$-: 10016-20-3<br>$\beta$-: 7585-39-9<br>$\gamma$-: 17465-86-0 | ○ | ○ | ○ | ○ |
| 시클로덱스트린시럽 | – | – | × | × | × | × |
| 옥시스테아린 | 387 | 8028-45-3 | ○ | × | ○ | × |


## 1) 시클로덱스트린

시클로덱스트린(cyclodextrin)은 $\alpha$-시클로덱스트린, $\beta$-시클로덱스트린 및 $\gamma$-시클로덱스트린이 있는데(그림 24.7), 이들은 녹말에 사이클로덱스트린 생성효소를 작용시켜 각각 6, 7 및 8개의 포도당이 $\alpha$-1,4 글리코사이드 결합을 한 환상의 올리고당이다. 성상은 백색의 결정 또는 결정성 분말로 냄새가 없고, 약간의 감미가 있다.

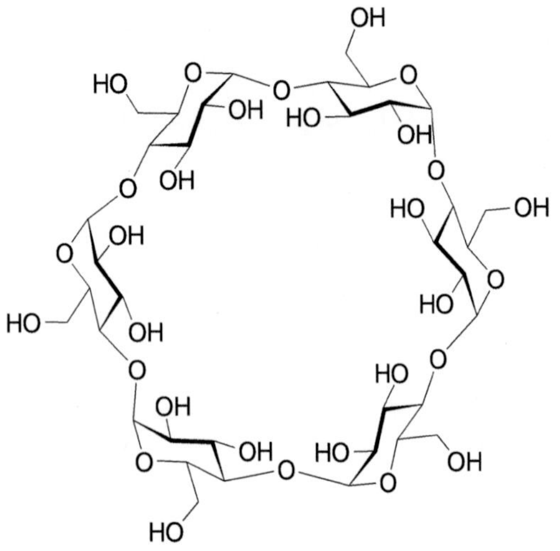

α – cyclodextrin

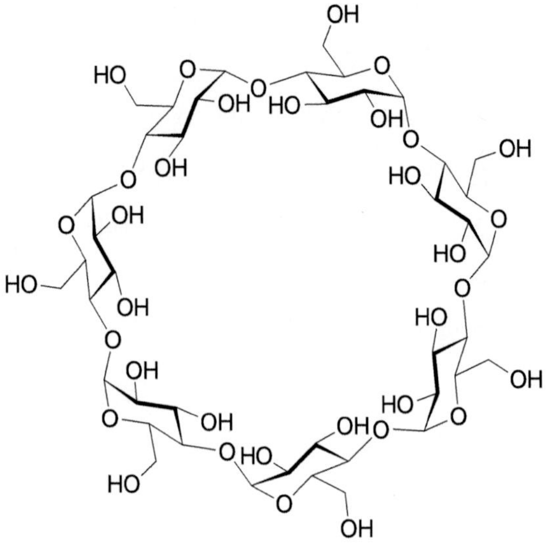

β – cyclodextrin

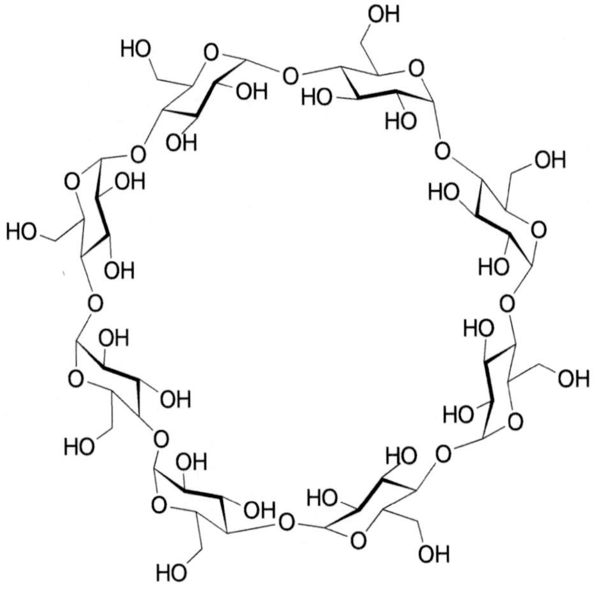

γ – cyclodextrin

그림 24.7 **시클로덱스트린의 구조**

α-시클로덱스트린은 α-샤딩거덱스트린(α-Schardinger dextrin) 또는 사이클로헥사아밀로스(cyclohexaamylose)라고도 한다. 물에 잘 녹고 에탄올에는 아주 조금 녹는다. 향의 안정화, 산화되기 쉬운 천연색소나 유용성비타민의 안정화에 이용되며, 맛과 냄새를 마스킹하는 데도 이용된다.

시클로덱스트린이 사용된 식품

ADI는 "not specified"이고(JECFA, 2001), 사용기준은 일반사용기준에 준하여 사용한다.

## 2) 시클로덱스트린시럽

시클로덱스트린시럽(cyclodextrin syrup)은 녹말유액에 사이클로덱스트린 생성효소를 작용시켜 사이클로덱스트린을 함유하는 수용액으로 하여 정제 농축한 녹말가수분해물이다. 6, 7 및 8개의 포도당이 $\alpha$-1,4 글리코사이드 결합으로 고리상으로 결합한 $\alpha$-시클로덱스트린, $\beta$-시클로덱스트린, $\gamma$-시클로덱스트린과 포도당, 맥아당 등의 당류가 함유되어 있다. 다만, 시클로덱스트린시럽을 건조시킨 것도 이에 포함한다. 성상은 무색투명한 점조상의 액체, 백색의 분말로서 냄새가 없고 맛은 달다. 차가운 곳에서는 결정을 석출하고 백탁이 생기는 경우가 있다.

## 3) 옥시스테아린

옥시스테아린(oxystearin)은 부분적으로 산화된 스테아르산 및 다른 지방산의 글리세라이드 혼합물이다. 성상은 황갈~엷은 갈색의 지방질 또는 왁스 같은 물질이다. 물에는 안 녹고 에탄올에는 녹는다.

옥시스테아린은 샐러드유나 식물성유지류의 결정 석출 방지를 위해 사용한다. 사용기준은 식용유지류, 식용우지, 식용돈지에 0.125% 이하 사용한다. 거품제거제의 용도로도 사용한다.

## 4) 기타

글리세린, 프로필렌글리콜, 폴리글리시톨시럽, 폴리덱스트로스, 젤라틴 및 에스테르검도 안정제의 용도로 사용된다.


# 7. 응고제

응고제(firming agent)는 식품 성분을 결착 또는 응고시키거나, 과일 및 채소류의 조직을 단단하거나 바삭하게 유지시키는 식품첨가물을 말한다.

표 24.6은 국내 지정 응고제의 국가별 지정 현황을 나타낸 것이다.

표 24.6 국내 지정 응고제의 국가별 지정 현황

| 식품첨가물명 | INS No. | CAS No. | 미국 | EU | Codex | 일본 |
|---|---|---|---|---|---|---|
| 염화마그네슘 | 511 | 7786-30-3 | ○ | ○ | ○ | ○ |
| 염화칼슘 | 509 | 10043-52-4(무수물) 10035-04-8(2수염) | ○ | ○ | ○ | ○ |
| 조제해수염화마그네슘 | – | – | × | × | × | ○ |
| 황산마그네슘 | 518 | 7487-88-9 | ○ | ○ | ○ | ○ |
| 황산칼슘 | 516 | 7778-18-9 | ○ | ○ | ○ | ○ |


## 1) 글루코노-$\delta$-락톤

글루코노-$\delta$-락톤은 산도조절제 및 팽창제의 용도 외에도 두부응고제로 사용된다. 두부 응고제로서 콩물에 0.25~0.3% 정도 첨가된다. 황산칼슘에 비해 수용성이기 때문에 콩물 속에 균일하게 혼합되어 냉각 상태에서 응고반응이 바로 일어나지 않아 단단하고 고운 결을 가진 두부를 만들 수 있다. 글루코노-$\delta$-락톤의 산성으로 인해 콩단백질이 등전점(pH 4.5)에서 응고가 된다. 글루코노-$\delta$-락톤은 서서히 글루콘산으로 변환되기 때문에 콩물과 균일하게 혼합된다. 두부의 응고가 서서히 일어나서 조직을 부드럽게 하기 때문에 연두부 제조에 적합하다. 제15장 산도조절제에서 자세히 설명하였다.


## 2) 염화마그네슘

염화마그네슘(magnesium chloride)은 분자식이 $MgCl_2 \cdot 6H_2O$이고, 성상은 무~백색의 분

말, 결정성 덩어리, 알맹이 또는 조각이다. 물에 매우 잘 녹고, 에탄올에도 잘 녹는다.

ADI는 "not limited"이고(JECFA, 1979), 사용기준은 일반사용기준에 준하여 사용한다. 영양강화제 용도로도 사용된다.


### 3) 염화칼슘

염화칼슘(calcium chloride)은 분자식이 $CaCl_2 \cdot nH_2O$(n=0 또는 2)이고, 성상은 백색의 결정, 덩어리, 조각, 알맹이 또는 분말로서 냄새가 없다. 물과 에탄올에 잘 녹는다.

ADI는 "not limited"이고(JECFA, 1973), 사용기준은 일반사용기준에 준하여 사용한다. 영양강화제 용도로도 사용된다.


### 4) 조제해수염화마그네슘

조제해수염화마그네슘[crude magnesium chloride(sea water)]은 해수 및 염지하수(단, 염지하수의 경우, 「먹는 물 관리법」의 염지하수의 수질기준에 적합한 것)에서 염화칼륨 및 염화나트륨을 석출·분리하여 얻어진 것으로서 주성분은 염화마그네슘($MgCl_2$)이다. 염화마그네슘을 12.0~30.0%를 함유하며, 성상은 무~엷은 황색의 액체로서 쓴맛이 있다. 사용기준은 두부류 제조 시 응고제로만 사용할 수 있다.


### 5) 황산마그네슘

황산마그네슘(magnesium sulfate)은 결정물(7수염) 및 건조물(3수염)이 있고, 각각을 황산마그네슘(결정) 및 황산마그네슘(건조)이라고 한다. 분자식은 $MgSO_4 \cdot nH_2O$(n=7 또는 3)이고, 성상은 결정물은 무색의 기둥 모양 또는 바늘 모양의 결정으로 짠맛 및 쓴맛을 가지고 있으며, 건조물은 백색의 분말로 짠맛 및 쓴맛을 가지고 있다.

JECFA 규격에는 1수염, 7수염과 건조물이 있다. 물에는 잘 녹고 에탄올에는 조금 녹는다. 해수에서 천연으로 얻을 수 있다. 즉, 천일염 제조 시 부산물로 얻는다. 또는 산화마그네슘(magnesium oxide)과 황산을 반응시켜 얻는다.

ADI는 "not specified"이고(JECFA, 2007), 사용기준은 일반사용기준에 준하여 사용한다. 영양강화제 용도로도 사용되며, 가공보조제로서 맥주 발효 시 발효보조제(fermentation aid)의 용도로도 사용된다.

## 6) 황산칼슘

황산칼슘(calcium sulfate)은 분자식이 $CaSO_4 \cdot 2H_2O$이고, 성상은 백~엷은 황백색의 분말 또는 결정성 분말이다. 물에는 약간 녹고 에탄올에는 녹지 않는다.

ADI는 "not limited"이고(JECFA, 1973), 사용기준은 일반사용기준에 준하여 사용한다. 산도조절제와 영양강화제의 용도로도 사용된다.

# 8. 제조용제

제조용제는 식품의 제조·가공 시 촉매, 침전, 분해, 청징 등의 역할을 하는 보조제 식품 첨가물을 말한다. 제조용제는 여과보조제와 함께 가공보조제(processing aid)에 속한다.

표 24.7은 국내 지정 제조용제의 국가별 지정 현황을 나타낸 것이다.

**표 24.7** 국내 지정 제조용제의 국가별 지정 현황

| 식품첨가물명 | INS No. | CAS No. | 미국 | EU | Codex | 일본 |
|---|---|---|---|---|---|---|
| 메톡사이드나트륨 | – | 124-41-4 | ○ | × | ○ | ○ |
| 수산 | – | 6153-56-6 | × | × | ○ | ○ |
| 스테아린산 | 570 | 57-11-4 | ○ | ○ | ○ | ○ |
| 염산 | 507 | 7647-01-0 | ○ | ○ | ○ | ○ |
| 이온교환수지 | – | – | ○ | × | ○ | ○ |
| 지베렐린산 | – | 77-06-5 | ○ | × | ○ | × |
| 카프릭산 | 570 | 334-48-5 | ○ | ○ | ○ | × |
| 카프릴산 | 570 | 124-07-2 | ○ | ○ | ○ | × |
| 황산 | 513 | 7664-93-9 | ○ | ○ | ○ | ○ |

## 1) 메톡사이드나트륨

메톡사이드나트륨(sodium methoxide)은 분자식이 $CH_3ONa$이고, 성상은 백색의 미세한 분말로서 흡습성이 있으며, 수용액은 알칼리성을 나타낸다(1% 수용액의 pH는 12.4). 메톡사이드 이온($CH_3O^-$)은 메탄올의 짝염기로서 강한 알칼리성을 나타내며, 화학반응에 있어서 친핵체로 작용한다. 메톡사이드 이온은 물 분자로부터 $H^+$를 받아서 메탄올을 생성한다. 유지의 물성을 개선하기 위한 에스터 교환반응에서 촉매로서 마가린, 쇼트닝과 버터 등의

물성 개선에 사용한다.

메톡사이드나트륨은 가공유지 이외의 식품에 사용하여서는 아니 되며, 최종 식품 완성 전에 분해하여야 하고, 분해물로 생성된 메틸알코올은 제거하여야 한다.

보존기준으로 차광한 밀봉용기에 넣고 보존해야 한다.

## 2) 수산

수산(oxalic acid)은 무색의 결정으로서 냄새가 없으며, 가열하면 승화한다(그림 24.8). 물과 에탄올에 잘 녹고 유기산 중 비교적 강한 산이다. 칼슘과 결합해서 불용성염을 만든다. 녹말을 가수분해하여 물엿이나 포도당을 제조하는 데 사용된다. 수산은 최종 식품 완성 전에 제거하여야 한다.

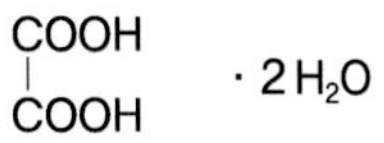

$$\begin{array}{c} COOH \\ | \\ COOH \end{array} \cdot 2H_2O$$

그림 24.8 수산

## 3) 스테아린산

스테아린산(stearic acid)은 지방에서 얻어지는 고형지방산으로서 스테아르산($C_{18}H_{36}O_2$) 및 팔미트산($C_{16}H_{32}O_2$)의 혼합물로 이루어져 있다. 그 주성분은 스테아르산이며, 이명은 옥타데칸산(octadecanoic acid)이다. 백~엷은 황색의 결정성 덩어리 또는 분말이다. 물에 녹지 않고 에탄올에 약간 녹는다.

ADI는 "acceptable"이다(JECFA, 1997). 사용기준은 일반사용기준에 준하여 사용한다.

## 4) 염산

염산(hydrochloric acid, HCl)은 무~엷은 황색의 액체로서 자극성 있는 냄새가 있으며, 이명은 염화수소(hydrogen chloride)이다. 물과 에탄올에 잘 녹으며, 수용액은 강산성으로 식물단백질가수분해물 제조 시 단백질 원료를 가수분해시킬 때나, 녹말을 가수분해하여 물엿과 포도당을 만들 때도 사용한다.

ADI는 "not limited"이다(JECFA, 1965). 최종 식품 완성 전에 중화 또는 제거하여야 한다. 염산은 산도조절제의 용도로도 사용된다.

과일 껍질을 벗기는 데 사용하는 식품첨가물

감귤이나 복숭아 같은 과일 통조림을 제조할 때 껍질을 매끈하게 벗겨 내기 위해 염산이나 수산화나트륨이 많이 이용된다. 사람이나 기계가 과일의 껍질을 벗겨 내기가 쉽지 않기 때문이다. 과일의 껍질은 결합 단백질에 의해 과일에 붙어 있는데 염산이나 수산화나트륨이 단백질을 분해하여 껍질이 잘 벗겨지도록 한다. 사용한 염산이나 수산화나트륨은 물로 씻어 내어 제거하거나 산이나 염기로 중화시켜 최종 식품에는 남지 않도록 해야 한다. 염산이나 수산화나트륨을 과일의 껍질을 벗겨 내는 용도로 사용하는 것은 최종 제품 완성 전에 중화 또는 제거한다면 아무런 문제가 되지 않는다.

## 5) 이온교환수지

이온교환수지(ion exchange resin)는 입상물, 분상물 또는 현탁액이 있고, 각각을 이온교환수지(입상), 이온교환수지(분상) 및 이온교환수지(현탁액)라고 한다. 이온교환수지(입상, 분산, 현탁액)는 최종 식품 완성 전에 제거하여야 한다.

## 6) 지베렐린산

지베렐린산(gibberellic acid)은 곰팡이 지베렐라 푸지쿠로이(*Gibberella fujikuroi*)의 배양물을 여과한 후 감압농축한 것을 추출하여 결정을 석출시킨 다음 이를 정제하여 얻어진 것이다(그림 24.9). 성상은 백~엷은 황색의 결정성 분말로서 냄새가 없다. 물에는 잘 녹지 않지만 에탄올이나 아세톤에는 잘 녹는다.

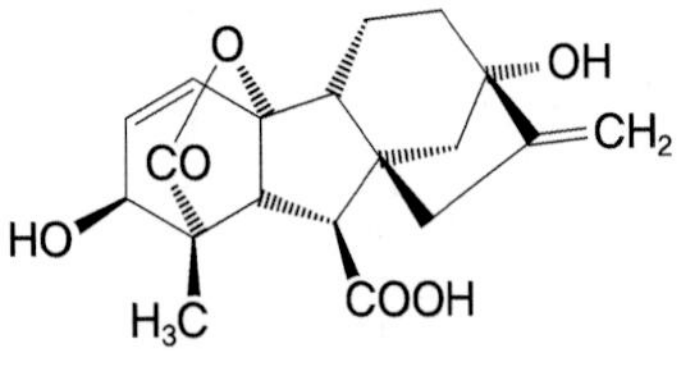

그림 24.9 **지베렐린산의 구조**

식물의 성장을 촉진하는 일종의 성장호르몬으로 맥아 제조에 사용된다. 지베렐린산은 발효주용 및 증류주용의 맥아 제조 이외에 사용하여서는 아니 된다.

## 7) 카프릭산

카프릭산(capric acid)는 지방에서 얻어지는 포화지방산으로서 그 주성분은 카프르산(decanoic acid, $C_{10}H_{20}O_2$)이다. 백색의 결정으로서 불쾌한 냄새가 있다. 사용기준은 일반사용기준에 준하여 사용한다.

### 8) 카프릴산

카프릴산(caprylic acid)은 지방에서 얻어지는 포화지방산으로서 그 주성분은 카프릴산 (octanoic acid, $C_8H_{16}O_2$)이다. 성상은 무색의 기름으로서 약간의 불쾌한 냄새가 있다. 사용 기준은 일반사용기준에 준하여 사용한다.

### 9) 황산

황산(sulfuric acid, $H_2SO_4$)은 무색 또는 엷은 갈색을 띤 투명 또는 거의 투명한 점조한 액체이다. 녹말을 가수분해하여 물엿과 포도당을 만들 때 사용하며, 통조림용 귤 과피를 박피하는 데도 사용된다. 식용유 정제 과정에서 유기물을 탄화시키는 데도 사용한다.

ADI는 설정되지 않았다(JECFA, 1976). 황산은 최종 식품의 완성 전에 중화 또는 제거하여야 한다.

### 10) 기타

살균제로 사용되는 과산화수소, 거품제거제로 사용되는 라우린산, 미리스트산, 팔미트산 및 올레인산, 충진제 용도의 산소 및 수소, 산도조절제 용도의 수산화나트륨 및 수산화나트륨액, 추출용제와 향료 용도의 이소프로필알코올, 영양강화제로 사용되는 황산동 및 황산아연 등은 제조용제의 용도로도 사용된다.

## 9. 젤형성제

젤형성제(gelling agent)는 젤을 형성하여 식품에 물성을 부여하는 식품첨가물을 말한다. 젤형성제의 용도로 사용되는 식품첨가물은 염화칼륨과 젤라틴이 있다.

표 24.8은 국내 지정 젤형성제의 국가별 지정 현황을 나타낸 것이다.

**표 24.8** 국내 지정 젤형성제의 국가별 지정 현황

| 식품첨가물명 | INS No. | CAS No. | 미국 | EU | Codex | 일본 |
|---|---|---|---|---|---|---|
| 염화칼륨 | 508 | 7447-40-7 | ○ | ○ | ○ | ○ |
| 젤라틴 | 428 | 9000-70-8 | ○ | × | ○ | ○ |

## 1) 염화칼륨

염화칼륨(potassium chloride, KCl)은 무색의 결정 또는 백색의 분말로서 냄새가 없고 짠 맛이 있다. 물에는 아주 잘 녹으나 에탄올에는 녹지 않는다. 저염식품에 소금 대용으로도 사용한다.

ADI는 "not limited"이며(JECFA, 1979), 사용기준은 일반사용기준에 준하여 사용한다. 염 화칼륨은 향미증진제 및 영양강화제의 용도로도 사용된다.

## 2) 젤라틴

젤라틴(gelatin)은 동물의 뼈, 피부 등으로부터 얻은 콜라겐(collagen)을 일부 가수분해하여 만든 것이다. 콜라겐을 산으로 처리하여 얻은 것의 등전점은 pH 7.0~9.0이고, 알칼리로 처리하여 얻은 것의 등전점은 pH 4.6~5.2 범위이며, 산 및 알칼리처리된 것의 혼합물과 처리 방법을 병행하여 얻어진 것의 등전점은 위의 범위를 벗어날 수 있다. 성상은 엷은 황~갈색의 박판, 세편 또는 거칠거나 미세한 분말이다. 이명은 edible gelatin이며, Codex에는 이 명칭으로 규격이 설정되어 있다. 냉수에는 녹지 않으나 담가 두면 점차적으로 물을 흡수하여 팽윤된다. 뜨거운 물에는 잘 녹아서 냉각시키면 젤리를 형성한다. 초산에 녹으나 에탄올, 클로로폼과 에테르에는 녹지 않는다.

●제품명:쵸코파이●식품의 유형:초콜릿가공품●중량:35g●주성분:소맥분(밀),백설탕,물엿,쇼트닝,정제가공유지,코코아혼합분유(우유),전지분유,포도당,젤라틴,발효주정,전란액(계란),식염,유청분말,산도조절제,유화제,하이포마,합성착향료●코코아가공품1.7%(코코아분말1.7%,)

**젤라틴이 사용된 식품**

ADI는 "not limited"이며(JECFA, 1970), 사용기준은 일반사용기준에 준하여 사용한다. 젤라틴은 유화제와 안정제의 용도로도 사용된다.

## 10. 효소제

효소제(enzyme preparation)는 특정한 생화학 반응의 촉매작용을 하는 식품첨가물을 말한다. 우리나라를 비롯한 대부분의 국가는 효소제를 식품첨가물로 관리하고 있지만 EU는 효소제를 식품첨가물과 별도로 관리하고 있다. 우리나라에서 지정한 효소제에는 국, $\beta$-글루카나아제, $\alpha$-글루코시다아제, 글루코아밀라아제, 글루코오스산화효소, 글루코오스이성화효소, 글루타미나아제, 덱스트라나아제, 5′-디아미나아제, 디아스타아제, 락타아제, 리소짐, 리파아제, 말토게닉아밀라아제, 말토트리오히드로라아제, 베타글리코시다아제, 셀룰라아제, $\alpha$-아밀라아제, $\alpha$-아세토락테이트디카복실라아제, 아스파라지나아제, 알파갈락토시다아제, 엑소말토테트라히드로라아제, 우레아제, 우유응고효소, 인베르타아제, 자일라나아제, 종국, 카탈라아제, 키토사나아제, 탄나아제, 트랜스글루코시다아제, 트랜스글루타미나아제, 트립신, 판크레아틴, 펙티나아제, 펩신, 포스포디에스테라아제, 포스포리파아제, 풀루라나아제, 프로테아제 및 헤미셀룰라아제 등이 있다. 이들의 사용기준은 일반사용기준에 준하여 사용한다.

• 제품명: 오리진 단팥빵 / ORIGIN SWEET RED-BEAN BREAD
• 식품의 유형: 빵류 • 내용량: 720 g (48 g x 15 개)
• 특정성분: 팥앙금 55.75 % 함유
• 원재료명: 팥앙금 55.75% [팥50.66%(중국산),백설탕,물엿,정제염(중국산),잔탄검]밀가루[밀: 미국, 캐나다산], 백설탕,계란(국산),
가공버터(우유),이스트[효모,유화제(소르비탄지방산에스테르)],혼합분유,정제염,마가린(대두),식품첨가물혼합제제[소맥분,건조효모(비활성),잔탄검],
유화제(디아세틸주석산지방산에스테르),비타민C, 효소제: 건조효모
• 유통기한: 전면표기 • 포장재질: 폴리프로필렌 • 보관방법: 직사광선을 피하고 서늘한 곳에 보관

효소제가 사용된 식품

### 1) 국

국은 곡자, 입국, 조효소제 및 정제효소제가 있다. 곡자는 식용 날곡류에 누룩곰팡이속(*Aspergillus*), 거미줄곰팡이속(*Rhizopus*) 등 곰팡이류, 효모 및 기타 미생물이 자연적으로 번식하여 효소를 함유하는 것이고, 입국은 식용 곡류를 증자한 후 아스페르길루스속, 리조푸스속 등의 곰팡이를 번식시켜 효소를 함유하는 것이다. 조효소제는 식용의 피질 또는

녹말을 함유하는 것을 원료로 하여 증자하거나 날것 그대로 살균한 다음 당화효소생성균을 배양시킨 것이며, 정제효소제는 식용 탄수화물을 사용한 고체 및 액체배지에 당화효소생성균을 배양시킨 다음 효소를 분리정제한 것을 말한다. 곡자는 누룩이라 하고, 입국은 고지(koji)라고도 한다.

## 2) 종국

종국(mold starter)은 조제종국과 분말종국이 있다. 조제종국은 식용 녹말을 함유한 원료를 살균처리한 다음 아스페르길루스 가와치(*Aspergillus kawachii*), 아스페르길루스 오리재(*Aspergillus oryzae*), 아스페르길루스 우사미(*Aspergillus usamii*), 아스페르길루스 시로우사미(*Aspergillus shirousamii*), 아스페르길루스 아와모리(*Aspergillus awamori*) 또는 리조푸스속 등의 종균을 각각 또는 혼합 접종하여 포자가 착생하도록 배양한 것이고, 분말종국은 조제종국에서 특수 방법으로 순수 균사포자만을 채취한 것으로서 국균을 말한다.

## 11. 혼합제제류

식품첨가물은 한 가지 용도로 사용되기보다는 다용도로 사용되는 경우가 많기 때문에 그 목적한 기능을 발휘하기 위해서는 첨가물을 단독으로 사용하는 것보다는 혼합하여 사용할 때 시너지 효과를 가져와 효과를 쉽게 달성할 수 있다. 실제로 식품첨가물은 단일 첨가물을 혼합한 다양한 형태의 혼합제제가 많이 사용되고 있다. 혼합제제(mixed preparation)란 식품첨가물을 2종 이상 혼합하거나, 1종 또는 2종 이상 혼합한 것을 희석제와 혼합하거나 또는 희석한 것을 말한다.

혼합제제류에는 7품목의 기준과 규격이 설정되어 있는데, L-글루탐산나트륨제제, 면류첨가알칼리제, 보존료제제, 사카린나트륨제제, 타르색소제제, 합성팽창제 및 혼합제제가 있다. L-글루탐산나트륨제제, 면류첨가알칼리제, 보존료제제, 사카린나트륨제제, 타르색소제제 및 합성팽창제 6가지는 용도와 물질명이 명확하지만 혼합제제는 용도 및 물질명을 전혀 알수 없으며, 생산량은 다른 혼합제제에 비해 훨씬 많은 양이 생산되고 있다. 혼합제제는 물질명이 명확하지 않기 때문에 기준, 규격을 설정하는 데 어려움이 있어 현재 비소, 납 규격만 설정되어 있는 실정이다.

혼합제제류 식품첨가물은 혼합제제류의 구체적인 명칭을 표시하고 괄호로 혼합제제류를 구성하는 식품첨가물 등을 모두 표시하여야 한다. 식품첨가물의 명칭 표시 등은 간략명으로 표시할 수 있다. 혼합제제를 식품에 직접 사용한 경우라도, 식품의 가공과정 중 첨가되어 최종 제품에서 불활성화되는 효소나 제거되는 식품첨가물의 경우(가공보조제)에는 식품첨가물의 명칭을 표시하지 아니할 수 있다. 또한 식품의 원료에서 이행(carry-over)된 식품첨가물이 당해 제품에 효과를 발휘할 수 있는 양보다 적게 함유된 경우에도 그 명칭을 표시하지 아니할 수 있다.

### 1) L-글루탐산나트륨제제

L-글루탐산나트륨제제(L-monosodium glutamate preparation)는 주성분인 L-글루탐산나트륨과 식품첨가물을 50.0% 이상 함유하거나 또는 향신료(분말, 착즙 또는 추출물), 염화나트륨(식염), 녹말, 포도당, 설탕, 덱스트린 중 1종 이상을 혼합하거나 희석한 것을 말한다(수프류 제외). 다만, L-글루탐산나트륨 성분이 50.0% 이하일지라도 염화나트륨(식염), 핵산 관련 성분만으로 혼합, 희석한 것은 이 규격을 적용한다.

### 2) 면류첨가알칼리제

면류첨가알칼리제(alkali preparation for noodles)는 탄산나트륨, 탄산칼륨, 탄산수소나트륨, 인산류의 나트륨염 또는 칼륨염 중 1종 또는 2종 이상을 함유한 것으로서 고형면류첨가알칼리제, 액상면류첨가알칼리제 및 희석분말면류첨가알칼리제(소맥분 및 불용성 녹말로 희석한 것)가 있다.

면류첨가알칼리제는 면의 점탄성을 좋게 하고 풍미를 좋게 할 뿐만 아니라, 고유의 색깔을 내게 하기 위하여 밀가루에 조금 첨가하여 사용하는 것이다. 면류첨가알칼리제는 알칼리성이 강하므로 사용에 주의하여야 한다.

면류첨가알칼리제가 사용된 식품

### 3) 보존료제제

보존료제제(preservative preparation)란 보존료를 2종 이상 혼합하거나, 그 1종 이상을 기타 식품첨가물 또는 희석제와 혼합하거나 희석한 것을 말한다. 다만, 2종 이상의 보존료를 혼합하여 제제를 만들 경우 개별 보존료의 사용기준에 적합하도록 혼합 또는 희석하여야 한다.

### 4) 타르색소제제

타르색소제제(tar color preparation)란 타르색소를 2종 이상 혼합하거나, 그 1종 이상을 기타 식품첨가물 또는 희석제와 혼합하거나 희석한 것을 말한다.

### 5) 사카린나트륨제제

사카린나트륨제제(sodium saccharin preparation)는 주성분 사카린나트륨을 5% 이상 함유하도록 포도당, 녹말, 중탄산나트륨, 염화나트륨 또는 DL-알라닌, 글리신, D-소비톨, D-소비톨액 또는 L-글루탐산나트륨 1종 이상을 혼합 희석한 것을 말한다.

### 6) 합성팽창제

합성팽창제(baking powder)는 제18장 팽창제에서 설명하였다.

### 7) 혼합제제

혼합제제(mixed preparation)란 식품첨가물을 2종 이상 혼합하거나, 1종 또는 2종 이상 혼합한 것을 희석제와 혼합하거나 또는 희석한 것을 말한다. 다만, 혼합제제에 속하는 것일지라도 따로 규격이 정하여진 것은 이 규격의 적용을 받지 아니한다.

- 제품명 : 우리밀핫케익믹스
- 식품유형 : 곡류가공품
- 중량 : 500 g(250 g×2개)
- 유통기한 : 후면 하단 표기일까지
- 원재료명 및 함량 : 밀가루57.859 %(밀:국내산), 백설탕, 옥수수전분(옥수수:수입산), 식물성크림, 유청분말, 식물성쇼트닝, 포도당, 베이킹파우더(산도조절제, 전분, 유화제), 덱스트린, 정제소금 혼합제제(바닐린, 포도당), 유화제, 비타민B2

혼합제제가 사용된 식품

껌기초제는 적당한 점성과 탄력성을 갖는 비영양성의 씹는 물질로서 껌 제조의 기초 원료가 되는 식품첨가물이다. 초산비닐수지, 폴리부텐, 폴리이소부틸렌, 에스테르검, 검레진, 로진 및 탤크 등이 있다. 충전제는 산화나 부패로부터 식품을 보호하기 위해 식품의 제조 시 포장 용기에 의도적으로 주입시키는 가스 식품첨가물로 산소, 수소, 아산화질소, 이산화탄소 및 질소가 있다.

분사제는 용기에서 식품을 방출시키는 가스 식품첨가물을 말한다. 분사제로는 산소, 아산화질소, 이산화탄소 및 질소가 사용된다. 살균제는 식품 표면의 미생물을 단시간 내에 사멸시키는 작용을 하는 식품첨가물을 말한다. 오존수, 이산화염소(수), 차아염소산나트륨, 차아염소산칼슘, 차아염소산수 및 과산화수소가 살균제 용도로 사용된다.

습윤제는 식품이 건조되는 것을 방지하는 식품첨가물을 말한다. 글리세린, 프로필렌글리콜, 폴리덱스트로스 및 당알코올이 습윤제의 용도로 사용된다. 안정제는 두 가지 또는 그 이상의 성분을 일정한 분산 형태로 유지시키는 식품첨가물을 말한다. 증점제 용도로 사용되는 식품첨가물은 모두 안정제로서의 용도도 함께 가지고 있다. 시클로덱스트린, 시클로덱스트린시럽 및 옥시스테아린이 안정제 용도로 사용된다.

응고제는 식품 성분을 결착 또는 응고시키거나, 과일 및 채소류의 조직을 단단하거나 바삭하게 유지시키는 식품첨가물을 말한다. 글루코노-δ-락톤, 염화마그네슘, 염화칼슘, 조제해수염화마그네슘, 황산마그네슘 및 황산칼슘이 응고제 용도로 사용된다. 제조용제는 식품의 제조·가공 시 촉매, 침전, 분해, 청징 등의 역할을 하는 보조제 식품첨가물이다. 제조용제는 가공보조제에 속한다. 메톡사이드나트륨, 수산, 염산, 이온교환수지 및 황산 등이 제조용제의 용도로 사용된다.

젤형성제는 젤을 형성하여 식품에 물성을 부여하는 식품첨가물을 말한다. 염화칼륨과 젤라틴이 젤형성제의 용도로 사용된다. 효소제는 특정한 생화학반응의 촉매작용을 하는 식품첨가물을 말한다.

혼합제제란 식품첨가물을 2종 이상 혼합하거나, 1종 또는 2종 이상 혼합한 것을 희석제와 혼합하거나 또는 희석한 것을 말한다. 혼합제제류에는 L-글루탐산나트륨제제, 면류첨가알칼리제, 보존료제제, 사카린나트륨제제, 타르색소제제, 합성팽창제 및 혼합제제가 있다.

1   다음 식품첨가물 중 용도가 다른 것은?
    ① 검레진                        ② 글리세린
    ③ 프로필렌글리콜                  ④ D-소비톨


2   초산에틸, 폴리부텐, 폴리이소부틸렌의 용도는 무엇인가?
    ① 분사제                        ② 제조용제
    ③ 껌기초제                       ④ 응고제


3   두부 응고제로서 글루코노-$\delta$-락톤에 대해 설명하시오.


4   다음 식품첨가물 중 충전제 용도로 사용되지 않는 것은?
    ① 질소                          ② 아산화질소
    ③ 이산화탄소                     ④ 과산화수소


5   다음 식품첨가물 중 살균제 용도로 사용되지 않는 것은?
    ① 오존수                        ② 안식향산나트륨
    ③ 이산화염소(수)                 ④ 차아염소산나트륨


6   다음 식품첨가물 중 젤형성제 용도로 사용되는 것은?
    ① 소브산칼륨                     ② 염화칼륨
    ③ 아라비아검                     ④ 쉘락


7   다음 식품첨가물 중 안정제 용도로 사용되는 것은?
    ① 아디프산                       ② 탄산칼슘
    ③ 시클로덱스트린                  ④ 탄산암모늄


8   혼합제제란 무엇인가?

1. ①

2. ③

3. 글루코노-δ-락톤은 물속에서 가수분해하여 글루콘산으로 되며, 글루콘산의 산성으로 인해 콩단백질이 등전점(pH 4.5)에서 응고가 된다. 두부의 응고가 서서히 일어나서 조직을 부드럽게 하기 때문에 연두부 제조에 적합하다.

4. ④

5. ②

6. ②

7. ③

8. 혼합제제란 식품첨가물을 2종 이상 혼합하거나, 1종 또는 2종 이상 혼합한 것을 희석제와 혼합하거나 또는 희석한 것을 말한다.

## 참고문헌

권훈정, 김정원, 유화춘. 식품위생학. 교문사 (2008)

김기은, 임재각, 임승택. 한국 당면과 일본 당면의 비교. 식품과학과 산업 32(4): 56-64 (2016)

노봉수, 이승주, 백형희, 윤현근, 이재환, 정승현, 이희섭. 식품재료학. 수학사 (2011)

문범수. 식품첨가물. 수학사 (2002)

백형희. 식품과 식품첨가물의 기능. Safe Food 1(2):5-11 (2006)

백형희. 식품첨가물의 국제적 관리 동향. 식품과학과 산업 49(1): 2-10 (2016)

백형희, 권훈정, 최성희, 이광원. 식품첨가물의 안전성. (사)한국식품안전연구원 (2010)

송재철, 박현정. 식품첨가물학. 내하출판사 (1998)

식품의약품안전처. 식품첨가물공전. 식품의약품안전처 (2015)

식품의약품안전처 첨가물기준과. 식품첨가물 지정현황 비교편람. 식품의약품안전처 (2013)

식품의약품안전청. 식품첨가물공전 해설서. 식품의약품안전청 (2011)

오성훈, 최희숙. 감미료핸드북. 도서출판 효일 (2002)

이서래. 식품안전성 논쟁사례. 수학사 (1999)

이철호. 식품위생사건백서 I. 고려대학교출판부 (1997)

이철호. 식품위생사건백서 II. 고려대학교출판부 (2005)

이형주, 문태화, 노봉수, 장판식, 백형희, 이광근, 김석중, 유상호, 이기원. 식품화학. 수학사 (2014)

지성규. 최신 식품첨가물. 식품저널 (2000)

한국식품과학회. 식품과학사전. 교문사 (2012)

한국식품과학회. 식품과학용어집. 제3판. 교문사 (2015)

한국식품과학회 유지분과위원회. 식용유지학. 수학사 (2015)

Branen AL, Davidson PM, Salminen S, Thorngate III JH. *Food Additives*. 2nd ed. Marcel Dekker, Inc. (2002)

Brul S, Coote P. Preservative agents in foods: Mode of action and microbial resistance mechanisms. *Int. J. Food Microbiol.* 50:1-17 (1999)

Carocho M, Barreiro MF, Morales P, Ferreira ICFR. Adding molecules to food, pros and cons: A review on synthetic and natural food additives. *Compr. Rev. Food Sci. F.* 13:377-399 (2014)

Goodburn K. *EU Food Law.* Woodhead Publishing Limited (2001)

Msagata TAM. *Chemistry of Food Additives and Preservatives.* Wiley-Blackwell (2013)

Poucke CV, Detavernier C, Wille M, Kwakman J, Sorgeloos P, Peteghem CV. Investigation into possible natural occurrence of semicarbazide in Macrobrachium rosenbergii prawns. *J. Agr. Food Chem.* 59:2107-2112 (2011)

Saltmarsh M. *Essential Guide to Food Additives.* Leatherhead Publishing (2000)

Smith J, Hong-Shum L. *Food Additives Databook.* 2nd ed. Wiley-Blackwell (2011)

Ye J, Wang XH, Sang YX, Liu Q. Assessment of the determination of azodicarbonamide and its decomposition product semicarbazide: Investigation of variation in flour and flour products. *J. Agr. Food Chem.* 59:9313-9318 (2011)

참고 사이트

http://apps.who.int/food-additives-contaminants-jecfa-database/search.aspx

https://webgate.ec.europa.eu/sanco_foods/main/?sector=FAD&auth=SANCAS

http://www.fao.org/food/food-safety-quality/scientific-advice/jecfa/jecfa-additives/en/

http://www.fda.gov/Food/GuidanceRegulation/GuidanceDocumentsRegulatoryInformation/IngredientsAdditivesGRASPackaging/ucm082463.htm

http://www.fao.org/gsfaonline/index.html?lang=en

http://www.ffcr.or.jp/zaidan/FFCRHOME.nsf/7bd44c20b0dc562649256502001b65e9/fdc964424a01fb0149256f32000fc427/$FILE/Japan's%20Specifications%20and%20Standards%20for%20Food%20Additives%208th%20Edition.pdf

http://www.foodsafetykorea.go.kr/portal/safefoodlife/foodAditive/foodAdditiveRvlv.do?page_gubun=1&procs_cl=1&menu_no=306&menu_grp=MENU_GRP01

http://www.inchem.org/pages/jecfa.html

http://www.mfds.go.kr/index.do

http://www.mhlw.go.jp/english/topics/foodsafety/foodadditives/index.html

# 찾아보기

## 찾아보기_영문

### A B C

### E F G

### H I J

### M N P

### S T W

저자 소개   **백 형 희**

서울대학교 식품공학과 학사, 석사
Louisiana State University 식품공학과 박사
Mississippi State University 식품공학과 Post-Doc.
Rutgers University 식품공학과 방문교수
KAIST, 한국식품연구원 연구원
한국식품과학회 간사장
국무총리실 식품안전정책위원회 전문위원
**현재** 단국대학교 식품공학과 교수
      식품의약품안전처 식품위생심의위원회 위원

재미있는 **식품첨가물**

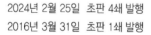

2024년 2월 25일  초판 4쇄 발행
2016년 3월 31일  초판 1쇄 발행

지은이    백형희

발행인    이 영 호
발행처    **수 학 사**
         10881 경기도 파주시 회동길 56 기한재 1층
출판등록   1953년 7월 23일 제2020-000143호
전화번호   031) 946-4642(代)    팩스 031) 944-1457
         http://www.soohaksa.co.kr
디자인    북큐브
ⓒ 백형희 2016                    Printed in Korea

정가 26,000원

         ISBN 978-89-7140-707-3 (93570)